东北大学"双一流"建设研究生教材

# 分子生物学

主 编 侯 悦

U0251481

东北大学出版社

·沈 阳·

**图书在版编目（CIP）数据**

分子生物学 / 侯悦主编. — 沈阳：东北大学出版
社，2020.12
ISBN 978-7-5517-2579-8

Ⅰ. ①分…　Ⅱ. ①侯…　Ⅲ. ①分子生物学－研究生－
教材　Ⅳ. ①Q7

中国版本图书馆 CIP 数据核字（2020）第 238845 号

出 版 者：东北大学出版社
　　　　　地址：沈阳市和平区文化路三号巷 11 号
　　　　　邮编：110819
　　　　　电话：024－83680267（社务部）　83687331（营销部）
　　　　　传真：024－83683655（总编室）　83680180（营销部）
　　　　　网址：http://www.neupress.com
　　　　　E-mail: neuph@ neupress.com
印 刷 者：辽宁一诺广告印务有限公司
发 行 者：东北大学出版社
幅面尺寸：170 mm×240 mm
印　　张：24
字　　数：484 千字
出版时间：2020 年 12 月第 1 版
印刷时间：2020 年 12 月第 1 次印刷
责任编辑：李　佳
责任校对：郎　坤
封面设计：潘正一
责任出版：唐敏志

ISBN　978-7-5517-2579-8　　　　　　　　　定　价：58.00 元

# 《分子生物学》编委会

主　编　侯　悦

副主编　黄永业

编　者　（以姓氏笔画为序）

王晓宇　许家林

李黎明　姜　睿

# 前　言

一百多年以来，分子生物学研究开云拨雾，取得长足进步。1869 年，Miescher 首次从莱茵河鲑鱼精子中发现 DNA。许多研究者认为 DNA 提取成功，属于分子生物学研究的开篇。在此期间，奥地利遗传学家格里哥·孟德尔提出遗传学两个基本定律，揭示了遗传的物质性。1909 年，丹麦科学家 W. L. 约翰森首次提出"基因"这个名词，以及"基因型""表现型"两个术语。美国学者托马斯·摩尔根则通过实验首次证明了"基因"的存在。1944 年，美国著名微生物学家 Avery 证实肺炎双球菌的转化因子是 DNA，首次用实验证明基因是具有遗传效应的 DNA 片段。1953 年，沃森和克里克提出 DNA 双螺旋模型，让人们对基因的了解不再抽象化。DNA 是遗传信息的载体——这个结论看似简单，但却来之不易。1958 年，弗朗西斯·克里克提出"中心法则"，指明遗传信息的流向。"RNA 可复制性""逆转录酶""朊蛋白"等的发现，进一步丰富了核酸与蛋白质分子之间的流向。

近二三十年，分子生物学技术的飞速发展，更加推动分子生物学研究朝着更精细、更全面、更立体、更准确的方向发展。测序是对目的片段进行进一步分子生物学研究和改造的基础。当前，测序技术已经从一代测序过渡到二代测序甚至是三代测序。二代测序是现阶段科研市场的主力平台，主要包括 454、Solexa、Hiseq 和 Solid 等测序技术。二代测序具有一次性获得大量序列数据和成本较低等优点。第三代测序则是近年的新里程碑。与前两代测序技术相比，第三代测序最大的特点就是单分子测序、无须 PCR 扩增过程，并且理论上可以测出无限长度的核酸序列。测序技术的发展，同时促进了 DNA 甲基化、组蛋白乙酰化、染色体可接近性和非编码 RNA 等表观遗传领域的发展，进一步拓展了分子生物学研究范畴。基因编辑技术更是日新月异。锌指核酸酶（ZFN）、转录激活样效应因子核酸酶技术（TALEN）和成簇规律性间隔的短回文重复序列技术（CRISPR）是基因工程领域的三大"利器"。1996年，ZFN诞生；2011年，TALEN问世；2012年，CRISPR横空出世。短短十多年里，基因编辑技术已经实现设计简单、高效率、操作成本低和可多基因编辑等。在此之前，基因编辑可是一项费时费力并且成本极高的操作。这些年还有许许多多的技术进步，这里不一一赘述。

目前，市面上流通多本优秀的《分子生物学》教材，为本书的编撰提供了非常好的借鉴。同时，这些优秀的教材也让我们感受到巨大的压力。本书定位为研究生教材，我们希望这本教材能够有别于本科教学而体现出研究生教学的特点。本书分为三个部分编写：基础篇、方法篇和专题篇。考虑到许多学生在本科阶段已经进行"分子生物学"学习，因此我们设立"基础篇""方法篇"，主要讲述分子生物学领域的基本概念和经典方法。为了更好地结合前沿领域，我们设定"专题篇"，介绍分子生物学相关的最新进展。

本书编写虽然力求准确和全面，但难免有纰漏。如有不妥之处，恳请读者提出疑问，并与本书编写组取得联系。

本书编写分工如下：第1章由许家林编写，第2章由李黎明编写，第3章由姜睿编写，第4章由王晓宇编写，第5~8章由侯悦、黄永业编写，第9~12章由黄永业、侯悦编写。

侯 悦

2020年1月

# 目　录

## 第一篇　基础篇

# 第二篇　方法篇

# 第三篇　专题篇

# 第一篇

## 基 础 篇

# 1 染色体与 DNA

自然界中具有多种多样的生物群体，各自含有独特的生物性状。而且生物性状可以世代遗传，保持着物种多样性。究竟是什么物质介导了生物体性状的世代遗传？现代遗传学，尤其是分子生物学研究结果证实，在生物体组成单位——细胞中，具有核糖核酸类物质，包括脱氧核糖核酸（deoxyribonucleic acid，DNA）和核糖核酸（ribonucleic acid，RNA），并指导蛋白质合成，进而控制生物体的遗传性状。无论是 DNA，还是 RNA，都是以核苷酸（nucleotide）为基本结构单位，许许多多的单核苷酸通过磷酸二酯键连接形成链状生物大分子。每个核苷酸由磷酸、核糖和碱基等组成。核苷酸可以进一步分解成核苷和磷酸，而核苷则可以再进一步分解成核糖和碱基（base）。核糖包括 D-2′-脱氧核糖（D-2′-deoxyribose）和 D-核糖（D-ribose）（图 1-1）。

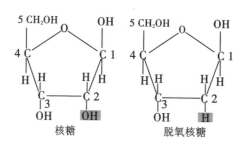

图 1-1 核糖和脱氧核糖分子结构式

根据所含有的核糖种类不同，核酸可以分成 DNA 和 RNA 两大类。组成 DNA 的碱基有四种：腺嘌呤（adenine，A）、鸟嘌呤（guanine，G）、胞嘧啶（cytosine，C）和胸腺嘧啶（thymine，T）。RNA 的碱基也有四种：腺嘌呤、鸟嘌呤和胞嘧啶与 DNA 碱基相同，胸腺嘧啶为尿嘧啶（uracil，U）所替代。图 1-2 是存在于 DNA 和 RNA 中的 5 种碱基结构示意图。本章重点讨论遗传物质的组成结构和世代遗传特性。

除了以上 5 种常见碱基外，DNA 和 RNA 中还含有少量稀有碱基，又称修饰碱基，这些碱基在核酸分子中含量比较少，但它们是天然存在不是人工合成的，是核酸转录之后经甲基化、乙酰化、氢化、氟化及硫化等步骤而形成的，如：5-甲基胞嘧啶、6-甲基腺嘌呤、二氢尿嘧啶等。tRNA（转运 RNA）中含有的修饰碱基比较多，有的 tRNA 含有的修饰碱基达到 10%。

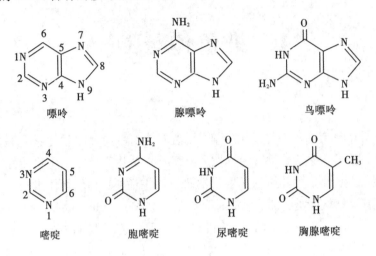

图 1-2　组成 DNA 和 RNA 的 5 种含 N 碱基结构示意图

## 1.1　染色体

### 1.1.1　染色体概述

在细胞分裂过程中，亲代细胞将遗传物质以染色体（chromosome）的形式传递给子代细胞，从而保持了该物种遗传物质的稳定性和连续性，说明染色体在遗传特性的稳定遗传上具有重要作用。染色体由 DNA、RNA 和蛋白质等组成，在细胞中通常形成棒状结构存在。DNA 只有包装成为染色体才能保证其结构稳定性，并使其编码的遗传信息稳定地传递给子代。同一物种，染色体数目相同，每条染色体上携带的 DNA 量也是一定的，不会随着生长状态的改变而发生变化。在不同物种中，生物体含有不同数目的染色体，并且染色体上携带的 DNA 量变化也很大，从上百万到几亿个核苷酸变化不等。以人为例，单倍体配子含有 23 条染色体，男性和女性个体前 22 条染色体相同，女性卵子第 23 条染色体为 X 染色体，带有 $1.28×10^8$ 碱基对（base pair，bp）的 DNA 容量，男性精子第 23 条染色体为 Y 染色体，带有 $0.19×10^8$ bp 的 DNA 容量。不仅如此，组成染色体的蛋白质种类和数量，在不同物种中也是相对恒定的，体现了染色体物质的稳定性。由于细胞内遗传物质 DNA 主要分布在染色体上，所以说染色体是遗传物质的主要载体。

染色体是真核细胞在有丝分裂或减数分裂过程中 DNA 存在的特定形式，位于真核细胞的核仁内。染色质 DNA 紧密盘绕在称为组蛋白的蛋白质周围,并被螺旋化、折叠、包装成一个高度螺旋化的线状结构即为染色体。由于该部分物质容易被碱性染料(例如龙胆紫和醋酸洋红)着色,因此得名为染色体。当细胞进行细胞分裂时,每条染色体都复制生成一条与母链完全一样的子链,形成同源染色体对。而在细胞分裂间期,细胞核中的染色体以较细且松散的染色质形式存在,在光学显微镜下是看不清楚具体结构的。处于细胞非分裂期的细胞核经低渗处理、溶胀破裂等刺激后会释放出染色质,在电子显微镜下可观察到呈纤维串珠状的长细丝。真核细胞染色体与原核细胞染色体不仅外观结构有差异,它们在细胞内的存在方式也有所不同。真核细胞的染色体,其 DNA 与蛋白质处于融合状态,蛋白质与相应 DNA 的质量比约为 2:1。这些蛋白质,包括组蛋白和非组蛋白,它们在染色体的结构组成中发挥着重要作用。所以,染色体组成包括 DNA 组蛋白和非组蛋白及部分 RNA(指未完成转录而与模板 DNA 相连接的 RNA,含量不到 DNA 的 10%)。

原核生物由于没有真正意义上的细胞核,其 DNA 一般位于一个类似"核"的结构中,称为类核。大肠杆菌在一般情况下只含有一条染色体,因此,大肠杆菌和其他原核生物染色体都是单倍体。原核生物 DNA 的主要特征是:原核生物中一般只有一条染色体且大都带有单拷贝基因,只有很少数基因(如 rRNA 基因)以多拷贝形式存在;整个染色体 DNA 几乎全部由功能基因与调控序列所组成;几乎每个基因序列都与它所编码的蛋白质序列呈线性对应状态。

### 1.1.2 真核细胞染色体的组成和特性

真核细胞都具有明显的细胞核结构,包含 DNA 和少量 RNA 等遗传物质,大约是细胞体积的 10%。除了性细胞外,真核细胞的染色体都是二倍体(diploids),具有两套染色单体。而性细胞的染色体数目是正常体细胞染色体数目的一半,故称为单倍体(haploid)。在二倍体阶段,每个基因具有两个拷贝,亲代细胞通过减数分裂,将其中的一个拷贝分配给配子(gamete),即性细胞(精子或卵子),遗传物质从亲代细胞传递到子代细胞中。再进一步通过精子和卵细胞结合形成合子(zygote),即受精卵。合子包含从父本和母本来的各一个拷贝的所有基因,从而创造了一个新的二倍体。在这个新的个体中,体细胞基因组的一个拷贝来自父本,一个拷贝来自母本,染色体数目与亲代没有发生改变,从而维持了该物种染色体数目的稳定性。因此,经过世代交替,染色体数目仍可以保持不变。每个物种的染色体数目是恒定的,不同物种的染色体数目可能有差异,如表 1-1 所示。

表1-1 部分动物、植物染色体数目

| 物种 | 二倍体染色体数目 | 物种 | 二倍体染色体数目 |
|---|---|---|---|
| 人 | 46 | 大豆 | 40 |
| 黑猩猩 | 48 | 烟草 | 48 |
| 猴 | 42 | 小麦 | 42 |
| 狗 | 38 | 蚕豆 | 12 |
| 猫 | 38 | 陆地棉 | 52 |
| 猪 | 38 | 大麦 | 14 |
| 兔 | 44 | 豌豆 | 14 |
| 小鼠 | 42 | 茶树 | 30 |
| 马 | 64 | 玉米 | 20 |
| 驴 | 62 | 马铃薯 | 48 |
| 骡子 | 63 | 高粱 | 20 |
| 牛 | 60 | 甘薯 | 90 |
| 鸡 | 78 | 番茄 | 24 |
| 鸽子 | 80 | 西瓜 | 22 |
| 青蛙 | 26 | 水稻 | 24 |
| 蟾蜍 | 36 | 洋葱 | 16 |
| 蚊子 | 6 | 松树 | 24 |
| 果蝇 | 8 | | |

　　同时，染色体上含有DNA序列的多少与所编码的蛋白质呈正比例关系，基因组所含有的DNA容量对应着编码蛋白质的多少，从表1-2所列的几种噬菌体的基因组的DNA容量和病毒颗粒大小，可以体现出两者之间的正比例关系。

表1-2 部分噬菌体基因组DNA容量与病毒颗粒大小的比较

| 噬菌体 | DNA碱基数/bp | DNA长度/nm | 病毒颗粒长度/nm |
|---|---|---|---|
| ΦX174 | 5386 | 1939 | 27 |
| T7 | 39936 | 14377 | 78 |
| λ | 48502 | 17460 | 200 |
| T4 | 168889 | 60800 | 215 |

　　在真核细胞中，基因组DNA容量一般远远大于原核生物；并且真核细胞基因组DNA通常与大量蛋白质紧密结合，形成染色体结构，并被核膜包裹，与胞浆分离开来。从而DNA的转录和翻译是在不同的时间和空间上完成的，所以真核生物基因表达调控不仅与DNA序列密切相关，染色体的结构也具有重要的调节作

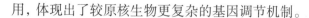

用,体现出了较原核生物更复杂的基因调节机制。

### 1.1.2.1 蛋白质

真核生物染色体DNA与蛋白质紧密相连,包括组蛋白(histone)和非组蛋白。组蛋白是染色体的结构蛋白,呈碱性,结构稳定,与DNA组成核小体结构,能维持染色质结构,与DNA含量成一定的比例(染色质中的组蛋白与DNA的含量之比约为1:1)。可以用2 mol/L的NaCl溶液或者是0.25 mol/L的HCl/H₂SO₄溶液处理染色质,使组蛋白与染色体DNA分离,然后用离子交换层析柱再次进行分离。根据其凝胶电泳的性质可以把组蛋白分为以下5种类型:H1、H2A、H2B、H3和H4等。这些组蛋白含有大量的精氨酸和赖氨酸,其中,组蛋白H1富含赖氨酸,组蛋白H3和H4富含精氨酸,组蛋白H2A和H2B介于两者之间。5种组蛋白的具体理化性质见表1-3。

表1-3　真核细胞染色体上5种组蛋白的理化性质

| 种类 | 残基数 | 相对分子质量 | 赖氨酸/精氨酸 | 保守性 | 存在部位及结构作用 | 染色质中比例 |
|---|---|---|---|---|---|---|
| H1 | 215 | 21000 | 29 | 低 | 连接线上,锁定核小体、参与包装 | 0.5 |
| H2A | 129 | 14500 | 1.22 | 高 | 核心颗粒,形成核小体 | 1 |
| H2B | 125 | 13800 | 2.66 | 高 | 核心颗粒,形成核小体 | 1 |
| H3 | 135 | 15300 | 0.77 | 极高 | 核心颗粒,形成核小体 | 1 |
| H4 | 102 | 11300 | 0.79 | 极高 | 核心颗粒,形成核小体 | 1 |

组蛋白具有如下生理特性。

(1)进化上极端保守

不同物种的组蛋白氨基酸组成是十分相似的,特别是组蛋白H3和H4。组蛋白H3的保守性极强,鲤鱼和小牛胸腺的组蛋白H3氨基酸序列只相差一个,而小牛胸腺和豆苗组蛋白H3氨基酸序列也只相差4个。牛、猪和大鼠的组蛋白H4氨基酸序列则完全相同,并且牛的组蛋白H4氨基酸序列与豌豆组蛋白H4氨基酸序列只有两个氨基酸的差异。组蛋白H2A和H2B的氨基酸序列在种属之间的差异性相对较大,组蛋白H1的变化性则更大。组蛋白H3和H4在氨基酸组成上极端保守,推测这两种组蛋白可能对稳定真核生物染色体结构起重要作用。

（2）无组织特异性

各组织中组蛋白种类和含量没有显著变化。到目前为止，仅仅在鸟类、鱼类和两栖类动物红细胞的染色体中发现不含组蛋白 H1，而含有组蛋白 H5，以及精细胞染色体的组蛋白是鱼精蛋白这两个例外。

（3）肽链上氨基酸分布在空间上呈现不对称性

碱性氨基酸主要分布在肽链 N 端。例如，H4 组蛋白肽链 N 端半条链净电荷为+16，C 端半条链净电荷只有+3。而且大部分疏水基团都分布在 C 端。这种在空间上的不对称分布可能与它们的功能密切相关。组蛋白富含碱性氨基酸区域携带正电荷，可以与带负电荷的 DNA 链紧密相连，体现了组蛋白与 DNA 紧密结合的结构特征；而另外半条链可以与其他组蛋白和非组蛋白结合。

（4）组蛋白的修饰作用

组蛋白修饰（histone modification）是指组蛋白在相关酶的作用下发生甲基化、乙酰化、磷酸化、Sumo 化、泛素化和 ADP 核糖基化等修饰的过程。其中，组蛋白 H3 和 H4 的修饰作用较为普遍，并且以甲基化和乙酰化修饰为主，组蛋白 H2A 和 H2B 能发生泛素化和乙酰化修饰，组蛋白 H1 有泛素化和磷酸化修饰。组蛋白的修饰作用只发生在细胞周期的特定时间和组蛋白的特定位点上，所有这些修饰作用都有一个共同的特点，即降低组蛋白所携带的正电荷，从而可以改变组蛋白与染色体 DNA 之间的结合。这些组蛋白修饰的意义：一是改变染色体的结构，直接影响转录活性；二是核小体表面发生改变，使其他调控蛋白易于和染色质相互接触，从而间接影响转录活性。表 1-4 总结了部分组蛋白修饰的氨基酸残基位点和产生的生理学作用。

表 1-4　组蛋白修饰和生理学功能

| 染色质修饰 | 氨基酸残基修饰 | 生理学功能 |
| --- | --- | --- |
| 乙酰化 | K-Ac | DNA 转录、修复、复制和染色体凝聚 |
| 甲基化（赖氨酸） | K-Me | DNA 转录、修复 |
| 甲基化（精氨酸） | R-Me | DNA 转录 |
| 磷酸化 | S-ph, T-ph | DNA 转录、修复和染色体凝聚 |
| 泛素化 | K-Ub | DNA 转录、修复 |
| Sumo 化 | K-Su | DNA 转录 |
| ADP 核糖基化 | E-Ar | DNA 转录 |

组蛋白的甲基化是发生在精氨酸和赖氨酸上的共价修饰作用，精氨酸可以被单甲基化或双甲基化，而赖氨酸可以被单甲基化、双甲基化或三甲基化。组蛋白 H3 的第 4、9、27 和 36 位，H4 的第 20 位赖氨酸，H3 的第 2、17、26 位及 H4 的第 3 位精氨酸都是甲基化的常见位点。组蛋白 H3K4 的甲基化主要聚集在活跃转录的启动子区域。组蛋白 H3K9 和 H3K27 的甲基化则与基因的转录抑制或异染色质

化有关，H3K36 和 H3K79 的甲基化参与基因转录激活。这些不同程度的甲基化极大地增加了组蛋白修饰和基因表达调控的复杂性，组蛋白甲基化的异常导致肿瘤等多种人类疾病的发生。组蛋白的甲基化修饰是由多种甲基转移酶（methyl-transferase）催化完成的。并且这种甲基化修饰是可逆的，甲基化后的组蛋白在去甲基化酶的作用下，可以脱去组蛋白甲基，发生去甲基化反应，主要有 LSD1（lysine specific demethylase 1）家族和包含 JmjC（Junonji-C）结构域蛋白家族等两类去甲基化酶。组蛋白甲基化与基因激活和基因沉默有关，与其他组蛋白修饰类型相比，组蛋白的甲基化修饰方式是比较稳定的。

组蛋白乙酰化修饰主要发生在 4 种核心组蛋白的特异赖氨酸残基上。在含有活性基因的 DNA 结构域中，乙酰化程度较高。乙酰化的主要位点分布在组蛋白 H3 和 H4 的 N 端比较保守的赖氨酸位置上，所以，H3 和 H4 组蛋白的乙酰化程度要大于组蛋白 H2A 和 H2B。组蛋白乙酰化修饰是通过组蛋白乙酰化转移酶（histone acetyltransferase，HAT）和组蛋白去乙酰化酶（histone deacetylase，HDAC）协调完成的，决定和维持细胞组蛋白乙酰化水平及动态平衡。组蛋白乙酰化呈现多样性，核小体有多个位点可提供乙酰化位点，但特定基因部位的组蛋白乙酰化和去乙酰化是以一种非随机的、位置特异的方式进行的，可能通过对组蛋白电荷及相互作用的影响，来调节基因转录水平。乙酰化修饰和去乙酰化修饰会影响染色质结构和基因活化，组蛋白的乙酰化有利于 DNA 与组蛋白八聚体的解离，核小体结构松弛，使转录因子能与 DNA 结合位点特异性结合，从而激活基因的转录；反之，组蛋白去乙酰化则抑制基因转录。HAT 将乙酰辅酶 A 的乙酰基转移到组蛋白氨基末端特定的赖氨酸残基上，HDAC 使组蛋白去乙酰化，与带负电荷的 DNA 紧密结合，染色质致密卷曲，基因的转录受到抑制。

组蛋白乙酰化在转录调控中的作用机制表现为：① 组蛋白尾部乙酰基的加入，中和了组蛋白的正电荷，弱化了组蛋白与 DNA 的相互作用，使染色质结构疏松，有利于转录进行；② 组蛋白乙酰化可以为转录因子的招募提供特异性的锚定位点，有利于转录进行；③ 组蛋白乙酰化可结合其他组蛋白修饰（甲基化、磷酸化和泛素化等），共同调节基因转录。组蛋白的乙酰化和去乙酰化修饰还参与了 DNA 修复、拼接、复制和染色体组装等，调节细胞信号转导，与代谢性疾病、神经退行性疾病和癌症等多种疾病的形成密切相关。

组蛋白磷酸化修饰位点主要是对丝氨酸和苏氨酸等氨基酸残基的磷酸化修饰，磷酸化修饰是动态的、可逆的。磷酸基团携带的负电荷中和了组蛋白上的正电荷，造成组蛋白与 DNA 之间的亲和力下降，破坏了组蛋白与 DNA 之间的相互作用，从而使染色质结构变得不稳定。这样一种不稳定性是有丝分裂时染色质凝集成为同源染色体过程中结构重组所必要的，与染色体的浓缩和分离、DNA 转录激活、DNA 损伤修复等密切相关。磷酸化修饰是体内蛋白激酶将 ATP 的磷酸基团转移到特定蛋白氨基酸残基上的过程。体内大概有 30% 的蛋白可以被磷酸化修饰。磷酸化过程与很多病理生理过程有关，如细胞信号转导、肿瘤发生、细胞增殖分化、发育等。几乎在同一年代，美国华盛顿大学的 Fisher 和 Kerbs 因为阐明了蛋白磷酸化修饰在糖代谢中的作用，建立了以 cAMP 为基础的第二信使系统，并进一步证实蛋白质可逆性磷酸化普遍存在于细胞内其他信号传递系统中，从而共同获得了 1992 年的诺贝尔生理学或医学奖。

组蛋白的泛素化修饰位点主要是高度保守的赖氨酸残基。在脊椎动物体内，泛素化修饰主要为组蛋白 H2A 和 H2B。不同于蛋白质的降解过程一般需要多聚泛素化，组蛋白泛素化主要表现为单泛素化，并且泛素化位点高度保守。同时，组蛋白泛素化不会导致蛋白质降解，但是可以招募核小体到染色体上，参与 X 染色体的失活。组蛋白泛素化可以与组蛋白的甲基化和乙酰化共同作用，调节基因的转录。

所有组蛋白(包括 H1、H2A、H2B、H3 和 H4)都能够被 ADP-核糖基化转移酶(ADP-ribosyltransferases，ARTDs，也被称作 PARPs)修饰，发生单-ADP-核糖基化或者多聚-ADP-核糖基化。组蛋白的核糖基化具有重要的生物学功能，参与染色质结构变化、DNA 损伤修复、细胞周期调控、转录调控和肿瘤发生等多种生命活动过程。

组蛋白修饰属于表观遗传调控范畴，在没有改变细胞核 DNA 序列的情况下，通过影响组蛋白与 DNA 双链之间的亲和性，从而改变染色质的疏松或凝集状态，或通过影响转录因子与结构基因启动子的亲和性，来发挥基因转录调控作用。这些修饰之间存在协同和级联效应，通过多种修饰方式协同作用，更为灵活地影响染色质的结构和功能，综合调控真核细胞基因转录等生物学进程。

(5)富含赖氨酸的组蛋白 H5

从该组蛋白的氨基酸组成来看，除了富含赖氨酸(24%)外，还富含丙氨酸(16%)、丝氨酸(13%)和精氨酸(11%)。从鱼类、两栖类和鸟类中分离的组蛋白 H5 都具有种属特异性，在氨基酸组成上与 H1 无明显的亲缘关系。有核的红细胞完全失去复制和转录能力，细胞核很小，染色质高度浓缩，推测红细胞染色质的失活与组蛋白 H5 在细胞内的累积有关。但是，在成熟红细胞中也有一定数量的 H5。有证据表明，H5 的磷酸化很可能在染色质失活过程中发挥重要作用。

在染色体上除了含有 DNA 和与 DNA 大约等量的组蛋白外，还存在大量非组蛋白。非组蛋白是细胞核中除组蛋白以外的蛋白，大约是组蛋白总量的 60%~70%，种类较多，有 20~100 种，常见的有 15~20 种，相对分子质量介于 $1.5 \times 10^4$~$1.8 \times 10^5$ Da 之间。非组蛋白包括以 DNA 为底物的酶(如 RNA 聚合酶)及作用于组蛋白的一些酶类(如甲基化酶)、DNA 结合蛋白、组蛋白结合蛋白和调控蛋白,与细胞分裂相互作用的收缩蛋白、骨架蛋白、核孔复合物蛋白,以及肌动蛋白、肌球蛋白、微管蛋白和原肌蛋白等,它们可能是染色质的结构成分。

非组蛋白具有如下特性:① 非组蛋白多为酸性的;② 在不同组织细胞中种类和数量是不相同的,代谢周转快;③ 能识别特异 DNA 序列,识别位点存在于 DNA 双螺旋的大沟部分,识别与结合靠氢键和离子键;④ 功能多样性,包括基因表达调控和染色质高级结构的形成等。非组蛋白主要有以下几种类型。

① 高迁移率族蛋白(high mobility group protein,HMG)。这是一类能用低盐溶液(0.35 mol/L NaCl)抽提、能溶于 2% 的三氯乙酸、相对分子质量都在 $3.0×10^4$ Da 以下的非组蛋白。因其相对分子质量较小、在聚丙烯凝胶电泳中迁移速度快而得名。HMG 蛋白富含赖氨酸、精氨酸、谷氨酸和天冬氨酸,是真核细胞内继组蛋白之后含量最为丰富的一组染色质蛋白质,这类蛋白的特点是能与 DNA 结合,也能与组蛋白 H1 作用,但是很容易用低盐溶液抽提,说明它们与 DNA 的结合并不牢固。HMG 蛋白是真核细胞基因调控的动力体现者,它们在染色质的结构与功能及基因表达调控过程中均发挥着重要作用。现在一般认为这类蛋白质可能与 DNA 的超螺旋结构有关。

② DNA 结合蛋白(DNA binding protein,DBP)。呈酸性,种类和含量不稳定。用 2 mol/L NaCl 溶液除去全部组蛋白和 70% 的非组蛋白后,还有一些非组蛋白紧紧地与 DNA 结合在一起,只有用 2 mol/L NaCl 和 5 mol/L 尿素才能把这些蛋白解离出来。它们是一类相对分子质量较低的蛋白质,约占非组蛋白的 20%、染色质的 8%,可能是一些与 DNA 的复制和转录相关的酶类和调节物质等,包括解旋酶、单链结合蛋白等。

③ A24 非组蛋白。是从小鼠肝脏中分离得到的非组蛋白。这种蛋白质的溶解性质与组蛋白相似。氨基酸序列测定发现 A24 的 C 端与 H2A 相同,但它有两个 N 端,分别与 H2A 和泛素相同。它与 H2A 大小差不多,呈酸性,含有较多的谷氨酸和天冬氨酸。A24 的总量大约是 H2A 的 1%,位于核小体内,可能具有 rDNA 抑制子的作用。

### 1.1.2.2 真核生物基因组 DNA

所谓真核生物基因组是指由真核基因编码的及感染真核生物的 DNA 和 RNA 病毒编码的基因组。真核生物基因组 DNA 与蛋白质结合形成染色体,储存于细胞核内。除配子外,体细胞内的基因组是双份的,有两份同源的基因组。

真核细胞基因组的最大特点是它含有大量的重复序列,而且功能 DNA 序列大多被不编码蛋白质的非功能 DNA 序列所隔开。例如人的单倍体基因组由 $3.2×10^9$ bp 组成,按 1000 bp 编码一种蛋白质计,理论上可有 300 万个基因。但实际上，人细胞中所含基因总数在 10 万个左右，说明在人细胞基因组中有许多 DNA 序列并不转录成 mRNA 用于指导蛋白质的合成，只有很少一部分（占 2%~3%）的 DNA 序列用于编码蛋白质。

随着物种的进化，生物复杂程度不断增加，基因组容量在不断增加，以满足高等生物性状增多的需求，如图 1-3 所示。

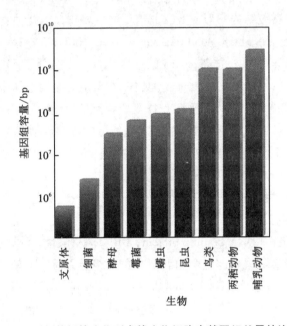

图 1-3  从低等生物到高等生物细胞内基因组总量的比较

支原体是最小的原核生物，基因组容量大概是噬菌体基因组的 3 倍。细菌的基因组大概是 $2×10^6$ bp。单细胞真核生物的基因组要多于原核生物，酵母的基因组大概是 $1.3×10^7$ bp，是最大细菌基因组的 2 倍。霉菌的基因组含量更大，以支持它们单细胞和多细胞的生活模式。线虫是最早期的多细胞生物，基因组容量达到 $8×10^7$ bp。从图 1-3 中可以很容易发现，基因组容量随着生物的复杂程度增加而不断增加，特别是从昆虫到鸟类和两栖动物，但是过了这个节点，基因组容量的大小和生物体表型的复杂程度又没有必然联系（表 1-5）。

表 1-5  多种生物有用基因组容量大小

| 门 | 种 | 基因组容量/bp |
| --- | --- | --- |
| 海藻 | 盐沼核菌 | $6.6×10^5$ |
| 支原体 | 肺炎链球菌 | $1.0×10^6$ |
| 细菌 | 大肠杆菌 | $4.2×10^6$ |
| 酵母 | 酿酒酵母 | $1.3×10^7$ |

表1-5（续）

| 门 | 种 | 基因组容量/bp |
|---|---|---|
| 黏液菌 | 盘基网柄菌 | $5.4 \times 10^7$ |
| 线虫类 | 线虫 | $8.0 \times 10^7$ |
| 昆虫 | 果蝇 | $1.4 \times 10^8$ |
| 鸟类 | 鸡 | $1.2 \times 10^9$ |
| 两栖动物 | 非洲爪蟾 | $3.1 \times 10^9$ |
| 哺乳动物 | 人类 | $3.3 \times 10^9$ |

现今认为，真核生物 DNA 序列大致可以分成以下 3 类。

（1）不重复序列

在一个单倍体基因组中一般只有一个或几个拷贝基因的序列称不重复序列，也称为单拷贝序列，占基因组 DNA 总量的 40%～80%，在人基因组中，有 60%～65% 的基因组序列属于这一类。单拷贝序列中储存了大量的遗传信息，编码各种不同功能的蛋白质。目前，尚不清楚单拷贝基因的确切数字，但是可以确定的是在单拷贝序列中只有一小部分用来编码各种蛋白质，其他部分的功能尚不清楚。不重复序列长 750～2000 bp，相当于一个结构基因的长度。事实上，真核生物中大多数结构基因都是不重复序列，如编码血红蛋白、珠蛋白的基因和蛋清蛋白的基因都是不重复序列。

单拷贝基因通过基因扩增仍可合成大量的蛋白质。如一个蚕丝心蛋白基因可以作为模板合成 $10^4$ 个丝心蛋白 mRNA，每个 mRNA 可再合成 $10^5$ 个丝心蛋白，这样，一个单拷贝的丝心蛋白基因可以合成 $10^9$ 个丝心蛋白分子。这种放大作用对单拷贝基因来说非常重要。

在真核生物基因组中，单拷贝序列的两侧往往散在分布着重复序列。由于某些单拷贝序列编码蛋白质体现了生物的各种功能，因此，对这些序列的功能进行研究对医学实践有着特别重要的意义。但由于其拷贝数少，在 DNA 重组技术出现以前，要分离和分析其结构和序列几乎是不可能的，如今人们通过基因重组技术可以获得大量欲研究的基因，并对许多结构基因进行了较为细致的研究。

（2）中度重复序列

一般是非编码序列，重复次数为 $10^1$～$10^4$，占基因组总 DNA 的 10%～40% 不等，如各种 rRNA、tRNA 和某些结构基因（如组蛋白基因）都属于这一类。这类重复序列的平均长度大约为 300 bp，往往构成序列家族，常以回文序列形式出现在基因组的许多位置上。其复性速度快于单拷贝序列，但慢于高度重复序列。少数在基因组中成串排列在一个区域，大多数与单拷贝基因间隔排列。依据重复序列的长度，中度重复序列可分为两种类型。一种是短分散片段(short interspersed repeated segments, SINES)，这类重复序列的平均长度为 100～700 bp，它们与平均长度约为 1000 bp 的单拷贝序列间隔排列，拷贝数可达 10 万左右。另一种是长分散片段(long interspersed repeated segments，LINES)，这类重复序列的长度大于 1000 bp，平均长度为 3500~5000 bp，它们与平均长度为 13000 bp(个别长几万 bp)的单拷贝序列间隔排列。也有的实验显示人基因组中所有 LINES 之间的平均距离为 2.2 kb，拷贝数一般在 1 万左右，如 KpnI 家族等。

中度重复序列在基因组中所占比例在不同种属之间差异很大，一般占 10%~ 40%，在人中约为 12%。这些序列大多不编码蛋白质。这些非编码的中度重复序列的功能可能类似于高度重复序列。在结构基因之间、基因簇中，以及内含子内都可以见到这些短的和长的中度重复序列。按照本书的分类原则，有些中度重复序列则是编码蛋白质或 rRNA 的结构基因，如 HLA 基因、rRNA 基因、tRNA 基因、组蛋白基因、免疫球蛋白基因等。

中度重复序列一般具有种属特异性；在适当情况下，可以应用它们作为探针区分不同种哺乳动物细胞的 DNA。大部分中度重复序列与基因表达调控有关，包括开启或关闭基因的活性，调控 DNA 复制的起始、促进或终止转录等，它们可能是与 DNA 复制和转录的起始、终止等有关的酶和蛋白质因子的识别位点。中度重复序列包括 Alu 家族、KpnI 家族、Hinf 家族、多聚家族、rRNA 基因和组蛋白基因等。

Alu 家族是哺乳动物包括人基因组中含量最丰富的一种中度重复序列家族，在单倍体人基因组中重复达 30 万~50 万次，约占人基因组的 3%~6%。Alu 家族每个成员的长度约为 300 bp，由于每个单位长度中有一个限制性内切酶 Alu 的酶切位点(AG↓CT)，从而将其切成长度分别为 130 bp 和 170 bp 的两段，因而，定名为 Alu 序列(或 Alu 家族)。Alu 序列分散在整个人体或其他哺乳动物基因组中，在间隔 DNA、内含子中都发现有 Alu 序列，平均每 5 kb DNA 就有一个 Alu 序列。

Alu 序列具有种属特异性，人 Alu 序列制备的探针只能用于检测人基因组中的 Alu 序列。由于在大多数的含有人的 DNA 的克隆中都含有 Alu 序列，因此，可以这样认为，用人的 Alu 序列制备的探针与要筛选的克隆杂交，阳性者即为含有人 DNA 克隆，阴性者不含有人 DNA。序列分析表明人类 Alu 序列是由两个约 130 bp 的正向重复构成的二聚体，而在第二个单体中有一个 31 bp 的插入序列，该插入序列在 Alu 家族的不同成员之间核苷酸序列相似但不相同。每个 Alu 序列两侧为 6~20 bp 的正向重复序列，不同的 Alu 成员的侧翼重复序列也各不相同。

Alu 序列的 5′端比较保守，但富含脱氧腺苷酸残基的 3′端在不同 Alu 成员中是有变化的。相近生物体中 Alu 家族在结构上存在相似性，一般认为，灵长类基因组中的 Alu 序列多为由两个 130 bp 的正向重复组成的二聚体，而裂齿类动物则为由一个 130 bp 左右的 DNA 片段组成的单体。Alu 序列在不同种类的哺乳动物之间存在一定的相似性，但序列相差较大，不会产生交叉杂交。

　　Alu 序列广泛散布于整个基因组的原因可能是由于 Alu 序列可由 RNA 聚合酶转录成 RNA 分子，再经反转录酶的作用形成 cDNA，然后重新插入基因组所致。也有人认为，Alu 序列两侧存在着短的重复序列，使得 Alu 序列很像转座子，因此，推测 Alu 序列可能也可以移动。这可能是它们在整个基因组中含量如此丰富、分布如此广泛的原因之一。

　　Alu 家族的功能是多方面的，由于在许多核内不均一 RNA(hnRNA)中含有大量 Alu 序列，而且 Alu 序列含有与某些真核基因内含子剪接接头相似的序列，因而，Alu 序列可能参与 hnRNA 的加工与成熟。Alu 序列在人基因组中不寻常地大量存在，提示它与遗传重组及染色体不稳定性有关。有研究发现在人的组织细胞中存在自然发生的染色体外双链环状 DNA，被称为人类质粒(human plasmid)，而这些质粒又毫无例外地含有 Alu 序列。还有研究结果表明，Alu 序列中的某些区段有形成 Z-DNA 的能力。另外，Alu 序列可能具有转录调节作用。

　　KpnI 家族是中度重复序列中仅次于 Alu 家族的第二大家族。用限制性内切酶 KpnI 消化人类及其他灵长类动物的 DNA，在电泳图谱上可以看到 4 个不同长度的 DNA 片段，分别为 1.2，1.5，1.8，1.9 kb。KpnI 家族成员序列比 Alu 家族更长（如人 KpnI 序列长为 6.4 kb），而且更加不均一，呈散在分布，属于中度重复序列的长分散片段型。尽管不同长度类型的 KpnI 家族之间同源性比较小，不能互相杂交，但它们的 3′端具有广泛的同源性。KpnI 家族的拷贝数为 3000~4800 个，占人体基因组的 1%。与散在分布的 Alu 家族相似，KpnI 家族中至少有一部分也是通过 KpnI 序列的 RNA 转录产物 cDNA 拷贝重新插入到人基因组 DNA 中而产生的。

　　Hinf 这一家族以 319 bp 长度的串联重复存在于人体基因组中。用限制性内切酶 Hinf I 消化人体 DNA，可以分离到这一片段。Hinf 家族在单位基因组内有 50~100 个拷贝，分散在不同区域。319 bp 单位可以再分成两个亚单位，分别为 172 bp 和 147 bp，它们之间有 70% 的同源性。

　　多聚家族的基本单位是 dT-dG 双核苷酸，多个 dT-dG 双核苷酸串联重复在一起，分散于人体基因组中。已经发现，这个家族的一个成员位于人类 δ 和 β 珠蛋白基因之间，含有 17 个 dT-dG 双核苷酸组成的串联重复序列。在人基因组中，dT-dG 交替序列达 $10^6$ 个拷贝，这些序列的平均长度为 40 bp。人们推测，这样一个短的串联重复序列可能是基因转变(gene conversion)或不等交换(unequal crossing-over)的识别信号。另外，这些嘌呤和嘧啶的交替序列有助于 Z-DNA 的形成，在基因调节中可能起着重要作用。中度重复序列除了包括以上非编码区域外，许多编码区如 rRNA 基因、tRNA 基因和组蛋白基因等在基因组中也多次重复，属于中度重复序列。

　　在原核生物如大肠杆菌基因组中，rRNA 基因一共是 7 套。在真核生物中

rRNA 基因的重复次数更多。真核生物基因组中 18S rRNA 和 28S rRNA 基因是在同一转录单位中；低等真核生物如酵母，5S rRNA 也与 18S rRNA 和 28S rRNA 在同一转录单位中；而在高等生物中，5S rRNA 是单独转录的，其在基因组中的重复次数高于 18S rRNA 和 28S rRNA 基因。和一般的中度重复序列不一样，各重复单位中的 rRNA 基因都是相同的。rRNA 基因通常集中成簇存在，而不是分散于基因组中，这样的区域称为 rDNA，如染色体的核仁组织区(nucleolus organizer region)即为 rDNA 区。18S rRNA 和 28S rRNA 基因构成一个转录单位。从转录单位上转录下来的 rRNA 前体经过酶切成为 18S rRNA 和 28S rRNA。在哺乳动物和两栖动物中，18S rRNA 和 28S rRNA 之间一同被转录下来的间隔区经过加工成为 5.8S rRNA(在大肠杆菌中该区含有 tRNA 序列)。rRNA 前体的其他部分被降解成核苷酸。真核生物中每个转录单位长 7~8 kb(在哺乳动物中长 13 kb)，其中编码 rRNA 的部分占 70%~80%(哺乳动物中只占 50%左右)。

一个 rRNA 基因簇(rDNA 簇)含有许多转录单位，转录单位之间为不转录的间隔区，该间隔区是由 21~100 bp 片段组成的类似卫星 DNA 的串联重复序列。转录单位和不转录的间隔区构成一个 rDNA 重复单位。由于不转录的间隔区中类似卫星 DNA 的串联重复次数不一样，因此，在不同生物及同种生物的不同 rDNA 重复单位之间不转录间隔区的长短相差甚大。非洲爪蟾的 rDNA 簇由类似卫星 DNA 的重复序列交替排列构成。5′端为一固定长度的独特序列；后面的重复区域是由 97 bp 的重复单位组成；另外两个重复区域是由 60 bp 或 81 bp 的重复单位构成；由于每个重复区域中重复单位的重复次数在不同的 rDNA 重复单位中不一样，因而，造成不同的不转录间隔区长短不一。另外两个固定长度的区域称为 Bam 岛(因为这两个片段的分离是采用 BamH I 酶消化制备的)。Bam 岛的后半部分与转录单位前面的序列(含有启动子)相似；另外，在 60/81bp 的重复区域中也有类似的序列。根据这些结构特点，有人认为不转录的间隔区可能在转录单位的转录起始中起着重要的作用。

rDNA 的重复单位在许多动物的卵子形成过程中进行大量复制扩增，如爪蟾在扩增前有 rDNA 重复单位 500 个，在从卵母细胞前身(oocyteprecursor)发展到卵母细胞过程(3 周时间)中，rDNA 的重复单位可扩增 400 倍，每个细胞核的核仁数增加到几百个。扩增 rDNA 的过程是采用滚环式复制方式在核仁区进行的，扩增的 DNA 不纳入到染色体中，而是包含在核仁区。卵母细胞成熟后，大量 rDNA 由于失去了存在的意义而被逐渐降解。在卵子形成过程中 rDNA 大量扩增的目的是产生大量的 rRNA，组装成核糖体，用于合成大量蛋白质，以满足受精后发育的需要。

非洲爪蟾的 18S rRNA、5.8S rRNA 和 28S rRNA 基因彼此连接在一起，形成一个结构单元，在各个结构单元之间隔着不转录的间隔区，这些 18S rRNA、5.8S rRNA 和 28S rRNA 基因组成的结构单元和间隔区组成的单位在 DNA 链上串联重复可以达到 5000 次。不转录的间隔区是由 21~100 bp 组成的类似卫星 DNA 的串联重复序列(图 1-4)。在动物卵细胞形成过程中,这些基因可以进行几千次不同比例的复制,产生 $2×10^6$ 个拷贝,使 rRNA 占到卵细胞基因组总 DNA 的 75%,从而使该细胞可以在短时间里积累到 $10^{12}$ 个核糖体,合成大量蛋白质供细胞分裂需要。

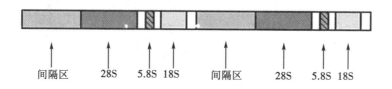

图 1-4 非洲爪蟾 rRNA 基因结构示意图

而在大多数真核细胞中,5S rRNA 基因和 18S rRNA、28S rRNA 基因不属于同一个转录单位。5S rRNA 基因在基因组中也串联重复排列成基因簇,其结构在非洲爪蟾中研究得最为清楚。爪蟾体细胞 5S rRNA 基因约有 500 个拷贝,而在卵细胞中 5S rRNA 基因可重复 20000 多次,这大概是为了和卵细胞中大量扩增的 18S rRNA 和 28S rRNA 基因相一致。在爪蟾中发现有几种 5S rRNA 基因,最主要的一种其结构形式与 18S rRNA、28S rRNA 基因相似,即 5S rRNA 基因与非转录间隔区相间排列,组成一个重复单位。每个重复单位的 5′端是含有 A-T 丰富区的一段 49 bp 长的 G-C 丰富区,紧跟着的是长度为 120 bp 的 5S rRNA 基因,其后一段是并不转录的序列,与前面的 5S rRNA 基因相比较,有 9 个点突变,因此,被称为假基因(pseudo gene)。尽管假基因不被转录,但在 5S rRNA 基因簇中总是有等量的 5S rRNA 基因和它的假基因存在。

在卵细胞中还有一个次要的 5S rRNA 基因,在序列上与主要的 5S rRNA 基因存在一定的差异,在结构上与主要的 5S rRNA 基因相似,但整个重复单位长度只有 350 bp,而且间隔区与主要的 5S rRNA 基因完全不一样。人类的 rRNA 基因位于 13、14、15、21 和 22 号染色体的核仁组织区,每个核仁组织区平均含有 50 个 rRNA 基因的重复单位。5S rRNA 基因似乎全部位于 1 号染色体($1q^{42-43}$)上,每单倍体基因组约有 1000 个 5S rRNA 基因。

tRNA 基因的准确重复次数比较难以估计。在非洲爪蟾中约有 300 个拷贝,由 $tRNA^{Met}$、$tRNA^{Phe}$、$tRNA^{Trp}$ 及其他 tRNA 基因组成的 3.18 kb 的串联重复单位。而在人单倍基因组中有 1000~2000 个 tRNA 基因,为 50~60 种 tRNA 编码,每种平均重复 20~30 次。

组蛋白基因在各种生物体内的重复次数不一样,但都属于中度重复的范围。通常每种组蛋白的基因在同一种生物中拷贝数是相同的。鸡的基因组中组蛋白基因有 10 个拷贝，哺乳动物有 20 个拷贝，非洲爪蟾有 40 个拷贝，而海胆的每种组蛋白的基因达 300~600 个拷贝。不同生物中组蛋白基因在基因组中的排列不一样，组蛋白基因没有一定的排列方式，而在拷贝数高（大于 100 拷贝）的基因组中，大部分组蛋白基因串联重复形成基因簇。

在海胆胚胎发育早期，5 种组蛋白基因形成一个重复单位，每种组蛋白基因之间是非转录间隔区，5 个间隔区均不相同。这样的重复单位在整个基因组中重复 300 次以上，而且这些重复单位基本上是相同的。这 5 种组蛋白基因的转录方向都是相同的，每种组蛋白基因独立地产生各自的 mRNA。在海胆胚胎发育晚期，要由晚期组蛋白基因来编码组蛋白，该基因与早期组蛋白基因有轻微差异，但该组蛋白基因不成簇排列，整个基因组仅有 10 个拷贝，呈散在分布。

在果蝇和非洲爪蟾中，5 种组蛋白也排成一个重复单位，也存在间隔区，而且组蛋白基因的转录方向也不一样，多个重复单位也形成串联重复排列。进化到哺乳动物，组蛋白基因一般不再形成重复单位，而呈散在分布或集成一小群。尽管组蛋白基因在基因组中的排列和分布在不同生物之间相差甚大，但是所有组蛋白基因都不含内含子，而且在序列上相应的组蛋白基因都很相似，从而编码的组蛋白在结构上和功能上也极为相似。

基因组中存在大量重复序列用以编码组蛋白是有其重要意义的。DNA 复制时，组蛋白也要成倍增加，而且往往在 DNA 合成一小段后，组蛋白马上就要与其相结合，要求在较短时间内即能合成大量组蛋白，因而，需要有大量组蛋白基因存在。

人体基因组中还有几个大的基因簇，也属于中度重复序列长的分散片段型。在一个基因簇内含有几百个功能相关的基因，这些基因簇又称为超基因（super gene），如人类主要组织相容性抗原复合体 HLA 和免疫球蛋白重链及轻链基因都属于超基因。超基因可能是由于基因扩增后又经过功能和结构上的轻微改变而产生的，但仍保留了原始基因的结构及功能的完整性。

（3）高度重复序列

高度重复序列是一组高度重复的 DNA 序列，在基因组中重复频率极高，可达到百万次（$10^6$）以上，因此，复性速度很快。这类 DNA 序列只在真核生物中发现，在基因组中所占比例随种属而异，占基因组 DNA 的 10%~60%，在人基因组 DNA 中约占 20%。高度重复序列又按其结构特点分为三种，包括：倒位重复序列、卫星 DNA 和复杂单位序列。

倒位重复序列，这种重复序列复性速度极快，即使在极稀的 DNA 浓度下，也能很快复性，因此，又称零时复性部分，约占人基因组的 5%。反向重复序列由两个相同序列的互补拷贝在同一 DNA 链上反向排列而成。变性后再复性时，同一条链内的互补拷贝可以形成链内碱基配对，形成发夹式或"+"字形结构。倒位重复(即两个互补拷贝)间可有一到几个核苷酸的间隔,也可以没有间隔。没有间隔的又称回文(palimdrome),这种结构约占所有倒位重复的三分之一。若以两个互补拷贝组成的倒位重复为一个单位,则倒位重复的单位约长 300 bp 或略少。两个单位之间有一段平均长度约 1.6 kb 的片段相隔,两对倒位重复单位之间的平均距离约为 12 kb,即它们多数是散布而非群集于基因组中。

将 DNA 切割成片段进行氯化铯密度梯度超离心,由于富含 A-T 片段的浮力密度小,在离心管中常常单独形成一条较窄的带,在主体 DNA 带的上面,故称为卫星 DNA(satellite DNA)。卫星 DNA 存在于很多真核基因组中,它们可能比主带轻,也可能比主带重。果蝇 DNA 在中性氯化铯密度梯度离心中出现 1 条主带和 3 条卫星条带,人 DNA 经过离心后可以得到 4 条卫星条带。原位杂交法证明许多卫星 DNA 均位于染色体的着丝粒部分,也有一些在染色体臂上。这类 DNA 是高度浓缩的,是异染色质的组成部分。卫星 DNA 是不转录的,现今人们对其功能仍不明确,可能与染色体的稳定性有关系。卫星 DNA 在长期的进化过程中不仅没有被淘汰,而且还以"高度重复"的形式保存下来,是未免过于自私的 DNA(selfish DNA)。

还有一种重复序列称为"小卫星"(mini satellite),或是同向重复序列可变数区(variable number tandem repeat,VNTRs)。这是一种特殊的串联重复,在不同个体和基因组的不同位点上数目都不同。由于不同个体的这种串联重复的数目和位置都不相同,所以,VNTRs 的 Southern 杂交带谱就具有高度的个体特异性,被称为 DNA 指纹(DNA fingerprints),可用于亲子鉴定、法医鉴定等。血液和精液都可以用作标本,甚至极少量的标本量,比如连在一根头发上的毛囊细胞,其基因组 DNA 经 PCR 扩增后都可用来进行检测。其功能包括:

① 参与复制水平调节的反向序列常存在于 DNA 复制起点区附近。另外,许多反向重复序列是一些蛋白质(包括酶)和 DNA 的结合位点。

② 参与基因表达调控的 DNA 重复序列可以转录到核内不均一 RNA 分子中,而某些反向重复序列可以形成发夹结构,这对稳定 RNA 分子、免遭分解有重要的作用。

③ 参与转位作用的转位因子末端都包括反向重复序列,长度从几个碱基对到 1400 碱基对不等。由于这种序列可以形成回文结构,因此在转位作用中既能连接非同源的基因,又可以被参与转位的特异酶所识别。

④ 与进化有关的不同种属的高度重复序列的核苷酸序列不同,具有种属特异性,相近种属也有相似性。如人与非洲绿猴的 α 卫星 DNA 长度仅差 1 个碱基(前者为 171 bp,后者为 172 bp),而且碱基序列有 65% 是相同的,这表明它们来自共同的祖先。在进化中某些特殊区段是保守的,而其他区域的碱基序列则累积着变化。

⑤ 同一种属中不同个体的高度重复序列的重复次数不一样，这可以作为每一个个体的特征，即 DNA 指纹。

⑥ α 卫星 DNA 成簇分布在染色体着丝粒附近，可能与染色体减数分裂时染色体配对有关，即同源染色体之间的联会可能依赖于具有染色体专一性的特定卫星 DNA 序列。

### 1.1.2.3　染色质、核小体和染色体

1879 年，W.Flemming 提出了染色质(chromatin，来自拉丁语 chroma)这一术语，用以描述细胞核中能被碱性染料强烈着色的物质。通过分离胸腺、肝脏或其他组织细胞核，用去垢剂处理后再离心收集染色质进行生化分析，确定染色质主要成分是 DNA 和组蛋白，还有非组蛋白及少量 RNA。大鼠肝细胞染色质常被当作染色质成分分析模型，其中，组蛋白与 DNA 含量之比接近于 1∶1，非组蛋白与 DNA 之比是 0.6∶1，RNA 与 DNA 之比为 0.1∶1。DNA 与组蛋白是染色质的稳定成分，非组蛋白与 RNA 的含量则随细胞生理状态不同而变化。

染色质是指间期细胞核内由 DNA、组蛋白、非组蛋白及少量 RNA 组成的线性复合结构，是间期细胞遗传物质存在的形式。染色体是指细胞在有丝分裂或减数分裂过程中，由染色质聚缩而成的棒状结构。实际上，两者化学组成本质上没有差异，只是包装程度即构型不同，是遗传物质在细胞周期不同阶段的不同表现形式。真核细胞在细胞周期中，大部分时间是以染色质的形态存在的。

核小体由大约 200 bp 的 DNA 和由组蛋白 H2A、H2B、H3 和 H4 各两个分子形成的八聚体组成的。组蛋白组成的八聚体在中间，146 bp 的 DNA 分子盘绕八聚体 1.75 圈，形成核小体的核心颗粒。核心颗粒之间通过 50 bp 左右的 DNA 相连，组蛋白 H1 位于核小体的外面，每个核小体只有一个组蛋白 H1[图 1-5(a)]。

Clark 和 Felsenfeld(1971 年)用葡萄球菌核酸酶作用于染色质，发现一些区域对核酸酶敏感，一些则不敏感，不敏感的区域比较均一，暗示染色体中存在某些亚单位。Hewish 和 Burgoyun 等(1973 年)用内源核酸酶消化细胞核，再从核中分离出 DNA，结果发现一系列 DNA 片段，它们相当于长度约 200 bp 的一种基本单位的多聚体。表明组蛋白结合在 DNA 上，以一种有规律的方式分布，以至产生对核酸酶敏感的只是某些限定区域。与此同时，Olins 夫妇(1974 年)和 Pierre Chambon 等(1975 年)在电镜下观察到大鼠胸腺和鸡肝脏染色质的"念珠"状结构，小球的直径为 10 nm[图 1-5(b)]。Kornberg 和 Thomas 等(1974 年)用小球菌核酸酶稍稍消化染色质，切断一部分 200 bp 单位之间的 DNA，使其中含有单体、二聚体、三聚体和四聚体等，然后离心将它们分开。每组再通过凝胶电泳证明其分子大小及纯度，并用电镜观察，结果显示：单体均为一个 10 nm 的小体，二聚体则是两个相连的小体，同样三聚体和四聚体分别由三个小体和四个小体组成，表明 200 bp 的电泳片段长度级差正好是电镜观察到的一个"念珠"单位[图 1-5(c)]，

称其为核小体(nucleosome)结构,并提出了染色质"念珠"模型。由许多核小体构成连续的染色质 DNA 细丝。

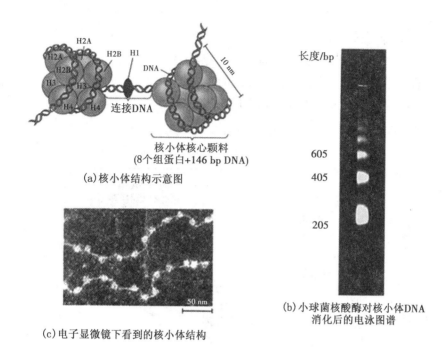

(a)核小体结构示意图

核小体核心颗料
(8个组蛋白+146 bp DNA)

(c)电子显微镜下看到的核小体结构

(b)小球菌核酸酶对核小体DNA
消化后的电泳图谱

**图 1-5　核小体单位的存在及结构**

染色体是真核细胞 DNA 在细胞进行有丝分裂或减数分裂时,细胞 DNA 所呈现出的特定形式。细胞核内 DNA 双螺旋紧密卷绕在组蛋白周围并被包装成一个线状结构,当细胞不分裂时,染色体在细胞核中是不可见的,在光学显微镜下也是如此。然而,当构成染色体的 DNA 在细胞分裂过程中变得更紧密,在光学显微镜下便可见。

核小体形成是染色体 DNA 压缩的第一阶段。在核小体中 DNA 盘绕组蛋白八聚体核心 1.75 圈,从而使 DNA 分子的长度缩短为原来的 1/7。200 bp 的 DNA 完全伸展长度约 68 nm,被压缩在直径为 10 nm 的核小体中。1/7 的压缩比远远低于染色体中 DNA 的可能压缩比。例如,人中期染色体约含有 $6.2×10^9$ bp DNA,理论长度约为 200 cm,被压缩在 46 个长度约为 5 μm 的染色体中,压缩比约为 1 万倍。所以,核小体形成只是 DNA 压缩的第一步。

在电子显微镜下观察染色质,可以发现 10 nm 和 30 nm 两种 DNA 显微结构。通过改变离子强度,10 nm 纤维和 30 nm 纤维之间可以相互转变。10 nm 纤维是由核小体结构串联成的染色质细丝,主要在低离子强度和无组蛋白 H1 的情况下存在。当离子强度较高,并且组蛋白 H1 存在时,以形成 30 nm 纤维为主,它是由

10 nm 的染色质细丝缠绕成螺旋管状结构，称为螺线管（solenoid）。螺线管的每一圈含有 6 个核小体，所以压缩比例为 6。这种螺线管是分裂间期染色质和分裂中期染色体的基本成分。螺线管可以进一步被压缩，形成超螺旋结构。中期染色体是一个细长、中空的圆筒，直径为 4000 nm，由直径为 30 nm 的螺线管缠绕而成，其压缩比约为 40。这个超螺旋管筒进一步压缩 5 倍便成为染色单体。所以，从 DNA 双螺旋结构到形成染色单体，DNA 的压缩比为 7×6×40×5（8400 倍），与先前提出的 1 万倍 DNA 压缩比相接近（图 1-6）。表 1-6 给出了染色体形成过程中染色体长度、宽度与压缩比等变化情况。

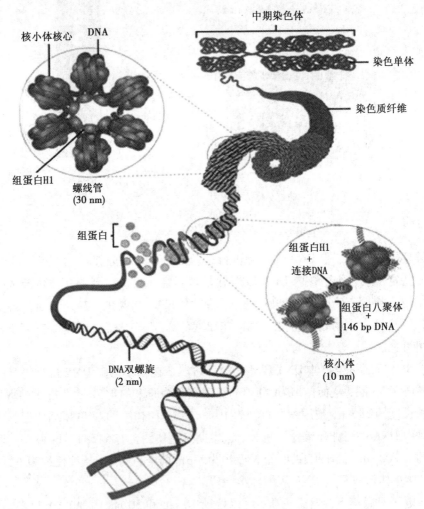

图 1-6　染色体 DNA 经过多级压缩形成染色体结构示意图

表 1-6　染色体形成过程中长度、宽度与压缩比的变化

| 压缩过程 | 组成成分 | 形成的结构名称 | 宽度增加 | 长度压缩 |
|---|---|---|---|---|
| 第一级 | DNA+组蛋白 | 核小体 | 5 倍 | 7 倍 |
| 第二级 | 核小体 | 螺线体 | 3 倍 | 6 倍 |
| 第三级 | 螺线体 | 超螺线体 | 13 倍 | 40 倍 |
| 第四级 | 超螺线体 | 染色体 | 2.5~5 倍 | 5 倍 |
| 总计 | | | 500~1000 倍 | 8400 倍(8000~10000) |

真核生物基因组的结构特点：

① 真核生物基因组庞大，一般远远大于原核生物基因组，具有许多复制起点，每个复制子长度较小。

② 真核生物基因组 DNA 与蛋白质结合形成染色体，储存于细胞核内。除配子细胞外，体细胞内的基因组是双份的(双倍体)，即有两份同源的基因组。

③ 真核生物基因组中含有大量重复序列，重复次数可达百万次以上。

④ 真核生物基因组的大部分序列为非编码序列，占整个基因组序列的90%以上。该特点是真核生物与细菌和病毒之间最大的区别。

⑤ 大部分基因含有内含子结构，是不连续的，为断裂基因。

⑥ 真核生物基因组的转录产物为单顺反子结构。一个结构基因经过转录和翻译生成一个 mRNA 分子和一条多肽链。

⑦ 真核生物基因组存在大量顺式作用元件，包括启动子、增强子和沉默子等。

⑧ 真核生物基因组中存在大量 DNA 多态性。DNA 多态性是指 DNA 序列发生变异而导致的个体间核苷酸序列的差异，一般发生在基因序列中不编码蛋白的区域和没有重要调节功能的区域。包括单核苷酸多态性(single nucleotide polymorphism)和串联重复序列多态性(tandem repeats polymorphism)。对于一个个体而言，基因多态性碱基序列终生不变，并按照孟德尔遗传规律世代相传。

⑨ 真核生物基因组具有端粒结构。端粒(telomere)是存在于真核生物线状染色体末端的一小段 DNA——蛋白质复合体。其 DNA 序列相当保守，一般为多个短寡核苷酸串联在一起构成。人类的端粒 DNA 长度为 5~15 kb，它与端粒结合蛋白一起构成特殊的"帽子"结构，具有维持染色体的完整性、保护染色体末端和决定细胞寿命等功能。有关端粒的研究也是分子生物学的研究热点之一。

### 1.1.3　原核生物基因组结构与特性

原核生物基因组很小，大多只有一条染色体，且 DNA 含量较少，通常仅由一

条环状双链 DNA 分子组成。DNA 与蛋白质结合，但不形成染色体结构。位于细胞中央，形成一个致密的区域，称为类核(nucleoid)。类核无核膜将其与胞浆分开。如大肠杆菌 DNA 的相对分子质量为 $2.4\times10^9$ Da，其完全伸展长度约为 1.3 mm，含有 4000 多个基因。最小的病毒如 SV40 病毒，其基因组 DNA 的相对分子质量只有 $3\times10^6$ Da，含有 5 个基因。此外，细菌的质粒、真核生物的线粒体、高等植物的叶绿体等也含有 DNA 和功能基因，这些 DNA 被称为染色体外遗传因子。从基因组的结构分析来看，原核生物基因组具有如下特征。

(1)结构简练

原核生物基因组 DNA 序列绝大部分是用来编码蛋白质的，只有少部分 DNA 序列不进行转录。基因序列是连续的，无内含子结构，基因组转录后不需要进行剪切，与真核生物基因组 DNA 含有大量内含子结构不一样。例如，噬菌体 ΦX174 基因组 DNA，不转录部分只占 4%(217/5386)，这与真核 DNA 的冗余现象不同。而且，这些不转录 DNA 序列通常是控制基因表达的序列，如 ΦX174 基因组 DNA 的 H 和 A 基因之间(3906~3973 位核苷酸之间)，就包含了 RNA 聚合酶结合位点、转录终止信号区和核糖体结合位点等基因表达调控元件。

(2)具有转录单元结构

原核生物 DNA 序列中功能相关的 RNA 和蛋白质基因，往往聚集在基因组的一个或者是几个特定区域，形成功能单位或者是转录单元，可以被一起转录为含有多个 mRNA 分子的结构，称为多顺反子 mRNA。ΦX174 基因组中含有多顺反子结构，功能相关的基因包括 D-E-J-F-G-H 等串联在一起转录产生一条 mRNA 链，再翻译成各种蛋白质，其中 J、F、G 和 H 编码外壳蛋白，D 编码的蛋白质与病毒装配有关，E 编码的蛋白质则导致细菌裂解，这是功能相关基因协同表达的一种方式。

大肠杆菌中由几个紧密排列的结构基因、启动基因和操纵基因组成的操纵子结构也是一种转录功能单位，如大肠杆菌的乳糖操纵子系统，编码 β-半乳糖苷酶、半乳糖苷渗透酶、半乳糖苷转酰酶的结构基因以 LacZ(z)、LacY(y)、LacA(a)的序列顺序排列在一起，在 z 的上游有操纵序列 LacO，更前面有启动子 LacP，在转录时形成一条多顺反子 mRNA，再翻译成 β-半乳糖苷酶、半乳糖苷渗透酶和半乳糖苷转酰酶，调节乳糖分解代谢。

(3)有重叠基因(overlapping gene)

所谓重叠基因是指两个或两个以上基因共用一段 DNA 序列，或是指一段 DNA 序列成为两个或两个以上基因的组成部分。在一些细菌和动物病毒中存在重叠基因，即同一段 DNA 能携带两种或两种以上不同种类的蛋白质信息。例如，

ΦX174 是一种单链 DNA 病毒，宿主为大肠杆菌，感染宿主后合成另一条链[(-)链]，变成复制型(replicating form，RF)，然后以新合成的(-)链为模板合成子代 DNA 分子链[(+)链]，并指导 9 个蛋白质合成，总相对分子质量为 $2.5×10^5$ Da，相当于 6078 个核苷酸，而病毒 DNA 只有 5386 个核苷酸，最多可以编码总相对分子质量约为 $2.0×10^5$ Da 的多肽，这个矛盾在重叠基因被发现前的很长一段时间没有得到解决。重叠基因是在 1977 年被发现的，当时美国科学家 Sanger 建立了测序方法，他用这种方法在对环状单链噬菌体 ΦX174 进行了测序，并阐明了各个基因的起始和终止位置，以及基因的密码子数目后，发现 ΦX174 基因组中 9 个基因是重叠的，至此这个谜团才被解开。原核基因组 DNA 的重叠现象主要有以下几种情况(图 1-7)。

① 一个基因完全在另一个基因的里面，如基因 B 在基因 A 内，基因 E 在基因 D 内。

② 部分重叠，如基因 K 和基因 C 部分重叠。

③ 两个基因中只有一个碱基对重叠，如基因 D 的终止密码子的最后一个碱基是基因 J 的起始密码子的第一个碱基。

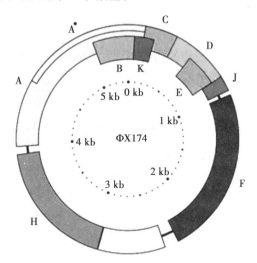

**图 1-7 ΦX174 基因组 DNA 重叠基因结构示意图**

除 ΦX174 外，SV40 病毒、G4 噬菌体 DNA 中也存在基因重叠现象。如 SV40 病毒 DNA 含有 5224 bp，编码 3 个外壳蛋白(VP1、VP2、VP3)和 2 个表面抗原蛋白(T 和 t)，其中 VP1、VP2、VP3 基因之间有 122 个碱基对的重叠序列，但密码子各不相同。t 抗原基因完全在 T 抗原基因里面，它们共用一个起始密码子。

基因重叠可能是生物进化过程中自然选择的结果，仅在噬菌体和病毒中存在,在真核生物中尚未发现重叠基因。基因的重叠性使有限的 DNA 序列包含了更多的遗传信息,是生物对它所含有的遗传物质进行经济而合理的利用,使较小基因组能够携带较多遗传信息。重叠基因不仅可经济利用基因组,而且可能还具有表达调控的作用。

④ 原核生物的染色体是由一个核酸分子(DNA 或 RNA)组成的,DNA 或 RNA 呈环状或线性,而且染色体相对分子质量较小。

⑤ 功能相关的基因大多以操纵子形式出现,如大肠杆菌乳糖操纵子等。操纵子是细菌基因表达和调控的一个完整单位,包括结构基因、调控基因和被调控基因产物所识别的 DNA 调控元件(如启动子等)。

⑥ 蛋白质基因通常以单拷贝形式存在。一般而言,为蛋白编码的核苷酸序列是连续的,中间不被非编码序列所打断。

⑦ 只有一个复制起点,一个基因组就是一个复制子。重复序列和不编码序列很少。

## 1.2 DNA 结构

现在我们知道,DNA 是遗传的物质基础,而基因是位于染色体上的特定 DNA 序列,可以编码特定蛋白质并发挥特定生物学功能。生命体通过基因表达和传递,将上一代性状准确无误地遗传给下一代并表现出来。但是,DNA 为什么能够起到传递遗传物质的作用,它又是如何完成的? 这些步骤的完成是否和 DNA 的特殊结构特征有关联?

DNA 是一种长链聚合物,基本组成单元为 4 种脱氧核苷酸,即腺嘌呤脱氧核苷酸(dAMP 脱氧腺苷)、胸腺嘧啶脱氧核苷酸(dTMP 脱氧胸苷)、胞嘧啶脱氧核苷酸(dCMP 脱氧胞苷)、鸟嘌呤脱氧核苷酸(dGMP 脱氧鸟苷)。而脱氧核糖(五碳糖)与磷酸分子通过磷酸二酯键相连,组成 DNA 的长链骨架,排列在外侧,四种碱基排列在内侧。每个糖分子都与 4 种碱基里的其中一种相连,这些碱基沿着 DNA 长链排列所形成的序列,可组成遗传密码,指导蛋白质合成。读取密码的过程称为转录,是以 DNA 双链中的一条单链为模板,复制出一段称为 mRNA(信使 RNA)的核酸分子。

### 1.2.1　DNA 一级结构

自然界绝大多数生物体的遗传信息贮存在 DNA 的核苷酸排列序列中。DNA 是巨大的生物高分子，一般将细胞内遗传信息的携带者即染色体中所包含的 DNA 总体称为基因组(genome)。同一物种的基因组 DNA 含量总是恒定的，不同物种间基因组大小和复杂程度则差异极大，一般来讲，进化程度越高的生物个体基因组含量越大、组成越复杂。

DNA 又称脱氧核糖核酸，是 deoxyribonucleic acid 的缩写。它是一种高分子化合物，组成的基本单位是脱氧核苷酸。脱氧核苷酸由碱基、脱氧核糖和磷酸构成。其中碱基有 4 种：腺嘌呤(A)、鸟嘌呤(G)、胸腺嘧啶(T)和胞嘧啶(C)。在所有 DNA 分子中，脱氧核糖和磷酸是保持不变的，只有碱基发生改变。所以 DNA 分子其实是由 4 种脱氧核苷酸组成的：腺嘌呤脱氧核苷酸、鸟嘌呤脱氧核苷酸、胸腺嘧啶脱氧核苷酸和胞嘧啶脱氧核苷酸。许多脱氧核苷酸通过在 3′端形成磷酸二酯键，加入更多脱氧核苷酸而形成 DNA 链(图 1-8)。此时，形成的 DNA 链为 DNA 单链，经过碱基配对后，DNA 单链形成 DNA 双链结构。

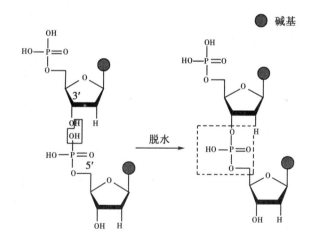

3′,5′-磷酸二酯键形式

**图 1-8　磷酸二酯键产生过程示意图**

DNA 分子中不同排列顺序的 DNA 区段构成特定的功能单位，即基因(gene)。基因的功能取决于 DNA 的一级结构。一个 DNA 分子能携带多少基因呢？如果以 1000~1500 bp 编码一个基因计算，猿猴病毒 SV40 基因组 DNA 有 5000 bp，可编码 5 种基因，人类基因组含 $3 \times 10^9$ bp DNA，理论上可编码 200 万以上的基因。然而，由于哺乳动物的基因含有内含子结构(intorn)，因而，每个基因可长达 5000~

8000 bp，少数可达 20000 bp，按这样基因大小来推算，人类基因组相当于 40 万~60 万个基因。这可能吗？虽然现在还不知道确切数字，但利用核酸杂交技术已测得哺乳动物类细胞约含有 5 万~10 万种 mRNA，由此推论整个基因组所含基因约为 10 万个，只占全部基因组的 6%，另外，有 5%~10% 为 rRNA 等重复基因，其余 80%~90% 属于非编码区，没有直接的遗传学功能。

DNA 的复性动力学研究发现这些非编码区往往都是一些大量的重复序列，这些重复序列或集中成簇，或分散在基因之间，可能在 DNA 复制、调控中具有重要意义，并与生物进化、种族特异性有关。原核细胞由于 DNA 分子较小，必须充分利用有限的核苷酸序列，通常不含有非编码序列，这是真核基因组与原核基因组显然不同之处。

DNA 的一级结构是指 4 种脱氧核苷酸的连接及其排列顺序。从 DNA 分子的结构特征可以看出，碱基在 DNA 长链中的排列可以是千变万化的，从而为遗传性状的多样性提供了物质基础和可能性。组成 DNA 分子的碱基虽然只有 4 种，它们的配对方式也只有 A 与 T、C 与 G 两种，由于碱基可以以任何序列方式排列，这样就构成了 DNA 多样性。例如，一条含有 100 个碱基对的多核糖核苷酸链，其碱基的排列方式可能多达 $4^{100}$，几乎是一个天文数字。而且在实际生命体中，一条多核糖核苷酸链的碱基数远不止 100 个，所以，碱基的排列顺序几乎是无限的。每个 DNA 分子所特有的碱基排列顺序构成了 DNA 分子的特异性，每个特定的 DNA 序列编码特定序列蛋白质，从而体现出生物多样性。因此，DNA 分子中 4 种核苷酸千变万化的序列排列反映了生物界物种的多样性和复杂性。

DNA 的一级结构或者是 DNA 的核苷酸序列不能决定 DNA 的高级结构，但是在一定程度上对 DNA 的高级结构产生影响。例如，在 B 型 DNA 中多 G-C 区容易形成左手螺旋(Z-DNA)，反向重复的 DNA 片段或者是回文序列容易出现发卡结构，并且有时会产生一种三螺旋结构（H-DNA）等。可以说，DNA 的一级结构决定其高级结构，而这些高级结构对一级结构的功能又产生影响。研究 DNA 的一级结构对阐明遗传物质的结构基础、功能特征和表达调控都非常重要。

### 1.2.2　DNA 二级结构

DNA 的二级结构是指两条多核苷酸链反向平行盘绕所生成的双螺旋结构。DNA 的二级结构具有如下特点：

① 两条多核苷酸链是反向平行的，一条是 5′→3′，另一条是 3′→5′。
② 两条多核苷酸链的糖-磷酸骨架位于双螺旋的外侧，碱基平面位于链的内侧。
③ 两条多核苷酸链以相同的旋转绕同一个公共轴形成右手双螺旋，螺旋的直

径是 2.0 nm。

④ 相邻碱基对之间的轴向距离为 0.34 nm，每个螺旋的轴距为 3.4 nm。

两条链上的碱基通过氢键相结合，形成碱基对，其组成遵循嘌呤与嘧啶相配对的原则，而且腺嘌呤（A）只能与胸腺嘧啶（T）配对，鸟嘌呤（G）只能与胞嘧啶（C）配对。碱基之间的这种一一对应的关系称为碱基互补配对原则。在生命体中，无论 DNA 的二级结构还是高级结构，都是时刻变化的，即在二级结构的各种构象间，二级结构与高级结构间，或高级结构的各种构象间，都存在一个动力学平衡。

在 DNA 双链之间，有多种作用力共同作用，维持 DNA 二级结构的稳定。维系 DNA 双链结构稳定的作用力主要有：

① 两条多核苷酸链间的互补碱基对之间的氢键。GC 之间有三条氢键，AT 之间有两条氢键，这是 DNA 双螺旋结构的重要特征之一，DNA 的许多物理性质如变性、复性及 $T_m$ 值等都与此有关。DNA 双螺旋结构中，配对碱基之间的氢键处于连续不断的断裂和再生的动态平衡中。

② 碱基对疏水的芳香环堆积所产生的疏水作用力，以及堆积的碱基对间的范德华力。疏水作用力使 DNA 相邻的碱基有相互堆集在一起的趋势，这是形成碱基堆积力的另一个重要因素。DNA 双链中存在大量的嘌呤环和嘧啶环，其累积的范德华力是相当可观的，这是形成碱基堆集力的另一个重要因素。已经堆积的碱基更容易发生氢键的键合，相应地，已经被氢键定向的碱基更容易堆集。两种作用力相互协同，形成一种非常稳定的结构。如果一种作用力被消除，另一种作用力也大为减弱。

③ 磷酸基团上的负电荷与介质中的阳离子化合物之间形成的盐键，带负电荷的磷酸基团的静电斥力。DNA 溶液中的离子浓度降低时，阳离子在磷酸基团周围形成的屏蔽作用减弱，使得磷酸基团静电斥力增大，因而，$T_m$ 值随之降低，所以，纯蒸馏水中的 DNA 在室温下就会变性。

④ 碱基分子内能。温度升高、碱基分子内能增加时，碱基的定向排列遭到破坏，削弱了碱基的氢键结合力和碱基的堆集力，使 DNA 双螺旋结构遭到破坏。

DNA 的二级结构还包括单链核酸形成的二级结构。RNA 是主要的单链核酸，RNA 分子内部存在部分序列之间的碱基配对，核酸链自身回折配对产生反向平行的双螺旋结构，叫发夹结构。发夹结构由碱基配对的双螺旋区（茎）和末端不配对的环构成。

通常情况下，DNA 的二级结构有两大类：一类是右手螺旋，包括 A-DNA 和 B-DNA，DNA 通常是以右手螺旋形式存在。另一类是左手螺旋，即 Z-DNA。

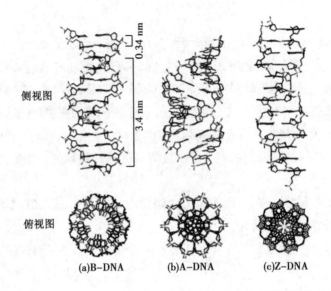

图 1-9　B-DNA、A-DNA 和 Z-DNA 侧视图和俯视图结构比较

### 1.2.2.1　DNA 右手螺旋的几种构象及动态平衡

（1）B-DNA 的构象

即 B 型 DNA，为 DNA 双螺旋的一种形式。在 DNA 的三种构型中，B-DNA 是与细胞中 DNA 结构最接近的。

DNA 是由许多核苷酸构成的 DNA 分子的长链，通过 X 射线衍射分析表明，DNA 分子中不仅只有一个长链。那么多个长链是怎样结合在一起的呢？是多条核苷酸链靠碱基相互连接的吗？如果如此，那么两个碱基之间有三种不同连接方式：相同的碱基相互连接，如 A 与 A 相连；相同类别的碱基相连，即嘌呤与嘌呤、嘧啶与嘧啶相连；不同类别的碱基相连，即嘌呤与嘧啶相连。那么，这种连接究竟是不同多核苷酸链上的碱基相互连接？还是同一条链不同部位上的碱基相互连接？

20 世纪上半叶，自然界中大多数生物的遗传物质被确定为 DNA，在此基础上，一批青年科学家加入了生物学的研究。1951 年，沃森（Watson）和克里克（Crick）在剑桥著名的卡文迪什实验室相遇，并开始进行 DNA 结构的研究。沃森和克里克认为揭示 DNA 分子结构需要建立一个结构模型。

在 DNA 双螺旋模型建立之前，科学研究工作者对 DNA 结构进行了多项研究，包括：

① DNA 由 6 种小分子组成：脱氧核糖、磷酸和 4 种碱基（A、G、T、C），由这些小分子组成 4 种核苷酸，由这 4 种核苷酸组成 DNA。

② Rosalind Franklin 获得的高质量 DNA 的 X 射线衍射照片显示，DNA 是螺旋形分子，而且从密度上提示 DNA 是双链分子。

③ 碱基组成的查伽夫(Chargaff)定律：A＝T，C＝G；不同种属的 DNA 碱基组成不同；同一个体不同器官、不同组织的 DNA 具有相同的碱基组成。

1952 年 6 月，沃森和克里克邀请剑桥大学数学系研究生格里菲斯进行理论计算后得知：A 吸引 T，G 吸引 C，即嘌呤有吸引嘧啶的趋势。同年，哥伦比亚大学教授查伽夫访问剑桥，沃森和克里克得知查伽夫已发表研究成果，即查伽夫定律：核酸的两个嘌呤和两个嘧啶两两相等，分子数 A＝T、G＝C，继而形成了碱基配对的概念。由此，沃森和克里克确定 DNA 分子不是由多条链而是由两条单链组成。

之后，沃森和克里克从生物大分子的基本单位出发，运用化学规律发现核苷酸之间可能形成的排列方式，着重考虑对整个大分子结构的稳定性具有决定作用的氢键的形成方式，并开始模型设计。两人测定各种嘌呤和嘧啶的大小、碱基对的排列、氢键的引力，以及 DNA 分子直径、螺距、键角等结构数据，再与 DNA 衍射图像一一对比设计模型。他们发现 4 种碱基中，腺嘌呤(A)-胸腺嘧啶(T)对之间可以形成两个氢键连接，鸟嘌呤(G)-胞嘧啶(C)对之间可以形成三个氢键连接，两种配对均是一个双环和一个单环的组合，直径相差较小，并且从这一发现解释了 Chargaff 定律，最终他们设计出 DNA 分子双螺旋结构模型。

这一结构模型可以描述为：脱氧核糖和磷酸交替排列构成 DNA 的基本骨架，碱基在内侧，两条长链的碱基通过氢键形成碱基对，A 与 T 配对，G 与 C 配对。由此也可以证实一条链是如何作为模板合成另一条互补碱基序列的链，并且两条链的方向一定是相反的。

沃森和克里克用一周的时间构建了 DNA 结构模型，测量出两种碱基对和 DNA 长链上每一种键的旋转角度。同时，将金属材料制成的模型与 X 射线拍摄的衍射照片相比较，发现二者完全相符，进一步分析证实了双螺旋结构模型是正确的。1953 年 4 月，英国的《自然》杂志刊登了沃森和克里克在英国剑桥大学合作的研究成果：DNA 双螺旋结构的分子模型。这一成果被誉为 20 世纪以来生物学方面最伟大的发现，标志着分子生物学的诞生。半个多世纪过去了，这一发现却依旧令人着迷。DNA 分子结构的发现，更好地解释了 DNA 是遗传物质，以及在分子水平上阐明 DNA 的复制和控制蛋白质合成的功能。

DNA 的结构受到环境条件的影响，此模型中所描述的是 DNA 钠盐在较高湿度条件下的结构，即 B 型 DNA 结构。该结构含水量较多，是大多数 DNA 在细胞中的生理构象。它既规则也稳定，是由两条反向平行的多核苷酸链围绕同一个中心轴构成的右手螺旋结构。多核苷酸链的方向由核苷酸间的磷酸二酯键的走向决定，一条是从 5′→3′，另一条是从 3′→5′。链间有螺旋形的凹槽，其中一个较浅(约 1.2 nm 交叉)，称为小沟(minor groove)；一个较深(约 2.2 nm 交叉)，称为大沟(major groove)。两条链上的碱基对以氢键相连，其中，G 与 C 配对，A 与 T 配对,嘌呤和嘧啶碱基位于双螺旋的内侧。顺着螺旋轴心从上往下看,可发现碱基对平面与纵轴垂直,而且螺旋的轴心穿过氢键的中心。相邻碱基对平面之间的距离为 0.34 nm,即顺着中心轴的方向,每隔 0.34 nm 有一个核苷酸,以 3.4 nm 为一个结构重复周期,形成一个 DNA 螺旋。脱氧核糖和磷酸基团,通过磷酸二酯键相连而构成 DNA 分子的骨架,位于双螺旋外侧,脱氧核糖环平面与纵轴大致平行。双螺旋的直径为 2.0 nm(图 1-10)。

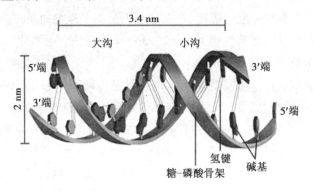

**图 1-10　DNA 反向平行双螺旋结构**

DNA 双螺旋模型建立的意义,不仅意味着探明了 DNA 分子的结构,更重要的是它还提示了 DNA 的复制机制:由于腺嘌呤(A)总是与胸腺嘧啶(T)配对、鸟嘌呤(G)总是与胞嘧啶(C)配对,说明两条链的碱基序列是彼此互补的(图1-11),只要确定了其中一条链的碱基序列,另一条链的碱基序列也就确定了。

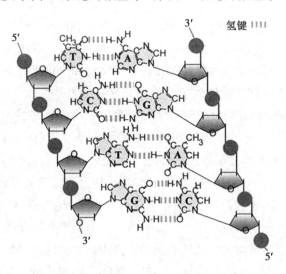

**图 1-11　DNA 双螺旋结构中碱基互补配对示意图**

（2）A-DNA 的构象

又称 A 型 DNA，为 DNA 双螺旋的另一种形式。在相对湿度 75% 以下时，DNA 的构象不同于 B-DNA 的结构特点，虽然也是右手螺旋，但是碱基对与中心轴的倾角发生改变，螺旋宽而短，每圈螺旋包含 11 个碱基对。A-DNA 与 B-DNA 的主要区别有：A-DNA 碱基对倾斜角较大，并且偏向双螺旋的边缘，具有一个深窄的大沟和宽浅的小沟；B-DNA 碱基对倾斜角较小，螺旋轴穿过碱基对，大沟宽，小沟窄，主要变化参数见表 1-7。

表 1-7　A-DNA、B-DNA 和 Z-DNA 三种构象 DNA 主要参数比较

| | A-DNA | B-DNA | Z-DNA |
|---|---|---|---|
| 存在条件 | 75% 相对湿度 | 95% 相对湿度或生理盐水 | 嘌呤-嘧啶交替序列、DNA 超螺旋、高浓度盐溶液 |
| 碱基倾斜角/° | 20 | 6 | 7 |
| 碱基间距/nm | 0.26 | 0.34 | 0.37 |
| 螺旋直径/nm | 2.55 | 2.37 | 1.84 |
| 每圈碱基数 | 11 | 10 | 12 |
| 大沟 | 很窄、很深 | 宽、较深 | 无或很平坦 |
| 小沟 | 很宽、浅 | 窄、较深 | 很窄、很深 |
| 螺旋方向 | 右手 | 右手 | 左手 |

若 DNA 双链中一条链被相应的 RNA 链所替代，则变构成 A-DNA。当细胞处于转录状态时，DNA 模板链与由它转录所得的 RNA 链之间形成的双链就是 A-DNA 双链结构。所以，A-DNA 构象对基因表达具有重要的意义。

目前，已辨识出来的构象包括：A-DNA、B-DNA、C-DNA、D-DNA、E-DNA、H-DNA、L-DNA、P-DNA 与 Z-DNA 等。不过以现有的生物系统来说，自然界中可见的只有 A-DNA、B-DNA 与 Z-DNA。

1.2.2.2　DNA 左手螺旋——Z-DNA 的研究

DNA 的双螺旋结构永远处于动态平衡中，DNA 分子构象的变化与糖基和碱基之间空间相对位置有关。

1979 年，麻省理工大学的 Alexander Rich 等人对一位荷兰科学家提供的 CGCGCG 单晶的 X 射线衍射图谱进行结构分析，出人意料地发现这种六聚体的构象与上面讲到的完全不同，最后提出了 Z-DNA 结构模型。它是左手双螺旋，与右手螺旋的不同是螺距延长（4.5 nm 左右），直径变窄（1.8 nm），每个螺旋含 12 个碱基对，分子长链中磷原子不是平滑延伸而是呈锯齿形排列，犹如"之"字，因此，叫它 Z（英文字 Zigzag 的第一个字母）构象。还有，这一构象中的重复单位是

二核苷酸而不是单核苷酸；而且 Z-DNA 只有一个螺旋沟，它相当于 B 构象中的小沟，它狭而深，大沟则不复存在。进一步分析证明，Z-DNA 形成是由 DNA 单链上出现嘌呤与嘧啶交替排列所致，比如 CGCGCGCG 或者 CACACACA。Z-DNA 是一种比较特殊的 DNA 构象，它与其他 DNA 构象的不同之处在于它是在减数分裂第一次分裂前期的偶线期产生的，约占 DNA 总量的 0.3%。

Z-DNA 形成通常在热力学上是不利的。因为 Z-DNA 中带负电荷的磷酸基团距离太近，产生静电排斥。但是，DNA 链的局部不稳定区的存在就成为潜在的解链位点。DNA 解螺旋是 DNA 复制和转录等过程中必要的环节，因此，认为这一结构与基因调节有关。比如 SV40 增强子区中就有此结构，鼠类微小病毒 DNS 复制区起始点附近有 GC 交替排列序列。

DNA 在进行转录时，若局部构象转变为 Z-DNA，可使 DNA 转录活性降低。虽然 B-DNA 是最常见的 DNA 构象，但是 A-DNA 和 Z-DNA 似乎具有不同的生物活性。Z-DNA 不能形成核小体，但是由于位于转录起始位点附近的结构能招募转录因子，从而激活转录。Z-DNA 有其特殊的序列和形成条件，其重要生物学功能也逐渐被揭开面纱。Z-DNA 在基因调控、肿瘤发生与病毒感染等疾病过程中都具有重要的作用。由于用右手螺旋结构模型解链过程来解释大分子 DNA 复制时遇到困难，Z-DNA 左手螺旋的提出一度动摇过右手螺旋学说，现已证明，左手螺旋 Z-DNA 只是右手螺旋结构模型的补充和扩展。

此外，DNA 螺旋上沟的特征在其信息表达过程中起关键作用。调控蛋白都是通过其分子上特定的氨基酸侧链与 DNA 双螺旋沟中的碱基对一侧的氢原子供体或受体相互作用，形成氢键从而识别 DNA 上的遗传信息的。大沟所带的遗传信息比小沟多。沟的宽窄和深浅也直接影响到调控蛋白质对 DNA 信息的识别。Z-DNA 中大沟消失，小沟狭而深，使调控蛋白识别方式也发生变化。这些都暗示 Z-DNA 的存在不仅仅是由于 DNA 中出现嘌呤-嘧啶交替排列的结果，也一定是在漫漫进化长河中对 DNA 序列与结构不断调整与筛选的结果，有其内在而深刻的含义，只是人们还未充分认识而已。DNA 构象的可变性，或者说 DNA 二级结构的多态性的发现拓宽了人们的视野。原来，生物体中最为稳定的遗传物质也可以采用不同的姿态来实现其丰富多彩的生物学功能。

多年来，DNA 结构的研究手段主要是 X 射线衍射技术，其结果是通过间接观测多个 DNA 分子有关结构参数的平均值而获得的。同时，这项技术的样品分析条件使被测 DNA 分子与天然状态相差甚远。因此，在反映 DNA 结构真实性方面该方法存在一定的缺陷。1989 年，应用扫描隧道电子显微镜（scanning tummeling microscopy, STM）研究 DNA 结构克服了上述技术的缺陷。这种先进的显微技术，不仅可将被测物放大 500 万倍，且能直接观测接近天然条件下单个 DNA 分子的结构细节。STM 技术的应用是 DNA 结构研究中的重要进展,可望在探索 DNA 结构的某些未知点上展示巨大的潜力。

### 1.2.2.3 DNA 双链的变性和复性

DNA 双螺旋的两条链之间通过非共价键结合在一起,它们比较容易分开。当 DNA 溶液温度升高接近沸点或者溶液 pH 较高时,互补的两条链就可能分开,形成 DNA 单链结构,这种变化过程称为 DNA 变性(denaturation)。但是这种 DNA 双链的变性过程是可逆的,当变性的 DNA 溶液温度缓慢下降,DNA 的互补链有可能重复聚合,重新形成有规则的双螺旋结构,称为 DNA 复性(renaturation)。DNA 双链的这种变性和复性能力被用于 DNA 印迹和 DNA 芯片分析等实验技术中。

DNA 溶液在波长 260 nm 处具有最大吸光度,并且双螺旋 DNA 的光吸收比单链 DNA 低 40%。当 DNA 溶液温度升高到接近沸点温度时,260 nm 处的吸光度明显增加,这种现象称为增色效应(hyperchromic effect)。对应的,当溶液温度降低,互补的 DNA 单链形成双螺旋 DNA 双链结构,双链结构中的碱基堆积降低了对紫外线的吸收能力,在 260 nm 处的吸光度降低,这种现象称为减色效应(hypochromic effect)。

人们可以通过检测 DNA 溶液对紫外光吸光度的变化来检测 DNA 的变性过程。将 DNA 的吸光度相对温度变化绘制曲线,可以发现 DNA 光吸收的急剧增加发生在相对较窄的温度范围内。科学家把吸光度增加到一半时的温度称为 DNA 的解链温度或者是熔点(melting termperature,$T_m$)(图 1-12)。

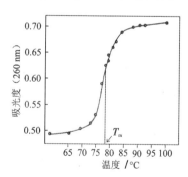

**图 1-12  DNA 溶液吸光度随温度变化示意图($T_m$ 值测定)**

$T_m$ 值是 DNA 的一个重要特征指数,不同序列 DNA 的 $T_m$ 值不同,其大小由下列因素决定。

(1)G-C 含量

在一定条件下,$T_m$ 高低由 DNA 分子中 G-C 含量所决定。G-C 含量高时,$T_m$ 值比较高,反之则低。这是因为 G-C 之间的氢键较 A-T 多,解链时需要较多的能量的缘故。$T_m$ 值和 G-C 含量之间的关系可以用以下经验公式表示：

$$(G-C)\% = (T_m - 69.3) \times 2.44$$

在一定条件下(pH 值为 7.0，0.165 mol/L NaCl 溶液中)，$T_m$ 值与(G-C)%含量成正比关系。因此，通过测定 $T_m$ 值，可以推算出 DNA 分子中 4 种碱基的百分组成。

(2)DNA 所处的溶液条件

离子强度的效应关系反映了 DNA 双螺旋的另一个基本特征。DNA 双链的骨架含有带负电荷的磷酸基团，若这些负电荷没有被中和，则 DNA 双链间的静电排斥力将驱使两条 DNA 链分开。当 DNA 溶液离子强度较高时，负电荷可以被溶液中的阳离子中和，双螺旋的结构趋向稳定，$T_m$ 值则相对较高，而且熔解温度范围较窄。而当 DNA 溶液离子强度较低时，未被中和的负电荷趋向于降低双螺旋结构的稳定性，从而 $T_m$ 值较低，而且熔解温度范围较宽。因此，在表示某一来源DNA 的 $T_m$ 值时，必须指出其测定条件。而 DNA 样品为什么一般保存在含盐缓冲液中，原因就是 DNA 在含盐缓冲液中较稳定。

(3)DNA 的均一性

一些病毒 DNA、人工合成的多腺嘌呤-胸腺嘧啶脱氧核苷酸等均质 DNA(homogeneous DNA)熔解温度范围较小，而异质 DNA(hoterogeneous DNA)熔解温度较宽，因此，$T_m$ 值也可作为衡量 DNA 样品均一性的指标。

### 1.2.3 DNA 高级结构

DNA 的高级结构是指 DNA 分子在双螺旋的基础上，进一步绕同一中心轴缠绕盘旋，形成更复杂的、特定的空间结构。自从 1965 年 Vinograd 等人利用电子显微镜发现 SV40 病毒和多瘤病毒具有环状 DNA 的超螺旋结构，现已知道绝大多数原核生物 DNA 都是共价封闭环(covalently closed circle，CCC)分子，这种双螺旋环状分子再度螺旋化成为超螺旋结构(superhelix 或 supercoil)(图 1-13)。DNA 的高级结构包括超螺旋、线性双链中的扭结(kink)和多重

环状DNA结构示意图

超螺旋DNA结构示意图

图 1-13　环状 DNA(左)和超螺旋 DNA(右)结构示意图

螺旋等。研究结果提示，所有的 DNA 超螺旋都是由 DNA 拓扑异构酶产生的。

DNA 拓扑异构酶是存在于细胞核内的一类酶，它们能够催化 DNA 链的断裂和结合，从而控制 DNA 的拓扑状态，拓扑异构酶参与了超螺旋结构模板的调节。

哺乳动物中主要存在两种类型拓扑异构酶：拓扑异构酶Ⅰ和拓扑异构酶Ⅱ。

拓扑异构酶Ⅰ催化DNA链的断裂和重新连接，每次只作用于一条链，即催化瞬时的单链的断裂和连接，催化DNA复制时的拓扑异构状态的变化，它们不需要能量辅因子如ATP或NAD。E.coli DNA拓扑异构酶Ⅰ又称ω蛋白，大鼠肝脏细胞DNA拓扑异构酶Ⅰ又称切刻-封闭酶（nicking-closing enzyme）。拓扑异构酶Ⅱ能同时断裂并连接双股DNA链，通过引起瞬间双链酶桥的断裂，然后打通和再封闭，以改变DNA的拓扑状态，它们通常需要能量辅因子ATP。拓扑异构酶Ⅱ中又可以分为两个亚类：一个亚类是DNA旋转酶（DNA gyrase），其主要功能为引入负超螺旋，在DNA复制过程中起十分重要的作用。迄今为止，只在原核生物中发现DNA旋转酶。另一个亚类是转变超螺旋DNA（包括正超螺旋和负超螺旋）成为没有超螺旋的松弛形式（relaxed form）。这一反应虽然是热力学上有利的方向，但它们仍然像DNA旋转酶一样需要ATP，这可能与恢复酶的构象有关。这一类酶在原核生物和真核生物中都有发现。

在DNA双螺旋结构中，一般每旋转一圈约有10个碱基对，使双螺旋结构处于内部能量最低状态，结构也最稳定。若正常DNA双螺旋结构绕中心轴额外多转动几圈或者是转动不足，染色质丝每转一圈的核苷酸数目大于或者是小于10，使DNA双螺旋空间结构发生改变，在DNA双链中产生额外张力，引起DNA结构不稳定。如果此时DNA末端是开放的，可通过DNA链的转动来释放额外张力，从而保持原有的DNA双螺旋结构。若此时DNA末端是闭合的，例如环状DNA，双链不能够自由转动，所产生的额外张力不能够被释放而使DNA链的内部结构产生重排，产生异常排列，造成扭曲，则出现超螺旋结构，就像电话机连线产生超螺旋结构一样（图1-14）。

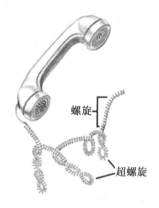

图1-14 使用电话机连线显示DNA链中的螺旋和超螺旋结构

超螺旋结构是 DNA 高级结构中的主要形式，包括正超螺旋和负超螺旋。当 DNA 双螺旋结构盘绕过多时则形成正（右手）超螺旋，盘绕不足时则形成负（左手）超螺旋。由于超螺旋是在双螺旋的张力下形成的，因此，只有闭合环状双链 DNA 和两端固定的线性 DNA 才能形成超螺旋，有切口的 DNA 是不能形成超螺旋结构的。负超螺旋是细胞内常见的 DNA 高级结构形式，无论是真核生物的双链线性 DNA，还是原核生物的双链环形 DNA，在生物体内都是以负超螺旋的形式存在，密度一般为 100~200 bp 每圈。细胞内 DNA 形成负超螺旋是 DNA 的特殊结构和担负功能的需要，负超螺旋的存在对于转录和复制都是必要的。原核细胞中的 DNA 超螺旋是在 DNA 旋转酶作用下，由 ATP 提供能量形成环状 DNA 负超螺旋；真核细胞中的 DNA 与组蛋白形成核小体以正超螺旋结构存在。在生物体内，负超螺旋和正超螺旋可以在不同类型的拓扑异构酶的作用下相互转变，如图 1-15 所示。

**图 1-15　正超螺旋和负超螺旋转换示意图**

在研究细菌质粒 DNA（环状 DNA）时，天然状态下存在的细菌 DNA 以负超螺旋为主要形式。若被外力破坏，其中一条链断裂，则出现开环结构，两条链同时断裂则形成线性结构。在电场力作用下，相同相对分子质量的超螺旋 DNA 比线性 DNA 分子迁移速率大，而线性 DNA 分子又比开环的 DNA 分子迁移速率大，可以用这种方法判断质粒结构是否被破坏。

1969 年，White 建立了 White 方程式来对超螺旋进行了定量描述，说明环绕数和超螺旋的关系。

$$L = T + W$$

$L$（linking number）是链环数或称拓扑环绕数，指 DNA 分子两条链，一条链绕另一条链的总次数。$L$ 是整数，在不发生链断裂的情况下，$L$ 是个常量，右手螺旋时 $L$ 取正值。$T$（twisting number）是缠绕数，即为双螺旋的圈数。$T$ 为变量，可以是非整数，右手螺旋时 $T$ 为正值。$W$（writhing number）是扭曲数，即超螺旋数。$W$ 也为变量，可以是非整数，右手螺旋时，$W$ 取负值。

例如某一个 B-DNA 共有 200 个碱基对，双链 DNA 应该为 20 圈，所以，$L$ 和 $T$ 值都是 20，此时，$W$ 为 0，形成松弛型 DNA[图 1-16(a)]。现在若将 DNA 分子的一端固定，另一端朝双螺旋相反方向旋转 2 圈后使两端封闭，即去除 2 圈后再盘旋缠绕(此时 $L=18$)。由于 DNA 分子趋向于保持 B-DNA 结构,因此,$T$ 维持原来的 20,$L$ 为定值 18,为了满足以上方程,$W$ 就必须是 $-2$,该 DNA 分子就成为超盘绕 2 次的负超螺旋结构[图 1-16(b)]。如果增加 2 圈后再盘旋缠绕,DNA 分子维持 B-DNA 结构,$T$ 维持原来的 20,$L$ 为定值 22,$W$ 则为 2,即 DNA 分子为超盘绕 2 次的正超螺旋[图 1-16(c)]。超螺旋是 DNA 三级结构的一种普遍形式,双螺旋 DNA 的松开导致负超螺旋,而拧紧则导致正超螺旋。

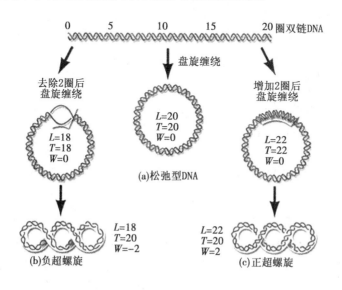

图 1-16 负超螺旋和正超螺旋形成过程示意图

### 1.2.4 DNA 技术的发展与应用

随着分子生物学和生物技术的发展,DNA 技术在临床诊断等方面取得了广泛应用和推广,这一发展也深深影响了现代医学的很多方面,包括遗传疾病的分析和诊断等,应运而生产生了分子诊断学。同时,由于人类基因组全部序列的确定,确证人类的所有基因序列成为可能,从而使分析疾病相关的 DNA 序列也成为可能,进一步提高了人类生活质量。

(1)人类基因组计划

人类基因组计划(human genome project,HGP)是由美国科学家于 1985 年率先提出,于 1990 年正式启动的。美国、英国、法国、德国、日本和中国科学家共同参与了这一价值达 30 亿美元的人类基因组计划。这一计划旨在为 30 多亿个碱基对构成的人类基因组精确测序,发现所有人类基因并确定其在染色体上的位置,破译人类全部遗传信息。该计划与曼哈顿原子弹计划和阿波罗登月计划并称为三大科学计划。

2000 年 6 月 26 日，参加人类基因组计划的美国、英国、法国、德国、日本和中国等六国科学家共同宣布，人类基因组草图的绘制工作已经完成。最终完成测序所用的克隆能忠实地代表常染色体的基因组结构，序列错误率低于万分之一。95%常染色质区域被测序，每个 Gap 小于 150 kb。

美国和英国科学家 2006 年 5 月 18 日在英国《自然》杂志网络版上发表了人类最后一个染色体——1 号染色体的基因测序。在人体全部 22 对常染色体中，1 号染色体包含基因数量最多，达 3141 个，是平均水平的 2 倍，共有超过 2.23 亿个碱基对，破译难度也最大。一个由 150 名英国和美国科学家组成的团队历时 10 年，才完成了 1 号染色体的测序工作。

（2）亲子鉴定

亲子鉴定，是指运用生物学、遗传学及相关学科的理论和技术，根据遗传性状在子代和亲代之间的遗传规律，判断父母和子女之间是否为亲生关系的鉴定技术。在亲子鉴定中，最常用的方法是血型检验，但由于血型鉴定的结果只能作为否定亲生关系的根据，尽管非父排除率和肯定父系的概率可达到 99%以上，但仍不能 100%肯定。另外，血型检验检测包括红细胞血型、白细胞血型、血清型和红细胞酶型等，这些遗传学标志为蛋白质（包括糖蛋白）或多肽，容易失活而导致检验得不到真实可靠的检测结果。此外，这些遗传标志均为基因编码的产物，多态信息含量（PIC）有限，不能反映 DNA 编码区的多态性，且这些遗传标志存在生理性、病理性变异（如 A 型、O 型血的人受大肠杆菌感染后，B 抗原可能呈阳性）。因此，其应用价值有限。现代生物技术可以将 DNA 片段通过分子杂交，得到 DNA 指纹并应用于亲子鉴定，可将随机相同概率缩小到三百亿分之一。

DNA 分子鉴定是现在使用最多的鉴定亲子关系的实验方法。人的血液、毛发、唾液、口腔细胞等都可以用于亲子鉴定，十分方便。人类细胞有 23 对染色体，同一对染色体同一位置上的一对基因称为等位基因，其中一个来自父亲，一个来自母亲。在进行亲子鉴定时，如果检测到某个 DNA 位点的等位基因，一个与母亲相同，那么，另一个就应与父亲相同，否则就存在疑问。

利用 DNA 亲子鉴定技术对十几至几十个 DNA 位点进行检测，如果全部一样，就可以确定亲子关系，如果有 3 个以上的位点不同，则可排除亲子关系，有一两个位点不同，则应考虑基因突变的可能，加做一些位点的检测进行辨别。DNA 亲子鉴定，否定亲子关系的准确率几乎接近 100%，肯定亲子关系的准确率可达到 99.99%。

由于人体约有 30 亿个碱基对构成整个染色体系统，而且在生殖细胞形成前的互换和组合是随机的，所以，世界上没有任何两个人具有完全相同的 30 亿个核苷酸组成序列，这就是人的遗传多态性。尽管遗传多态性存在，但每个人的染色体必然也只能来自其父母，这就是DNA亲子鉴定的理论基础。

DNA检验可弥补血清学鉴定方法的不足，受到法医物证学工作者的高度关注。近几年来，人类基因组研究的进展日新月异，而分子生物学技术也不断完善，随着基因组研究向各学科的不断渗透，这些学科的进展达到了前所未有的高度。在法医学上，STR位点和单核苷酸(SNP)位点检测分别是第二代、第三代DNA分析技术的核心，是继RFLPs(限制性片段长度多态性)和VNTRs(可变数量串联重复序列多态性)研究而发展起来的检测技术。

（3）隐私保护

在发展DNA检测技术的同时，我们也不能忽视对参加医学研究的志愿者的遗传信息的保护。在网上发布的遗传数据，那些来自1000多人的长达几十亿个DNA字母的串子，看似完全匿名的，其实，隐藏了很多重要的个人身份信息。美国一位遗传学研究者宣称，仅仅靠一些网上的侦探手段，就可以把从研究对象组中随机选出的5个人的身份确定出来。不仅如此，他还找到他们整个家族，确定了近50个人的身份，虽然这些亲属与研究一点也不沾边。这位研究者并未公布他所发现的人的姓名，但透过这项研究结果，保护参加医学研究的志愿者的隐私是一件刻不容缓的事情，同时，也是一件并不简单的事情，因为他们提供的遗传信息需要公开，以便科学家使用。

由于基因对人类的重要意义，所以人类对基因越来越重视。基因隐私权是自然人所享有的维护自己基因信息私密性的权利，包括基因隐私隐瞒权、基因隐私维护权、基因隐私利用权、基因隐私支配权和基因隐私知晓权等。基因信息的保护至关重要，由于基因信息的可复制性，其被泄露将可能导致严重的后果，造成社会伦理的混乱或犯罪现象等。通过掌握个人信息或家族信息，了解到该家族是否患有遗传病信息，或者是否具有某些患病的危险基因，可能会引起基因歧视，在找工作或者投保时可能会得到不平等待遇等。

所以，通过法律保护个人基因隐私权就显得相对重要。因为美国在基因技术方面发展较快，对于基因隐私权的保护也较为完备。在美国法律中，明确规定了隐私权是受法律保护的一项具体人格权，并且在此基础上建立了完备的法律保护体系。1990年通过的《美国残疾人法案》、《人类基因组隐私法案》和《人类遗传信息反歧视法2008》等法律法规，都禁止性规定侵犯个人基因隐私权行为，对有效减少侵犯基因隐私权行为具有重要的积极意义。

由于我国在基因技术的发展上相对落后于欧美发达国家，所以针对基因隐私权的法律条文相对较少。我们还没有制定专门的隐私权保护法，更没有系统的法律体系来规范基因隐私权。现今只有2019年7月施行的《人类遗传资源管理暂行条例》对遗传材料及信息资料的管理进行了相关规定，但该新政法规侧重于保护我国的遗传资源流失,而对于行为人的基因隐私权保护相对薄弱。基因检测技术已经越来越常见,我们只有加快立法的进度,用法律来限制对个人基因隐私权的侵害。

(4)转基因技术在人类生活中的应用

转基因技术是指利用 DNA 重组、转化等技术将特定的外源目的基因,经过人工分离和重组后,导入并整合到生物体的基因组中,改善生物原有遗传性状或孵得新的优良性状。转基因技术包括植物转基因技术和动物转基因技术两种,被广泛应用于农业、医药、工业和环保等领域。

转基因技术的优点:① 食品质量得到改善。转基因产品增强了部分生物属性,提高了食品的口感质量和营养价值。② 在环境保护方面效果显著。转基因物种具有抗病虫害、抗旱性、抗盐碱等特性,农药使用量降低,保护了自然环境。③ 具有很强的经济效益。转基因物种可以提高农产品产量,成为拉动经济增长和质量的新动力。

当然转基因技术也有其自身的局限性:① 食品安全问题。新引入的蛋白可能具有毒性和过敏性,可能会引起非期望效应,使转基因产品具有未知性和不确定性。② 对生态环境的影响。转基因生物的基因可能会向自然生物群落漂移,影响物种间的公平竞争,破坏原有生态环境。③ 对生物多样性的影响。转基因生物给人类带来便利和效益的同时,也破坏了自然遗传进化规律,在抑制有害生物生长的同时,也可能对有益生物产生影响或引起灭绝。

转基因技术从诞生之日开始,就饱受争议。比如转基因技术应用于农业生产后,是否会对生态环境构成威胁,转基因产品是否对人类健康构成伤害等,一直都是人类关注的热点。该技术已经演变为一种涉及政治、经济、法律、伦理等多方面的社会复杂问题。

# 2　基因信息的传递

DNA 序列是遗传信息的载体，位于细胞核内，生物功能是以蛋白质的形式表达，但是蛋白质在细胞质内合成，那么，DNA 如何指导蛋白质合成？

1957 年，Crick 提出中心法则，认为先由 DNA 将遗传信息传递到 RNA，再由 RNA 将遗传信息传递到蛋白质。遗传信息是单向流动的。因为核糖体本身含有 RNA，Crick 最初认为是存在于核糖体上的 RNA 指导蛋白质的合成。Jacob 和 Brenner 则提出核糖体只是一个非特异性的翻译机器，他们认为是进入核糖体的 mRNA 上携带的遗传信息指导了蛋白质的合成。20 世纪 60 年代，Khorana 和 Nirenberg 从不同途径破译了遗传密码。1970 年，Baltimore 和 Temin 在致癌 RNA 病毒中发现了以 RNA 为模板合成 DNA 的逆转录酶，又称为依赖 RNA 的 DNA 聚合酶。逆转录酶的发现揭示了遗传信息的双向流动，不仅可以从 DNA→RNA，也可以从 RNA→DNA，完善了中心法则的内容(图 2-1)。

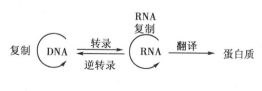

图 2-1　中心法则

## 2.1　复制

DNA 复制发生在细菌和古菌细胞的细胞质、真核细胞的细胞核、线粒体或叶绿体的基质。DNA 复制(replication)是以亲代 DNA 为模板，以 4 种脱氧核苷三磷酸(dATP、dTTP、dGTP 和 dCTP)为前体，以及二价金属镁离子，根据 Watson-Crick 碱基互补配对原则，合成子代 DNA 的过程。

### 2.1.1 DNA 半保留复制

DNA 进行复制时,有 3 种可能模式:全保留复制、半保留复制或混合式复制(图 2-2)。全保留复制指一个子代的 DNA 分子保留亲代的两条 DNA 母链,另一个子代 DNA 分子则是新合成的两条链。混合式复制指亲代的 DNA 母链片段分散在子代 DNA 链中。

Watson 和 Crick 提出 DNA 双螺旋模型时,曾推测由于 DNA 两条母链上的碱基互补性,亲代 DNA 分子两条链中的任一条链都可以作为模板,指导子代 DNA 分子的合成。因此,DNA 的复制为半保留复制(semiconservative replication)。

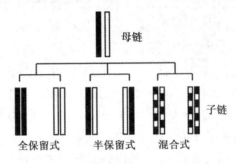

图 2-2 DNA 复制的 3 种可能模式

1958 年,Meselson 和 Stahl 通过 $^{15}$N 标记大肠杆菌 DNA 的实验证实复制为半保留复制模式。他们将大肠杆菌放在 $^{15}$NH$_4$Cl 作为唯一氮源的培养基中培养若干代,由于细菌利用 NH$_4$Cl 作为 DNA 合成的氮源,所以 $^{14}$N 可以被较重的 $^{15}$N 取代。用密度梯度离心法可以分离出含 $^{15}$N 的重密度链 DNA。经 CsCl 密度梯度超速离心后,由于含 $^{15}$N 的 DNA 密度大于普通的含 $^{14}$N 的 DNA,因此,重密度链 DNA 将位于普通密度 DNA(含 $^{14}$N)带的下方。但是如果将含 $^{15}$N 的 DNA 的大肠杆菌放在含 $^{14}$NH$_4$Cl 的轻密度培养基中培养一代后,经密度梯度离心发现第一代 DNA 得到 1 条中密度带,位于含 $^{15}$N 重密度链与含 $^{14}$N 的轻密度链之间,说明其为密度杂合双链。培养第二代后,经密度梯度离心得到两条带,其中一条为低密度带(含 $^{14}$N 的轻密度链带),另一条为中密度带(密度杂合链带)(图 2-3)。这一结果说明至少在大肠杆菌中,DNA 的复制是半保留复制。后来,Herbert Taylor 在植物根尖细胞中利用放射自显影手段,证明真核细胞的 DNA 复制方式也是半保留复制。

半保留复制指 DNA 复制时,亲代 DNA 分子双链解开,成为两条单链各自作为模板,按照碱基对互补原则合成子代链,新合成的子代 DNA 双链中,一条是亲代链,另一条是新合成的子链。根据此种模式,重链 DNA($^{15}$N-DNA)在轻密度培养基中合成的子代链,一条为重链(亲代链),另一条为轻链(新合成链),形成密

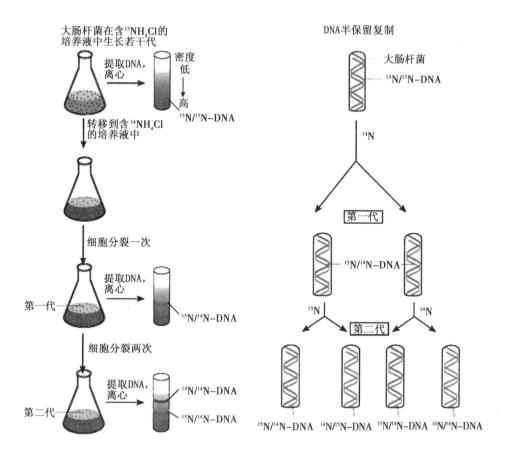

图 2-3 Meselson 和 Stahl 的实验

度杂合链。合成子二代分子时，密度杂合双链分开，各合成一条轻密度互补链。因此，产物中一半 DNA 为密度杂合链（以 $^{15}N$-DNA 链为模板合成），另一半为轻密度链（以 $^{14}N$-DNA 链为模板合成）。DNA 复制采取半保留复制模式，生成的子代 DNA 分子，碱基序列与亲代 DNA 分子保持一致，子代 DNA 分子保留了亲代 DNA 分子的遗传信息。DNA 的半保留复制模式保证了代谢的稳定性。

### 2.1.2 DNA 复制的体系

DNA 复制是一个复杂的生物合成过程，涉及多种生物分子。除需亲代 DNA 分子为模板外，还需要 4 种脱氧三磷酸核苷（dNTP）为底物，以及提供 3'-OH 末端的引物。此外，还需多种酶及蛋白质的参与。DNA 的复制从化学角度上来看，实际上是多聚核苷酸链的合成过程，各核苷酸以 3',5'-磷酸二酯键连接，底物为 4 种脱氧三磷酸核苷（dATP、dTTP、dCTP 和 dGTP）。复制过程以亲代的单链 DNA 为模板，根据碱基互补配对规律指导脱氧核苷酸按照顺序掺入新链。反应中，脱

分子生物学

氧三磷酸核苷失去一个焦磷酸基团，以 α-磷酰基与多核苷酸链末端核苷酸的 3′-羟基形成磷酸二酯键，从而掺入多核苷酸链中。由于 DNA 双螺旋结构中的两条链为反向平行排列，因此，新合成链与模板链也应形成反向平行结构。目前发现新合成的链只能从一段与模板 DNA 互补但比模板短的核酸序列的 3′-OH 末端进行延伸，因此，其合成方向应为 5′→3′；这段提供 3′-OH 末端的序列被称为引物。引物通常为 RNA 序列。

DNA 的复制涉及多种酶和蛋白质，不同反应阶段由不同的酶参与，主要有 DNA 聚合酶、拓扑异构酶、解链酶、单链结合蛋白、引发酶和连接酶等。

（1）DNA 聚合酶（DNA polymerase）

DNA 聚合酶催化 DNA 新链中脱氧核苷酸之间的聚合反应。DNA 聚合酶Ⅰ是 Arthur Kornberg 在 1957 年从大肠杆菌中分离得到的，有时也称为 Kornberg 酶，之后又陆续发现了其他的 DNA 聚合酶。已在大肠杆菌中发现 DNA 聚合酶Ⅰ、Ⅱ、Ⅲ、Ⅳ和Ⅴ，它们由不同的亚基组成，分别执行不同的功能（表 2-1）。

表 2-1　DNA 聚合酶Ⅰ、Ⅱ和Ⅲ

| 性质 | DNA 聚合酶Ⅰ | DNA 聚合酶Ⅱ | DNA 聚合酶Ⅲ |
|---|---|---|---|
| 结构基因 | polA | polB | polC |
| 大小（kDa） | 103 | 90 | 900 |
| 3′-外切酶活性 | 有 | 有 | 有 |
| 5′-外切酶活性 | 有 | 无 | 无 |
| 生物功能 | RNA 引物的去除、DNA 修复 | DNA 修复 | 染色体 DNA 复制、错配修复 |

① DNA 聚合酶Ⅰ。DNA 聚合酶Ⅰ除具有催化 DNA 合成的聚合酶活性以外，还有核酸外切酶的活性，由 polA 基因编码。其聚合酶活性位于蛋白质 C 端区域，而核酸外切酶活性则位于 N 端。用枯草杆菌蛋白酶或胰蛋白酶水解 DNA 聚合酶Ⅰ可以得到大小两个片段，其中较大的片段含有 605 个氨基酸残基（324~928），一般被称为 Klenow 片段或 Klenow 酶，也称为大片段。Klenow 片段含有大、小两个结构域，其中大结构域（518~928）具有 5′→3′DNA 聚合酶活性，小结构域（324~517）具有 3′→5′核酸外切酶活性。Klenow 片段的 5′→3′DNA 聚合酶活性可以在某一多核苷酸的 3′-OH 末端添加核苷酸，延长此多核苷酸链。Klenow 片段可催化体外 DNA 合成，是实验室进行 DNA 合成和分子生物学研究常用的工具酶。至今为止，所有发现的 DNA 聚合酶都不能从头合成多核苷酸链，也就是说，不能催化 2 个游离核苷酸之间的磷酸二酯键的形成，而是只能通过从 3′-OH 末端添加新的核苷酸来延长已存在的多核苷酸链，此特性决定了复制中新链合成的方向。

Klenow 片段的 3′→5′核酸外切酶活性是用来自我校对的，此活性可用于切除 DNA 合成末端的错配碱基，可从新链的生长端即 DNA 的 3′端开始逐个切除核苷酸，当新链在延伸过程中出现错配碱基，新添加的核苷酸因为与模板碱基不能正确配对，将在3′端形成单链尾巴，DNA聚合酶凭借其3′→5′核酸外切酶活性可切除此错配核苷酸，然后通过其聚合酶活性添加正确配对的核苷酸，此功能称为校读（proofreading）功能（图2-4）。

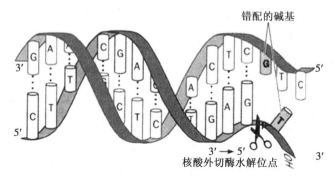

图2-4 DNA聚合酶的校读功能

DNA聚合酶Ⅰ的小片段含有323个氨基酸残基（1～323），具有5′→3′核酸外切酶活性，可以逐个切除处于配对状态的具有5′-磷酸末端的核苷酸，一次最多可切除10个核苷酸。此活性与大片段（Klenow片段）的聚合酶活性及校读活性相结合，使DNA聚合酶Ⅰ可以切除合成起始DNA所需的RNA引物，并填充由于引物切除后出现的DNA双链中的短单链区域。类似的短单链区域也可在DNA损伤修复过程中切除损伤碱基后出现，因此，DNA聚合酶Ⅰ也用于损伤DNA的修复。但DNA聚合酶Ⅰ连续进行多核苷酸聚合的能力（延伸能力）不强，与模板结合一次只能使核苷酸链延长20～100个核苷酸，因此，不大可能用于催化复制中新链的延长反应。

② DNA聚合酶Ⅱ。DNA聚合酶Ⅱ，由polB基因编码，也具有5′→3′DNA聚合酶活性和3′→5′核酸外切酶活性，但没有5′→3′核酸外切酶活性，大小为90kDa，可能参与DNA损伤的修复合成。有实验也证明，缺乏此酶活性的突变株在生长和DNA复制上无任何缺陷。

③ DNA聚合酶Ⅲ。DNA聚合酶Ⅲ是参与原核生物复制延长的主要酶，具有很强的延伸能力。DNA聚合酶Ⅲ由多种亚基构成，有核心酶和全酶两种形式。核心酶由α、ε和θ亚基组成，α亚基具有5′→3′DNA聚合酶活性，由polC（也称dnaE）基因编码。ε亚基具有3′→5′核酸外切酶活性，由dnaQ基因编码，负责复制的校对，因此，DNA聚合酶Ⅲ也具备校读活性。θ亚基起装配作用。每个DNA聚合酶Ⅲ含2个拷贝核心酶，另有2个拷贝的二聚化亚基τ连接这2个核心酶，θ和τ亚基被认为参与核心酶二聚体的形成。2个拷贝的β亚基负责保持核心酶与模板链的结合并使酶可沿模板链滑动；其余5种亚基（γ、δ、δ′、χ和ψ亚基）组成

γ-δ 复合体，具有 ATP 酶活性，可促进全酶组装并使 β 亚基结合到 DNA 上。

④ DNA 聚合酶Ⅳ和 DNA 聚合酶Ⅴ。DNA 聚合酶Ⅳ和 DNA 聚合酶Ⅴ 参与 DNA 损伤的修复。DNA 聚合酶Ⅳ与 DNA 聚合酶Ⅱ一样，在细菌生长的稳定期被诱导表达，修复此阶段的 DNA 损伤。DNA 聚合酶Ⅴ在细菌进行 SOS 反应时被诱导合成。DNA 聚合酶Ⅳ和 DNA 聚合酶Ⅴ对模板的依赖性不高，也无校读活性，在模板链带有损伤的情况下，还可进行聚合反应，但不能保证所聚合的核苷酸与模板碱基正确配对，因此，得到的产物精确度不高，出现高突变率。

（2）DNA 解链酶（DNA helicase）

DNA 解链酶是一类催化双螺旋 DNA 解链的酶，一般由 2~6 个亚基组成。无论是细菌、古菌，还是真核生物，都有多种 DNA 解链酶。例如，大肠杆菌至少有 12 种不同的解链酶，像 DnaB 蛋白、Rep 蛋白和 UvrD 蛋白就是其中的代表。

DNA 分子的碱基位于双螺旋内部，在复制过程中，必须先将亲代 DNA 双螺旋结构解成单链分子，才能作为模板指导新链的合成，而 DNA 聚合酶并不能使 DNA 双链解开。所有 DNA 解链酶都能与 DNA 结合，但与 DNA 碱基序列无关。DNA 解链酶可以与 DNA 双链中的一条结合，利用水解 ATP 获得的能量分离双链。此外，DNA 解链酶还具有移位酶活性，这种活性是与 DNA 解链偶联的。移位酶活性使 DNA 解链酶在被结合的 DNA 链上沿着一定的方向移动。DNA 解链酶的移动方向称为极性，根据不同的解链极性，解链酶可分为 5′→3′ 解链酶、3′→5′ 解链酶和同时从两个方向移位的双极性酶。

（3）单链 DNA 结合蛋白（single-strand DNA binding protein，SSB 蛋白）

SSB 蛋白是一种专门与 DNA 单链区域结合的蛋白质，本身无任何酶的活性。在复制过程中，SSB 蛋白能迅速地与被解链酶分离的两条单链结合，以保持单链状态的稳定，避免双链结构重新形成。同时，防止单链 DNA 被细胞内的核酸酶水解，保持单链的完整性。大肠杆菌中的 SSB 蛋白为同源四聚体蛋白，可结合保护大约 32 个核苷酸。SSB 蛋白与单链 DNA 的结合具有正协同效应，第一个 SSB 蛋白与单链 DNA 的结合将促进第二个 SSB 蛋白与下游紧邻的单链 DNA 区域结合。SSB 蛋白与 DNA 的结合为序列非特异性的相互作用，并处于不断结合、脱离、再结合的过程中，使 DNA 聚合酶或其他蛋白质有识别结合单链 DNA 的机会。真核生物的 SSB 蛋白就是复制蛋白 A，它们与单链 DNA 结合时并不表现出上述协同效应，但线粒体的 SSB 蛋白与单链 DNA 结合时也具有协同性。

（4）DNA 拓扑异构酶（DNA topoisomerase）

拓扑异构酶是一类通过催化 DNA 链的断裂、旋转和再连接而直接改变 DNA 拓扑学性质的酶。正超螺旋状态下，DNA 分子两条链之间的缠绕较紧密，而负超螺旋状态下，两条链之间的缠绕较松弛。大多数天然状态下的 DNA 分子都具有适度的负超螺旋，可以形成部分的单链结构，有利于蛋白质与 DNA 结合。复制过程中，随着 DNA 分子大范围解链，不但消除了原有的负超螺旋，还在解链区域前端的双链部分产生正超螺旋。随着解链程度的增加，使正超螺旋堆积，未解链部分的缠绕更加紧密，形成的压力使解链不能继续进行，而 DNA 拓扑异构酶可以消除解链造成的正超螺旋堆积。

DNA 拓扑异构酶可断裂 DNA 的一条或两条链，并与断裂末端相连接，然后使 DNA 链穿过缺口，进行一定程度的旋转，再重新连接 DNA 链。在此过程中，DNA 分子两条链的缠绕方向发生翻转，从而改变超螺旋状态。

拓扑异构酶分为 I 型和 II 型两种类型。I 型又分为 I A 和 I B，在复制过程中，只能切开 DNA 双链中的一条链，让另一条链穿过缺口，再连接 DNA 链，此反应不需要能量。II 型也可进一步分为 II A 和 II B，在复制过程中，使 DNA 双链断裂、旋转然后连接，可以松开负的或正的超螺旋。II 型拓扑异构酶在 DNA 分子中既可引入有利于复制的负超螺旋，又可以清除复制叉前进中形成的正超螺旋，还能帮助分开复制结束后缠在一起的两个子代 DNA 分子，此反应需要 ATP（表 2-2）。细菌的旋转酶（gyrase）就属于 II 型拓扑异构酶。

表 2-2    DNA 拓扑异构酶的亚类及性质比较

| 亚类 | $Mg^{2+}$ 的依赖性 | ATP 的依赖性 | 切开 DNA 几条链 | 切口与酶的连接方式 | 连环数的变化 |
|---|---|---|---|---|---|
| I A | 是 | 否 | 1 | 5'-磷酸酪氨酸酯键 | ±1 |
| I B | 否 | 否 | 1 | 3'-磷酸酪氨酸酯键 | 任何整数 |
| II A | 是 | 是 | 2 | 5'-磷酸酪氨酸酯键 | ±2 |
| II B | 是 | 是 | 2 | 5'-磷酸酪氨酸酯键 | ±2 |

真核生物 DNA 分子为线性分子，具有游离末端。理论上 DNA 链可以通过游离末端沿双螺旋轴旋转，消除解链过程中正超螺旋的积累。但实际上，因为 DNA 分子长达几百万碱基对，无法在狭小的细胞核内自由翻转。所以需要在分子内部产生暂时的缺口，使 DNA 链通过此缺口进行旋转，消除正超螺旋。在真核生物细胞内也发现了多种拓扑异构酶，这些酶与原核生物中发现的拓扑异构酶遵循同样的规律。真核细胞拓扑异构酶 I 可在解链时解除前方正超螺旋，拓扑异构酶 II 解开复制后的染色体连接分子，其他拓扑异构酶则参与重组和修复。

（5）DNA 引发酶（DNA primase）

DNA 引发酶是一类专门催化 RNA 引物合成的 RNA 聚合酶，它与催化转录的 RNA 聚合酶一样，具有从头合成新链的能力。DNA 新链的合成只能从一段核苷酸序列的 3'-OH 末端开始，而 DNA 引发酶则能在单链模板上合成与之互补的短 RNA 引物（5~10 个核苷酸），再由 DNA 聚合酶从引物的 3'-OH 末端开始 DNA 链的合成。由于 DNA 复制的半不连续性，引发酶在每一个复制叉的前导链上只需要引发一次，而在后随链上则要引发多次，因为一个冈崎片段需要引发一次。

大肠杆菌的引发酶就是 DnaG 蛋白，由 dnaG 基因编码，催化合成 RNA 引物 (9~14 个核苷酸)。真核细胞核内的引发酶与 DNA 聚合酶α形成共有 4 个亚基的复合物，一般能催化合成 8~12 个核苷酸长的 RNA 引物。此外，真核细胞的线粒体和叶绿体中也有引发酶。

(6) DNA 连接酶(DNA ligase)

DNA 连接酶不仅参与 DNA 复制、修复和重组，而且是基因工程中重要的工具酶。DNA 连接酶在复制过程中的作用是连接后随链上相邻的冈崎片段，使后随链成为一条连续的链；在 DNA 修复和重组中的作用则是填补在修复或重组过程中在 DNA 上产生的切口。DNA 连接酶可在一条 DNA 链的 3′-OH 末端和另一条 DNA 链的 5′-磷酸末端之间生成磷酸二酯键，从而连接两条链成为一条链。但 DNA 连接酶不能作用于两条单独存在的 DNA 链，只能连接 DNA 双链中一条单链上缺口的两个相邻末端。如果 DNA 两条链都有缺口，只要缺口两端的碱基互补，也可被 DNA 连接酶连接。连接酶在催化连接反应时需消耗能量，可分为 ATP 依赖性连接酶和 NAD$^+$依赖性连接酶。真核细胞、病毒和噬菌体的连接酶属于 ATP 依赖性连接酶。细菌中的连接酶属于 NAD$^+$依赖性连接酶。DNA 连接酶只能连接 DNA，而不能连接 DNA 和 RNA，因此不会催化 RNA 引物与冈崎片段的连接。

(7) 真核细胞的 DNA 聚合酶

真核生物中已发现的 DNA 聚合酶有 15 种以上，但其中最重要的是参与复制的 DNA 聚合酶α、DNA 聚合酶δ和 DNA 聚合酶ε；DNA 聚合酶γ与线粒体复制有关；其他的 DNA 聚合酶则参与 DNA 损伤的修复。

其中，DNA 聚合酶α为一种四聚体蛋白。N 端结构域(1~329 位氨基酸残基组成)是催化活性和四聚体复合物组装必需的。中央结构域(330~1279 位氨基酸残基)含有的保守区域是与 DNA 结合、dNTP 结合和磷酸转移所必需的。C 端结构域(1235~1465 位氨基酸残基)参与和其他亚基的相互作用，但并非催化活性所必需。DNA 聚合酶α中的 2 个亚基具有引发酶的功能，因此，能合成 RNA 引物，所以，也称为引发酶。另外 2 个亚基与 DNA 聚合有关，因此，又能合成 DNA。在 DNA 复制过程中，DNA 聚合酶α负责新链合成的起始，先合成一段短的 RNA 引物(约 10 个碱基左右)，再合成一段与之相连的 DNA 片段(20~30 个碱基)。DNA 聚合酶α的延伸能力相对较低，合成引物不久以后就由具有较强延伸能力的 DNA 聚合酶δ或 DNA 聚合酶ε替代，后二者是延伸 DNA 链的主要聚合酶，此过程称为聚合酶转换(polymerase switching)。

DNA 聚合酶α缺乏 3′-外切酶活性，因此，不具备校对能力。但在 DNA 复制过程中，复制蛋白 A(replication protein A，RPA)可与 DNA 聚合酶α相互作用，稳定 DNA 聚合酶 α 与引物末端的结合，从而降低了掺入错误核苷酸的机会，抵消其因无校对能力对复制不忠性不利的影响。

DNA 聚合酶 δ 由 3~5 个亚基组成，例如，哺乳动物细胞的 DNA 聚合酶 δ 由 p125、p66、p50 和 p12 四个亚基组成，DNA 聚合酶 ε 由 4 个亚基组成，例如人细胞 DNA 聚合酶 ε 由 p261、p59、p17 和 p12 四个亚基组成。DNA 聚合酶 δ、ε 和 α 一起参与细胞核 DNA 的复制。DNA 聚合酶 δ 和 ε 都有 3′-外切酶活性，因此具有校对能力（表 2-3）。

表 2-3　真核生物 DNA 聚合酶的比较

| 性质 | DNA 聚合酶 α | DNA 聚合酶 β | DNA 聚合酶 γ | DNA 聚合酶 δ | DNA 聚合酶 ε |
|---|---|---|---|---|---|
| 细胞内分布 | 细胞核 | 细胞核 | 线粒体基质 | 细胞核 | 细胞核 |
| 亚基数目 | 4 | 1 | 4 | 3~5 | ≥4 |
| 引发酶活性 | 有 | 无 | 无 | 无 | 无 |
| 3′-外切酶活性 | 无 | 无 | 有 | 有 | 有 |
| 5′-外切酶活性 | 无 | 无 | 无 | 无 | 无 |
| 功能 | 引物合成 | 损伤修复 | 线粒体 DNA 复制 | 复制 | 复制和修复 |

（8）端粒酶

端粒酶也称为端聚酶或端粒末端转移酶，是真核生物所特有的，其作用是维持染色体端粒结构的完整。而端粒是位于一条线形染色体末端的特殊结构，由蛋白质和 DNA 组成，其中的 DNA 称为端粒 DNA。端粒的主要功能是保护染色体，防止染色体降解和相互间发生不正常的融合或重组。

### 2.1.3　DNA 复制

#### 2.1.3.1　原核生物 DNA 的复制

原核生物 DNA 的复制是一个复杂的过程，包括起始、延伸和终止 3 个阶段。

（1）复制的起始

起始是 DNA 复制中一个较复杂的部分，原核生物必须在特定的 DNA 序列即复制起始点处开始解链，形成复制叉（replication fork），然后多种蛋白质参与组成引发体，并合成引物。原核细胞复制时，双链 DNA 分子要解开成两条链分别进行，已解链形成的单链模板与未解链的双链 DNA 之间形成的 Y 字形连接区域称为复制叉。DNA 复制时是有相对固定起始点的。作为复制起始点的碱基序列通常称为复制起始区。细菌、古菌和真核生物的 DNA 复制起始区数目不同，细菌只有 1 个，真核生物则有多个，古菌一般也有多个。通常，将含有 1 个复制起始区并且能在细胞中自主复制的 DNA 分子称为复制子（replicon）。根据定义，细菌只有 1 个复制子，真核生物和古菌则有多个复制子。复制叉从复制起点开始沿着 DNA 链连续移动，起始点可以启动双向复制或是单向复制。单向复制中，起始点产生 1 个复制叉，沿 DNA 链移动。双向复制中，起始点产生 2 个复制叉，从起始点沿着相反的方向等速前进。几乎所有的 DNA 复制在起始点运动以后，会进行双向复制。

大肠杆菌的复制起始点称为 Oric，长度约为 245 bp。Oric 含有 4 个 9 bp 重复序列（TTATCCACA）和 3 个 13 bp 的直接重复序列，还有 11 个拷贝的甲基化位点序列（GATC）和引发酶识别的 CTG 序列。9 bp 的重复序列是 DnaA 蛋白识别并结合的区域，也称为 A 盒（A box）。13 bp 的重复序列是复制起始区最先发生解链的区域，因此，也称为 DNA 解链元件（DNA unwiding element，DUE）。

在 HU 蛋白和整合宿主因子（integration host factor，IHF）帮助下，结合有 ATP 的四聚体 DnaA 蛋白，识别并结合于 4 个 9 bp 的起始位点，这种结合具有协同性。一般需多个 DnaA 蛋白互相聚合，形成一个中心核心，Oric 部分的 DNA 则缠绕在此蛋白核心上，形成类似于核小体的结构。然后，DnaA 蛋白所具有的 ATP 酶活性水解 ATP，使 3 个 13 bp 的重复序列内富含 AT 碱基对的序列解链，使双链解开，形成部分单链区域，称为开放复合物。DNA 双链中，A-T 碱基配对形成的氢键数目少于 G-C 碱基配对形成的氢键数目，因此，富含 A-T 碱基的区域双链之间的吸引力最小，易于被解开形成单链区域。而 3 个 13 bp 重复序列所在区域正好富含 A-T 碱基，因此较易被解链（图 2-5）。

与 DnaA 结合的解链区域提供了 DnaB-DnaC 复合体结合 DNA 的机会。在 DnaC 蛋白和 DnaT 蛋白的帮助下，DnaB 蛋白被招募到解链区。DnaB 蛋白即大肠杆菌 DNA 解链酶，六聚体 DnaB 与六分子 DnaC 组成复合体，处于复合体状态的解链酶为非活性状态；DnaC 又称为解链酶装载器，它可帮助 DnaB 六聚体结合到开放复合物中一条 DNA 单链上，即使环的解链酶六聚体环绕在单链 DNA 上，之后 DnaC 将从复合体上解离，解链酶因而得到活化。活化状态的解链酶在单链 DNA 上沿 5′→3′ 方向移动，使双链解开足够形成复制叉的长度，同时，逐步置换出 DnaA 蛋白。在解链延伸过程中，DNA 旋转酶将在复制叉前进方向的前方区域制造负超螺旋，解除复制叉前进的压力；而 SSB 则于新形成的单链 DNA 上，保持其稳定。DnaB-DnaC 复合体与 Oric 结合后，将吸引引发酶（DnaG）加入，形成引发体，引发体中的蛋白质组分利用水解 ATP 获得的能量沿 DNA 链移动，在适当的位置由引发酶按照 5′→3′ 方向合成与模板互补的短 RNA 引物，为 DNA 聚合提供 3′-OH 末端。

大肠杆菌复制起点成串排列的重复序列

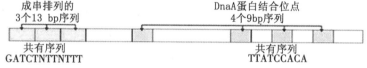

成串排列的
3个13 bp序列

DnaA蛋白结合位点
4个9bp序列

共有序列
GATCTNTTNTTT

共有序列
TTATCCACA

大肠杆菌DNA复制起点在起始阶段的结构模型

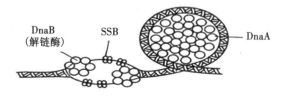

DnaB
(解链酶)    SSB                        DnaA

图 2-5　复制的起始

用放射性同位素标记大肠杆菌 DNA 后，在电子显微镜下，可以观察到复制叉处类似于一只眼睛，说明大肠杆菌的复制从一特定位点开始。对复制区 DNA 的结构特点进行研究后发现，复制起始点大都启动双向复制，即 1 个复制起始点上将形成 2 个复制叉，分别向相反的方向进行复制，而且 2 个复制叉的移动速度大致相等。Oric 上形成的开放复合物中，解链区域有足够的空间供两个 DnaB-DnaC 复合体结合，并使两个解链酶六聚体分别结合于已解开的两条单链，每个解链酶六聚体都沿其所在单链的 5′→3′方向移动。

快速生长的大肠杆菌细胞每 20min 就进行一次分裂，而 DNA 聚合酶Ⅲ的聚合能力有限，完成一次基因组复制需 40min。为了使基因组在每一轮细胞分裂前复制完全，以保证在分裂时有 2 个基因组可以分配给 2 个新生细胞，细菌细胞必须在还未复制完全的子代 DNA 分子上起始第二轮的复制，有时还会起始第三轮的复制。因此，在细胞分裂时分配到子细胞中的 DNA 分子常常是正在进行复制的 DNA 分子。相应地，细胞中的 DNA 分子前一次起始的复制叉还没到达终点，后一次起始的复制叉已经开始延伸，因此，常常为具有多个复制叉的多复制叉染色体。但是，即使在快速生长的情况下，每轮细胞分裂也只对应于一次源自 Oric 的复制起始，因此，每个子代细胞仍然只含有 1 个拷贝的基因组。

（2）复制的延伸

复制的延伸阶段，在 DNA 聚合酶催化下，与模板链碱基互补配对的 dNTP 分子以 dNMP 的形式依次加入到 3′-OH 末端，形成新的核苷酸链。由于 DNA 双螺旋分子两条链为反向平行的互补链，因此，同一个复制叉解开的两条模板链中一条以 5′→3′方向延伸，另一条则以 3′→5′方向延伸。DNA 聚合酶的合成方向通常都是 5′→3′，而子代 DNA 分子也应形成反向平行的双螺旋结构，因此，模板指导合成的方向只能为 3′→5′。

复制叉中解链方向为 3′→5 ′的模板链，新合成链的延伸方向与复制叉的解链方向一致，可连续进行复制，这条新合成的链被称为前导链(leading strand)。而解链方向为 5′→3′的模板链，需要等复制叉移动一段距离暴露出足够长度的模板后，再按照 5′→3′方向逆着复制叉的解链方向生成引物并合成新链。随着复制叉不断移动暴露出下一段足够长度的模板后，再反向生成一段引物和新链，因此这条新链的合成是逐段进行的。这条新链被称为后随链(lagging strand)(图 2-6)。进一步研究证明，这种前导链的连续复制和后随链的不连续复制在生物界是有普遍性的，因而，称为双螺旋的半不连续复制(semidiscontinuous replication)。在后随链上合成的新链 DNA 片段称为冈崎片段(Okazaki fragment)。由于 DNA 连接酶在短时间内就可将相邻的冈崎片段以共价键连接，因此，冈崎片段只能短暂存在。

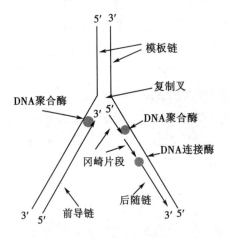

图 2-6　半不连续复制

前导链和后随链在复制起始时，都需要合成引物。前导链只需合成一条引物，而后随链中每个冈崎片段都需合成一条引物。前导链合成时，当一个复制叉内的第一个 RNA 引物被合成后，DNA 聚合酶Ⅲ就可以在引物的 3′-OH 末端催化前导链的合成，直到终点。后随链合成时，DnaG 蛋白在复制叉与 DnaB 蛋白结合，启动后随链引物的合成，DNA 聚合酶Ⅲ核心酶与 DnaG 蛋白相互作用，以限制引物的长度和暴露出引物的 3′-OH 端。γ-钳载复合物将 β 滑动钳装载到引物与模板的连接处，DNA 聚合酶Ⅲ全酶从前一个冈崎片段转移到新引物的 3′-OH端，DnaG 蛋白被释放，DNA 聚合酶Ⅲ合成新的冈崎片段。

DNA 聚合酶Ⅲ全酶是大肠杆菌复制延长的主要酶，在复制叉上可以持续聚合多个核苷酸而不需从模板上脱落，这种延伸能力由 β 亚基提供。β 亚基二聚体环绕 DNA 模板而形成环状六角星结构，称为"β 滑动钳（sliding clamp）"的结构。

β 二聚体环的外径为 8 nm，内部为一空洞，内径为 3.5 nm，大于 DNA 双螺旋的直径。可以将 DNA 双螺旋分子套在环内，两者之间的空隙则以水分子充填，此结构使 β 二聚体可以沿着 DNA 双链滑动而不脱离。另一方面，滑动钳又与核心酶相结合，使核心酶也具有沿着 DNA 双链滑动而不脱离的能力，从而获得了高度的延伸能力。在不偶联滑动钳的状态下，核心酶聚合 20~100 个核苷酸后就会从 DNA 模板上解离；而与滑动钳结合的核心酶，虽然仍会从模板上脱落，但不会离开复制叉，因此，可以迅速重新结合到同一模板上继续催化聚合反应。滑动钳的装配需要 ATP，具有 ATP 酶活性的 γ 亚基通过水解 ATP 驱动钳子打开，帮助钳子装配到 DNA 模板上。复制时，前导链和后随链都需要滑动钳，前导链只需在开始时形成一次，而后随链则需要周期性地装配和解体，即每合成一个冈崎片段就需要一次。

大肠杆菌的钳载复合物由 γ、δ、δ′、χ 和 ψ 亚基组成，负责滑动钳的装载。γ-δ 复合物有一个高亲和力的 DNA 结合位点，而且此位点特异识别复制叉上 DNA 聚合酶作用位点，即模板与引物形成的双链 DNA 结构。在 ATP 参与下，γ-δ 复合物可结合并打开滑动钳，然后将打开的滑动钳带到双链 DNA 上，使滑动钳包围 DNA 双链，然后水解 ATP，γ-δ 复合体从滑动钳上脱离，滑动钳自动闭合而将 DNA 双链圈在夹内。

总之，每个复制叉上聚集多种蛋白质，彼此协调作用完成复制的延伸。DNA 旋转酶解开复制叉前方的正超螺旋，减少解链阻力；DNA 解链酶在随从链模板上沿 5′→3′方向（复制叉前进方向）解开 DNA 双螺旋；一个 DNA 聚合酶Ⅲ核心酶复制前导链，另一个 DNA 聚合酶Ⅲ核心酶复制后随链，而每一个核心酶都与一个滑动钳相连接；SSB 保护复制过程中形成的单链模板；引发酶则周期性地与解链酶结合并合成后随链的引物；钳载复合物识别后随链上引物与模板形成的 DNA 双链结构，将滑动钳安装在此双链结构上；从上一个冈崎片段上解离的后随链核心酶识别并结合此滑动钳，起始合成又一个冈崎片段。在上述的复制体系中，解链酶与 DNA 聚合酶Ⅲ之间通过 τ 亚基建立连接，一方面，使解链酶的移动速度增加了 10 倍；另一方面，两个蛋白质通过连接形成一个整体，两者都不会从复制叉上脱落，可以协调发挥功能。

（3）复制的终止

大肠杆菌 DNA 复制终止于终止区。有 9 个 Ter 位点（TerA~TerI）存在于终止区，它们能够显著地降低复制叉的移动速度，其作用有方向性，TerG、TerF、TerB、TerC 作用于顺时针方向移动的复制叉，TerH、TerA、TerD、TerE 和 TerI 作用于逆时针方向移动的复制叉。Ter 位点富含 GT，Tus 蛋白可特异识别结合它们。Tus 蛋白(terminator utilization substance)也称为终止区利用物质的蛋白质,能够抑制 DnaB 蛋白的解链酶活性,阻止解链酶的解链。两个方向的复制叉在终止区相遇后,DNA 复制即停止,大约 50~100 bp 位于终止区尚未复制的序列,会在两条母链分开后通过修复合成的方式填补。

#### 2.1.3.2 滚环复制

某些噬菌体 DNA 和一些小的质粒在宿主细胞内采用滚环复制(rolling-circle replication)的方式传递遗传信息,如大肠杆菌的噬菌体 ΦX174 和 M13。滚环复制的特点是只进行一条链的复制。双链环状 DNA 分子的一条链被打开一个缺口,一边有一个 3′-OH 末端,一边有一个 5′-磷酸末端。3′端作为引物末端进行新链延伸,没有被切开的链则作为模板。5′端的亲代互补链被新生链置换而逐渐向环外伸出。因为新生链的生长沿着环状模板进行,类似于中间有一个滚动的环,因此,这种复制形式称为滚环复制,滚环复制可以连续进行。新生链不断延伸,到达原起始点后并不停止,而是置换出上一次合成的 DNA 链,因此,被置换链中原有的多核苷酸链和新聚合的核苷酸共价连接。

ΦX174 噬菌体 DNA 的复制模式即为滚环复制,其基因组 DNA 为单链环状 DNA 分子,称为正(+)链。感染进入大肠杆菌后,ΦX174 噬菌体利用细胞内酶新合成的与正链互补的单链为负(-)链,从而形成双链环状分子,就可进行滚环复制。某些噬菌体,如 λ 噬菌体,在进行一轮滚环复制后,新合成的正链与老的正链仍以共价键结合在一起,使多个拷贝的基因组 DNA 前后串联在一起。在新的噬菌体装配时,各个单拷贝的基因组 DNA 被切开,并包装到新的病毒颗粒之中。此外,在进行滚环复制时,被取代的老的正链也可以作为模板,以不连续的方式合成负链,以便提供更多拷贝的复制型双链 DNA(replicative-form DNA, RF-DNA)。

滚环复制也存在于真核细胞。例如,某些两栖动物卵母细胞内的 rDNA(rDNA 基因)和哺乳动物细胞内的二氢叶酸还原酶(DHFR)基因,在特定的条件下通过滚环复制,可在较短的时间内迅速增加母标基因的拷贝数。此外,一些共价闭环的类病毒基因组 RNA 也进行滚环复制。

#### 2.1.3.3 D-环复制

D-环复制即是取代环(displacement-loop)复制,可分为单 D-环复制和双 D-环复制两种形式。两种半自主性细胞器中的 DNA(线粒体 DNA 和叶绿体 DNA)主要是采用 D-环复制,还有少数病毒基因组 DNA,如腺病毒,也采用 D-环复制。

动物细胞的线粒体 DNA 两条链的密度不相同,一条链富含 G 和 T,密度较高,为重链(heavy strand, H 链),另一条链富含 C 和 A,密度较低,为轻链(light

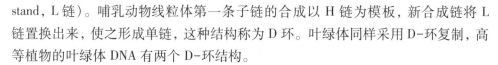

stand，L 链）。哺乳动物线粒体第一条子链的合成以 H 链为模板，新合成链将 L 链置换出来，使之形成单链，这种结构称为 D 环。叶绿体同样采用 D-环复制，高等植物的叶绿体 DNA 有两个 D-环结构。

### 2.1.3.4 真核生物 DNA 复制

真核生物的复制所涉及的化学反应与原核生物的复制是一致的，即在模板的指导下将底物 dNTP 以 dNMP 的形式聚合成多核苷酸链。但真核生物 DNA 复制与原核生物 DNA 复制有许多不同，如真核生物的起始过程较细菌复杂，真核细胞复制的启动受到严格的调控，复制被严格限制在细胞周期的 S 期，且一个细胞周期内只复制一次，在第一轮复制结束之前不可能进行第二轮复制，而细菌细胞在第一轮复制还没有结束的时候，就可以在复制起始区启动第二轮复制。真核生物的复制还需要解决核小体和染色体结构的问题。有证据表明，随着复制叉的前进，位于复制叉正前方老的核小体会不断发生解体。同时，在复制叉的正后方，新的核小体又在不断形成。另外，真核生物复制叉移动速度大约为 2000 bp/min，比原核生物的速度（50000 bp/min）慢。但真核生物具有多个复制起始区，以弥补复制叉移动速度低和基因组偏大对整个 DNA 复制速度的制约。此外，真核生物 DNA 复制冈崎片段的长度短于细菌，且需要端粒酶解决端粒 DNA 末端复制问题。

（1）真核生物 DNA 复制的起始

真核生物染色体为多复制子结构，即每条染色体上都有多个复制起始位点，每个复制起始点都启动双向复制。通过测量起始点之间的距离，可以得到复制子的平均长度。真核生物染色体中复制子一般较小，动物细胞中一个复制子大约长 100 kb，而酵母复制子大约长 40 kb，但同一个基因组中各复制子的长度相差较大，有的可达 10 倍以上。

目前，酿酒酵母的复制起始位点已经被鉴定出来了。酿酒酵母的复制起始位点称为自主复制序列（autonomously replicating sequence，ARS）。整个酵母染色体中大约有 400 个 ARS，只有部分 ARS 被用来启动复制，其余的 ARS 则不被激活，或偶尔被激活。因此在不同的细胞周期中，同一区域的染色体序列可能从不同的复制起始点开始复制。ARS 包括一个富含 A-T 区，其中，一个 14 bp 的核心区域称为 A 结构域，内有 11 bp 的共有序列。另外还有 3 个 B 结构域（$B_1 \sim B_3$）。起始点识别复合物（origin recognition complex，ORC）可以识别结合 ARS。ORC 为由 6 个蛋白质组成的复合物（400 kDa），可结合于 ARS 中的 A 结构域和 $B_1$ 结构域。此过程需要 ATP 的参与。研究发现，ORC 在整个细胞周期都与 ARS 结合，说明真正起始复制还需要其他激活条件。

真核细胞染色体在 S 期必须完全复制一次，如果任何部分的复制不完整，在细胞分裂进行染色体分离时会发生染色体断裂，导致染色体缺失。但也必须保证所有的染色体序列只能复制一次，如果一个真核细胞在同一个细胞周期内进行两次复制，就会导致基因组的不稳定，诱发双链 DNA 断裂，进而触发 DNA 损伤应答机制，使细胞周期被阻滞在 G2 期，并激活细胞凋亡机制，致使细胞凋亡。与原核生物不同的是，真核细胞分裂前，任何一个起始点都不会启动第二次复制，因此，每个复制起始点都要受到严格的调控。首先，必须激活足够数目的复制起始点，才能保证所有的染色体序列都被复制；其次，必须保证所有的复制起始点在一个复制周期只被复制一次，避免重复复制。

染色体中被激活复制起始点的选择在 G1 期，而激活过程则发生于 S 期。如前所述，ORC 结合于 ARS 中的 A 结构域和 B1 结构域，在 G1 期，ORC 还与细胞分裂周期蛋白 6（cell division cycle 6，Cdc6）和细胞分裂周期蛋白 10 依赖性转录因子（cell division cycle 10-dependent transcript 1，Cdt 1）结合，后两个蛋白质的功能相当于解链酶装载器，它们的结合介导微型染色体维护蛋白 2~7（mini-chromosome maintenance2~7，Mcm2~7）蛋白复合物的结合，组成前复制复合体。而 Mcm2~7 复合物可能就是真核生物的解链酶，此复合物在 DNA 周围形成双层环结构。可能是由 ORC 负责水解 ATP，提供 Mcm 环装载所需能量。前复制复合体在 G1 期形成，但并不能使 DNA 解链而启动复制，只有进入 S 期后此复合体才能被激活。而没有组装前复制复合体的复制起始点将不会在这一细胞周期被激活而启动复制。进入 S 期后，一些蛋白激酶（如细胞周期蛋白依赖激酶，Cdk）被激活，而在 G1 期这些激酶处于无活性状态。Cdk 可激活前复制复合体及其他一些复制相关蛋白，从而启动复制。复制的启动包括多种蛋白质在起始位点的聚集，其中包括 DNA 聚合酶，最先结合 DNA 聚合酶 δ 和 DNA 聚合酶 ε，再结合 DNA 聚合酶 α/引发酶，并由 DNA 聚合酶 α/引发酶进行引物合成。

（2）真核生物 DNA 复制的延伸

真核生物复制的延伸也遵循半不连续复制的原则，但引物和冈崎片段的长度都比原核生物的短。复制起始后，Mcm 蛋白仍留在 DNA 上，或为复制叉的一部分，可能作为解链酶参与复制的延伸，也可能被用于改变染色质的结构。DNA 聚合酶 δ 也具有解链酶的活性，因此，也可能负责解链。

在延伸阶段，前导链和后随链的引物都由 DNA 聚合酶 α/引发酶合成。先使用引发酶亚基合成 7~10 bp 的 RNA 引物，再利用聚合酶亚基合成 20~30 bp 长的 DNA 片段，随后离开 DNA 模板，由延伸能力强的 DNA 聚合酶 δ 或 DNA 聚合酶 ε 代替（聚合酶转换）。

DNA 聚合酶 δ 的强延伸能力也来自滑动钳结构。真核生物中滑动钳功能由增殖细胞核抗原（proliferating cell nuclear antigen，PCNA）执行。PCNA 是三聚体蛋白质的环形结构，功能类似于大肠杆菌的 DNA 聚合酶Ⅲβ亚基二聚体，可使 DNA

聚合酶δ与模板保持连接。而蛋白质复制因子(replication factor，RFC)则起到滑动钳装载器的功能，可识别引物与模板形成的双链结构，并利用水解 ATP 的能量，将 PCNA 组装到此结构上。

在真核生物 DNA 复制的延伸过程中，复制叉经过时，由于 DNA 双链解离，核小体结构必然被解聚，复制后核小体则需在子链上重新组装。由于复制后 DNA 量增加了 1 倍，因此，必须合成新的组蛋白以组装新的核小体，显然每一个老核小体的解体，会伴随着两个新核小体的形成。组蛋白的合成也发生在 S 期，与 DNA 复制同步进行。$G_1$ 晚期，刺激组蛋白基因转录的调节蛋白被激活或合成；S 期，细胞质内组蛋白 mRNA 大量增加，开始高水平翻译，产物运回细胞核以组装新的核小体；复制完成后，组蛋白合成基本终止，以保证组蛋白数量与 DNA 量的协调。

在延伸过程中，核小体的解聚持续时间不长。复制叉经过后，在约 600 bp 的后方，两条刚形成的子代 DNA 分子已进行了核小体装配。组蛋白可以在一种辅助蛋白染色质组装因子 1(chromatin assembly factor 1，CAF-1)的帮助下组成正确的核小体结构，而 CAF-1 通过 PCNA 与复制叉相连接，从而确保复制和染色质结构重建同步进行。CAF-1 能将新合成的 H3 和 H4，组装成四聚体，再装配到 DNA 双螺旋上。在核小体的解聚与重组过程中，老的组蛋白八聚体被解聚为 $(H3)_2-(H4)_2$ 四聚体和 H2A-H2B 二聚体，它们与新合成的四聚体、二聚体一起参与核小体组装，新旧之间重新搭配组装成核小体。

（3）真核生物 DNA 复制的终止

在真核生物的复制子中没有发现可诱使复制叉停止移动并使复制叉蛋白从 DNA 分子上解离的终止位点。可能两个相向而行的复制叉的相遇可导致这部分序列的复制终止。引物的去除需要可特异性切除 DNA-RNA 杂合底物的 RNA 酶 H1 发挥核酸内切酶活性，在靠近 RNA 和 DNA 的连接处切开引物，此外，还需要具备 5′-3′核酸外切酶活性的翼式内切酶 1(flap endonuclease 1，FEN 1)蛋白降解 RNA 片段。最后，由 DNA 连接酶Ⅰ负责连接各缺口。真核细胞的线性 DNA 分子本身复制后不会形成环连结构，但由于在形成染色体结构时，DNA 分子会进行折叠，形成环状，以便与蛋白质结合，因此，两个子代染色体会形成环连结构，在细胞分裂时也需拓扑异构酶Ⅱ解除相互之间的连接。

后随链的复制终止必须由特殊机制来完成，以避免该子代 DNA 5′端序列逐渐缩短。端粒酶(telomerase)是含有 RNA 成分的蛋白质，它具有特殊的 DNA 聚合酶活性，能以自带的 RNA 为模板延长端粒的 3′单链尾巴。端粒酶 RNA 序列中作为模板的序列与端粒 3′单链尾巴重复序列互补，以防止染色体的短残损伤。

#### 2.1.3.5　DNA 复制的忠实性

复制的忠实性对于遗传物质的稳定性具有非常重要的意义。半保留复制中，新链的合成以亲链模板为指导，按碱基配对规律进行，因此，能保证子代 DNA 分子与亲代 DNA 分子碱基序列的相似性。但是如果只按照碱基互补配对原则，复制时每个碱基的配对出错率约为 $10^{-3}$，即每聚合 $10^3$ 个核苷酸就会出现 1 次不配对碱基的聚合。而实际上，DNA 复制非常精确，错误率只有 $10^{-9} \sim 10^{-11}$ 左右。错误率的降低可能有以下几种原因。

首先，细胞内 DNA 合成的前体，4 种 dNTP 的浓度平衡，对于 DNA 复制的忠实性有很大影响。正常细胞内，负责合成脱氧核苷酸的核苷酸还原酶具有非常精细的调节机制，可以维持 4 种 dNTP 浓度的平衡。其次，DNA 聚合酶具有高度选择性。DNA 聚合酶可根据模板链，检测新进入的核苷酸与模板碱基能否形成正确配对。不正确的碱基配对使酶-底物复合物处于不利于反应进行的结构，使得聚合反应速率降低；只有形成正确的碱基配对时，磷酸二酯键的生成才会快速进行。此外，DNA 聚合酶 3′-外切酶活性的自我校对功能，以及 DNA 复制后的错配修复系统还可以进一步降低出错率。另外，DNA 复制时选用 RNA 作为引物，不必担心复制起始时会掺入错配的核苷酸，也可以提高忠实性。

#### 2.1.3.6　DNA 复制的调控

（1）细菌 DNA 复制起始的调控

大肠杆菌 Oric 序列内有 11 个保守的 GATC 序列，为甲基化的靶序列，Dam 甲基化酶可使 GATC 中腺嘌呤的 $N^6$ 位甲基化。GATC 为回文序列，其互补链序列也为 GATC。复制进行之前，两条亲代链中 GATC 的腺嘌呤都被甲基化，成为完全甲基化的序列。复制时，新合成的子链中 GATC 的腺嘌呤不能立即被甲基化，因此，子代 DNA 中 GATC 为半甲基化序列。而半甲基化的复制起始点不能被关键的复制起始蛋白——DnaA 蛋白——识别结合，因而，不能启动复制。直到被 Dam 甲基化酶转变为完全甲基化的复制起始点后，才能再次启动复制。

当子代 DNA 分子处于半甲基化状态时，与细胞膜结合的一种抑制蛋白 SeqA 可与复制起始点结合，阻止起始蛋白 DnaA 识别并结合复制起始点。同时，DnaA 的合成也受到抑制，导致细胞内 DnaA 蛋白量不足以竞争结合复制起始点。由于 DnaA 蛋白以 DnaA-ATP 复合体的形式发挥活性，而 DNA 聚合酶Ⅲ可以增强 ATP 的水解，使 DnaA 失活，重新形成 DnaA-ATP 复合体则是一个非常缓慢的过程，所以，DnaA 重新获得活性也需要较长时间。细菌 DNA 上还有一些位点可与 Oric 竞争结合 DnaA，随着复制的进行，这些位点的数目也成倍增加，使得可结合 Oric 的 DnaA 数目减少。这些都可阻碍 DnaA 与复制起始点结合，因此，在新形成的 Oric

上复制启动的能力被有效控制。

（2）真核细胞 DNA 复制起始的调控

Cdc6 蛋白在 $G_1$ 期合成，中介了 ORC 和 Mcm2～7 复合体的结合。起始发生后，Cdc6 蛋白从复合体上解离，并被快速降解，在之后的整个细胞周期内都不能再次获得，只有下一个 $G_1$ 期时才被重新合成。另外，从 S 期开始直至分裂后期，增殖蛋白抑制复制因子 Cdt1 可阻止 Mcm 蛋白装配到新合成的 DNA 分子上，从而有效地防止了在同一个细胞周期内重复发生 DNA 复制的启动。

## 2.2　转录

DNA 是生物体的遗传信息贮存者，蛋白质是生物体功能的主要执行者。根据"中心法则"，按照碱基互补配对原则，以 DNA 为模板，合成 RNA，再以 RNA 为模板合成蛋白质。此过程可分为两步：① 转录（transcription）——以 DNA 为模板合成 RNA 的过程；② 翻译（translation）——以 mRNA 为模板，指导蛋白质合成的过程。转录和翻译统称为基因表达。转录是基因表达的核心步骤，翻译是基因表达的最终目的。RNA 除了可以通过 DNA 转录产生以外，对于许多 RNA 病毒来说，还可以通过 RNA 复制或 RNA 转录产生。这里重点介绍 DNA 转录。

转录是指拷贝出一条与 DNA 序列完全相同（除了 T→U 之外）的 RNA 单链的过程。转录是以 DNA 为模板，在 RNA 聚合酶催化下，以 4 种三磷酸核苷（NTP，即 ATP、GTP、CTP 及 UTP）为原料，根据碱基配对原则（A-U，T-A，G-C），各核苷酸之间以 3′，5′-磷酸二酯键相连进行的反应。合成方向为 5′→3′，反应不需要引物参与。

在化学和酶学上，转录和复制有相似之处。转录和复制都是以 DNA 为模板的酶促反应，都需依赖 DNA 的聚合酶，都是核苷酸的合成过程，都遵从碱基配对原则，都需要 DNA 的解链，聚合过程都是核苷酸之间生成磷酸二酯键，合成方向都从 5′→3′。但二者之间又存在差别。最主要的是转录得到的新链是由核糖核苷酸组成，而不是脱氧核苷酸，两者的区别主要包括：

① RNA 合成不需要引物，这是 RNA 合成不同于 DNA 复制的一个重要区别。

② 以 4 种 NTPs（ATP、GTP、CTP 和 UTP）作为底物，并需要 $Mg^{2+}$。但在细胞中，并无 TTP，所以转录时不可能有 T 的直接掺入。

③ 需要 DNA 模板，但转录仅是有选择性地发生在 DNA 分子上具有转录活性的区域。对于一个 DNA 分子来说，并不是所有的序列都能转录。相反，复制必须将整个基因组全部拷贝，并且在每次细胞分裂时进行 1 次（并且只进行 1 次）（图

2-7)。

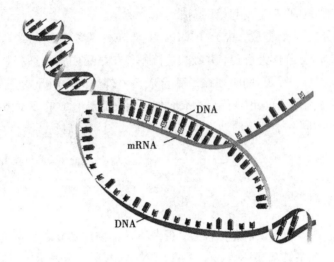

图 2-7　DNA 转录为 mRNA

在转录时，DNA 双链中作为转录模板按照碱基互补配对原则指导 mRNA 合成的那一条链称为模板链（template strand）或无意义链。DNA 双链中与模板链互补的那一条链称为编码链（coding strand）或有意义链。编码链的序列与转录产物 RNA 的序列基本相同，只是编码链上的 T 相应在转录产物 RNA 上为 U（图 2-8）。

```
5′ ······ GCAGTACATGTC ······ 3′    编码链
3′ ······ CGTCATGTACAG ······ 5′    模板链
```

↓ 转录

```
5′ ······ GCAGUACAUGUC ······ 3′    mRNA
```

↓ 翻译

```
N ······Ala · Val · His · Val······ C    蛋白质
```

图 2-8　DNA 模板、mRNA 的核苷酸序列，以及翻译产物多肽链的氨基酸序列

在庞大的基因组中，按照细胞不同的发育时序、生存条件和生理需要，只有少部分的基因发生转录。当一个基因进行转录时，双链 DNA 分子中只有一条链作为转录的模板，这种转录方式称为不对称转录（asymmetric transcription）。但是在多基因的双链 DNA 分子中，每个基因的模板并非全在同一条链上，也就是在双链 DNA 分子中的一条链，对于某基因是模板链，但对于另一个基因则可能是编码链。

### 2.2.1 原核生物的转录

原核生物细胞没有细胞核，基因表达时，转录和翻译两个基本过程发生在同一空间，而且在时间上也没有严格地分开，在转录过程完成之前，RNA 就已经被核糖体结合，作为模板用于翻译，这是原核基因表达与真核基因表达的一个重要区别。与真核基因表达相比，原核基因表达相对简单。

#### 2.2.1.1 原核生物的 RNA 聚合酶

RNA 聚合酶全名是 DNA 依赖性的 RNA 聚合酶。大肠杆菌的 RNA 聚合酶有核心酶和全酶两种形式。聚合酶全酶的相对分子质量是 465 kDa，由 5 种亚基组成（$\alpha_2\beta\beta'\omega\sigma$）。转录的起始过程需要全酶，延长过程仅需要核心酶的催化。其中，$\sigma$ 亚基（也称 $\sigma$ 因子，sigma factor）可与全酶分离，去除了 $\sigma$ 因子的全酶称为核心酶（core enzyme）。体外实验表明核心酶能与模板结合并催化 RNA 产物的生成，但合成的 RNA 没有固定的起始点。$\sigma$ 因子加入后即为全酶，全酶只与模板的特异序列结合。因此，$\sigma$ 因子的功能是辨认转录起始点。RNA 合成一旦启动，$\sigma$ 因子即从核心酶上解离，核心酶进行实际的聚合过程。RNA 聚合酶各亚基及功能见表 2-4。

**表 2-4  大肠杆菌 RNA 聚合酶的组成**

| 亚基 | 基因 | 相对分子质量 | 每分子酶中所含数目 | 功能 |
|---|---|---|---|---|
| $\alpha$ | rpoA | $3.65\times 10^4$ | 2 | 核心酶组装，启动子识别 |
| $\beta$ | rpoB | $1.51\times 10^5$ | 1 | 与 $\beta'$ 共同形成催化中心 |
| $\beta'$ | rpoC | $1.55\times 10^5$ | 1 | 带正电荷，与 $\beta$ 共同形成催化中心 |
| $\omega$ | rpoZ | $1.1\times 10^4$ | 1 | 促进 RNA 聚合酶的组装及稳定已组好的 RNA 聚合酶 |
| $\sigma$ | rpoD | $7.0\times 10^4$ | 1 | 存在多种形式，至少有 7 种形式，识别不同的启动子 |

原核生物的 RNA 聚合酶可被利福平及利福霉素抑制，这两种抗生素的作用对象都是 RNA 聚合酶的 $\beta$ 亚基，可作为抗结核杆菌治疗的药物。

#### 2.2.1.2 原核生物转录的基本过程

转录全过程均需 RNA 聚合酶催化，原核生物的转录分为起始、延伸和终止 3 个阶段。转录起始过程需全酶，由 $\sigma$ 因子辨认起始点，延长过程仅需核心酶催化。

（1）转录起始

① 启动子。启动子（promoter）是 DNA 分子上一个基因转录精确和特异性启动所必需的碱基序列。启动子是位于转录起始位点上游的一段约 40 个碱基对的 DNA 序列，这段 DNA 序列在编码链上。按照惯例，以编码链序列和位置为准，碱

基的位置以转录的起点为参照，从转录为 RNA 的第一个核酸开始，这个起始位点为+1(通常是嘌呤核苷酸 A 或 G)，位于上游的为负数，因为 RNA 合成的方向是 5′→3′，因此，启动子区域的碱基对用负数来表示。

1975 年，David Pribnow 设计了一个实验，发现了启动子区序列的结构特点。先将 RNA 聚合酶全酶与 DNA 模板结合，然后用 DNA 酶 I 水解 DNA，再用酚抽提，沉淀纯化 DNA 后，得到一个被 RNA 聚合酶保护的 DNA 片段。从一些被保护序列的测定表明，细菌启动子位于转录起点 5′端，覆盖约 40 bp 长的区域，包括两段高度保守的序列(图 2-9)。一段保守序列是 TATAAT，位于−10 区，也称为 Pribnow box(根据发现者 David Pribnow 而命名)。由于在 Pribnow box 中碱基组成全是 A–T 配对，缺少 G–C 配对，而前者的亲和力只相当于后者的 1/10，故 $T_m$ 值较低，因而，此区域的 DNA 双链容易解开，利于 RNA 聚合酶的进入而促进转录的起始。另一段在上游−35 区也有一个相似的保守序列 TTGACA，是 RNA 聚合酶 σ 因子识别 DNA 模板的部位。

−35 区和−10 区这两段保守序列之间的距离同样重要，一般为(17±1) bp。这样的距离可以保证这两段启动子序列处于 DNA 双螺旋的同一侧，从而有利于 RNA 聚合酶的识别和结合，否则，它们会处于 DNA 双螺旋的异侧，不利于 RNA 聚合酶的识别和结合。

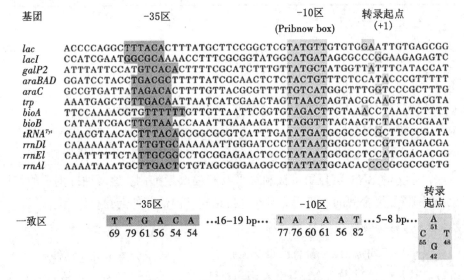

图 2-9　细菌几种基因的启动子序列

② 转录起始。原核生物转录起始的过程就是 RNA 聚合酶结合到 DNA 模板上，DNA 双链局部解开，第一个核糖核苷酸加入，形成转录起始复合物。

首先 RNA 聚合酶全酶和 DNA 序列随机地结合，RNA 聚合酶全酶之后便沿着

DNA 向一个方向滑动、扫描，直到发现启动子序列。全酶首先与启动子 −35 区结合而形成封闭复合物。RNA 聚合酶全酶中的 σ 因子辨认启动子中 −35 区的 TTGA-CA 序列，全酶主要以静电引力与 DNA 结合，这种复合物并不十分稳定。此时，DNA 双链仍是闭合的双链形式，并没有解链。

然后封闭复合物转变成开放复合物。RNA 聚合酶向下游移动到与 −10 区附件的序列结合后，DNA 发生构象改变，局部双链发生解链，形成开放复合物。开放复合物也就是起始转录泡（transcription bubble），大小大约为 12~17 个碱基对。此时，RNA 聚合酶与 DNA 牢固地结合。

之后与模板链互补的第一个、第二个核苷酸在起始点上被 RNA 聚合酶活性中心催化形成磷酸二酯键，即转变为 RNA 聚合酶、DNA 和新生 RNA 的三元复合物。第一个核苷酸多为嘌呤核苷酸（GTP 或 ATP），因为聚合酶的第一个 NTP 结合位点与嘌呤核苷三磷酸的亲和力高。第二个 NTP 结合位点与 4 种 NTP 结合的亲和力相同。第二个核苷酸具有游离的 3′−OH，可以继续加入 NTP，使 RNA 链延长，约聚合 10 个核苷酸。

当 RNA 聚合酶聚合了大约 10 个核苷酸后，RNA 聚合酶释放 σ 因子，核心酶向下游移动，进入延伸阶段。脱落的 σ 因子可以再次与核心酶结合而循环使用。

（2）转录延伸

RNA 聚合酶释放 σ 因子后，核心酶沿模板链的 3′→5′ 方向滑行，DNA 双螺旋持续解开，暴露出单链 DNA 模板，NTP 按照模板链逐个连接，使 RNA 按 5′→3′ 方向不断延伸。这种由 RNA 聚合酶、DNA 和 RNA 形成的转录复合物也被形象地称为转录泡。转录生成的 RNA 暂时与 DNA 模板链形成 DNA−RNA 杂合双链，杂合双链中的 DNA 与 RNA 之间结合不紧密（因为 A═U 配对是三种碱基配对中最不稳定的），当 RNA 链的长度超过 12 个碱基时，RNA 的 3′ 仍与 DNA 形成杂交体，但 RNA 的 5′ 端很容易脱离 DNA 模板链，于是，被转录过的 DNA 区段又重新形成双螺旋（图 2−10）。

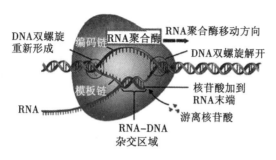

图 2−10　原核生物的转录

(3)转录终止

当RNA链延伸到转录终止位点时,RNA聚合酶不再形成新的磷酸二酯键,RNA-DNA杂合双链分离,DNA恢复成双链,转录泡瓦解,RNA聚合酶和转录产物RNA链都从模板上释放出来,即转录终止。根据是否需要蛋白质因子的参与,原核生物转录终止分为不依赖ρ因子(Rho factor)与依赖ρ因子两大类。

① 不依赖ρ(Rho)因子的转录终止。这是细菌转录终止的主要方式,也称为简单终止(simple termination)。该机制DNA含有终止序列的特殊位点。转录终止序列有两个结构特点(图2-11):有一组连续的4~8个A组成的序列,所以转录产物的3′端为寡聚的U;在这组A组成的序列的上游,有一组富含GC的回文结构序列。这一区域的RNA转录物能自发形成"发夹"结构。GC富含区形成的发夹结构导致RNA聚合酶的暂停,破坏RNA-DNA杂合双链的正常结构,寡聚U使杂合双链的3′末端出现不稳定的rU:dA区域,二者共同作用使RNA从三元复合物上解离出来,从而转录终止。一个RNA转录物在其终止子的富含GC发夹上的结构稳定性及其寡聚U尾巴与模板DNA的弱碱基配对是保证准确终止的两个重要因素。随着发夹式结构(至少6 bp)和寡聚U序列(至少4个U)长度的增加,终止效率逐步提高。

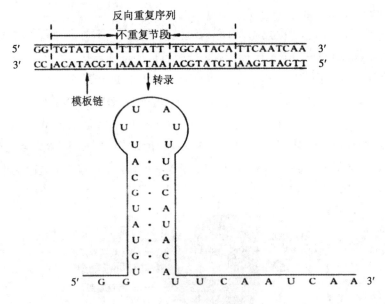

图2-11 不依赖ρ(Rho)因子的转录终止

② 依赖ρ(Rho)因子的转录终止。有一些终止位点,它们没有任何明显的相似性,而且不能形成强的发夹结构,因而,需要一种称为ρ因子的蛋白质来终止转录。ρ因子是一个同源六聚体蛋白。具有ATP酶和解链酶活性。其中,解链酶

活性能催化 RNA/DNA 和 RNA/RNA 双螺旋的解链。ρ 因子的作用需要识别和结合位于转录物 5′ 端的一段特殊碱基序列，ρ 因子优先结合的位点现在被称为 Rho 因子利用位点（Rho-utilization site，rut 位点）。目前认为，ρ 因子的作用模型是这样的：RNA 合成起始以后，ρ 因子附着在新生的转录物 RNA 5′ 端的 rut 位点，受 ATP 水解的驱动，沿着 5′→3′ 方向朝转录物的 3′ 端前进，直到遇到暂停在终止位点的 RNA 聚合酶，ρ 因子具有的解链酶活性使 DNA/RNA 杂化双链解开，使转录产物 RNA 从模板 DNA 上释放，从而转录复合物解体，转录终止。

### 2.2.2 真核生物的转录

虽然真核生物和原核生物转录的基本机制相似，但也有许多差别，即它有多种 RNA 聚合酶，并有较复杂的调控序列。此外，真核生物的转录还需要许多蛋白质来识别调控序列和起始转录。另外，真核生物核基因转录还需要克服核小体和染色质结构对转录构成的不利障碍。

#### 2.2.2.1 真核生物 RNA 聚合酶

真核生物 RNA 聚合酶比原核生物 RNA 聚合酶复杂，其中细胞核至少有 3 种 RNA 聚合酶，分别称为 RNA 聚合酶 I、II 和 III。它们专一性地转录不同的基因，因此，由它们催化合成的转录产物也各不相同（表 2-5）。

**表 2-5 真核生物 RNA 聚合酶**

| 酶 | 细胞内定位 | 转录产物 | 对 α-鹅膏蕈碱的敏感性 |
| --- | --- | --- | --- |
| RNA 聚合酶 I | 核仁 | rRNA | 不敏感 |
| RNA 聚合酶 II | 核质 | mRNA | 高度敏感 |
| RNA 聚合酶 III | 核质 | tRNA | 中度敏感 |

RNA 聚合酶 I 的转录产物是 45S rRNA，经剪接修饰生成除 5S rRNA 外的各种 rRNA。由 rRNA 与蛋白质组成的核糖体（核蛋白体，ribosome）是蛋白质合成的场所。

RNA 聚合酶 II 在核内转录生成 hnRNA，剪接加工后生成 mRNA 并被输送给胞质，作为蛋白质合成的模板。mRNA 是各种 RNA 中寿命最短、最不稳定的，需经常重新合成。在此意义上说，RNA 聚合酶 II 是真核生物中最活跃的 RNA 聚合酶。

RNA 聚合酶 III 的转录产物是 tRNA、5S rRNA 和 snRNA，其中，snRNA 参与 RNA 的剪接过程。

#### 2.2.2.2 真核生物转录的启动子

真核生物不同类型的 RNA 聚合酶，识别的启动子也各有特点。RNA 聚合酶

Ⅱ识别的启动子与原核生物的启动子相似，它也具有高度保守的共有序列。

① TATA 盒。在-30～-25 bp 区域附近的一段富含 AT 碱基对的序列，其共有序列是 TATA，又称 Hogness 盒，TATA 盒与原核生物启动子的 Pribnow 盒相似。TATA 盒属于 RNA 聚合酶Ⅱ核心启动子元件，主要功能是正确地启动基因的转录。

② CCAAT 盒。在大多数启动子中，-80～-70 bp 附近含有共有序列 CCAAT。此外，在-110～-80 bp 中还含有 GC 盒，多为 GCCACACCC 或 GGGCGGG 序列。CCAAT 盒和 GC 盒都属于上游启动子元件(upstream promoter element，UPE)。UPE 为位于 TATA 区上游的一段保守序列，主要调节转录起始的效率，但不影响转录起始点的特异性。

除了启动子以外，近年来，还发现一部分 DNA 序列能增强或减弱真核基因转录起始的频率，这些区域称为增强子(enhancer)或沉默子(silencer)。

### 2.2.2.3　转录因子

转录除了需要 RNA 聚合酶外，还需要许多转录因子(transcription factor，TF)的参与，转录因子又可分为基础转录因子和特异性转录因子。其中，基础转录因子也称为一般转录因子，是维持所有基因最低水平转录所必需的，而特异性转录因子只是特定的基因转录才需要。真核细胞核内的 RNA 聚合酶Ⅰ、Ⅱ、Ⅲ都需要基础转录因子，有的是三种 RNA 聚合酶共有的，如 TATA 盒结合蛋白，有的则是各 RNA 聚合酶特有的，有的参与转录的起始，称为起始转录因子，有的参与转录延伸，称为延伸转录因子。

### 2.2.2.4　克服核小体和染色质结构对转录构成的不利障碍

真核细胞核 DNA 在转录之前或转录之中，染色质和核小体的结构必须发生某种有利于转录的变化，这样参与转录有关的酶和蛋白质才能有效地识别启动子和模板等，才能催化转录。如核小体结构临时解体或重塑，染色质构象从紧密状态变为松散状态。真核生物体内已发现，至少有三类蛋白质参与转录过程中对核小体和染色质结构的改造和重塑，分别是组蛋白伴侣、染色质重塑因子和组蛋白修饰酶。

### 2.2.3　转录后加工

转录的初始产物，称为初级转录物(primary transcript)。为了获得其生物学功能，大部分必须在细胞内进行特异的改变，即转录后加工(post-transcriptional processing)，才会转变为成熟、有功能的 RNA 分子。如通过外切或内切除去一些多核苷酸片段；在其 3′和 5′末端添加核苷酸序列；或修饰特殊的核苷酸残基。三类主要的 RNA(mRNA，rRNA 和 tRNA)在原核和真核细胞中以不同的方式进行加工。

### 2.2.3.1 mRNA 前体的加工

在原核生物中，大多数初始 mRNA 转录物不需要修饰就能进行翻译，事实上，蛋白质的合成在转录完成之前就已开始，绝大多数 mRNA 一旦被转录，就有核糖体结合到 5′端对其进行翻译，并形成多聚核糖体的结构。

在真核生物中，mRNA 前体的后加工比在原核生物中复杂得多。mRNA 在细胞核中合成，却在细胞质中进行翻译，因此，真核细胞 mRNA 转录物在核中就要经历多种形式的转录后加工，才能成为成熟、有功能的分子。后加工的反应主要包括 5′末端加帽，3′末端加尾，剪接、修饰和编辑等。

（1）5′末端加帽

加帽是真核生物 mRNA 合成后的一种加工形式，在转录了约 25 个核苷酸之后开始。在转录后加工过程中，真核生物转录生成的 mRNA 首先在 RNA 三磷酸酶催化下，新生 mRNA 5′端水解释放出磷酸，然后在鸟苷酸转移酶催化下，GMP 从 GTP 转移到起始核苷酸的磷酸上，同时释放出 1 分子焦磷酸。于是，GMP 与起始核苷酸通过 5′-ppp-5′相连。继而在鸟嘌呤-7-甲基转移酶催化下，由腺苷蛋氨酸（SAM）提供甲基，首先在鸟嘌呤的 N-7 上甲基化，然后在连于鸟苷酸的第一（或第二）个核苷酸 2′-OH 上又进行甲基化，形成帽子结构（即由 7-甲基鸟嘌呤通过 5′-5′三磷酸基团与转录物的起始第一个核苷酸相连而成）（图 2-12）。帽子结构有助于 mRNA 的剪接，成熟 mRNA 转运出细胞核和识别翻译起始密码子，并能保护 mRNA 抵抗核酸酶降解。

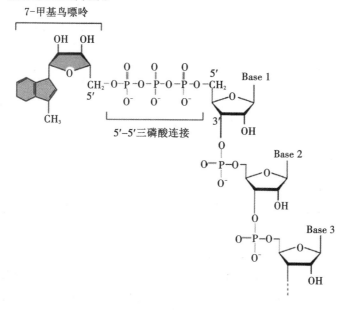

图 2-12　真核生物 mRNA 的帽子结构

（2）3′末端加尾

真核生物 mRNA 前体（hnRNA）分子中 3′末端尾巴的本质是一段多聚腺苷酸（poly A）序列，而大多数已研究过的基因中，都没有 3′端 poly T 相应序列，说明 poly A 尾的生成是在转录后添加上的。其生成是在 poly A 聚合酶的催化下，由 ATP 聚合而成。

但 poly A 尾形成并不是简单地加入 A，而是先要在 mRNA 前体的 3′末端切除一些多余的核苷酸，然后加入 poly A。在 mRNA 前体内部靠近 3′端常有一段特殊的核苷酸序列，AAUAAA，动物细胞 mRNA 在加尾点下游还有一段 U/GU 丰富序列，在上游还可能有一段富含 U 序列。这些序列，AAUAAA 及其 GU 丰富区或 U 丰富区称为加尾信号。除了加尾信号以外，还需要蛋白质因子或酶：一个是剪切和多聚腺苷酸化特异性因子（cleavage and polyadenylation specificity factor，CPSF），CPSF 是加尾反应所必需的成分，由三个亚基组成，可识别并结合 AAUAAA 序列，并参与和 poly A 聚合酶及剪切刺激因子的相互作用；另一个是剪切刺激因子（cleavage stimulation factor，CSTF），可结合 U/GU 丰富区并与 CPSF 结合。此外，还需要剪切因子 I 和 II（cleavage factor I/II，CF I/II）和 poly A 聚合酶。一旦 CPSF 结合到 mRNA 前体上，CF I、CF II、CSTF 和 poly A 聚合酶也会被募集，先是在 CF I 和 CF II 作用下，mRNA 前体在 AAUAAA 序列的下游某一位置被切开，然后是在 poly A 聚合酶作用下多聚腺苷酸化。

poly A 的长度可能决定于 poly A 结合蛋白（poly A binding protein，PABP）结合的拷贝数。刚开始，多聚腺苷酸化的反应进行得很缓慢，但当 mRNA 前体 3′端序列被解离下来后，PABP 与多聚 A 结合，使多聚腺苷酸化反应加快，使 poly A 尾巴进一步延伸到合适长度。体外研究发现，PABP 与 poly A 尾巴的结合可保护 mRNA 抵抗核酸酶的裂解。poly A 尾巴随着 mRNA 在细胞质中老化而缩短，表明 poly A 尾巴具有保护 mRNA 的功能，此外，poly A 尾巴还具有提高 mRNA 翻译效率的功能。但也有少数例外，如组蛋白基因，无论其初级或成熟的转录物，都没有 poly A 尾巴。

（3）mRNA 的剪接

真核细胞的基因结构很复杂，大多数真核基因的编码序列中分散一些不表达的区域，所以，真核基因是嵌合的，其中编码区称为外显子（exon），它们之间的非编码区称为内含子（intron）。由于外显子和内含子交替出现，故携带内含子的基因称为断裂基因（图 2-13）。

基因的外显子数量相差悬殊，从只含 1 个内含子的酵母基因（和少数人类基因），到多达 362 个内含子和 363 个外显子的人肌巨蛋白基因。一般说来，一个典型的真核生物蛋白质基因的外显子序列所占的比例约为 10%，其他的序列则都属于内含子。

由 DNA 转录生成的原始转录产物为 mRNA 前体即核不均一 RNA(heterogeneous nuclear RNA，hnRNA)。在转录时，外显子及内含子均被转录到 mRNA 前体(pre-mRNA)或 hnRNA 中，但细胞内蛋白质合成时，蛋白质合成系统无法识别和越过非编码序列，所以，在蛋白质合成前，hnRNA 的内含子必须被除去，此过程称为 RNA 剪接(图 2-13)。

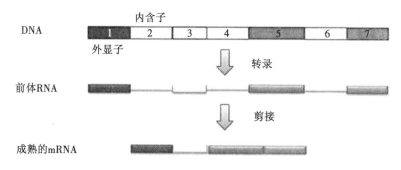

图 2-13　断裂基因及 RNA 剪接

比较不同基因的核苷酸序列，发现外显子与内含子连接序列有极高的同源性，这些序列结构可能是 mRNA 前体剪接的信号。内含子 5′交界处的边界序列为 GU，3′交界处的边界序列为 AG。外显子和内含子边界，内含子的 5′端由 5′剪接位点(5′splice site)的序列标明，内含子 3′端由 3′剪接位点(3′splice site)的序列标明，这种保守序列模式有时称为 GU-AG 法则，又称为 Chambon 法则。

mRNA 前体的剪接由剪接体(spliceosome)介导，剪接体主要是由蛋白质和 RNA 组成。RNA 是细胞核内一些序列高度保守的小 RNA，称为核小 RNA(small nuclear RNA，snRNA)，每种 snRNA 长约 60~300 nt，由于分子中碱基以尿嘧啶含量最丰富，故以 U 做分类命名(如 U1，U2，U4，U5 和 U6)。snRNA 与蛋白质形成复合物，这些 RNA-蛋白质复合物称为核内小核糖核酸蛋白颗粒(small nuclear ribonucleoprotein particle，snRNP)。参与剪接反应的 snRNP 有 U1-snRNP，U2-snRNP，U4-snRNP，U5-snRNP 和 U6-snRNP。剪接体主要是由 snRNP、mRNA 前体和其他参与剪接的蛋白质在细胞核内按照一定的次序组装形成的超分子复合物。但是在剪接反应的不同时期剪接体的具体成分不尽相同，不同的 snRNP 在不同时间进出剪接体，每种 snRNP 执行某些专门的任务。snRNP 在剪接中能识别 5′剪接位点和分支点，按需要把这两个位点集结到一起及催化(或协助催化)RNA 剪接和连接反应。

剪接过程基本包括：首先 5′剪接位点被 U1-snRNP 识别(通过其 snRNA 与 hnRNA 之间的碱基配对)。U2 辅助因子(U2 auxiliarry factor，U2AF)的一个亚基与 3′剪接位点上游多聚嘧啶区结合，并引导分支点结合蛋白(branch point binding protein, BBP)结合到分支点上，另一个亚基与 3′剪接位点结合。在 U2AF 的协助下，U2-snRNP 取代 BBP 结合到分支点，由于分支点的腺苷酸不配对，所以被挤出来成为单碱基突出，因而，可以与 5′剪接位点发生反应。U4-snRNP/U6-snRNP 及 U5-snRNP 加入，通过重排把 3 个剪接位点拉到一起。此后，U6 取代 U1 在 5′剪接位点的位置，U1 离开剪接体。然后 U4 离开剪接体，U6 与 U2 相互作用，形成催化中心(把构成活性位点的所有组分聚集到剪接体内)。催化中心形成后，hnRNA 的 5′剪接位点与分支点拉到一起，使外显子连接。最后 mRNA 产物及 snRNP 释放出来，起初 snRNP 仍与内含子形成的套索结合在一起，随着内含子的降解，剪接体发生解体，snRNP 被释放然后进入下一轮循环。

(4) RNA 编辑(RNA editing)

RNA 编辑一般是指发生在一个 RNA 转录物内部的任何核苷酸序列的变化。这种变化使 RNA 最后的序列与编码它的基因组序列有所不同。mRNA 编辑是指 mRNA 前体的一种加工方式，如插入、删除或取代一些核苷酸残基，导致 DNA 所编码的遗传信息的改变，因为经过编辑的 mRNA 序列发生了不同于模板 DNA 的变化。介导 RNA 编辑的机制有两种：位点特异性脱氨基作用和引导 RNA 指导的尿嘧啶插入或删除。通常对于一个给定的 mRNA，RNA 编辑只在特定的组织或细胞发生，而且是受调控的。

位点特异性脱氨基作用是一种依赖于特定的核苷酸脱氨酶的编辑，这种编辑的一种形式是 mRNA 中某个特异选择的胞嘧啶变成了尿嘧啶。如哺乳类动物的载脂蛋白 B mRNA 就存在从胞嘧啶到尿嘧啶的转换。肝内合成的载脂蛋白 B(ApoB 100)含 4563 个氨基酸残基，相对分子质量为 $5.1\times10^5$；小肠中合成的载脂蛋白 B(ApoB 48)与肝脏合成的载脂蛋白 B 具有完全相同的 N 端，但只有 2153 个氨基酸残基，相对分子质量为 $2.5\times10^5$。这两种蛋白质的基因完全一样，初级转录物也一样，但是由于载脂蛋白 B 基因在小肠转录生成的 mRNA 核苷酸序列中特异位点的胞嘧啶经脱氨基后变成尿嘧啶，使原来 2153 位上谷氨酰胺的密码子由 CAA 变为终止密码子 UAA，因而，生成较短的 ApoB 48。催化这一反应的脱氨酶仅存在于小肠，肝脏不含此酶。酶促脱氨的 RNA 编辑例子还包括腺嘌呤的脱氨基作用。

RNA 编辑的另一种机制是依赖于指导 RNA 的编辑机制，在锥虫线粒体中发现有这种情况的存在。RNA 转录后，在 mRNA 前体的特定位置插入或删除多个尿嘧啶，数量最大时达到成熟 mRNA 核苷酸总数的一半，此过程需要一个或多个小分子的"指导 RNA"(guide RNA, gRNA)提供 mRNA 的编辑信息。gRNA 是 DNA 另外一条链转录出来的一类小 RNA，能在特定位置与需要编辑的 mRNA 前体配对，并作为模板指导 mRNA 进行编辑。在编辑体的帮助下，由 3′端向 5′端进行尿苷酸的插入或删除。编辑体由特异的核酸内切酶、UTP 末端转移酶及 RNA 连接酶等组成。

RNA 编辑可看作一种特殊的 RNA 前体的后加工方式，其存在的意义可能包括：校正在 DNA 水平发生的某些突变，有些突变过程中丢失的遗传信息可能通过 RNA 编辑得以恢复。通过编辑可以为某些 mRNA 创造起始密码子或终止密码子，是基因表达调控的一种方式。扩充遗传信息，编辑可以在不增加基因组基因数目的前提下，通过选择性剪接和选择性加尾提高不同种类蛋白质的数目。

### 2.2.3.2 rRNA 和 tRNA 的转录后加工

（1）rRNA 的转录后加工

真核基因组中含有上百个前后相接的 rRNA 基因拷贝，每个基因被不能转录的基因间隔分段隔开。每个基因各自为一个转录单位，但其基因间隔不是内含子。初始真核 rRNA 转录产物是一个长 7500 kb 的 45S rRNA，它包含的 3 种 rRNA 序列被间隔序列隔开。45S rRNA 经剪接后，分出组成核糖体小亚基的 18S rRNA，余下的部分再剪接成 5.8S 及 28S 的 rRNA，成熟后与核糖体蛋白质一起组装核糖体，输出胞浆。

某些真核生物 rRNA 前体含有内含子。1982 年，Cech 在研究四膜虫 rRNA 前体的后加工方式时发现 rRNA 前体能自我剪接。四膜虫是一种原生动物，它的 rRNA 前体中含有内含子，当从这种生物体分离出来的 rRNA 前体与鸟苷或游离鸟苷酸温育时，在没有蛋白质的情况下，它的一个 413 个核苷酸的内含子自我切除并能将外显子剪接起来，且也不需要提供能量，是一种自催化反应。这种 RNA 也能作为酶具有催化作用。

（2）tRNA 的转录后加工

真核基因组含有数百到数千 tRNA 基因，tRNA 前体除了在 5′端和 3′端含有多余的核苷酸序列以外，某些还含有内含子，内含子一般位于反密码子的 3′端。tRNA 前体由 RNA 聚合酶Ⅲ催化生成，其转录后加工包括：在酶的作用下从 5′端及 3′端处切除多余的核苷酸；去除内含子进行剪接作用；3′端加-CCA 及碱基的修饰。如酵母 tRNA^Tyr，它有 5′端 16 个核苷酸的前导序列，中间 14 个核苷酸的内含子及 3′端多余的 2 个核苷酸。在加工过程中，5′端前导序列由核糖核酸酶 P（存在于细菌至人类的各种生物体内）切除；3′端多余的核苷酸则被核酸外切酶从末端逐个切除；内含子由核酸内切酶催化剪切反应，并通过连接酶将外显子连接起来；3′末端 CCA-OH 由核苷酸转移酶催化加入。此外，tRNA 的转录后加工还包括各种稀有碱基的生成，如碱基的甲基化、脱氨基反应和还原反应等。

### 2.2.3.3 核酶

核酶（ribozyme）是指一类具有催化功能的 RNA 分子，通过催化靶位点 RNA

链中磷酸二酯键的断裂,特异性地剪切底物 RNA 分子,从而阻断基因的表达。ribozyme 是 ribonucleic acid(核糖核酸)和 enzyme(酶)两词的缩合词。以前人们一直认为生物体的各种代谢反应都是在酶的催化下进行的,而酶的化学本质是蛋白质。但是从 20 世纪 80 年代以来,人们发现有些 RNA 分子也可以催化自身或其他 RNA 分子进行反应,这一发现打破了酶都是蛋白质的传统观念。

1982 年,Thomas Cech 从四膜虫 rRNA 前体的加工研究中首先发现 rRNA 前体有自我剪接作用,提出 ribozyme 概念。1983 年,Altman 等发现核糖核酸酶 P 中的 RNA 组分可以催化 tRNA 前体的加工,之后,Symons 又在核酶作用机理的研究中,提出了关于自我剪接中的锤头结构。能进行分子内自我催化的 RNA 片段通常不太长,为 60 个核苷酸左右。此结构中有 3 个茎区为局部的双链结构,包围着一个由 11~13 个保守核苷酸构成的催化中心。同一核酶分子上由催化部分和底物部分共同组成锤头结构。切割之后底物被释放,由一个新的没有被切割的底物取代,使切割反应得以进行。根据核酶自我剪切的特点,可以人工合成多种核酶以破坏一些有害的基因(如病毒或癌基因),这已经成为基因治疗的一条重要策略。

核酶的发现对中心法则做了重要补充,也是继逆转录现象之后,又一次阐明了 RNA 的重要功能。此外,核酶的发现也对传统酶学提出了挑战,目前核酶种类较少,约有数十种,而酶则多种多样,这可能是生物进化过程中演变的结果,大多 RNA 的酶活性已丧失,而被蛋白质所取代,所以,现在的核酶只是辅助参与生物体内多种催化作用。核酶的发现为生命起源的研究提供了新思路——也许曾经存在以 RNA 为基础的原始生命形式。在这种生命形式里,RNA 既是遗传物质又是酶,而这种单一的 RNA 生命形式更早。蛋白质世界也可能起源于 RNA 世界。

### 2.2.3.4　逆转录

DNA 的生物合成不仅可以以 DNA 为模板,还可以以 RNA 为模板。1970 年,David Baltimore 和 Howard Temin 在研究鸟类的路斯氏肉瘤病毒时发现了一种依赖 RNA 的 DNA 聚合酶,能以病毒 RNA 为模板,合成双链 DNA。这是第一个被发现的逆转录酶(reverse transcriptase,RT)。此后,各种高等真核生物的致癌 RNA 病毒都被发现有逆转录酶。这些病毒称为逆转录病毒。逆转录病毒基因组属于正链 RNA,有两个拷贝,在逆转录酶的作用下,病毒以 RNA 为模板合成 DNA。在此过程中,遗传信息的流动方向(RNA→DNA)与转录过程中的方向(DNA→RNA)相反,因此,称为逆转录(reverse transcription)。

逆转录酶主要具有 3 种催化活性:① 逆转录活性,即 RNA 指导的 DNA 聚合酶活性,能以 RNA 为模板,从 5′→3′方向合成 DNA;② 复制活性,即 DNA 指导的 DNA 聚合酶活性;③ 水解活性(RNase H 活性)。所谓 RNase H 活性是指能水解 DNA-RNA 杂合双链分子中 RNA 链，能从 $5'{\rightarrow}3'$ 和 $3'{\rightarrow}5'$ 两个方向水解 RNA。此外，逆转录酶还具有 DNA 内切酶活性、螺旋酶活性、旋转酶活性及结合引物 tRNA 的能力。

当逆转录病毒感染宿主细胞后，基因组 RNA 及逆转录酶也进入细胞。逆转录酶的逆转录活性将以病毒的单链基因组 RNA 作为模板，病毒自带的 tRNA 为引物，合成与 RNA 互补的 DNA 链（complementary DNA, cDNA），得到 DNA 和 RNA 的杂交链。逆转录酶的水解活性水解其中的 RNA 链，DNA 指导的 DNA 聚合酶活性以 DNA 链为模板合成互补的 DNA，得到双链线状 DNA 分子，即前病毒（provirus）。

前病毒 DNA 合成之后进入细胞核，在病毒编码整合酶的作用下，前病毒与宿主细胞基因组整合而成为宿主基因组的一部分。宿主细胞的 RNA 聚合酶Ⅱ以前病毒 DNA 为模板转录出 mRNA，其可作为新的病毒基因组 RNA 包装成病毒颗粒，也可以作为模板翻译出病毒蛋白。有的病毒产物可影响细胞对外界调控信号的反应而引起宿主细胞转化。

逆转录的发现完善了中心法则，遗传物质不只是 DNA，还有 RNA。研究逆转录病毒有助于阐明肿瘤的发生机制，探索肿瘤的防治策略。对逆转录病毒的认识有利于转基因技术的发展，逆转录酶也已成为基因工程中一种重要的工具酶。

## 2.3 翻译

翻译即蛋白质生物合成，是基因表达的最后一步，通过翻译，核酸分子中由 4 个字母即 4 种核苷酸编码的信息语言，被翻译成蛋白质分子中主要由 20 个字母即 20 种常见的蛋白质氨基酸编码的功能语言。作为中心法则的重要内容，翻译比 DNA 的复制及转录的过程更加复杂，整个过程涉及几百种不同的生物大分子，这些分子共同组成了一个高效而精确的翻译"机器"。这些"机器"的正常运转依赖蛋白质-核酸的相互作用；翻译的起始、肽链的延伸及肽链的终止阶段都需要辅助因子的参与。此外，合成后的多肽链，也需要经过翻译后的加工修饰，如折叠形成天然蛋白质的三维构象，对一级结构和空间结构的修饰等，才能成为有生物功能的天然蛋白质。多种蛋白质在胞液合成后还需要定向输送到适当靶细胞部位发挥作用。核糖体是蛋白质合成的场所，mRNA 是蛋白质合成的模板，氨酰-tRNA（"特异搬运工具"）是模板与氨基酸之间的接合体。参与蛋白质合成的物质，除作为原料的氨基酸外，还有各种蛋白质因子，相关的酶（氨基酰 tRNA 合成酶及转肽酶），以及 ATP、GTP 等供能物质与必要的无机离子等。

### 2.3.1　参与蛋白质生物合成的物质

#### 2.3.1.1　核糖体

在翻译过程中，核糖体与 mRNA 可逆地结合，并按照 mRNA 合成多肽链。据估计，一个细菌细胞内约含有 $10^5$ 个核糖体，真核细胞内则约含有 $10^6$ 个核糖体。对于细菌而言，只有一种核糖体，而对真核生物来说，不仅细胞质中有核糖体，线粒体和叶绿体中也有核糖体。无论是何种核糖体，都是由几种 rRNA 和几十种蛋白质组成。

核糖体是一个致密的核糖核蛋白颗粒，可以解离为大、小两个亚基。核糖体的每个亚基都是由多种核糖体蛋白质(ribosomal protein，r-蛋白)和 rRNA 组成。核糖体蛋白多是参与蛋白质生物合成过程的酶和蛋白因子。核糖体上有多个活性中心，每个中心都由一组特殊的核糖体蛋白质构成，虽然有些蛋白质本身具有催化功能，但若将它们从核糖体上分离出来，催化功能就会完全消失。所以，核糖体上的酶或蛋白质只有在核糖体内才具有催化活性，它们共同承担了蛋白质生物合成的任务。核糖体的 rRNA 不仅是核糖体的重要结构成分，也是核糖体发挥生理功能的重要元件。

细菌细胞质核糖体小亚基的沉降系数是 30S，含有 16S rRNA 和约 20 种蛋白质。细菌 16S rRNA 的一级结构是高度保守的，它的 3′-端含有一段反 SD 序列(ACCUCCUUA)，能与 mRNA 5′-端翻译起始区的 SD 序列互补配对。这对于 mRNA 在核糖体上的正确定位和可读框内起始密码子的识别十分重要。真核生物细胞质核糖体小亚基的沉降系数是 40S，含有 18S rRNA 和 30 余种蛋白质。真核生物细胞质核糖体小亚基的 18S rRNA 也是高度保守的，但在 3′-端无反 SD 序列，这是因为真核细胞细胞质翻译过程中识别起始密码子的机制与细菌不同。

大肠杆菌的大亚基沉降系数为 50S，由 5S rRNA、23S rRNA 和 30 多种蛋白质组成。2 种 rRNA 分子都有致密的碱基配对结构，其中，23S rRNA 为催化肽键形成的核酶。真核生物细胞质核糖体大亚基的沉降系数为 60S，含有 28S rRNA、5.8S rRNA、5S rRNA 和约 50 种蛋白质组成(表2-6)。28S rRNA 和 5.8S rRNA 与细菌 23S rRNA 关系密切，其中，5.8S rRNA 与 23S rRNA 的 5′-端序列相似，暗示真核生物这两种 rRNA 可能起源于一个共同的远古基因，后经断裂而来。

表 2-6  核糖体的组成

| 核糖体 | 大小 | 亚基 | | | |
|---|---|---|---|---|---|
| | | 小亚基 | | 大亚基 | |
| 细菌 | 70S | 30S | 16S rRNA<br>21 种蛋白质 | 50S | 23S rRNA<br>5S rRNA<br>30 余种蛋白质 |
| 真核生物细胞质 | 80S | 40S | 18S rRNA<br>30 余种蛋白质 | 60S | 28S rRNA、5.8S rRNA、<br>5S rRNA<br>约 50 种蛋白质 |

对不同来源的核糖体结构进行比较的研究结果表明，核糖体的结构，尤其是三维结构在进化上是高度保守的。核糖体上有 3 个 tRNA 结合位点，分别为 A，P 和 E 位点。A 位点(acceptor site，A site)或受体部位是新进入的氨基酰-tRNA 最初的核糖体结合位点，P 位点(peptidyl site，P site)或供体部位是肽酰-tRNA 的结合位点，E 位点(exit site，E site)或离开部位是空载 tRNA 在离开核糖体之前与核糖体临时结合的部位。每一个 tRNA 结合位点都横跨核糖体的两个亚基，位于大亚基和小亚基的交界面。

核糖体是一个由几种 rRNA 和多种蛋白质组成的超分子复合物，rRNA 和蛋白质先自组装成大、小两个亚基，再由两个亚基组合成一个完整的核糖体，而完整的核糖体在一定的条件下可解离(图 2-14)。大、小亚基在翻译的每次循环过程中都经历结合与分离。翻译的起始阶段，核糖体必须先解离成单独的亚基。

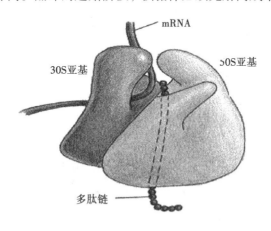

图 2-14  核糖体的结构模型

### 2.3.1.2  mRNA

mRNA 是翻译的模板，从 mRNA 5′端起始密码子开始到 3′端终止密码子之间一段连续的核苷酸序列，由它编码一个蛋白质多肽链，称为开放阅读框（open reading frame，ORF）。开放阅读框指导蛋白质的合成。每条 mRNA 的 ORF 数量在真核和原核细胞中不同，原核细胞的 mRNA 经常含有 2 个或多个 ORF，真核细胞的 mRNA 几乎都只有 1 个 ORF。原核细胞 ORF 5′端有一个核糖体结合位点（ribosomal binding site，RBS）。RBS 含有 SD 序列。在原核生物 ORF 起始密码子上游约 8~13 核苷酸部位，有一段 3~9 个富含嘌呤碱基的核苷酸序列，如 5′-AGGAGG-3′，称为 SD 序列（Shine-Dalgarno sequence）。而原核生物小亚基 16S rRNA 3′端有一富含嘧啶的短序列，可以与 SD 序列通过碱基配对使 mRNA 与小亚基结合。

### 2.3.1.3　tRNA

tRNA 在蛋白质合成中处于关键地位，提供运载体把氨基酸运送到核糖体，再通过其反密码子与 mRNA 上密码子之间的相互作用合成氨基酸序列。tRNA 也被称为第二遗传密码。不同种生物体内的 tRNA 的基因数目和种类不一定相同，真核生物中有 41~55 种 tRNA，细菌 tRNA 的种类通常要低于真核生物。

tRNA 是一类小 RNA，分子长度通常为 73~93 个核苷酸，虽然各自的序列不同，但所有 tRNA 的一级结构都具有某些共同的特征。首先 tRNA 含有一些特殊的修饰碱基，如二氢尿嘧啶（dihydrouridine，D）和假尿苷（pseudouridine，ψ）。其次所有的 tRNA 在 3′端均以 CCA-OH 结束，该位点是 tRNA 与相应氨基酸结合的位点。

tRNA 的二级结构是三叶草结构，由 4 个茎和 3 个环组成，受体茎 5′端的前几个核苷酸和 3′端的一小段核苷酸序列互补配对，3′端的最后 3 个碱基是 CCA，其最后一个碱基的 3′或 2′羟基（—OH）可以被氨酰化。D 茎止于 D 环，D 环含有几个二氢尿嘧啶，反密码子茎止于反密码子环，此环的中央是反密码子，可变环因大小可变而得名，它在不同的 tRNA 分子上大小不尽相同，TψC 茎止于 TψC 环，而 TψC 环因含有高度保守的 TψC 序列而得名（图 2-15）。

tRNA 的三级结构呈胖的倒 L 形。在这种结构之中，D 环与 TψC 环上的一些核苷酸形成氢键，正是这些与其他相互作用将三叶草二级机构进一步折叠成倒 L 形。在倒 L 形结构中，TψC 茎和氨基酸受体茎串联而成一段双螺旋，D 茎和反密码子茎串联而成另一段双螺旋，这两段 RNA 双螺旋之间成垂直的关系。如此结构排布使 tRNA 两个功能端在空间上分开，即接受氨基酸的位点尽可能与反密码子隔离。

有一类能特异地识别 mRNA 模板上起始密码子的 tRNA 叫起始 tRNA。起始 tRNA 可以识别起始密码子，参与翻译的起始。真核生物起始 tRNA 携带甲硫氨酸（Met），在真核生物中与甲硫氨酸结合的 tRNA 至少有两种：tRNAi$^{Met}$称为起始 tRNA（initiator-tRNA）；tRNAe$^{Met}$表示在肽链延长（elongation）中携带甲硫氨酸的 tR-

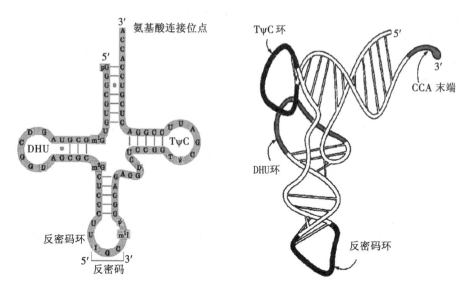

图 2-15　tRNA 的结构

NA。原核生物起始 tRNA 携带甲酰甲硫氨酸(fMet)，可简写为：tRNA$_f^{Met}$。

#### 2.3.1.4　氨酰-tRNA 合成酶

氨基酸在掺入到多肽链之前必须被活化，而氨酰-tRNA 是它的活化形式。氨酰-tRNA 合成酶(aminoacyl-tRNA synthetase)是催化氨基酸与 tRNA 结合形成氨酰-tRNA 的特异性酶。

$$氨基酸 + tRNA + ATP \xrightarrow{氨酰-tRNA\ 合成酶} 氨酰-tRNA + AMP + PPi$$

此反应需要消耗 2 个高能磷酸键，并在 PPi 的水解下持续向右进行。氨酰-tRNA 合成酶催化氨酰-tRNA 的合成分两步进行：

第一步是氨基酸与 ATP 反应生成氨酰-腺苷酸，并释放出焦磷酸：

$$AA + ATP + 酶(E) \longrightarrow E-AA-AMP + PP_i$$

第二步是氨酰-腺苷酸与 tRNA 反应，氨酰基转移到 tRNA 3′端的 2′或 3′羟基上，同时，释放出 AMP。

$$E-AA-AMP + tRNA \longrightarrow AA-tRNA + E + AMP$$

20 种氨基酸都是通过特异的氨酰-tRNA 合成酶连接到正确的 tRNA 上，由于大多数的氨基酸是由多于一个的密码子决定的，已发现的 tRNA 分子有 40~50 种，但每一种 tRNA 仅与一个特定的氨基酸结合并识别 mRNA 的一个或几个特定的密码子，而 1 种氨基酸可以和 2~6 种 tRNA 结合。因此，我们将几个代表相同氨基酸的 tRNA 称为同工 tRNA。氨酰-tRNA 合成酶必须识别针对特定氨基酸的一组正确 tRNA，而且必须使这些同工 tRNA 负载正确的氨基酸，这两个过程都必须精确地进行。有两种机制保证了这种高度精确性。首先氨酰-tRNA 合成酶对底物氨基酸和 tRNA 都有高度的特异性。遗传学、生物化学和 X 射线的证据表明，这种特异性的决定因素集中在 tRNA 分子的两个不同的位点：受体臂和反密码子环。受体臂是氨酰-tRNA 合成酶识别特异性的一个极其重要的决定因素。在某些情况下，改变受体臂的一对碱基，足以使某个 tRNA 的特异性改变，识别它的合成酶从一种变为另一种。其次，氨酰-tRNA 合成酶具有校正活性。氨酰-tRNA 合成酶具有水解酯键的活性，可将任何错配的氨酰-AMP 或氨酰-tRNA 水解，再换上与密码子相对应的氨基酸。

### 2.3.2　遗传密码

mRNA 是翻译的模板，贮存在 DNA 上的遗传信息通过 mRNA 传递到蛋白质上，mRNA 与蛋白质之间的联系是通过遗传密码的破译来实现的。mRNA 上每 3 个核苷酸组成 1 个密码子（codon），被翻译成多肽链上的 1 种氨基酸。这种由 3 个核苷酸决定 1 种氨基酸的编码形式称为三联体密码。

mRNA 中只有 4 种核苷酸，而蛋白质有 20 种氨基酸，以一个核苷酸代表一种氨基酸是不可能的，而 2 个核苷酸只能组合成 $4^2 = 16$ 种，如果是 3 个核苷酸，则可组合成 $4^3 = 64$ 种，可以满足 20 种氨基酸的需要。从 1961 年到 1966 年，遗传密码的破译前后差不多花了近 6 年的时间。Ochoa 和 Khorana 发明了人工合成核酸的技术，通过此项技术可以得到一特定序列的 RNA 分子作为翻译的模板。Nirenberg 等人建立了无细胞翻译系统，为使用人工合成的 RNA 模板进行翻译提供了可能。由于 Nirenberg 和 Khorana 在遗传密码的破译方面所作出的杰出贡献，他们与第一个测定出酵母 tRNA[Ala] 一级结构的科学家 Holley 分享了 1968 年的诺贝尔化学奖。

遗传密码的性质。

（1）连续性

翻译由 mRNA 的 5′端起始密码子开始，一个密码子接一个密码子连续阅读直到 3′终止密码，密码间无间断也无重叠，即起始密码决定了所有后续密码子的位置。如果基因损伤引起 mRNA 阅读框架内碱基插入或缺失，可能导致框移突变，使下游氨基酸序列改变。

（2）简并性

按照 1 个密码子由 3 个核苷酸组成的原则，4 种核苷酸可组成 64 个密码子，这意味着很多氨基酸是由 1 种以上的密码子编码的。这种由一种以上密码子编码同一个氨基酸的现象称为简并性（degeneracy）。编码同一种氨基酸的不同密码子称为同义密码子（synonymous codon）。由 A、U、C、G 这 4 种核苷酸组成的 64 个密码子里，61 个密码子分别代表各种氨基酸，UAA、UAG, UGA 这 3 个密码子为肽链的终止信号，不代表任何氨基酸，在翻译中作为终止密码子(见表 2-7)。

**表 2-7　遗传密码及相应的氨基酸**

| 第一位核苷酸 | 第二位核苷酸 | | | | | | | | 第三位核苷酸 |
|---|---|---|---|---|---|---|---|---|---|
| | U | | C | | A | | G | | |
| U | UUU | 苯丙氨酸 | UCU | 丝氨酸 | UAU | 酪氨酸 | UGU | 半胱氨酸 | U |
| | UUC | 苯丙氨酸 | UCC | 丝氨酸 | UAC | 酪氨酸 | UGC | 半胱氨酸 | C |
| | UUA | 亮氨酸 | UCA | 丝氨酸 | UAA | 终止子 | UGA | 终止子 | A |
| | UUG | 亮氨酸 | UCG | 丝氨酸 | UAG | 终止子 | UGG | 色氨酸 | G |
| C | CUU | 亮氨酸 | CCU | 脯氨酸 | CAU | 组氨酸 | CGU | 精氨酸 | U |
| | CUC | 亮氨酸 | CCC | 脯氨酸 | CAC | 组氨酸 | CGC | 精氨酸 | C |
| | CUA | 亮氨酸 | CCA | 脯氨酸 | CAA | 谷氨酰胺 | CGA | 精氨酸 | A |
| | CUG | 亮氨酸 | CCG | 脯氨酸 | CAG | 谷氨酰胺 | CGG | 精氨酸 | G |
| A | AUU | 异亮氨酸 | ACU | 苏氨酸 | AAU | 天冬酰胺 | AGU | 丝氨酸 | U |
| | AUC | 异亮氨酸 | ACC | 苏氨酸 | AAC | 天冬酰胺 | AGC | 丝氨酸 | C |
| | AUA | 异亮氨酸 | ACA | 苏氨酸 | AAA | 赖氨酸 | AGA | 精氨酸 | A |
| | AUG | 甲硫氨酸 | ACG | 苏氨酸 | AAG | 赖氨酸 | AGG | 精氨酸 | G |
| G | GUU | 缬氨酸 | GCU | 丙氨酸 | GAU | 天冬氨酸 | GGU | 甘氨酸 | U |
| | GUC | 缬氨酸 | GCC | 丙氨酸 | GAC | 天冬氨酸 | GGC | 甘氨酸 | C |
| | GUA | 缬氨酸 | GCA | 丙氨酸 | GAA | 谷氨酸 | GGA | 甘氨酸 | A |
| | GUG | 缬氨酸 | GCG | 丙氨酸 | GAG | 谷氨酸 | GGG | 甘氨酸 | G |

AUG 不仅代表甲硫氨酸，还可作为多肽合成的起始信号，被称为起始密码子。细菌中，起始密码子通常是 AUG(90%以上)，GUG 有时也使用(8%)，少数使用 UUG(占 1%)，更为罕见的是 AUU。这些密码子在作为起始密码子的时候，都是编码甲硫氨酸的。比较同义密码子发现，密码子的第 1 位和第 2 位核苷酸多相同，差别多在第 3 位。但并非所有同义密码子的前两个碱基都相同。如 Leu 既可以由 UUA 和 UUG 编码，也可以由 CUU、CUC、CUA 和 CUG 编码。虽然大多数氨基酸都有同义密码子，但各同义密码子被使用的频率并不相同，而且使用频率还可能因为物种的不同而不同。频率出现较低的密码子可称为稀有密码子，而表达水平较高的基因倾向于使用频率高的密码子。

(3)通用性

蛋白质合成的遗传密码，无论是细菌还是真核生物使用的都是同一套，所以，密码子具有通用性。20 世纪 70 年代以后对各种生物基因组测序的结果已经证实了遗传密码的通用性。密码子的通用性有助于我们研究生物进化，同时，也在遗传工程中使在代理宿主中表达有用蛋白质成为可能。但是密码子的通用性也有少数例外,如线粒体中 UGA 编码色氨酸,而非终止密码子;甲硫氨酸既可由 AUG 编码,也可由 AUA 编码等。不仅是线粒体有通用密码子例外的情况,某些原核生物基因组和真核生物基因组也有发现,例如支原体中 UGA 用来编码色氨酸而不是终止密码子。

(4)摆动性

在蛋白质合成过程中,tRNA 的反密码子通过碱基互补与 mRNA 上的密码子反向配对结合。考虑到密码子的兼并性,如果每一个密码子都有其特异的 tRNA 反密码子,那么,生物体中至少应该有 61 种不同的 tRNA。然而早在 1965 年,Nirenberg 发现苯丙氨酰-tRNA$^{Phe}$既可以结合 UUU,还可以结合 UUC,同年 Holley 分离到的酵母 tRNA$^{Ala}$能结合 3 个密码子——GCU、GCC 和 GCA。另外,反密码子除了 4 种常规的碱基外,还有第 5 种碱基——次黄嘌呤(I)。1966 年 Crick 提出摆动假说(wobble hypothesis),根据摆动假说,反密码子与密码子间相互识别时,前两对碱基严格遵守碱基互补配对原则,第三对碱基有一定的自由度。按照从 5′→3′阅读密码规则,反密码子第 1 位碱基可以和密码子第 3 位的几种碱基形成氢键。一个 tRNA 能识别多少个密码子是由反密码子的第 1 位碱基的性质决定的,反密码子的第 1 位碱基为 U 时可以和 A、G 配对,为 I 时可以和 U、C 或 A 配对(表 2-8)。

表 2-8　摆动假说的配对组合

| 反密码子的第 1 位碱基 | 密码子的第 3 位碱基 |
| --- | --- |
| I | U、C、A |
| U | A、G |
| G | U、C |
| A | U |
| C | G |

### 2.3.3　蛋白质的生物合成

蛋白质的生物合成包括氨基酸活化,肽链的起始、延伸、终止及新合成多肽链的折叠和加工。

### 2.3.3.1　原核生物的蛋白质生物合成

(1)氨基酸的活化

蛋白质的生物合成过程中,只有与 tRNA 结合的氨基酸才能被准确地运送到核糖体中,参与多肽链的起始与延伸。而正确的氨基酸必须由氨酰-tRNA 合成酶选择,共价连接到 tRNA 上。另外,正确的氨酰-tRNA 必须在核糖体上与 mRNA

的密码子配对，使氨基酸按 mRNA 信息的指导"对号入座"。细菌中，起始氨基酸是甲酰甲硫氨酸，与核糖体小亚基结合的是 N-甲酰甲硫氨酰-tRNA$_f^{Met}$。由两步反应合成：

① 在甲硫氨酰-tRNA 合成酶的催化下，Met 与起始 tRNA 形成甲硫氨酰-起始 tRNA。

$$Met+tRNA_f^{Met}+ATP \longrightarrow Met-tRNA_f^{Met}+AMP+ PPi$$

② 在甲硫氨酰 tRNA 转甲酰基酶的催化下形成 N-甲酰甲硫氨酰-tRNA$_f^{Met}$。

$$N^{10}-甲酰四氢叶酸+ Met-tRNA_f^{Met} \longrightarrow 四氢叶酸+fMet-tRNA_f^{Met}$$

（2）翻译的起始

蛋白质合成的起始阶段是整个翻译过程的限速步骤，参与起始阶段的有核糖体、fMet-tRNA$_f^{Met}$、mRNA 和蛋白因子。mRNA 和 fMet-tRNA$_f^{Met}$ 分别与核糖体结合形成翻译起始复合物，参与这一过程的多种蛋白质因子，称为起始因子（initiation factor，IF）（表 2-9）。已知原核生物的起始因子有 3 种，真核生物起始因子称为 eIF，其种类更多，至少有 9 种。

表 2-9　原核生物、真核生物各种起始因子的生物功能

| 生物类型 | 起始因子 | 生物功能 |
| --- | --- | --- |
| 原核生物 | IF-1 | 协助 IF3 的作用 |
| | IF-2 | 促进起始 tRNA 的结合和 GTP 的水解 |
| | IF-3 | 促进核糖体的解离和 mRNA 的结合 |
| 真核生物 | eIF-1 | 促进起始复合物的形成 |
| | eIF-1A | 稳定 Met-tRNA$_i$ 与 40S 核糖体的结合 |
| | eIF-2 | 依赖于 GTP 的 Met-tRNA$_i$ 与 40S 亚基的结合 |
| | eIF-3 | 促进核糖体的解离，促进 Met-tRNA$_i$ 和 mRNA 与 40S 亚基的结合 |
| | eIF-4A | 结合 RNA，ATP 酶，RNA 解链酶，促进 mRNA 结合 40S 亚基 |
| | eIF-4B | 结合 mRNA，促进 RNA 解链酶活性和 mRNA 与 40S 亚基的结合 |
| | eIF-4E | 结合 mRNA 的帽子结构 |
| | eIF-4G | 结合 eIF-4A、eIF-4E 和 eIF3 |
| | eIF-4F | 结合 mRNA 帽子结构，RNA 解链酶，促进 mRNA |
| | eIF-5 | 促进 eIF2 的 GTP 酶活性 |

原核生物翻译的起始过程如下。

① 在完成了上一轮多肽合成后，30S 和 50S 亚基以无活性的 70S 核糖体的形式保持结合状态。在 IF-1 的刺激下，IF-3 与 30S 小亚基结合，以促进 30S 亚基与 50S 亚基解离，其中，IF-3 占据了将成为 E 位点的小亚基上的位置，面 IF-1 直

接结合到小亚基未来 A 位点的位置上，防止运载 tRNA 的进入，从而只有 P 位点在起始因子存在下能够结合 tRNA。

② 大、小亚基解离后，起始 fMet-tRNA$_f^{Met}$、IF-2·GTP、mRNA 与小亚基结合，结合的次序是随机的。

③ 原核生物 mRNA 与小亚基的结合通常是由 mRNA 的核糖体结合位点（即 SD 序列）和小亚基 16S rRNA 反 SD 序列之间的碱基配对作用介导。

④ 在 IF2 和 GTP 的帮助下，起始 fMet-tRNA$_f^{Met}$ 定位到 30S 亚基的 P 部位，tRNA 上的反密码子和起始密码子碱基配对。IF2 是一种小 G 蛋白，其活性形式为 IF2·GTP。IF3 也起作用，它不仅能稳定 fMet-tRNA$_f^{Met}$ 与 P 位点的结合，而且通过破坏错配的密码子-反密码子的相互作用而行使校对功能。当起始密码和 fMet-tRNA$_f^{Met}$ 碱基配对后，30S 小亚基的构象发生变化导致 IF3 的释放，大亚基可自由地与小亚基及其负载的 IF-1、IF-2、mRNA 和 fMet-tRNA$_f^{Met}$ 结合。这种结合激活 IF2 的 GTP 酶活性，引起 GTP 水解，导致 IF-2、IF-1 的释放，形成由完整核糖体、mRNA、起始氨酰-tRNA 组成的翻译起始复合物。此时，结合起始密码子的 fMet-tRNA$_f^{Met}$ 占据 P 位，而 A 位空留，对应 mRNA 上起始密码子的下一组三联体密码，准备相应氨酰-tRNA 的进入。

（3）翻译的延伸

在起始复合物形成以后，翻译即进入延伸阶段（图 2-16）。按照 mRNA 模板密码子的排列，依次加入新的氨基酸延伸肽链，直到终止密码出现。肽链的延伸由进位、肽键的生成和移位构成的循环组成。

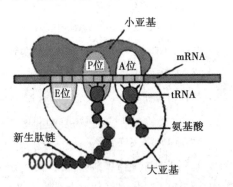

**图 2-16　原核生物的蛋白质生物合成**

① 进位。又称注册（registration），即根据 mRNA 下一组密码子的指导，使相应的氨酰-tRNA 进入 A 位。肽链合成起始后，核糖体 P 位结合 fMet-tRNA$_f^{Met}$，A 位空留并对应下一组密码子，需加入的氨酰-tRNA 即由该密码子决定。氨酰-tRNA 不能独自与核糖体结合，需要延长因子 EF-Tu 及 GTP 参与。

EF-Tu 和 EF-Ts 是 EF-T 二聚体的两个亚基，前者常温下容易失活，而后者较稳定。肽链延长时，EF-Tu 与 GTP 结合，促使 EF-Ts 分离。EF-Tu·GTP 与将进位的氨酰-tRNA 结合，以复合体形式进入核糖体 A 位。随后 EF-Tu 水解 GTP，驱动 EF-Tu 和 GDP 从核糖体释放，继续协助下一个氨酰-tRNA 进位。

EF-Tu 从 tRNA 释放需要 GTP 的水解，这种作用对正确的反密码子-密码子配对非常敏感。即使只有 1 个碱基不正确配对也将导致 EF-Tu 的 GTP 酶活性急剧下降。另外，当氨酰-tRNA·EF-Tu·GTP 复合体进入 A 位时，氨酰-tRNA 的 3′端远离肽键形成的位点，为了形成肽键，氨酰-tRNA 必须旋转进入，非正确配对的 tRNA 在此过程经常从核糖体上脱离下来。有假设认为氨酰-tRNA 的旋转为密码子和反密码子的作用带来了张力，而只有正确配对的反密码子才能维持这种张力。

② 肽键的生成。又称转肽。转肽反应发生在 EF-Tu·GDP 离开核糖体之后，由 A 位上的氨基 N 亲核进攻 P 位的起始氨酰-tRNA（或延长中的肽酰-tRNA）的氨酰基（或延长中的肽酰基）从而形成肽键。反应由肽酰转移酶催化。第一个肽键形成后，二肽酰-tRNA 占据 A 位，而卸载的 tRNA 仍在 P 位。

③ 移位。延伸过程最后一步反应是移位，即核糖体向 mRNA 3′端方向移动一个密码子。此过程需要延长因子 EF-G 的协助。EF-G 有转位酶活性，当 EF-G·GTP 与大亚基作用时，刺激 GTP 水解，促使 A 位点的肽酰-tRNA 移位至 P 位点，则卸载的 tRNA 必须从 P 位移到 E 位，打断了卸载 tRNA 和 mRNA 之间的碱基配对，因而，E 位上卸载的 tRNA 可自由地从核糖体中脱离出来，并通过氨酰-tRNA 合成酶重新装载氨基酸。

在肽酰-tRNA 的移动过程中，mRNA 也移动了 3 个核苷酸位置，这是由 A 位点的肽酰-tRNA 和 mRNA 之间的碱基配对介导的，碱基配对在移位过程中一直维持着。EF-G 是移位所必需的蛋白质因子，移位的能量来自 GTP 水解。EF-G 的释放是下一轮肽链的延伸反应所必需的。肽链的延伸是由许多这样的反应组成的，每增加一个氨基酸残基，就按进位、转肽和移位 3 个步骤不断循环，使肽链从 N 端向 C 端延伸。

(4) 肽链的终止

当终止密码子 UAA、UAG、UGA 出现在核糖体 A 位后，没有相应的 AA-tRNA 能与之结合，即进入终止阶段，包括已合成完毕的肽链被水解释放，以及核糖体与 tRNA 从 mRNA 上脱落的过程。这一阶段需要的蛋白质因子称为终止因子（或称为释放因子，release factor，RF）。

释放因子有两类。Ⅰ类释放因子识别终止密码子，并催化多肽链从 P 位点的 tRNA 中水解释放出来。原核生物的 Ⅰ类释放因子有两种：RF1 和 RF2，前者识别

UAA、UAG，后者识别 UAA、UGA。Ⅱ类释放因子在多肽链释放后刺激Ⅰ类释放因子从核糖体中解离出来。原核生物的Ⅱ类释放因子是 RF3。从 mRNA 上脱落的核糖体，在起始因子 IF-1 和 IF-3 的作用下分解为大、小两个亚基，重新进入核糖体循环。

### 2.3.3.2　真核生物的蛋白质生物合成

（1）翻译的起始

真核细胞翻译的起始过程与原核生物相似但更复杂。如它们都使用起始密码和特定的 tRNA，都在大亚基加入之前利用起始因子形成结合 mRNA 的小亚基复合体。但真核生物有不同的起始成分，如核糖体为 80S；mRNA 模板通常都是单顺分子，有帽子和多聚 A 尾巴，没有且不需要 SD 序列；起始因子种类更多；起始 tRNA 是 Met-tRNAi^Met，其中的甲硫氨酸不需甲酰化等。此外，只能用 AUG 为起始密码子，且真核细胞还运用一个根本不同的方式识别 mRNA 和起始密码子。

当真核细胞的核糖体完成翻译的一个循环后，通过起始因子 eIF-3 和 eIF-1A 的作用解离为大、小亚基。eIF-5B·GTP 帮助 eIF-2·GTP·Met-tRNAi^Met 复合体结合到 40S 小亚基未来的 P 位点，形成 43S 前复合体。eIF-4F 帮助 mRNA 与 40S 小亚基结合。首先 eIF-4E 直接与 mRNA 5′帽子结合，eIF-4A 和 eIF-4G 的两个亚基则与 mRNA 非特异性结合。随后 eIF-4B 加入，并激活 eIF-4A 的解链酶活性，解开 mRNA 末端的任何二级结构。最后通过 eIF-4F 和 eIF-3 的相互作用募集 43S 起始复合体到 mRNA 上。真核生物 40S 小亚基在结合起始氨酰-tRNA 后，从 mRNA 的 5′端按 5′→3′方向沿着 mRNA 移动，寻找起始密码。此过程由 eIF-4A 解链酶驱动，通过消耗 ATP 解开 mRNA 的二级结构而利于在其上的扫描。起始密码的识别通过起始氨酰-tRNA 的反密码和起始密码之间的碱基配对作用。

正确的碱基配对引起 eIF-2 和 eIF-3 的释放，使大亚基结合到小亚基上。大亚基的结合刺激了 eIF-5B·GTP 的水解，导致剩余的起始因子的释放，结果 Met-tRNAi^Met 被置于 80S 翻译起始复合物的 P 位点。由于 eIF-4F 和 polyA 尾结合蛋白都在多轮次的翻译循环中与 mRNA 结合，eIF-4F 除了与 mRNA 的 5′端结合外，还通过与 polyA 尾结合蛋白之间的相互作用而与 mRNA 的 3′端紧密结合，因此，在翻译过程中，mRNA 的 5′和 3′端之间形成蛋白质桥，使 mRNA 维持一种环状的构象。

（2）翻译的延伸

真核生物肽链延长过程与原核生物基本相似，也是不断经历进位、转肽和移位的循环。只是真核细胞的延伸因子 eEF1 代替了 EF-Tu 和 EF-Ts，eEF2 代替了 EF-G。真核生物还需要延伸因子 eEF3，eEF3 促进空载 tRNA 从 E 位释放，从而刺激氨酰-tRNA 进入 A 位，需要依赖 eEF3 的 ATP 水解酶活性水解 ATP。

（3）翻译的终止

真核生物蛋白质合成的终止阶段也与原核生物基本相似，但只有 2 个释放因子参与，eRF1 和 eRF3。eRF1 能识别 3 个终止密码子，其作用机制与原核生物的 RF1 和 RF2 一样。eRF3 具有 GTP 酶活性，其功能与 RF3 一致。

### 2.3.3.3　翻译后加工

新生的蛋白质多肽链必须要经过一定的加工或修饰才能成为具有特定构象和功能的蛋白质。翻译后的加工方式有：肽链折叠、二硫键生成、多肽链的剪切及氨基酸残基的修饰等。

（1）新生肽链 N 端甲硫氨酸的切除

原核生物和真核生物中肽链合成起始时，N 端分别是甲酰甲硫氨酸或甲硫氨酸，但天然蛋白质大多数不以它们作为 N 端第 1 位氨基酸。这是由脱甲酰基酶或氨基肽酶催化完成的，这些反应可发生在肽链合成的进程中，也可发生在肽链合成终止后。在原核细胞中，约半数成熟蛋白质的 N 端保留甲硫氨酸，但不保留甲酰基。

（2）特定氨基酸残基的修饰

某些蛋白质肽链中存在共价修饰氨基酸残基，氨基酸残基修饰的方式常见的有乙酰化、羟基化、磷酸化、甲基化、羧基化和二硫键形成等。N 端氨基酸的乙酰化在蛋白质中十分普遍。胶原蛋白前体的赖氨酸、脯氨酸残基的羟基化，是成熟胶原形成链间共价交联结构所必需的。许多酶的活性涉及丝氨酸、苏氨酸和酪氨酸残基的磷酸化。某些凝血因子中谷氨酸残基的 γ-羧基化，使其带负电而能结合 $Ca^{2+}$。肽链中半胱氨酸间形成的二硫键，参与维系蛋白质空间构象。

（3）多肽链的水解切除

某些蛋白质在初合成时没有生物活性，被分泌并运输到靶器官后，经酶切加工成为具有生物活性的蛋白，如胰岛素原是一条肽链，在细胞内被水解除去信号肽和中间的肽段后，才能成为成熟的胰岛素，分泌到胞外。水解加工也可在胞外进行，如胰蛋白酶原和凝血因子的激活等。某些分泌型蛋白质、膜蛋白等在核糖体合成后，其 N 端通常有一段富含疏水性氨基酸的肽段，称为信号肽，其作用是引导该肽的靶向运输，被输送到某特定部位后，信号肽随后被切除掉。

（4）蛋白质的折叠

蛋白质折叠是翻译后形成功能蛋白质的必经阶段。任何蛋白质的功能与其正确的三维构象是分不开的。从核糖体合成的所有新生肽链必须通过折叠才能形成热力学和动力学稳定的三维构象，并表现出特定的生物学功能。如果蛋白质折叠错误，就会形成异常的空间构象，影响蛋白质功能，严重者甚至会引起疾病。

多肽链自我组装成为功能蛋白质的过程称为蛋白质折叠。多肽链的折叠是一个复杂过程，首先折叠形成二级结构，然后进一步折叠盘曲成三级结构。对于单链多肽蛋白质，三级结构已具有蛋白质的功能；对于寡聚蛋白，具有三级结构的亚基需继续组装成更复杂的四级结构，才具有天然蛋白质的功能。有些蛋白质的折叠尚需要在另一些蛋白质存在时才能正确完成。

分子伴侣(molecular chaperone)是一类序列上没有相关性但有共同功能的保守性蛋白质，它们在细胞内能协助其他多肽完成正确的折叠、组装、转运和降解。目前，发现细胞内至少有两类伴侣蛋白家族，即热休克蛋白(heat shock protein, HSP)家族和伴侣素(chaperonin)。热休克蛋白是一类应激反应性蛋白，广泛分布于原核细胞及真核细胞中，包括 HSP70、HSP40 和 GrpE(为核苷酸交换因子)三族。三者协同作用，促使某些能自发折叠的蛋白质正确折叠形成天然空间构象。伴侣素又称伴侣蛋白，是分子伴侣的另一家族，包括 HSP60 和 HSP10(原核细胞中的同源物分别为 GroEL 和 GroES)。主要作用是为非自发性折叠蛋白质提供能折叠形成天然构象的微环境。伴侣分子在新生肽链折叠中并未加快折叠反应速度，而是通过防止或消除肽链的错误折叠，增加功能性蛋白质折叠产率。

催化与折叠直接有关化学反应的酶，如蛋白质二硫键异构酶(protein disulfide isomerase, PDI)可以帮助新生肽链形成二硫键并正确折叠。多肽链内或肽链之间二硫键的正确形成对稳定分泌蛋白、膜蛋白等的天然构象具有重要作用，PDI 能低特异性地与伸展或部分折叠的肽段结合，协助肽链折叠，使相应巯基正确配对，并催化巯基氧化而形成二硫键。多肽链的半胱氨酸间也可能出现错配的二硫键，影响蛋白质的正确折叠。PDI 能催化错配二硫键断裂并形成正确二硫键，使蛋白质折叠成热力学最稳定的天然构象。再如肽-脯氨酰顺反异构酶(peptide prolyl cis-trans isomerase, PPI)广泛分布于各种生物体及各种组织中。脯氨酸为亚氨基酸，多肽链中肽酰-脯氨酸间形成的肽键有顺、反两种异构体，空间构象有明显差别，因而，有不同的生物学功能。PPI 通过非共价键方式，催化肽酰-脯氨酸间肽键顺、反异构体之间的转换。肽酰-脯氨酸间肽键的旋转异构是蛋白质折叠最慢的限速步骤，因此，PPI 是蛋白质三维构象形成的限速酶，在肽链合成需要形成顺式构型时，可使多肽在各脯氨酸弯折处形成准确折叠。

### 2.3.3.4 蛋白质生物合成的抑制剂

(1)细菌蛋白质合成的抑制剂

抗生素是微生物产生的、能杀灭或抑制细菌的一类药物。抗生素可通过直接阻断细菌蛋白质生物合成而起抑菌作用。

四环素族。包括金霉素、新霉素、土霉素，是广谱抗生素，可与原核生物核糖体的小亚基结合，并抑制氨基酰-tRNA 的结合。

氯霉素。与核糖体 50S 亚基结合，抑制原核生物核糖体大亚基肽酰转移酶的活性。

链霉素。在低浓度时，通过与小亚基结合并改变其构象，引起读码错误，但它只会抑制细菌生长，不会杀死敏感菌。然而在高浓度时，可抑制翻译的起始，敏感菌会被杀死。

卡那霉素。通过与 30S 核糖体小亚基结合，致使 mRNA 读码错误。

（2）真核生物蛋白质合成的抑制剂

某些毒素能在肽链延长阶段阻断蛋白质合成。如白喉毒素，对人及哺乳动物的毒性极强，可催化真核生物延长因子 eEF-2 发生 ADP 糖基化失活，而阻断肽链的延长。

（3）既抑制原核生物又抑制真核生物蛋白质合成的抑制剂

嘌呤霉素。结构与氨酰-tRNA 相似，不需要延伸因子就可进入核糖体 A 位，产生的肽酰-嘌呤霉素容易从核糖体脱落，使肽链合成终止。嘌呤霉素对原核生物和真核生物翻译过程均有干扰。

### 2.3.3.5 蛋白质的运输

蛋白质合成后需转运到细胞核、线粒体、过氧化物酶体、内质网等细胞器才能发挥生物学功能。并且有些蛋白在细胞内合成后，需分泌到细胞外，运输到靶器官和靶细胞，才能发挥其功能，这些蛋白称为分泌性蛋白。蛋白质合成后需经过复杂的机制，才能运输到最终发挥生物功能的部位。蛋白质的转运可分为翻译-转运同步（蛋白质的合成和转运是同时发生的）和翻译后转运（蛋白质从核糖体上释放后才发生转运）。

（1）翻译转运同步

内质网蛋白、分泌蛋白、细胞膜蛋白、高尔基体蛋白及溶酶体蛋白的蛋白质前体分子中含有特殊的信号序列，能引导蛋白质的定向运输。这些蛋白在与内质网结合的核糖体上合成，在 N 端有一段被细胞转运系统识别的保守性氨基酸序列，即信号肽序列。该序列长度约为 13~36 氨基酸残基，在 N 端碱性区含一个或几个带正电荷的碱性氨基酸残基，中部有 10~15 疏水氨基酸，在 C 端靠近蛋白酶切割位点处常常有数个极性氨基酸，离切割位点最近的氨基酸往往带有很短的侧链（丙氨酸或甘氨酸）。

研究蛋白质进入内质网内腔的过程发现，信号识别颗粒（signal recognition particle，SRP）和 SRP 受体蛋白，介导了蛋白质的跨膜转运过程。SRP 有 GTP 酶活性，能识别信号肽序列。SRP 受体蛋白（又称对接蛋白，docking protein，DP）有 α、β 亚基，前者有 GTP 酶活性，并可通过其 N 端锚定于内质网膜，其膜外区域能识别 SRP。

SRP 与信号肽、GTP 及核糖体结合形成复合体，使翻译暂停。SRP 引导复合体与 SRP 受体结合，启动 GTP 酶活性。通过水解 GTP 使 SRP 解离并再利用，翻译功能恢复。核糖体大亚基与核糖体受体结合，锚定内质网膜上，水解 GTP 供能，诱导肽转位复合物开放跨内质网膜通道，新生肽链信号肽插入内质网膜。信号肽启动肽链转位，新生肽链通过跨 ER 膜通道进入 ER 腔。信号肽被信号肽酶切除并降解。内质网腔内 HSP70 消耗 ATP，促进新生肽链折叠成功能构象。蛋白质合成结束后，核糖体的大、小亚基分离及 mRNA 分离并进入下一轮循环。

（2）翻译后转运

线粒体合成蛋白质的能力较低，大量线粒体蛋白质在胞浆游离核糖体上合成，以翻译后转运机制定向转运到线粒体。与分泌蛋白质通过内质网膜进行转运不同，通过线粒体膜的蛋白质是在合成以后再转运的。通过线粒体膜的蛋白质在转运之前大多数以前体形式存在，它由成熟蛋白质和位于 N 端的一段前导肽组成。蛋白质通过线粒体内膜的转运是一种需要能量的过程。

蛋白质通过线粒体膜转运时，分子伴侣 HSP70 或线粒体输入刺激因子（mito-chondrial import stimulating factor，MSF）与新合成的线粒体蛋白质前体结合，以维持其非折叠状态，并阻止分子间的聚合。前体蛋白质上的信号序列识别并与横跨外膜的转运蛋白复合体（transport across the outer membrane，TOM complex）上的受体蛋白结合，并被转运跨过外膜；进入膜间隙的前体蛋白被内膜上横跨内膜的转运蛋白复合体（transport across the inner membrane，TIM complex）转运进入线粒体基质。基质 HSP70 水解 ATP 释能及利用跨内膜电化学梯度，为肽链进入线粒体提供动力。前体蛋白上的信号序列被蛋白酶切除，然后自发地或在分子伴侣 HSP70 帮助下折叠形成有功能的蛋白质。

（3）细胞核蛋白的运输

细胞核内有许多功能性蛋白质，如组蛋白、DNA 聚合酶、RNA 聚合酶、基因调节蛋白等，这些蛋白质都是在胞浆游离的核糖体上合成的，在信号序列的指引下，通过核孔进入细胞核。指导蛋白质进入细胞核的信号序列称为细胞核定位信号（nuclear localization signal，NLS）。

新合成的胞质核蛋白进入细胞核需要几种蛋白质成分，NLS 输入受体和 Ran 蛋白。NLS 输入受体由 α、β 两个亚基组成，α、β 亚基又称为核输入因子。核输入受体可识别 NLS 并与之结合。Ran 蛋白，是一种小 GTP 酶。

核蛋白进入细胞核的过程是：首先核蛋白合成并折叠成三级结构后，通过核定位信号与核输入受体结合形成核蛋白-受体复合物，并被导向核孔；核蛋白-受体复合物与核孔复合体结合后，后者构象发生改变，形成亲水通道，核蛋白-受体复合物被转运进入核中；然后在细胞核中，核蛋白-受体复合物与 Ran-GTP 结合，释出核蛋白；受体-Ran-GTP 从核孔返回胞质。最后随着 GTP 水解，Ran-GDP 释出并再进入核内转变为 Ran-GTP，核输入受体进入下一轮运输循环。

# 3　基因表达与调控

基因表达（gene expression）是指在基因指导下转录形成具有功能的 RNA 及翻译出蛋白质的过程。不同的生物的基因组复杂程度不同，DNA 分子所携带的基因也从几千到几十万个不等，而对应表达出来的产物更是多种多样。例如，原核生物单细胞生物大肠杆菌（E.coli），它的全基因组大小为 $4.6 \times 10^6$ bp，至少编码 4288 个蛋白质，即包含了 4000 多个基因；低等的真核生物，比如酿酒酵母，它的基因组长度为 $1.3 \times 10^7$ bp，包含了大约 5800 个基因，至少编码 5000 多种蛋白质；而多细胞真核生物，比如人类，具有更大、更复杂的基因组，每个细胞基因组长度可达到 $3 \times 10^9$ bp，至少编码数万种蛋白质。

但是生物体在生命活动中并不是同时将其所携带的遗传信息全部表达出来，并且不同基因表达的强度也不完全一致。例如，大肠杆菌的基因中，一般情况下只有 5%~10% 处于有活性的转录状态。如果对大肠杆菌中的各种蛋白质进行含量分析，发现有些蛋白质含量极低，而另一些蛋白质含量非常高，其表达量可相差若干个数量级。而对于同一机体中的不同细胞来说，它们的形态和功能会有不同，每个细胞中基因表达的水平也并不完全相同。比如，人类的基因组包含 5 万~10 万个基因，在正常情况下，大多数基因为非活性状态，仅在特定的组织和细胞中有一少部分的基因进行表达。例如，肝细胞是基因表达活跃的一种细胞，但即使在蛋白质合成活跃的肝细胞中，处于表达状态的基因也不超过总基因的五分之一。因此总体来说，每个细胞中，每个基因组编码蛋白质的种类和数量千差万别。就算是单细胞的细菌在不同生存环境下，其形态和功能也完全不同。

在各种生物体中，我们称上述仅表达部分基因的现象为基因的差异表达。其产生的主要原因是在细胞生长过程中，每个阶段对基因产物的需求各不相同，有时较高，有时较低。这样就需要从基因表达水平来进行对应的调整，即在细胞生长发育期间的不同时期实现不同的表达，或者关闭表达。比如，昆虫在发育的不同阶段（蛹、幼虫和成虫）对应地表达特定基因。又比如，植物开花相关的基因也只有在开花前才打开，而在根、茎和叶等生长时则关闭。基因的差异表达是生命体完成自身的生长发育，适应多变环境的有力保障。原核生物作为一个简单的生命体，在细胞内各种生化变化同样需要和谐有序地进行，因此，需要一系列简单高效的调控机制来指导各阶段的基因表达。

在不同时期和不同条件下基因表达的开启或关闭叫作基因表达调控（regulation of gene expression）。生命过程的所有阶段都进行表达，在同一生物个体的不同组织细胞中持续表达，不受调控的一类基因称为看家基因（housekeeping gene），其表达称为组成型表达（constitutive expression）。对于那些表达易受内外界环境变化的影响，即在信号刺激下，表现出基因表达的上调（诱导表达）或下调（阻遏表达）的一类基因，称为可调基因（regulated gene），其表达称为可调型表达（regulated expression）。基因表达与调控可以发生在多种层次上：① DNA 水平的调控；② 转录水平的调控；③ 转录后加工水平的调控；④ 翻译水平的调控；⑤ 翻译后加工水平的调控。一般说来，最常见的调控类型出现在转录水平。这是因为通过控制 DNA 转录出 RNA 的产量可以控制功能 RNA 的数量，尤其是翻译模板 mRNA 数量，进而调控翻译的效率。这是一种最经济有效的办法，可以最大限度上避免合成材料的浪费。这也是生物在长期进化过程中优先选择的重要调控方式。

原核细胞的基因组通常小于真核细胞，且它们的染色体结构也相对简单，因此，两者在基因的转录调控机制上表现出一定的差异。比如，原核细胞的转录和翻译可在同一时间和位置上发生，基因调节主要在转录水平上进行。原核生物主要借助基因的开闭调节基因的表达，以此来应对环境的变化。相比之下，真核基因的表达要复杂得多，这主要是通过种类更多、功能更为完善的调控系统做到的。比如真核生物的 DNA 结构复杂，存在核小体等更高级的结构；真核细胞的基因很多为割裂基因，转录后需要通过剪接才能产生成熟的遗传信息；由于有细胞核，真核生物核膜将核质与细胞质分隔开来，转录和翻译在时间和空间上被分隔开来。因此，真核基因表达多层次的调控系统，转录及翻译产物需经历复杂的加工与转运过程。这个复杂的调控系统，贯穿于从 DNA 到合成活性蛋白质的全过程，包括基因结构活化、转录及翻译过程中多个调控点。对多细胞的真核生物个体而言，尽管不同类型的细胞通常具有相同的 DNA，却能合成不同的蛋白质，在细胞分化与"社会化"过程中，更需要借助特定的发育程序对不同时空环境中的基因进行活化或阻遏。对不同序列的 mRNA 研究表明，较高等的真核细胞中合成约 1 万~2 万种蛋白质，其中，含量丰富的蛋白质大部分在不同类型的细胞中相同，而至少有几百种含量较低的蛋白质在不同类型的细胞中是不同的，其中大部分是调控蛋白。这几百种不同的蛋白质虽然占的比例不大，但足以使细胞出现不同的形态和行为，行使不同的功能。综合来看，真核生物采取不同于原核生物的调节策略，其基因表达调控更加复杂、更加精细、更加微妙。

无论是原核生物还是真核生物，基因的表达模式都可根据调控的方式和效果分为正调控和负调控。这两种调控模式通常都需要通过特定的调节蛋白与 DNA 的相互作用来进行。其中，正调控通过激活蛋白激活基因的表达，负调控通过阻遏蛋白阻止基因的表达。尽管原核生物和真核生物都使用正调控和负调控这两种调控方式，但原核生物更偏向于使用负调控，真核生物更偏向使用正调控。导致这种现象的原因主要与不同生物的 DNA 在细胞内所处的状态有关。如细菌 DNA 不具有核小体结构，其包含的基因几乎是裸露的，催化基因转录的 RNA 聚合酶很容易发现启动子，并启动基因的转录，因此，可以认为，它们基因表达的默认状态是开放。所以，调节基因表达的主要方式是改变原来的这种默认开放状态，一般通过阻遏蛋白来实现较为简便。相反，真核生物的 DNA 与组蛋白形成核小体的结构，在此基础上，还形成染色质等更复杂的结构。核小体的结构使得 RNA 聚合酶和转录因子难以发现启动子序列，形成了基因表达的一种天然障碍。因此，真核生物细胞核基因表达的默认状态是关闭状态。解除一个基因关闭状态最合适的手段就是通过激活蛋白，作用于该基因所在位置的染色质，促进染色质结构的重塑，使 RNA 聚合酶和转录因子能够接近启动子序列，来启动基因的表达。

# 3.1　原核生物的基因表达调控

### 3.1.1　原核生物基因表达调控的相关概念

基因表达是指储存遗传信息的基因经过转录、翻译合成特定 RNA 或蛋白质，进而发挥其生物功能的整个过程。值得注意的是，并非所有基因表达过程都产生蛋白质，例如 rRNA、tRNA 编码基因转录合成 RNA 的过程也属于基因表达。在生命活动过程中并非所有基因都表达，而是有些基因进行表达，形成其基因表达的特异产物，用以产生维持细胞结构或代谢所需的蛋白质或 RNA。某些基因会被关闭，不进行表达，而要在适当的时候才进行表达。这个调节的过程就是基因表达调控。

（1）顺式作用元件与反式作用因子

顺式作用元件（cis-acting element），又称分子内作用元件，是存在于 DNA 分子上的一些与基因转录调控有关的特殊序列。在原核生物中，大多数基因表达通过操纵子模型进行调控，其顺式作用元件主要由启动子、操纵序列和正调控蛋白结合的 DNA 序列组成。

反式作用因子（trans-acting factor），指的是一些与基因表达调控有关的蛋白质因子。反式作用因子与顺式作用元件之间可以相互作用，达到对特定基因进行调控的目的。原核生物中的反式作用因子主要分为特异因子、激活蛋白和阻遏蛋白。大多数调节蛋白在与 DNA 结合之前，需要先通过蛋白质-蛋白质相互作用，形成二聚体或多聚体，然后通过识别特定的顺式作用元件，而与 DNA 分子结合。这种结合通常是非共价键结合。

（2）调控蛋白（激活蛋白和阻遏蛋白）

调节基因所表达的调控蛋白可以影响结构基因的表达。按照其调控效果不同，可以分为两种。

① 正调节蛋白（positive regulator protein）。它是促进某些结构基因表达的激活蛋白（activator protein）。无辅基诱导蛋白（apoinducer）也属于正调节蛋白。

② 负调节蛋白（negative regulator protein）。它是阻止某些结构基因表达的阻遏蛋白（repressor）。

调控蛋白往往是多亚基的别构酶，它可以通过变构方式来改变其活性状态：

① 活化态，在此状态下，调控蛋白具有能够与 DNA 结合的能力；

② 失活态，在此状态下，调控蛋白丧失与 DNA 结合的能力。

（3）效应物（诱导物和辅阻遏物）

效应物是一类刺激调控蛋白改变活性状态的小分子信号物质或别构剂。按照其调控效果可以分为两种。

① 诱导物（inducer）。它是诱导调控蛋白活性状态改变，最终有利于结构基因表达的物质。

② 辅阻遏物（corepressor）。它是让调控蛋白活性状态改变，最终可以阻止结构基因表达的物质。

是否为诱导物或阻遏物主要取决于其对于结构基因表达的最终影响，而非所结合的调控蛋白种类。例如，诱导物可以作为激活蛋白的变构激活剂，激活蛋白成为活化态后能够与 DNA 结合，从而促进结构基因的表达。诱导物又可以作为阻遏蛋白的变构抑制剂，使阻遏蛋白失活并离开 DNA，RNA 聚合酶顺利转录，也有利于结构基因的表达。

（4）诱导酶（induced enzyme）

原核生物与低等真核生物中广泛存在这样一种机制，酶的合成是对特定物质做出的反应，当特定底物出现时才合成特定的酶。这些基因通常"沉默"，只有当生物与外来底物或底物类似物作用时，才开启这些基因表达产生诱导酶与相应的底物反应。刺激操纵子中结构基因开启的诱导物，可以是诱导酶的底物或底物类似物。这个过程被称为诱导（induction），在诱导下被表达的称为诱导酶。大肠杆菌乳糖操纵子便是这种诱导调控的最好例子。乳糖操纵子中控制的一组诱导酶中有 β-半乳糖苷酶，该酶水解的底物是乳糖、别乳糖等。其中的别乳糖是强诱物，可以使阻遏蛋白失活，诱导 β-半乳糖苷酶等结构基因被诱导开启。当一个操纵子处于关闭状态，并不意味着这个操纵子处于绝对的"关闭"，总还存在着本底水平的基因表达。这种微弱水平表达称为渗漏（leaky）表达。通常在一个细胞周期中，这样的表达只能产生 1~2 个 mRNA 分子。负调控系统提供了一个万一保安机制，即万一调节蛋白失活，酶系统可照旧合成，只不过有时浪费一点而已，绝不会出现细胞因缺乏该酶系统而造成致命的后果。因此，习惯上称呼的"关闭结构基因"是指大大降低结构基因表达的活性；而"开启结构基因"是指大大增强结构基因表达的活性。

（5）阻遏酶（repressible enzyme）

细胞中还有一类酶的结构基因常常处于表达状态，只有遇到辅阻遏物作用时才被"关闭"，这类结构基因表达的酶是阻遏酶。例如，本章将介绍的色氨酸操纵子中控制的一组结构基因表达的酶就属于阻遏酶。这一组结构基因一般是"开启"表达的，产生的酶类用于色氨酸的合成。当色氨酸合成过量时，色氨酸就作为辅阻遏物，促使操纵子"关闭"这组结构基因，阻止合成色氨酸的相关酶类继续表达。

（6）组成蛋白（constitutive protein）

细胞内还有一些结构基因几乎不受外界环境的影响和控制，始终在表达。这种基因属于组成型基因，其表达的蛋白质是组成蛋白。这些蛋白通常是细胞结构、组成或代谢不可缺少的。例如，生物中普遍存在的糖酵解途径相关酶类就是组成酶类。组成蛋白的合成速度是遗传决定的，主要受到启动子的强弱信号效率、核糖体阅读 mRNA 的速度和 mRNA 的稳定性影响。

（7）具体调控模式

正调控系统和负调控系统是在调节蛋白不存在的情况下，由操纵子对于新加入的调节蛋白的响应情况来定义的。无论是正调控还是负调控，都可以通过调节蛋白与小分子物质（诱导物和辅阻遏物）的相互作用而达到诱导状态或阻遏状态。图 3-1 总结了 4 种简单类型的控制网络。从图中可以看到存在 4 种调控模式，调控蛋白的正、负调控与效应物介入的诱导、阻遏效应，按照排列组合有 4 种基因表达调控形式，每一种形式中结构基因的开启和关闭的调控规律如图 3-1 所示。

① 负调控诱导型。阻遏蛋白一般为活化态，能与 DNA 结合，阻挡了 RNA 聚合酶对结构基因的转录起始，结构基因关闭。当诱导物出现时，它与阻遏蛋白结合形成失活态的复合物，复合物不与 DNA 结合，RNA 聚合酶可以顺利进行转录，结构基因开启转录。

② 正调控诱导型。激活蛋白一般为失活态，不与 DNA 结合，RNA 聚合酶缺少转录的激活因素，结构基因关闭表达。当诱导物出现时，它与激活蛋白结合成

活化态的复合物,复合物能够与 DNA 相结合,促进 RNA 聚合酶的高活性转录,结构基因大量表达。

③ 负调控阻遏型。阻遏蛋白一般为失活态,不与 DNA 结合,RNA 聚合酶可以顺利进行转录,结构基因开启。当辅阻遏物出现时,它与阻遏蛋白结合形成活化态复合物,该复合物与 DNA 结合,阻挡 RNA 聚合酶对结构基因的转录,结构基因关闭表达。

④ 正调控阻遏型。激活蛋白为活化态,能与 DNA 结合,促进 RNA 聚合酶高活性转录,结构基因大量表达。当辅阻遏物出现时,它与激活蛋白结合形成失活态的复合物,复合物不能与 DNA 结合,RNA 聚合酶缺少转录的激活因素,则结构基因关闭表达。

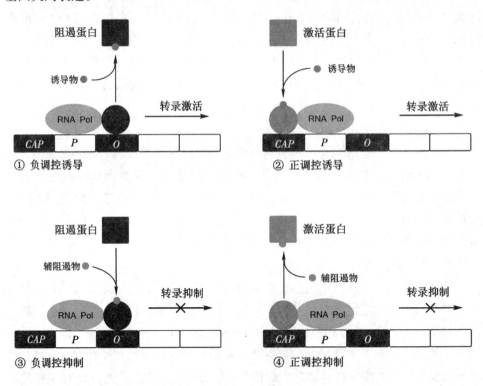

图 3-1　转录因子调控模式

### 3.1.2　DNA 重排对转录的影响

DNA 重排是指某些基因片段改变原来的顺序,重新排列组合,形成一个新的转录单位。由于调控元件与受控基因之间的距离和方向受到改变,使原有基因的表达水平发生变化。鼠伤寒沙门氏菌是一种可以引起人体或其他哺乳动物呕吐和腹泻的致病菌。在其细胞外周的鞭毛蛋白是宿主对其实施免疫监视的一种主要抗原。为了逃避免疫监视，鼠伤寒沙门氏菌会选择性表达 H1 和 H2 型两种鞭毛蛋白中的一种来逃避免疫监视。如果宿主产生了针对一种鞭毛蛋白的抗体，鼠伤寒沙门氏菌会发生鞭毛相转变（phasevariation）（1 相和 2 相之间的转变）。此种相变可以保护细菌抵抗宿主免疫系统的进攻。发生相变的细菌仍能生存和增殖，直到免疫系统对新型的鞭毛蛋白产生免疫应答。

由于沙门氏菌的鞭毛抗原类型有十几种，而这种转变仅在两种类型之间相互转变，且其发生的频率远高于自然突变率，基因突变的可能性被排除了。遗传学研究告诉我们，鞭毛基因主要有两个，对两种基因的选择性表达是实现鞭毛相转变的根本原因。那究竟是什么因素使一个细胞中的两个基因任何时候只有一个表达，另一个基因不表达呢？

之后的实验证实，编码鼠伤寒沙门氏菌两种鞭毛蛋白分别是 H1 抗原基因和 H2 抗原基因。H1 基因和 H2 基因在染色体上相距很远，不存在于同一操纵子中。这就意味着必定有一种可扩散的产物在基因开关中起作用。H1 基因与其他正常基因一样，H2 操纵子有两个结构基因 fljB 和 fljA，前者编码 H2 鞭毛蛋白，后者编码的 rH1 专一性地抑制 H1 鞭毛蛋白的表达。因此，当 H2 操纵子表达时，H1 基因的转录被 rH1 阻遏蛋白抑制。H2-rH1 转录单元是否表达，是由其上游一段 995 bp 的 DNA 序列的排列方向所控制。这是一个可以翻转的 DNA 片段，当其进行翻转重排的时候，fliB 基因和 fliA 基因都不能表达。所以，细胞内不存在阻遏蛋白 rH1，H1 基因正常被转录，产生 H1 鞭毛蛋白。因此，当 H2 基因不表达时，rH1 也不表达，这时 H1 基因就表达产生 H1 鞭毛蛋白。当 H2 基因表达时，rH1 也一起表达，rH1 的产物就会抑制 H1 基因的表达，从而产生 H2 鞭毛蛋白。

### 3.1.3 操纵子

#### 3.1.3.1 操纵子概述

操纵子学说是关于原核生物基因结构及其表达调控机制的学说。操纵子学说最初的提出者是法国巴斯德研究院的 Jacob 和 Monod，为表彰他们对分子水平认识基因表达调控机制的贡献，这两位科学家被授予了 1965 年的诺贝尔奖。操纵子是原核生物 DNA 分子中的转录单位，由结构基因、调节基因、操纵序列及启动子序列组成，其详细结构及功能如下。

① 结构基因（structural gene）。操纵子中编码功能性蛋白质或 RNA 的基因称为结构基因。一个操纵子中的多个结构基因成簇串联排列，在单一启动子作用下启动转录。操纵子中的所有结构基因在相同调控组件的调节下，由同一个启动子起始转录成为一条多顺反子（polycistron）mRNA。原核细胞可在多顺反子 mRNA 上形成多个位点进行翻译。因此，对于基因组简单的原核生物来说，这种基因表

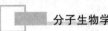

达特点有利于其充分利用有限的遗传信息和最大限度地节约基因表达的成本。

②调节基因(regulator gene)。是指能够编码合成参与基因表达调控的蛋白质的基因序列，通常位于受调节基因的上游。调节基因编码的调节蛋白通过与DNA上的特定序列(操纵序列)结合控制转录。

③操纵序列(operator)及启动子序列。操纵序列是操纵子上一段与启动子相邻或重叠的特异DNA序列，能够与调节蛋白特异性结合，通过与调节蛋白及效应物的协同作用调控下游结构基因的转录。

通常，由调节基因表达出的调节蛋白与效应物结合后可改变受其调控的操纵子的转录状态，即操纵子在调节蛋白(激活蛋白/阻遏蛋白)及效应物(诱导物/辅阻遏物)的共同调控下，表现出丰富的转录调控作用。

### 3.1.3.2 乳糖操纵子

大肠杆菌的乳糖操纵子是第一个被阐明的操纵子。在 *E.coli* 繁殖过程中，如果培养基中同时存在葡萄糖和乳糖，大肠杆菌将优先利用葡萄糖。当葡萄糖代谢完后，细胞会短暂停止生长。大约1小时后，大肠杆菌开始利用乳糖，恢复生长，这种现象也称为"二度生长"现象。当大肠杆菌生长在没有乳糖的培养基中，那么细胞内参与乳糖分解代谢的3种酶，即β-半乳糖苷酶(β-galactosidase)、乳糖通透酶(lactose permease)和半乳糖苷转乙酰基酶(thiogalactoside transacetylase)就很少，平均每个细胞只有0.5~5个β-半乳糖苷酶分子。可是一旦在培养基中加入乳糖或乳糖类似物，在几分钟内，细胞中的β-半乳糖苷酶分子数量就会骤增至5000个，有时甚至可占细菌可溶性蛋白的5%~10%。与此同时，其他两种酶的分子数量也迅速提高。

为了研究清楚乳糖诱导现象的分子机制，20世纪50年代，Jacob和Monod筛选出了一系列大肠杆菌乳糖代谢的突变体。着重研究了大肠杆菌对乳糖的分解代谢和乳糖对乳糖代谢酶的诱导(induction)现象。他们发现，参与乳糖代谢的3个结构基因的调控是协调一致的，3种酶合成的时间和速率几乎相同，这就意味着它们可能是受到同一个控制元件或启动子的调控。其次，遗传作图分析表明，3种酶的基因紧密串联在一起，为3种酶以多顺反子的形式存在提供了证据。另外，极性突变实验也为多顺反子的存在提供了进一步的证据。主要体现在，*lacZ*的突变可降低*lacY*和*lacA*的表达；*lacY*的突变只降低*lacA*的表达，但不影响*lacZ*的表达；*lacA*的突变不影响*lacZ*和*lacY*的表达。在所有实验数据的基础上，两位科学家进行了严密的逻辑推理，最终提出了乳糖操纵子的假说。

(1)乳糖操纵子的结构

①乳糖操纵子的结构基因。

• β-半乳糖苷酶基因(*lacZ*)，基因长度为3510 bp，指导编码大小为135 kDa

的多肽,该多肽能够以四聚体的形式组成一个相对分子质量约为 500 kDa 的蛋白四聚体——β-半乳糖苷酶。β-半乳糖苷酶能够催化乳糖生成别乳糖,或将乳糖水解成葡萄糖和半乳糖;

• 乳糖通透酶基因(*lacY*),其编码的蛋白为乳糖通透酶,是一种相对分子质量为 30 kDa 的膜结合蛋白,能够有效地帮助细胞外的乳糖转运进入大肠杆菌;

• 半乳糖苷转乙酰基酶基因(*lacA*),其编码的蛋白为半乳糖苷转乙酰基酶,具有催化乙酰辅酶 A 上的乙酰基转移到 β-半乳糖苷分子上,形成乙酰半乳糖的功能。

这 3 个结构基因在乳糖操纵子中成簇排列,共同受到上游控制元件的调控。

② 乳糖操纵子的调控区。

• 乳糖操纵子的操纵序列位于结构基因和启动子之间(图 3-2)。当操纵序列与对应的阻遏蛋白结合后,可以阻碍 RNA 聚合酶与启动序列的结合,使 RNA 聚合酶不能沿 DNA 向前移动,阻遏乳糖操纵子 mRNA 转录,介导负性调节。

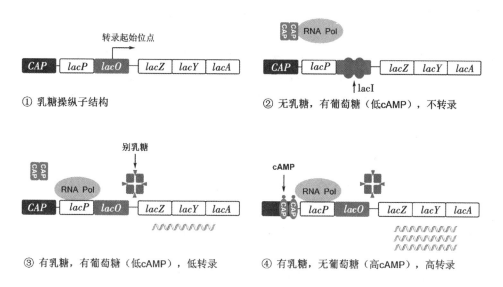

图 3-2  乳糖操纵子调控机制

• 启动子区,大肠杆菌乳糖操纵子的启动子 *lacP* 位于操纵序列 *lacO* 的上游(图 3-2),启动序列可以被 RNA 聚合酶识别,并与之结合来启动转录。

与其他多种原核基因启动序列特定区域一致,乳糖操纵子的启动区在转录起始点上游-10 区域具有共有序列 TATAAT,称为 Pribnow 盒,在-35 区域存在相似序列 TTGACA。研究发现,这些共有序列中的任一碱基突变都会影响 RNA 聚合酶与启动序列的结合及转录起始的效率。乳糖操纵子的 3 个结构基因共用上游的启动子 $P_{lac}$,保证了转录后 3 个结构基因的信息存在于同一个多顺反子 mRNA 上。

在乳糖操纵子的上游还存在着调节基因 *lacI*。该基因与其后的结构基因相邻，但它处于自身独立的转录单位之中，不受乳糖操纵子中调控基因的调控，可以独立地进行转录，形成单顺反子 mRNA。实验证实，乳糖操纵子的阻遏蛋白是由 4 个相同的亚基构成的四聚体蛋白，其可结合于操纵序列，使得操纵子受阻遏而处于关闭状态。进一步的研究发现，除了阻遏蛋白外，还有另外一个重要的蛋白分子参与了乳糖操纵子的转录调控：分解代谢物基因激活蛋白（catabolite gene activation protein，CAP），又称为环腺苷酸受体蛋白（cAMP receptor protein，CRP）。该蛋白通过与分布于 *lacP* 上游的 CAP 结合位点结合，介导 *lacZYA* 基因的正性调节。

（2）乳糖操纵子的调控策略

① 阻遏蛋白的负性调控。阻遏蛋白 *lacI* 由 4 个相同的亚基组成，每个亚基的相对分子质量为 38 kDa。如果利用胰蛋白酶对其结构和功能进行消化分析可以发现，阻遏蛋白单体由 3 个主要部分构成，包括能识别并结合操纵序列 DNA 的 N 端、能结合诱导物的核心区和能将 4 个单体结合为四聚体的 C 端。

• N 端具有 59 个氨基酸残基的头部片段，为螺旋-转角-螺旋（helix-turn-helix，HTH）结构，HTH 是许多原核生物中蛋白质与 DNA 相互作用的基础。HTH 由两个短的 α-螺旋片段组成，各有 7~9 个氨基酸，中间由一条 β 转角隔开。两个 α-螺旋片段中，一个称为识别螺旋，含有许多能与 DNA 相互作用的氨基酸，这个螺旋负责与操纵序列 DNA 的大沟结合，具有序列特异性；另一个 α-螺旋则是通过氢键与 DNA 的磷酸骨架相接触，这种相互作用对于与 DNA 结合是必需的，但并不具有靶序列识别的专一性。

• 核心区含有 6 个 β 折叠，诱导物就结合在两个核心区之间的裂缝中。如果对诱导物结合位点进行突变，会导致阻遏蛋白在与操纵序列结合后，不再能够被小分子诱导而产生变构，进而降低对 DNA 的亲和力，使阻遏蛋白的阻遏反应成为超阻遏。

• C 端为两组亮氨酸拉链，可以使 4 个阻遏蛋白单体形成四聚体。亮氨酸拉链（leucine zipper）是一种特殊的 α-螺旋，它的疏水氨基酸集中排列在螺旋的一侧，所构成的疏水表面是两个蛋白质分子可以接触并结合的位点。在整个结构中亮氨酸的出现频率较高，每 7 个氨基酸残基出现 1 个，使之沿 α-螺旋的疏水侧排列为直线，类似拉链结构，故称为亮氨酸拉链。当两个蛋白质分子平行排列时，亮氨酸之间相互作用形成一个圈对一个圈的二聚体，即"拉链"。

*lacI* 同四聚体通过与操纵序列的结合来介导乳糖效应。当培养基中没有乳糖时，阻遏蛋白 *lacI* 与 *lacO* 结合，亲和力是与其他序列结合的 $10^6 \sim 10^7$ 倍，具有高度特异性。在没有乳糖时，RNA 聚合酶是可以结合在启动子上的。但是由于阻遏蛋白的存在，使它不能顺利地通过启动子区域，因此转录被抑制，导致转录效率

仅为基础转录水平的千分之一(图3-2),只有5~10个β-半乳糖苷酶分子。当在培养基中只有乳糖时,乳糖作为 lac 操纵子的诱导物,结合在阻遏蛋白的变构位点上,使阻遏蛋白构象发生改变,破坏了阻遏蛋白与操纵序列的亲和力,不能与操纵序列结合。于是,RNA 聚合酶结合于启动子,并顺利地通过操纵序列,对结构基因进行转录,产生大量分解乳糖的酶。这就是当大肠杆菌的培养基中只有乳糖时利用乳糖的原因。当环境和细胞中所有的乳糖都被消耗完以后,由于阻遏蛋白仍在不断地被合成,其浓度将超过别乳糖的浓度,这样阻遏蛋白又恢复到原来的构象并同 DNA 结合,使细胞重新建立起阻遏状态,RNA 聚合酶不能再通过启动子区域,导致结构基因合成被抑制,于是基因表达被重新关闭。乳糖操纵子控制的重要特性是阻遏物的双重性,它既能阻止转录,又能识别小分子诱导物。阻遏物有 2 个结合位点,一个结合诱导物,另一个结合操纵序列。当诱导物在相应位点结合时,改变了阻遏蛋白的构象,干扰了另一位点的活性,这种类型的调控叫变构调控(allosteric control)。

这种诱导属于一种协同诱导。当诱导剂加入后,微生物几乎能同时诱导几种酶的合成。值得注意的是,在这个操纵子体系中,真正的诱导剂并非乳糖本身,而是别乳糖。乳糖进入细胞,经β-半乳糖苷酶催化,转变为别乳糖。后者作为一种诱导剂分子结合阻遏蛋白,导致阻遏蛋白与 O 序列解离,启动转录。异丙基-β-D-硫代半乳糖苷(isopropylthiogalactoside,IPTG)与自然的β半乳糖苷结构相似,其半乳糖苷键中用硫代替了氧,失去了水解活性,但 IPTG 同样可以与阻遏蛋白结合,是 lac 基因簇十分有效的诱导物,诱导乳糖操纵子的转录。另外,IPTG 不为β-半乳糖苷酶所识别,也不被细菌代谢而十分稳定,因此,被实验室广泛应用作为重组蛋白表达的诱导剂。

别乳糖和乳糖都是由半乳糖和葡萄糖组成的,只不过所含的糖苷键有所不同。β-半乳糖苷酶能使乳糖转化为别乳糖,在加入乳糖初期或葡萄糖用竭初期,β-半乳糖苷酶还没有合成,细菌是如何利用β-半乳糖苷酶产生别乳糖的呢?一般认为,乳糖操纵子不是完全彻底地关闭着,即存在调控的渗漏现象。乳糖操纵子基因能够在极低水平上表达,仍然合成极少量相应的酶,能够将痕量的乳糖转变成别乳糖。因此,只要极少的诱导物开启了第一次转录,细胞就能像"滚雪球"一样迅速积累诱导物,完全开启乳糖操纵子表达。也就是说,当葡萄糖耗竭且细胞中存在乳糖的情况下,细胞利用乳糖操纵子关闭渗漏所产生的极少量的β-半乳糖苷酶,将乳糖转化为别乳糖,与结合在 O 基因位点上的阻遏蛋白结合,改变阻遏蛋白的构象,使阻遏蛋白从 O 基因位点上解离下来,开放乳糖操纵子。

总之,E.coli 在乳糖的诱导下开启了乳糖操纵子,表达出与乳糖代谢有关的酶,这个过程又称为酶合成的诱导过程。可诱导的操纵子一般是编码糖和氨基酸代谢的酶,由于这些物质平时在环境中含量较少,不被细菌作为优先利用的能源,因此这些操纵子常常是关闭的。当生存条件改变，必须利用这此物质作为能源时，这些基因则被诱导开放。可见，原核生物通过这种方式来调节代谢活动是十分经济有效的。

② CAP 的正性调控。乳糖操纵子除受到阻遏蛋白的负调控以外，还受到分解代谢物基因激活蛋白（catabolite activator protein，CAP）的正调控。正调控是在对大肠杆菌的另外一种代谢现象，即葡萄糖效应（glucose effect）的研究中发现的。葡萄糖效应指的是葡萄糖的存在能够阻止大肠杆菌对其他糖类的利用。对于乳糖来说也是如此，大肠杆菌在同时含有葡萄糖和乳糖的培养基中生长的时候，并不能利用乳糖，只有在葡萄糖被耗尽以后，才能够代谢乳糖。那么，葡萄糖是如何抑制大肠杆菌利用乳糖的呢？

1965 年，B. Magasonik 发现在大肠杆菌中含有 cAMP，而且菌株内 cAMP 的含量在不同的生理状态下会发生变化。当细胞处于碳源饥饿条件下，cAMP 水平显著提高。反之，在细胞生长的培养基中含有大量葡萄糖时，cAMP 水平明显降低。乳糖操纵子也有类似的现象。只有当以乳糖为唯一碳源时，cAMP 水平会显著提高，β-半乳糖苷酶的合成也会增加。但是在既存在乳糖又存在葡萄糖时，如果外源性加入 cAMP，β-半乳糖苷酶的合成速率也会大大提高，可达到只用乳糖为碳源时的水平。这说明，菌株内 cAMP 的浓度能影响到 β-半乳糖苷酶的合成速率。通过进一步的研究发现，这一过程还与一种诱导蛋白，也就是 CAP 相关。

CAP 蛋白是一个同源二聚体，具有两个重要的功能结构域，DNA 结合位结构域和 cAMP 结合结构域。cAMP 可以结合到 CAP 上形成 cAMP-CAP 复合物，引起 CAP 发生变构，进而通过其 DNA 结合域中的 HTH 结合在乳糖操纵子上游的 CAP 结合位点（图 3-2），并导致 DNA 链弯曲约 90°，这一变化使得 RNA 聚合酶更容易与启动子结合，从而有效地增强转录，使之提高约 50 倍。乳糖操纵子的启动子是一个弱启动子，其与 RNA 聚合酶的结合是比较弱的。因此，在细胞内如果没有足够的 cAMP 形成 cAMP-CAP 复合物，CAP 为游离状态不能结合到 CAP 结合位点，不起到增强转录的作用，乳糖操纵子将仅维持低水平的转录。只有在 CAP-cAMP 复合物的激活下，启动子才能与 RNA 聚合酶结合。葡萄糖的降解产物能降低细胞内 cAMP 的含量，当向乳糖培养基中加入葡萄糖时，造成 cAMP 浓度降低，CAP 便不能结合在启动子上。此时即使有乳糖存在，使阻遏蛋白脱离了乳糖操纵子的操纵序列，也不能很有效地启动转录，所以，仍不能利用乳糖（图 3-2）。另外，CAP 位点不仅存在于乳糖操纵子的附近，还存在于其他一些与碳源分解代谢相关的操纵子周围，如半乳糖操纵子和阿拉伯糖操纵子等。这也说明了 CAP-cAMP 能激活多个操纵子的活性。

总而言之，乳糖操纵子存在两种调节方式，乳糖阻遏蛋白介导负性调节因素及 CAP 介导正性调节因素。两种调节机制根据存在的碳源性质及水平协调调控乳糖操纵子的表达。倘若有葡萄糖存在，细菌优先选择葡萄糖供应能量。葡萄糖通过降低 cAMP 浓度，阻碍 cAMP 与 CAP 结合而抑制乳糖操纵子转录，使细菌只能利用葡萄糖。在没有葡萄糖而只有乳糖的条件下，阻遏蛋白与 O 序列解离，CAP 结合 cAMP 后与乳糖操纵子的 CAP 位点结合，激活转录，使细菌利用乳糖作为能量来源。

### 3.1.3.3 色氨酸操纵子

和参与分解代谢的操纵子相反，在没有外源氨基酸供应时，参与合成代谢的操纵子的转录是开放的，因此，具有合成该氨基酸的能力。反之，如果培养基中具有足够的某种氨基酸，则细菌就没有必要自身合成。色氨酸是构成蛋白质的必要组分，但一般的环境难以给细菌提供足够的色氨酸，因此细菌若要生存繁殖下去通常需要自身历经若干步骤来合成色氨酸。而当环境能够提供足够色氨酸时，细菌就会充分利用外界的色氨酸，减少或停止合成色氨酸，以节约能量。细胞是通过色氨酸操纵子(trp operon)来根据培养基中色氨酸浓度高低而进行调控的。色氨酸操纵子是一个典型的能被终产物所阻遏的操纵子，即为可阻遏操纵子(repressible operon)。

（1）色氨酸操纵子的结构

色氨酸的合成分 5 步完成。每个环节需要一种酶，编码这 5 种酶的基因紧密串联在一起，被转录在一条多顺反子 mRNA 上，分别为 *trpE*、*trpD*、*trpC*、*trpB* 和 *trpA*。其中，*trpE* 和 *trpD* 基因分别编码邻氨基苯甲酸合成酶的两个亚基，相对分子质量都为 60 kDa；*trpC* 基因编码吲哚甘油磷酸合成酶，相对分子质量为 45 kDa；*trpB* 和 *trpA* 基因分别编码色氨酸合成酶的两个亚基，相对分子质量为 50 kDa 的 β 亚基和相对分子质量为 29 kDa 的 α 亚基。在色氨酸操纵子结构基因上游包括了启动子 *trpP*、操纵序列 *trpO* 和一个特殊的区域。这个特殊的区域长 162 bp，它包括两部分：前导区(leader)和衰减子(attenuator)区，分别定名为 *trpL* 和 *trpa*，注意此处的 *trpa* 应与结构基因的 *trpA* 基因区分开。trpa 是编码衰减子的 DNA 序列。启动子位于−40~+18，而操纵序列整体位于启动子内并具有 20 bp 的反向重复序列，因此，操纵序列与活性阻遏物的结合将会排斥 RNA 聚合酶与启动子的结合。色氨酸操纵子中产生阻遏物的基因是 *trpR*，该基因距 trp 基因簇较远。因此，色氨酸操纵子的主要结构特点有 3 个：① 顺式作用元件和结构基因不直接相连，二者被前导序列所隔开；② 操纵序列在启动子内；③ *TrpR* 和 *trpABCDE* 不毗邻。

（2）阻遏蛋白的负调控

调控基因 *trpR* 的位置远离色氨酸操纵子，在其自身的启动子作用下，以组成型方式低水平表达二聚体阻遏蛋白 R。当环境中没有色氨酸存在时，阻遏蛋白 R

以非活性形式存在，不能与操纵序列结合，对转录无抑制作用。因此，色氨酸操纵子能够被 RNA 聚合酶转录，色氨酸生物合成途径中的酶被合成。当环境能提供足够多的色氨酸时，色氨酸可以与阻遏蛋白 R 结合形成复合物，导致阻遏蛋白的构象发生变化进入活化状态，能够与 *trpO* 特异性紧密结合，阻遏结构基因的转录。因而，这是属于一种可阻遏负调控的操纵子，即这种操纵子通常是开放转录的，效应物色氨酸作为辅阻遏物作用时则阻遏关闭转录（图 3-3）。

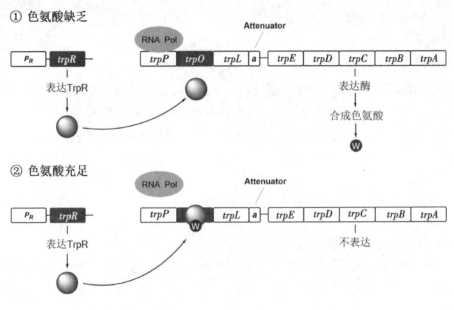

**图 3-3　色氨酸操纵子负调控机制**

（3）衰减子的作用

研究发现，当 mRNA 合成起始以后，除非培养基中完全没有色氨酸，转录总是在色氨酸操纵子 mRNA 的 5′端 *trpE* 基因的起始密码前的长为 162 bp 的前导序列区域终止，并产生一个仅有 139 个核苷酸的 RNA 分子同时终止转录。因为转录终止发生在这一区域，并且这种终止是被调节的，这个区域就称为衰减子或弱化子。研究这段引起终止的 mRNA 碱基序列，发现该序列有 4 段富含 GC 区，GC 区段之间容易形成 4 个茎环结构，分别用 1、2、3 和 4 来表示。其中 1 区和 2 区可以进行碱基配对，2 区和 3 区可以配对，3 区和 4 区可以配对。而当 2 区和 3 区配对时，3 区和 4 区不能配对；反则 3 区和 4 区配对。当 3 区和 4 区配对时，会形成典型的不依赖于 ρ 因子的终止子结构，即回文序列中富含 GC 碱基对，在回文的下游有 8 个连续的 U。这个总长为 28 bp 的强终止子就是衰减子的核心部分，也称为衰减子序列（图 3-4）。

然而，衰减子序列本身不能实现衰减作用，而是通过对前导序列上 14 个氨基酸的前导肽（leader peptide）的翻译才得以实现。因此，也可以认为衰减作用实际是通过翻译手段控制基因的转录。在操纵序列和 trpE 基因之间有一段 162 bp 的前导序列(leader sequence),可以与合成色氨酸的结构基因共同转录为 mRNA。分析这段前导肽序列,发现它包括起始密码子 AUG 和终止密码子 UGA,编码了一个 14 个氨基酸残基的多肽,它的合成直接影响到衰减子结构的形成。另外,该多肽有一个明显的特点,在其第 10 位和第 11 位有连续的两个色氨酸密码子(图 3-4)。在原核生物中,由于没有核膜阻隔,转录和翻译过程是偶联的。因此,当 RNA 聚合酶转录出前导肽的一部分密码子,核糖体就开始了翻译。当培养基中色氨酸的浓度很低时,形成的负载色氨酸的 tRNA$^{Trp}$ 也会非常少,因此,在进行前导肽翻译时,核糖体通过两个相邻色氨酸密码子的速度就会很慢。这样直到 4 区被转录完成时,核糖体才进行到 1 区(或停留在两个相邻的 *Trp* 密码子处)。这样的结构是有利于 2-3 区形成有效配对,而不形成 3-4 区配对的。因而,不能形成上述的终止子结构,转录可继续进行,色氨酸操纵子处于开放状态,其结构基因可以全部被转录。当培养基中色氨酸浓度较高时,核糖体可顺利通过在 1 区的两个相邻的色氨酸密码子,能够连续地翻译前导肽,在 4 区被转录之前就可以覆盖 2 区,使 2-3 区不能产生有效的配对。这样一来,3-4 区就会自由配对形成终止子结构,终止转录,关闭色氨酸操纵子(图 3-4)。从上述阐述的衰减子作用机制中,可以推断如果没有翻译作用的存在,则总是能形成 3-4 区配对的终止结构,使转录过程在衰减子处终止。

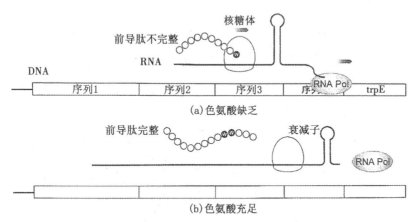

图 3-4　色氨酸操纵子衰减调控机制

细菌中其他氨基酸合成系统的许多操纵子(如组氨酸、苏氨酸、亮氨酸、异亮氨酸、苯丙氨酸等操纵子)中也有类似的衰减子存在,都是若干个连续的氨基酸密码子调控了蛋白质的合成。所合成的前导肽在细胞内一般并没有其他生物学功能,会被细胞内的蛋白酶迅速降解。从衰减机制进行分析,它把转录、mRNA 内部终止(衰减)子的重建和核糖体上 tRNA 对终止密码的识别统一起来,严格控制表达，根据细胞内某一氨基酸水平的高低而调节。所以，它是一种应答灵敏、调节灵活的多重调控方式。色氨酸衰减子对转录的调控关键在于空间和时间上的巧妙安排。在空间上，两个色氨酸的位置至关重要，不可随意更改，否则，就不能实现衰减；在时间上，当色氨酸浓度低，核糖体停顿在两个色氨酸密码子上时，4 区还未转录出来，才会形成 2-3 区的有效配对，而不形成终止子，使转录越过衰减子而继续进行。

（4）色氨酸操纵子的生物学意义

阻遏作用与衰减机制一起协同控制其基因表达，显然比单一的阻遏负调控系统更为有效。这种协同调控系统的生物学意义在于以下几点。

① 氨基酸的主要用途是合成蛋白质，因此，以负载 tRNA 的情况为标准来进行控制更为直接和恰当。

② 有活性的阻遏物向无活性阻遏物的转变速度极低时，依赖负载 tRNA 的调节更为灵敏。衰减系统能更迅速地作出反应，使色氨酸从较高浓度快速下降到中等浓度。

③ 为什么大多数操纵子又同时需要阻遏蛋白呢？因为衰减子系统需要先转录出前导肽 mRNA，然后根据前导肽的翻译情况来决定 mRNA 是否继续转录，而当氨基酸含量丰富时，则无需转录而关闭 mRNA 的转录活性。若外源色氨酸浓度实在太低，细菌本身又没有其他的内源性色氨酸合成体系，以致细菌难以支持自身的生长时，就需要有衰减体系加以调节，通过不终止 mRNA 的合成来增加合成色氨酸酶的合成，从而提高内源色氨酸的浓度。如果色氨酸开始增多，即使不足以诱导阻遏蛋白结合操纵序列，却足以使大量的 mRNA 提前终止。可见，衰减机制在控制基因产物的量和产物种类的配比上起着快速精密的调节作用。同时，这种机制也使细菌能够优先将环境中的色氨酸消耗完，然后开始自身合成，使其合成维持在满足需要的水平，防止色氨酸堆积和过多地消耗能量。

一般来说，可诱导的操纵子基因是一些编码糖分解的基因，这些糖平时含量很少，因此，*E.coli* 总是利用更容易获得的能源物质如葡萄糖来提供能量，所以，这些其他糖类操纵子常常是关闭的。但当生存条件发生变化，如葡萄糖缺乏而必须利用另一种糖类作为能源时，就要表达这些基因。可阻遏操纵子基因情况恰好相反，它们是一些合成各种细胞代谢过程中所必需的物质（如色氨酸）的基因，由于这些物质在生命过程中的重要地位，这些基因总是开放着的，当这些物质如色氨酸在细菌生活环境中含量较高不需要自身合成时，操纵子就会关闭这些基因。

### 3.1.3.4　阿拉伯糖操纵子

大肠杆菌能够以阿拉伯糖作为碳源，通过利用阿拉伯糖代谢酶系将这种五碳糖转变成磷酸戊糖代谢的中间产物木酮糖-5-磷酸加以利用。大肠杆菌中编码阿拉伯糖代谢酶系的结构基因、操纵序列及调节基因紧密排列构成了大肠杆菌阿拉伯糖操纵子。阿拉伯糖操纵子通过多种转录调控机制调节结构基因的表达，是大肠杆菌中较为复杂的一个操纵子模型。阿拉伯糖操纵子是一个既能进行正调控，又能进行负调控的调控系统。它能够利用同一种调节蛋白的不同结构形式，来调节结构基因的表达，这种特异的调节蛋白叫作 AraC 蛋白。

（1）阿拉伯糖操纵子的结构

阿拉伯糖操纵子的结构如图 3-5 所示。

① 结构基因。大肠杆菌将阿拉伯糖代谢为木酮糖-5-磷酸需要 3 种酶：L-核酮糖激酶、L-阿拉伯糖异构酶和 L-5-磷酸核酮糖差向异构酶。这些酶分别由相应的结构基因 araB、araA 和 araD 所编码，成簇排列于阿拉伯糖操纵子中，由启动子 $P_{BAD}$ 负责起始转录。

② 操纵序列。阿拉伯糖操纵子中存在多个操纵序列，这也是实现其多重复杂调控机制的基础。AraC 蛋白由调节基因 araC 所编码，具有自己独立的启动子 $P_C$，且由 $P_C$ 起始的 araC 的转录方向与 $P_{BAD}$ 起始的结构基因的转录方向相反。AraC 调节蛋白在阿拉伯糖操纵子中有 4 个结合位点，包括 $araO_1$ 和 $araO_2$，$araI_1$ 和 $araI_2$，它们都在启动子 $P_{BAD}$ 上游。在 $araI_1$ 上游的 $P_C$ 位点，同时，也是 CAP 结合位点。在阿拉伯糖操纵子中，cAMP-CAP 复合物结合于 CAP 结合位点被证实和在乳糖操纵子中一样对操纵子起正向调控。在这些操纵序列中，$araO_1$ 与 $P_C$ 存在一定程度的重叠，介导 AraC 对自身的转录调控。$araO_2$ 与 $araI_1$ 联合介导调节蛋白 AraC 对阿拉伯糖操纵子的负向调控。

（2）阿拉伯糖操纵子的调控策略

① 阿拉伯糖操纵子的正负调控。与乳糖操纵子相比，阿拉伯糖操纵子的调控模式较为复杂。阿拉伯糖操纵子既有正调控作用也有负调控作用。AraC 蛋白是调控阿拉伯糖操纵子表达的重要调节蛋白。它具有两种不同的功能构象，即起阻遏的构象形式（$P_r$）和起诱导作用的构象形式（$P_i$），能够进行正、负调节的双重调节。AraC 蛋白与阿拉伯糖结合后形成 $P_i$，可以促进 araBAD 的转录。而 $P_r$ 是不与阿拉伯糖结合时的单独 AraC 蛋白的构象，它是负调控因子，可与操纵位点 $araO_1$ 相结合，阻止 araBAD 的转录。$P_r$ 和 $P_i$ 这两种构象形式处于动态的平衡。此外，cAMP-CAP 复合物对阿拉伯糖操纵子的转录调控的协同作用也是不可或缺的。

当环境中葡萄糖充足而阿拉伯糖水平较低时，未结合阿拉伯糖的单体 AraC 以 $P_r$ 构象存在，形成二聚体，其中，一个单体与位点 $araO_2$ 结合，一个单体与 $araI_1$ 结合，使得这两个距离较远的位点之间的 194 bp 的 DNA 弯曲环化，这样的环状结构称为阻遏环（repression loop）。阻遏环可以阻遏 $P_{BAD}$ 启动子负责的 araBAD 基因的转录。同时，由于细胞中葡萄糖丰富，胞内 cAMP 的生成受到抑制，其含量维持低水平，影响 cAMP-CAP 复合物的形成，cAMP-CAP 不发挥激活转录的作用。

当环境中阿拉伯糖充足而葡萄糖匮乏时，AraC 可以与阿拉伯糖结合，导致构象发生变化，转换为 $P_i$ 构象。$P_i$ 构象的 AraC 与 $araO_2$ 位点解离，且以二聚体的形式结合到 $araI_1$ 和 $araI_2$ 两个邻近位点上，促使之前形成的阻遏环被破坏。同时，由于此时胞内葡萄糖缺乏导致 cAMP 水平升高，形成大量 cAMP-CAP。cAMP-CAP 结合于 CAP 位点及阻遏环的破坏，激活 $P_{BAD}$ 启动的 $araBAD$ 基因的转录。

当葡萄糖和阿拉伯糖都存在且水平较高时，与乳糖操纵子类似，阿拉伯糖操纵子也处于阻遏状态。此时，虽然 AraC 蛋白可以结合阿拉伯糖以 $P_i$ 构象存在，不结合于 $araO_2$ 位点。但此时 cAMP 水平极低，没有形成足够的 cAMP-CAP 复合物结合于 CAP 位点，$araBAD$ 基因的转录不会被激活。当两者的水平都较低时，虽然细胞内有较多的 cAMP-CAP 复合物，但 AraC 蛋白此时是以 $P_r$ 构象存在，作为阻遏蛋白在起作用，仅仅有 cAMP-CAP 复合物与 CAP 位点的结合不能直接促进 $araBAD$ 基因的转录。

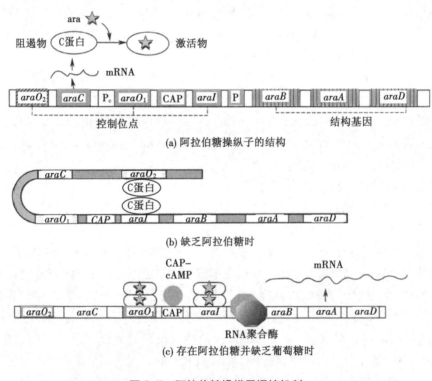

(a) 阿拉伯糖操纵子的结构

(b) 缺乏阿拉伯糖时

(c) 存在阿拉伯糖并缺乏葡萄糖时

图 3-5 阿拉伯糖操纵子调控机制

② 阿拉伯糖 AraC 蛋白的自体调控。$araO_1$ 处于 AraC 蛋白基因启动子 $P_c$ 的上游，$araC$ 基因是由 $P_c$ 开始向左边进行转录的。因此，操纵序列 $araO_1$ 正好处于可以调控 araC 基因转录的位置，这表明它可以调节 AraC 蛋白自身的合成。当 AraC 蛋白的表达过量时，AraC 蛋白会以 $P_r$ 形式与 $araO_1$ 位点结合，从而阻碍 RNA 聚合酶与 $P_c$ 启动子区结合，终止 AraC 蛋白的转录。这种由一种蛋白调控其自身合成

过程的机制称为自体调控(图 3-5)。

### 3.1.4 翻译水平

#### 3.1.4.1 mRNA 二级结构对基因表达的调控

mRNA 的二级结构可以在不同的水平上对基因表达进行调控,如前面所讲过的内容,在转录水平上采用 mRNA 的二级结构进行调控的有终止子和衰减子。除了转录水平上的调控,mRNA 自身的二级结构对翻译也具有影响。通常 mRNA(单链)分子自身回折产生许多双链结构,经计算,原核生物有约 66%的核苷酸以双链结构的形式存在。正是这种双链结构会导致 mRNA 的二级结构和功能的变化。

遗传信息翻译成多肽链起始于 mRNA 上的核糖体结合位点(RBS)。mRNA 的翻译能力主要受控于 5′端的 SD 序列,因为核糖体的 30S 亚基必须与 mRNA 结合,才能开始翻译,所以,要求 mRNA 5′端要有一定的空间结构。SD 序列的微小变化,往往就会导致表达效率百倍甚至千倍的差异。强的控制部位会使翻译起始频率较高,反之则翻译频率低。这是由于核苷酸的序列变化会改变形成 mRNA 5′-端二级结构所需的自由能,mRNA 二级结构隐蔽 SD 序列,影响了核糖体 30S 亚基与 mRNA 的结合,从而造成了蛋白质合成效率上的差异。

*E.coli* 的单链 RNA 噬菌体 MS2,R17,f2 和 Qβ 都非常小,基因组长 3600～4200 nt,只编码 4 个基因:*A*(atachment)基因、*cp*(coat protein)基因、*Rep*(replicase)基因和 *lys*(lysis)基因。其中,前 3 个基因的序列都非常相似。在 MS2,R17和 f2 中,A 蛋白基因编码 A 附着蛋白,含有 393 个氨基酸,相对分子质量为 44 kDa;cp 基因所编码的 CP 外壳蛋白由 129 个氨基酸构成,相对分子质量为 13.7 kDa;Rep 基因编码复制酶 Rep,含有 544 个氨基酸,相对分子质量为 61 kDa;第 4 个基因 *lys* 编码裂解蛋白,它和 *cp*、*Rep* 基因重叠,该蛋白质含 75 个氨基酸。而 Qβ 噬菌体前 3 个基因产物的相对分子质量稍大一点,第 4 个基因则为 *cp* 基因的延伸。Qβ 没有 *lys* 基因,但有 A1 和 A2 两个基因。A2 编码成熟蛋白质,它兼有裂解蛋白的功能;A1 蛋白是主要的病毒粒子蛋白,它是核糖体通读外壳蛋白终止密码子 UGA 而产生的。

以 RNA 噬菌体 f2 的 RNA 作为模板,在大肠杆菌无细胞系统中进行蛋白质合成时发现,大部分合成外壳蛋白 CP,复制酶 Rep 只占外壳蛋白的三分之一。用同位素标记法研究 RNA 噬菌体几种蛋白质的翻译起始过程,可以发现外壳蛋白的翻译起始频率比合成酶至少要高 3 倍。另外,f2 外壳蛋白基因的突变也影响了复制酶合成的起始。如果该突变发生在外壳蛋白接近翻译起始区,就会对复制酶的合成起始造成影响;如果突变位点是在较靠后的位点,对复制酶的翻译起始就没有影响。

后续研究发现，当噬菌体基因组进入宿主细胞后，分子内形成许多二级结构，核糖体附着在 *cp* 基因上的 RBS 上，而不是附着在 *A* 蛋白质基因或者 *rep* 基因上，主要由于 *A* 基因或者 rep 基因的 RBS 被封闭在二级结构中保护起来，只有 *cp* 基因的 RBS 是处于单链状态，可与核糖体结合并合成外壳蛋白。当核糖体继续向下游阅读时，可以使二级结构的氢键断裂，将下游的 *rep* 位点冲开，核糖体才能与之结合翻译出复制酶。因此，*rep* 基因 mRNA 的翻译总是依赖于位于前面的 *cp* 位点和核糖体的结合。可见，复制酶的翻译起始区被 RNA 的高级结构所掩盖，外壳蛋白的起始翻译破坏了 RNA 的立体构象，使核糖体有可能与翻译起始区结合，导致复制酶的起始翻译。虽然 *rep* 基因的 RBS 每次都被 *cp* 基因的翻译所打开，但是 RNA 噬菌体的 CP 蛋白产生的量要比复制酶多得多，这又是什么原因导致的呢？原来新产生的外壳蛋白的亚基可以特异地附着到 rep 基因的 RBS 上，进而阻止了核糖体的附着。这样，外壳蛋白就成了复制酶基因翻译的特异阻遏物。

另外，抗红霉素基因利用 mRNA 的二级结构来改变甲基化酶的表达也是一个典型的例子。抗红霉素基因的 mRNA 前导序列中有 4 段反向重复序列，可以配对形成二级结构。当环境中没有红霉素时，1-2 和 3-4 配对，形成二级结构，而编码甲基化酶基因的 SD 序列正好处于 3-4 之间，被隐蔽起来，导致核糖体无法识别，翻译了前导肽后便脱离下来，因此，不能产生甲基化酶。

### 3.1.4.2 mRNA 稳定性对翻译的调控

mRNA 的降解速度受细菌的生理状态、环境因素及 mRNA 结构的影响。原核生物通过快速繁殖来适应生存，这决定了其 mRNA 稳定性通常远远低于真核基因 mRNA，大多数半衰期仅 2~3 分钟。但是细菌中各种不同 mRNA 的半衰期也具有较大的差异，究竟是什么因素影响了其寿命呢？

mRNA 分子自身回折产生的茎环结构是研究得较为深入的 mRNA 稳定性调控元件，它一方面可以通过阻碍核酸外切酶而保护 mRNA，但另一方面又可作为 RNaseI、RNaseE 等内切酶的识别位点。尽管已从 *E.coli* 中鉴定出了许多种不同的核酸酶，但其中只有少数参与降解 mRNA，例如，内切酶 RNase E、RNase K、RNase I 及 $3' \rightarrow 5'$ 外切酶 RNase II。RNase E 和 RNase K 对 mRNA 可优先切割 RNA 内二级（或三级）结构之间很短的单链 AU 富含序列，且两种酶的活性之间有一定关联，它们均受一种跨膜蛋白 HMP1 和细菌生长速度等的调节。$3' \rightarrow 5'$ 外切核酸酶也会对细胞中 mRNA 产生降解作用。因此，通过形成可以抵抗 RNA 在 $3'$ 端降解的二级结构，来降低 mRNA 的降解，可以增加其表达量。相反地，能够降低 mRNA $3'$ 端稳定性的二级结构，会减少该 mRNA 的表达量。有研究表明，如果一个 mRNA 分子末端具有终止子结构，当用 $3'$-外切核酸酶对其进行处理时，mRNA

不会被降解。这说明不依赖 ρ 因子的强终止子结构使其 mRNA 更为稳定,凡是降低终止子茎环结构强度的突变都将造成 mRNA 稳定性的降低。由此可见,终止子结构的意义不仅在于转录的终止,而且能延长 mRNA 寿命。但是,在细胞体内具有强终止子结构的某些 mRNA 仍然是不稳定的。这表明可能存在着具有一定序列专一性的核酸内切酶能影响 mRNA 的稳定性。最典型的例子就是 λ 噬菌体 *int* 基因的表达。

在 *E.coli* 中,发现一种高度保守的反向重复序列(IR)对 mRNA 的稳定性起着重要的作用,有 500~1000 个拷贝。IR 主要的功能是帮助 mRNA 形成茎环结构,防止核酸酶的降解,从而增加 mRNA 的半衰期。它们有的位于 3′端非编码区,有的在基因间的间隔区,IR 的存在提供了形成茎环结构的可能性,从而增加 mRNA 上游部分的半衰期,对下游部分影响不大。这是由于 IR 的存在可以防止 3′→5′外切酶的降解作用。因此,在多顺反子的操纵子中,基因间的 IR 可以特异地使其某些基因上游 mRNA 得到保护。在 *E.coli* 的麦芽糖操纵子中的 malE 和 malF 基因之间存在 2 个 IR 区。由于在 malE 的 3′端有 2 个 IR 区存在,可以形成茎环保护其不被外切酶所降解,从而使 *malE* 的产物(周质结合蛋白)比 *malF* 的产物(一种 40 kDa 的内膜蛋白)的含量高 20~40 倍。若 IR 区缺失,那么,malE 产物的量就会减少到原来的九分之一。

另外,也有通过其他方式影响 mRNA 稳定性的。例如,已发现 *E.coli* 中广泛存在由 pcnB 基因编码的 poly(A)聚合酶催化的 mRNA 多聚腺苷酸化,而且这种 poly(A)化加速了 mRNA 的降解。实验推测,poly(A)可能有助于一种或数种核酸外切酶靠近转录的 3′端。再如,与真核系统不同的是,原核细胞中的核糖体与 mRNA 的偶联常对 mRNA 起保护作用。可以阻止翻译起始的春日霉素和嘌呤霉素,会导致 mRNA 稳定性下降。而导致核糖体滞留进而使肽链延伸受阻的氯霉素或四环素,则使 mRNA 稳定性增强。其原因之一可能是由于核糖体屏蔽了内切酶的靶位点。

### 3.1.4.3 稀有密码子对翻译的调控

mRNA 采用的密码子系统也会影响其翻译速度。大多数氨基酸由于密码子的简并性而具有不止一种密码子,它们对应的 tRNA 的丰度也差别很大,因此,采用常用密码子比例高的 mRNA 翻译速度快,而采用稀有密码子的 mRNA 翻译速度慢。已知 *dnaG* 和 *rpoD*(编码 RNA 聚合酶亚基)及 *rpsU*(30S 核糖体上的 S21σ 蛋白)属于大肠杆菌基因组上的同一个操纵子,但是这 3 个基因产物在数量上却相差非常大。一般情况下,每个细胞内仅有 *dnaG* 产物 50 拷贝,而 *rpoD* 产物为 2800 拷贝,*rpsU* 产物则高达 40 k 个拷贝之多。可见,细胞是通过翻译调控获得了不同数量的基因产物。具体分析 *dnaG* 的序列发现,其中含有不少稀有密码子,也就是

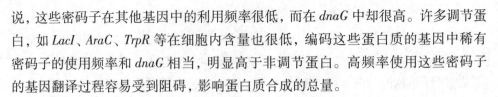

说，这些密码子在其他基因中的利用频率很低，而在 *dnaG* 中却很高。许多调节蛋白，如 *LacI*、*AraC*、*TrpR* 等在细胞内含量也很低，编码这些蛋白质的基因中稀有密码子的使用频率和 *dnaG* 相当，明显高于非调节蛋白。高频率使用这些密码子的基因翻译过程容易受到阻碍，影响蛋白质合成的总量。

### 3.1.4.4　反义 RNA 对翻译的调控

通常，人们认为基因表达的调控只是通过蛋白质与核酸的相互作用而介导，使结构基因处于被阻遏或者被激活的状态。有些独立合成的 RNA 小分子片段，可以通过碱基间的氢键作用与对应的 RNA 互补形成双链复合物而影响 RNA 的正常修饰和翻译等过程，从而起到调控作用。并且 RNA 作为调节物同样能形成调节网络。这些 RNA 小分子片段就是反义 RNA。1983 年，Mizuno 和 Simon 等科学家同时发现了反义 RNA 对于基因表达的调控作用，从而揭示了一种新的基因表达调控机制。反义 RNA 与特定的 mRNA 结合的位点通常是 SD 序列、起始密码子 AUG 和部分 N 端的密码子，从而抑制 mRNA 的翻译，所以又称这类 RNA 为干扰 mRNA 的互补 RNA（mRNA-interfering complementary RNA，micRNA）。反义 RNA 最早是在 *E.coli* 的大肠杆菌素的 Col E1 质粒中发现的。通过对原核细胞的研究，已经发现反义 RNA 的基本作用是通过碱基配对与 mRNA 结合，形成二聚体，从而阻断后者的表达功能。

反义 RNA 主要通过以下 3 种方式调控翻译：① 在复制水平上，反义 RNA 可与引物 RNA 互补结合，抑制 DNA 复制，从而控制 DNA 的复制频率；② 反义 RNA 还可以与 mRNA 5′端互补结合，形成双链结构，由于所形成的双螺旋结构成为内切酶的特异底物，使与其结合的 RNA 变得不稳定；③ 在翻译水平上，反义 RNA 与目的基因的 5′UTR 或翻译起始区的 SD 序列互补结合形成 RNA-RNA 二聚体，使 mRNA 不能与核糖体结合，而阻止了翻译的起始过程。

大肠杆菌外膜蛋白的基因表达是反义 RNA 中典型的代表。OmpC 和 OmpF 是大肠杆菌外膜蛋白，与细胞的渗透压调节有关，分别由来自不同操纵子的 *OmpC* 和 *OmpF* 编码。这两种孔蛋白在外膜上形成的孔道是溶质进入细胞的通道，但 OmpF 形成的孔道要大于由 OmpC 形成的孔道。当环境中的渗透压变化时，位于内膜上的 EnvZ 蛋白能够监测到所发生的变化，并通过 OmpR 蛋白调节 *OmpC* 和 *OmpF* 的翻译，使得大肠杆菌能够适应环境中的渗透"冲击"。在渗透压增高时 OmpC 产量增加，在渗透压减小时 OmpC 产量受到控制；与此相反，另一种膜蛋白 OmpF 在高渗透压条件下产量受控，而低渗时其产量增加。但二者的总量是保持不变的。

研究表明，当渗透压增加时，EnvZ 蛋白激活 *OmpR* 的产物（一种正调节蛋白，OmpR），可以激活 *OmpC* 和 *MicF* 这两个相互连锁的但转录方向相反的基因的转录（图 3-6）。*MicF* 的产物是一条长 174 nt 的 RNA，为反义 RNA。*MicF* RNA 可以和 *OmpF* 的 mRNA 上包括核糖体结合位点 SD 序列及起始密码子 AUG 在内的翻译起始区互补结合，形成双链区。这样，MicF RNA 通过阻遏 *OmpF* 的 mRNA 与核糖体结合，从而关闭了 *OmpF* mRNA 的翻译（图 3-6）。这种调节最终导致两种外膜蛋白的含量随着渗透压的变化而改变，但二者的总量保持不变。

另外一个例子是，细菌铁蛋白被细菌用来储存细胞中多余的铁元素，所以只有当细胞内的铁离子浓度升高时，细菌才需要合成铁蛋白。细菌铁蛋白由 bfr 基因编码，其表达受 anti-bfr 基因编码的反义 RNA 的调控。无论细胞中铁离子浓度高低，bfr 基因都可以正常转录成 mRNA，而 anti-bfr 基因的转录却受到调节蛋白 Fur（ferric uptake regulator）的控制。Fur 能够感应细胞内铁的水平。当细菌中铁离子过多时，Fur 作为抑制因子起作用，可以关闭一组使细胞能够适应缺铁环境的操纵子。同时，Fur 也关闭 anti-bfr 基因，解除 anti-bfr 对 bfrmRNA 的阻遏，使细胞正常翻译出铁蛋白，贮存过剩的铁离子。在低铁条件下，反义 bfr 基因被转录，产生反义 RNA，阻止细菌铁蛋白的合成。

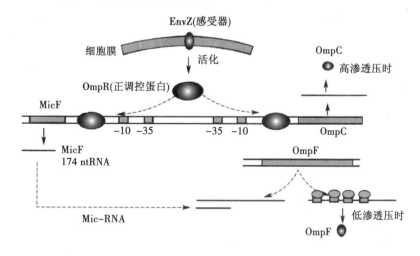

图 3-6　大肠杆菌中反义 RNA 调控膜蛋白的合成

### 3.1.4.5　蛋白质合成的自体调控

大多数蛋白质是由细胞中的组成型基因编码的，因此，这些蛋白质的合成速度和含量通常都比较稳定。但是，对某些特定的基因产物来说，细胞对它们的需求量经常发生较大的变化，这就要求相应基因的转录速率必须与这种需求相一致。对这类基因的表达调控的方式之一就是基因表达的自体调控（auto-regulation)或自身调节。翻译水平的自体调控是指一个基因的表达产物蛋白质或者RNA反过来控制自身基因的表达翻译。这是一种和转录调控类似的形式，自体调控的特点是每个自体调控专一，调控蛋白只作用于负责指导自身合成的mRNA。

在翻译的起始阶段，通过核糖体小亚基中16S rRNA的3′末端存在与SD序列的互补配对使起始密码子AUG正确定位于核糖体上。因此，mRNA的SD序列与16S rRNA之间的相互作用常常作为翻译调控的作用位点。自体调控可以是正调控也可以是负调控。负的自体调控是指某一基因表达的产物是该基因的抑制剂。这种调控机制是通过RNA结合蛋白，或者反义RNA，细胞可以阻止SD序列与16S rRNA的相互作用，抑制翻译的起始。很多细菌mRNA都有专一性的翻译抑制蛋白，它们能够与翻译起始区（包括SD序列和起始密码子）结合，特异性地抑制mRNA的翻译。而对于正的自体调控系统，某个基因表达的产物是它本身基因的激活剂。

在翻译水平进行调控的通常是核糖体蛋白。细胞因生长速度不同，对核糖体的需求变化很大。快速生长的细胞需要大量的核糖体进行高水平的蛋白质合成以满足生长的需要；缓慢生长的细胞需要的核糖体数量就少得多。核糖体由蛋白质和RNA构成，大肠杆菌有54个编码核糖体蛋白的基因，这些基因被组织成若干个操纵子。每个操纵子中除了含有多个核糖体蛋白基因外，有时还夹杂着其他参与大分子合成的基因。核糖体蛋白和rRNA的合成是相互独立进行的，各自合成后再组装为成熟的核糖体。

通过初期的实验发现了核糖体蛋白翻译中自体调控过程的几个基本特征。首先，当细胞中的基因拷贝数增加时，如果基因不发生自我调节，基因产物的生成速率将正比于基因拷贝数。然而，增加核糖体蛋白基因的拷贝数，对其蛋白质合成的速率并无影响，说明基因的产物抑制了其自身的合成，即核糖体蛋白的合成是受自体调节的。而转录的速率随拷贝数的增加而增加，揭示了自体调节不发生在转录水平，而发生在翻译水平。由此可见，核糖体蛋白是能够抑制其自身翻译的。其次，通过转导噬菌体携带的各种核糖体蛋白操纵子进行系列缺失实验，检测各种蛋白的功能，发现操纵子中发挥自体调节的是某一个特定的结构基因编码的蛋白产物，它能够抑制它自身和同一操纵子编码的其他蛋白的翻译。

实际上，细胞是根据rRNA的合成速度对核糖体蛋白质的合成速度进行调节的。核糖蛋白体操纵子的一个核糖体蛋白基因的编码产物与mRNA的翻译起始区可以结合，继而抑制其自身及操纵子上其他核糖体蛋白质的翻译。然而，参与自体调控的核糖体蛋白对rRNA上结合位点的亲和力比其对mRNA上结合位点的亲和力更高。因此，凡有新合成出来的核糖体蛋白必定首先与rRNA结合从而开始核糖体的装配，此时没有游离的核糖体蛋白与 mRNA 结合，mRNA 继续翻译。一旦 rRNA 合成减慢或停止，游离核糖体蛋白开始累积，就能与其自身的 mRNA 结合阻止其继续翻译。这种调控方式保证了每个核糖体蛋白操纵子应答同样水平的 rRNA，只要相对于 rRNA 有多余的核糖体蛋白，核糖体蛋白的合成就会被阻止。

下面以 L11 操纵子为例来说明核糖体蛋白质的合成是如何根据 rRNA 的合成速度来调节的。在 L11 操纵子中，*l11* 基因编码了 L11 蛋白，*l1* 基因编码 L1 蛋白。实验证实，L1 是调节 L11 和 L1 合成的翻译抑制蛋白。L1 蛋白既能与游离的 23S rRNA 结合来组装核糖体，又能结合到 L11 mRNA 的翻译起始区上。当细胞中 rRNA 缺乏时，L1 蛋白相对过量，多余的 L1 蛋白就结合到 *l11* 基因 mRNA 的翻译起始区上，抑制了 L11 操纵子中结构基因的翻译。如果细胞含有过量的游离的 rRNA，L1 蛋白就优先结合到 rRNA 上。不会影响 L11 和 L1 蛋白的翻译。这样，编码核糖体蛋白操纵子的一个基因产物既能自体调节其翻译，又能调节其他基因的表达，这就是核糖体蛋白翻译的自体调节。

### 3.1.4.6 严紧反应

当细菌处于氨基酸等营养缺乏时，会关闭 RNA 合成及蛋白质合成的基因，使合成代谢水平下降，以节约资源和能量来渡过困难时期。当营养条件改善后，细菌又重新开放各种代谢途径，恢复生长。这种因营养匮乏，生物在异常信号的刺激下产生的一系列生理生化反应称作严紧反应（stringent response）或叫严紧应答。严紧反应会导致各种合成代谢水平下降，如 rRNA 和 tRNA 合成大量减少，使得总 RNA 水平下降到正常的 5%~10%左右；部分种类 mRNA 合成量减少，导致 mRNA 总合成量减少约 3 倍；蛋白质的合成能力下降，降解速度增加；核苷酸和糖类等的合成都随之减少。总之，在这种情况下，细菌关闭了许多生理活动，进而导致生长速度的下降。

有些细菌在氨基酸饥饿时会累积几种特殊核苷酸，产生严紧反应。其一是鸟苷-5′-二磷酸-3′-二磷酸（ppGpp）；另一种是鸟苷-5′-三磷酸-3′-二磷酸（pppGpp）。这两种鸟苷多磷酸是在层析谱上检测出的斑点，呈现出与普通核苷酸不同的迁移率，因而，分别被命名魔斑 I（magic spotI）和魔斑 II（magic spot II），合称为（p）ppGpp。有些突变体不能产生严紧反应，在氨基酸供应不足时，还能合成蛋白质，这些突变称为松弛型。具有严紧反应特征的野生型菌株基因型用代号 *rel⁺* 表示，松散基因型的代号用 *rel⁻* 表示。

松弛突变大部分基因位点位于 *relA* 基因中，此基因编码一种蛋白，称为严紧因子（stringent factor）。而魔斑的产生需要严紧因子的作用，其本质为（p）ppGpp 合成酶。它能够将 ATP 中的焦磷酸转移给 GTP 或 GDP 的 3′端形成 pppGpp 或

ppGpp。在正常情况下，*relA* 基因表达很少，大约 200 个以上的核糖体中才有一个 (p)ppGpp 合成酶充当了魔斑的严紧因子。当氨基酸缺乏时，*relA* 基因表达量上升，随后魔斑量也开始上升。(p)ppGpp 可以与 RNA 聚合酶的 β 亚基结合，改变 RNA 聚合酶与一系列启动子的亲和力，导致细胞基因组的表达发生较大的改变，使细胞适应新的环境。这些变化包括 rRNA 和 tRNA 的合成被抑制，一系列参与氨基酸合成与运转的基因被激活。

那魔斑具体是如何产生的呢？在正常情况下，空载 tRNA 不能由 EF-Tu 引导进入核糖体的 A 位。但是当处于氨基酸饥饿的条件下，细胞内的氨酰-tRNA 浓度很低，当没有相应的氨酰-tRNA 能够进入 A 位，空载的 tRNA 便能获准进入，参与到蛋白质合成环节，如此就会激活结合于核糖体上的 RelA 蛋白（图 3-7）。在 RelA 的催化下，ATP 的焦磷酸基团被转移至 GDP 或 GTP 的 3′-OH 生成 (p)ppGpp。(p)ppGpp 的合成引起空载的 tRNA 从 A 位点释放，使 A 位点重新空出来等待下一轮反应。如果仍然没有氨酰-tRNA，就会继续无效反应，产生更多的 (p)ppGpp。另一方面，大量 (p)ppGpp 作为阻遏物特异性地与 rRNA 操纵子的起始位点结合，抑制 rRNA 基因转录的起始，影响核糖体的构建，还阻止 tRNA 合成的延伸。可见，魔斑参与了调控 RNA 基因表达作用。

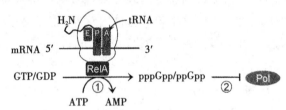

图 3-7  严紧反应调控机制

通过上述情况，可以知道 (p)ppGpp 是当细菌处在氨基酸饥饿的逆境中才产生，当细菌的生存条件恢复正常后，(p)ppGpp 就要立即降解。研究发现，细胞中还存在 SpoT 蛋白，它是由 spoT 基因编码产生的一种酶，可以催化降解 (p)ppGpp。缺乏氨基酸时，SpoT 水解 (p)ppGpp 的功能被抑制，使 (p)ppGpp 得到进一步的积累。当营养条件恢复正常时，细菌中 SpoT 蛋白可以催化降解 (p)ppGpp，以大约 20s 的半衰期快速降解魔斑，从而开放 RNA 基因的转录，保证核糖体的重新构建和蛋白质的合成。综上所述，细菌细胞中 (p)ppGpp 的水平是由 RelA 蛋白合成和 SpoT 蛋白降解 (p)ppGpp 共同控制的。

有人将 (p)ppGpp 和 cAMP 称为报警素（alarmone），原因就在于当细胞内氨基酸缺乏时，就会产生 (p)ppGpp；当葡萄糖缺乏时，就会产生 cAMP。这些特殊的代谢产物能够影响某些基因表达的调控，帮助细胞渡过难关。细胞内可能有多种报警素。近来人们在原核细胞和真核细胞中又发现双腺苷四磷酸（ApppppA）。当原核细胞 RNA 短缺时，氨酰-tRNA 合成酶催化产生 ApppppA；真核细胞复制又停顿时也发现 ApppppA 的产生，并能刺激真核 DNA 聚合酶 α 亚基的活性，具有促进 DNA 合成效应。有关报警素的产生及作为效应物参与基因表达调控的研究仍在深入进行。

### 3.1.5 核开关

核开关（riboswitch）或叫"核糖开关"，是一种 mRNA 所形成的调控基因表达的结构，最早由 R.Breaker 等人提出。他们受地球早期"RNA 世界"假说的启发，坚信 RNA 开关现象具有一定的普遍性，于 2000 年提出了"核开关"这个名词。随着细菌中 9 种核开关的发现和基因数据库的帮助，在植物和真菌中也发现了核开关，让更多的人认可了 RNA 具有自我加工和调控的能力，进一步理解了"核开关"的机理。核开关是一种通过结合小分子代谢物而调控基因表达的 mRNA 元件，一般位于 mRNA 5′端，可以不依赖任何蛋白质因子而直接结合小分子代谢物，继而发生构象重排，调节 mRNA 的延伸和翻译。核开关所控制的基因通常是编码代谢物合成或转移相关的蛋白质的结构基因。能与 mRNA 结合的小分子效应物往往是该代谢途径的产物。代谢产物与 mRNA 的结合会阻止这类基因的表达。发现的这些核开关中，它们的结构都是经过折叠形成的 RNA 二级结构，包括一个中心多环、一个茎和几个分支发夹结构。除了在形成配对的部位存在保守区域外，单链上也有许多保守位点。核开关调控作用可以发生在转录或翻译水平。下面将分别介绍。

① 转录调控机理（图 3-8）：当效应物即目标代谢产物没有与 mRNA 结合时，先转录的抗终止子序列和部分终止子序列首先结合，使终止子的发夹结构无法形成，让转录延伸下去，形成完整的 mRNA。反之，目标代谢物与 mRNA 核开关区域结合，诱导 mRNA 转变成终止子结构，RNA 聚合酶从 poly（U）末端脱离，使 mRNA 的合成提前终止，结果是与代谢物合成有关的基因不表达。

② 翻译调控机理（图 3-8）：在起始密码子上游分别有 SD 序列、抗 SD（anti-SD）序列和抗抗 SD（anti-anti-SD）序列。当代谢物不与 mRNA 结合时，抗 SD 序列和抗抗 SD 序列首先结合，抗 SD 序列无法与 SD 序列结合，核开关结构较舒展，核糖体能够与 mRNA 结合，蛋白质合成得以进行。反之，目标代谢物与 mRNA 结合时，能促使 SD 序列和抗 SD 序列结合，核开关折叠形式改变，"隐藏"了 mRNA 与核糖体结合的部位，核糖体不能附着到 mRNA 上，从而阻止了翻译。例如，细

菌编码合成维生素 $B_{12}$ 的酶的基因转录出的 mRNA 能折叠出特殊的形状，形成一个结合辅酶 $B_{12}$ 的口袋。当辅酶 $B_{12}$ 进入这个口袋时，mRNA 就会改变它的形状，掩盖附近的翻译起始区，核糖体不能与 mRNA 结合，翻译被抑制。

核开关不需要调控蛋白来执行基因表达调控，是一种自我调控 mRNA 的表达方式。核开关甚至具有核酶的功能，活性受高浓度效应物影响，能发生自我剪切而关闭基因的表达。如细菌细胞壁的组分葡糖胺合成的操纵子就有这种核酶形式核开关。比如编码氨基葡萄糖-6-磷酸合成酶（GlmS）mRNA 的核开关。GlmS 催化果糖-6-磷酸和谷氨酰胺生成氨基葡萄糖-6-磷酸。当氨基葡萄糖-6-磷酸在细胞内浓度较高时，代谢物就与 GlmS 核开关结合，激活其核酶活性，造成 GlmS mRNA 发生自我切割。尽管该自我剪切的部位在 mRNA 非编码区，但仍然破坏了翻译，使葡糖胺不再合成。核开关的存在意味着 RNA 分子有相当的能力形成类似蛋白受体的复杂结构。并且，核开关不需要额外的蛋白质因子来感知代谢产物的浓度，执行调控功能，因此，它是一种非常经济的调控开关。

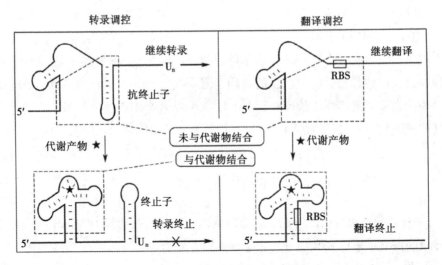

图 3-8　核开关调节机制

## 3.2　真核生物基因表达调控

### 3.2.1　真核生物基因表达调控的主要特点

原核生物借助基因的开闭应对环境的变化。相比之下，真核生物在进化上比原核生物高级，具有更加复杂的细胞结构、更庞大的基因组和更复杂的染色体结构，因此，真核基因的表达相比原核基因要复杂得多，调控系统也更为完善。真核基因表达调控的最显著特征是能在特定时间和特定的细胞中激活特定的基因，从而实现"预定"的、有序的、不可逆转的分化和发育过程，并使生物的组织和器官在一定的环境条件范围内保持正常功能。具体对比真核生物与原核生物基因表达异同点总结如下。

（1）真核生物基因表达调控与原核的共同点

① 在结构基因上游和下游，甚至内部存在多种调控成分，并依靠顺式作用元件与反式作用因子的相互作用来调控基因的转录；

② 基因表达都有转录水平和转录后的调控，且以转录水平调控为最重要。

（2）真核生物基因表达调控与原核的不同点

主要体现在真核基因表达调控的环节更多；转录与翻译间隔进行，具有多种原核生物没有的调控机制；个体发育复杂，具有调控基因特异性表达的机制。具体如下。

① 真核生物主要形成以核小体为单位的染色质结构，因此，不同的活性染色体结构对基因表达会具有调控作用，如 DNA 拓扑结构的变化；DNA 碱基修饰的变化；组蛋白的变化等。

② 随着核被膜的出现，转录和翻译在时间和空间上被分隔开来，转录产物及翻译产物需经历复杂的加工与转运过程，由此形成真核细胞基因表达多层次的调控系统（图 3-9）。

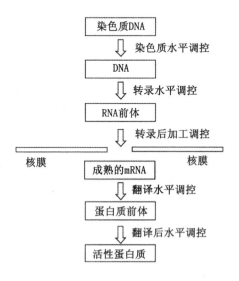

图 3-9　真核细胞基因表达调控的层次

③ 真核细胞拥有庞大的基因组，且基因内部多被内含子所割裂，其编码区是不连续的，转录后需要通过剪接才能产生成熟的遗传信息，而且基因与基因之间也常被大段的非编码序列所分隔，这些都无疑会影响到基因的转录活性，产生新的不同于原核生物基因表达调控的作用点。

④ 正调控在真核生物的基因表达占主导地位，且一个真核基因通常有多个调控序列，需要多个激活物。

### 3.2.2 真核生物基因表达调控的种类

真核生物基因表达调控根据其性质可分为两大类：一是瞬时调控或可逆调控，它相当于原核细胞对环境条件变化所做出的反应。瞬时调控包括某种底物或激素水平的升降和细胞周期不同阶段中酶活性和浓度的调节；二是发育调控或不可逆调控，是真核基因调控的精髓部分，它决定了真核细胞生长、分化、发育的全部进程。

真核基因的表达调控，贯穿于从 DNA 到 RNA 再到有功能的蛋白质的途径中的众多步骤，涉及基因结构活化、转录起始和延伸、转录本加工与运输及翻译等多个调控点，具体如下。

① DNA 和染色体水平上的调控。基因拷贝数的扩增或去失和基因重排，DNA 修饰，基因在染色体上的位置，染色体结构(包括染色质、异染色质、核小体)都可影响基因表达。② 转录水平上的调控。转录起始和延伸的控制对 mRNA 前体的水平都会产生影响。③ 转录后 RNA 加工过程和运送中的调控。原核 DNA 被转录时，蛋白质合成也随着转录起始而进行，即边转录边翻译。而真核基因转录出 mRNA 前体，要经过加工形成成熟的 mRNA，如剪接、编辑、5′末端和 3′末端修饰等，最终成熟 mRNA 才会被运出细胞核。④ mRNA 稳定性的调控。控制 mRNA 的寿命就能控制一定数目的 mRNA 分子产生蛋白质的数量，这种控制主要是由 mRNA 3′端的序列决定的。⑤ 翻译水平上的调控。⑥ 翻译后的调控。翻译后产生的蛋白质常常需要修饰和加工(如磷酸化、糖基化、切除信号肽及构象形成等)，才能成为有活性的蛋白质，这个过程可以有选择地激活或灭活某些蛋白质。⑦ 真核基因表达中小分子 RNA 的调控。

上述归纳的几个方面的控制，最重要的是转录水平上和翻译水平上的调控，将在下面内容中重点介绍。

### 3.2.3 染色体水平上的调控

#### 3.2.3.1 染色质结构对基因转录的影响

染色质是细胞核中基因组 DNA 与蛋白质构成的复合体。染色质的基本结构单位是核小体。11 nm 粗的核小体纤维可以进一步盘绕形成 30 nm 粗的纤维。在分裂期，30 nm 粗的纤维再折叠成具有一定形态结构的染色体。分裂期结束后，染色体又转化为染色质。

通常，细胞分裂时染色体大部分松开分散在核内，称为常染色质（euchromatin）。一般而言，松散染色质中的基因才可以活跃转录，但并非所有处于常染色质中的基因都能表达。染色体中的某些区域在分裂后期不像其他部分解旋松开，仍保持紧凑折叠的结构，在间期核中仍可以看到其浓集的斑块，称为异染色质（heterochromatin），其中的基因不能转录表达。

染色质的结构对基因转录起着重要的调控作用，其松弛和伸张的状态能够使 DNA 调控序列更容易接触转录调节因子，通常具有活化基因转录的功能。但若是一个紧凑有序的染色质结构则会对转录起到抑制作用。这种染色质结构改变的过程称为染色质重塑（chromatin remodeling）。染色质重塑包括染色体和单个核小体内发生的任何变化，是染色质功能状态改变的结构基础，是染色质从阻遏状态到活性状态的重要步骤。染色质重塑通常由一些大的复合物承担，一种是 ATP 依赖的染色质重塑复合物，如酵母交换型转换/蔗糖不发酵复合物（switching/sucrose non-fermenting，SWI/SNF）是第一个鉴定出的染色质重塑复合物。染色质的活化涉及一些特殊的高速泳动组蛋白，如 HMG14 和 HMG17。另外，组蛋白 H3 第 110 位的保守氨基酸半胱氨酸在活性染色质中会将其巯基暴露出来并保持稳定。另一方面，异染色质化同样能在很大范围内调节真核基因的表达，致使连锁在一起的大量基因同时丧失转录活性。例如，哺乳类雌体细胞 2 条 X 染色体在胚胎早期均呈常染色质状态，随后其中一条 X 染色质将随机出现异染色质化而失活，只允许另一条染色体上的基因活动，可见，紧密的染色质结构能阻止基因表达。

在染色质研究中，通常使用 DNase Ⅰ、DNase Ⅱ 和微球菌核酸酶等非特异性内切酶来检测染色质结构的变化，它们可降解染色质中能够被接近的区域，但是由于被组装成核小体的染色质 DNA 受到一定保护，对核酸酶的处理不敏感，降解程度较差。基因组不同区域的染色质被不同浓度的酶水解的特性称为基因组 DNA 对酶的敏感性。当用极低浓度的 DNase Ⅰ 处理染色质时，切割将首先发生在少数特异性位点，其敏感性超出其他区域 100 倍以上，这些位点称为 DNase Ⅰ 超敏感位点，通常它们对其他核酸酶或化学试剂同样高度敏感。但是，大多数染色质对 DNase Ⅰ 具有抗性，敏感区仅相当于染色质全长的十分之一，这些非敏感区就是基因组中的静态区域。

DNase Ⅰ 超敏感位点具有组织特异性和细胞特异性，例如，100 kb 左右大小的鸡卵清白蛋白基因簇在表达卵清白蛋白的输卵管组织中对 DNase Ⅰ 呈现敏感性，而在不表达卵清白蛋白的肝细胞中则不显示出敏感性。超敏感位点的存在与基因的表达密切相关，是活性染色质的重要特征。每个活跃表达的基因都有一个或几个超敏感位点，大部分位于 5′端启动子区域，少数位于其他部位，如转录单位的下游，很可能为 RNA 聚合酶、转录因子或其他调节蛋白提供结合位点。而非活性基因 5′端的对应位点不会表现出对 DNase I 的超敏感性，用游离 DNA 做底物时不会出现超敏感位点。此外，超敏感位点还可能出现在其他部位，如复制起点和着丝粒等处。总而言之，超敏感位点代表着开放的染色质区域，多位于结合调控蛋白位点的附近，由于组蛋白八聚体的解离或缠绕方式的改变，这段区域中的 DNA 序列暴露出来，有利于结合调控蛋白以促进转录。

### 3.2.3.2　组蛋白的修饰作用

组蛋白 H1 及核心组蛋白共同参与核小体的组装和凝聚。组蛋白的功能除了包装染色体 DNA，还是基因活性的重要调控因子。发生在特殊的氨基酸残基上的乙酰化、甲基化或磷酸化等修饰，可以改变蛋白分子的表面电荷，影响核小体乃至染色质的结构，调节基因的活性。

（1）核心组蛋白的乙酰化

组蛋白是比较小的碱性蛋白质，大约 20% 的氨基酸是 Lys 和 Arg。核心组蛋白（H2A、H2B、H3 和 H4）上存在两个关键的结构域，一个是组蛋白折叠结构域（histone fold），另一个是组蛋白 N 端的尾部结构域（N-terminal tail）。乙酰化是最早发现的与转录活性有关的组蛋白修饰，主要发生在组蛋白 H3 和 H4 的 N 端比较保守的赖氨酸残基上，乙酰基转移酶利用乙酰辅酶 A 作为辅助因子，将乙酰基转移到赖氨酸残基上。乙酰化对染色质结构重塑和转录具有重要的影响，组蛋白的高乙酰化是活跃转录染色质的一个标志，而低乙酰化则是转录抑制的标志。

乙酰化是可逆的，被两组作用相反的酶所控制：乙酰化由组蛋白乙酰基转移酶（histone acetyltransferase，HAT）催化，而去乙酰化则由组蛋白去乙酰基酶（histone deacetylase，HDAC）催化。核心组蛋白的 N 端暴露于核小体之外，活跃地参与 DNA-蛋白质之间的相互作用。在组蛋白乙酰转移酶的作用下，由乙酰辅酶 A 为供体，可以将组蛋白的赖氨酸残基（或丝氨酸残基）乙酰化。各种核心组蛋白都可能被乙酰化，其中，组蛋白 H3 和 H4 是蛋白酶修饰的主要位点，H3 中的 Lys9、14 和 18 的位点，H4 中 Lys5、8、12 和 16 位点都是主要发生乙酰化的氨基酸残基。尽管核心组蛋白的 N 端暴露在外，并不直接参与八聚体的组装，但乙酰基的引入降低了赖氨酸残基的正电荷，在一定程度上降低核小体的稳定性，使相邻核小体的聚合受阻，产生"松解"的八聚体核心，并影响它同 DNA 的联系。乙酰化也会影响泛素与组蛋白 H2A 结合，导致蛋白质被特异性降解；使染色质对 DNase I 和微球菌核酸酶的敏感性显著增强，有利于转录调控因子的结合，激活相关基因的表达。组蛋白的乙酰化是一个与基因表达水平密切相关的动态过程。一般来说，在有活性的染色质中乙酰化程度较高，而没有活性染色质中乙酰化程度很低，如失活的 X 染色体中 H4 组蛋白则完全不被乙酰化。此外，复制过程也会伴随组蛋白的乙酰化。

许多组蛋白乙酰转移酶都已经陆续得到分离和鉴定，其中，最重要的一类与转录有关，也包括很多之前已经得到的激活蛋白或辅激活物，如酵母的 Gcn5 和哺乳动物的 p300/CBP 及 PCAF 等。四膜虫的 P55 蛋白质是最先发现的一种乙酰转移酶。酵母的 Gcn5 最早是作为一种辅激活蛋白被发现的，酵母 Gcn4 及其他几种具有酸性激活域的激活蛋白在激活转录时都需要 Gcn5 的参与。通过遗传学分析，发现 Gcn5 与 P55 蛋白质具有同源性，说明 Gcn5 本质上也是一种乙酰转移酶。p300 和 CBP(CRE binding protein)具有 HAT 活性，可催化核小体中 H4 组蛋白 N 端的乙酰化，也是哺乳动物细胞十分重要的辅激活蛋白，参与细胞周期调控、细胞分化和细胞凋亡等多种生理过程。另一类辅激活物 PCAF 能够乙酰化组蛋白 H3。同时，它们还能在转录因子和基本转录复合物之间起到桥梁作用，并且为多种转录辅助因子的整合提供支架。p300/CBP 和 PCAF 形成复合体(多达 14 个亚基)共同发挥作用，其乙酰化修饰对 DNA 的影响限制在启动子上下游约 1 kb 的区域内。

组蛋白去乙酰酶则具有与乙酰转移酶相反的作用，该酶可以对乙酰化的组蛋白进行去乙酰基修饰，恢复组蛋白与 DNA 的紧密结合能力。所以，去乙酰化可以使染色质的转录活性下降直至消失，实际发现许多转录辅阻遏物的功能正是通过 HDAC 活性来实现。HDAC 也通常是一些多亚基复合体中的组分，例如酵母细胞中的辅阻遏物 Rpd3(具 HDAC 活性)和 SIN3 与 DNA 结合蛋白 Ume6 形成阻遏复合物，结合启动子上游的 URS1 元件抑制转录。HDAC1 和 HDAC2 则是哺乳动物组蛋白脱乙酰酶 mSIN3 和 NURD 中的去乙酰酶催化亚基。乙酰化和去乙酰化是活跃的动态过程，每个乙酰基在组蛋白上的平均保留时间只有约 10 min。利用制滴菌素(trichostatin)和丁酸等组蛋白脱乙酰化抑制剂可引起乙酰化核小体的累积并使基因活化，药物移除后很快便恢复到原先的状态。目前已发现多种癌细胞内的组蛋白表现为 HDAC 水平过高，乙酰化不足。这些过量的 HDAC 可能阻止了控制细胞正常活性的基因的表达，导致细胞的癌变。因此，使用 HDAC 抑制剂来治疗癌症具有一定的意义。2006 年，美国食品和药品监督管理局(FDA)批准了一种治疗皮肤 T 细胞淋巴瘤的药物——伏立诺他(vorinostat)，它就是 HDAC 的抑制剂。

(2)组蛋白的甲基化

组蛋白中，Lys 和 Arg 残基的甲基化修饰可以调节组蛋白的结构，从而改变组蛋白与组蛋白之间、组蛋白与 DNA 之间的静电力作用，导致染色质结构的变化。

与乙酰化修饰不同的是，Lys 的甲基化修饰有单甲基化、双甲基化和三甲基化 3 种形式，而 Arg 只能被单甲基化或双甲基化；Lys 甲基化修饰并不影响原来侧链基团所带的正电荷；甲基化对基因的表达既可以起到激活的作用，又可以起到阻遏的作用。例如，H3K4、H3K36 和 H3K79 甲基化与染色质活化相关，而 H3K9、H3K27、H3K64、H4K20 和 H1.4K26 甲基化与基因沉默有关。与乙酰化相似的是，组蛋白所发生的甲基化修饰也是可逆的。催化甲基化修饰的酶是组蛋白甲基转移酶（histone methyltransferase，HMT），甲基化供体与 DNA 和 RNA 甲基化的供体一样，都是 SAM。已知组蛋白 H3 和 H4 的 7 个赖氨酸残基（H3K4、H3K9、H3K27、H3K36、H3K64、H3K79 和 H4K20）可以被甲基化；另外，组蛋白 H1 也可以在 H1.4K26 残基上发生甲基化。不同位置的 Lys 或 Arg 所发生的不同形式的甲基化修饰可作为特别的信息标记，被一些含有特殊结构域的蛋白质识别和结合，从而影响到修饰点附近的染色质构象，进而影响到基因的表达。甲基化一直被认为是稳定的、不可逆的，直到 2004 年第一个组蛋白的去甲基化酶（Lysine specific demethylase1，LSD1）及其他组蛋白去甲基化酶被发现，人们才认识到组蛋白甲基化修饰也是可逆的。LSD1 可以特异地去掉组蛋白 H3 第 4 位赖氨酸（H3K4）的单甲基或双甲基。在体内，LSD1 也可以去掉 H3K9 的单甲基或双甲基。但 LSD1 去甲基的活性受到底物的限制，不能去掉赖氨酸的三甲基修饰。

（3）组蛋白的泛素化和磷酸化

组蛋白的泛素化和磷酸化也影响染色质结构，从而影响基因表达。组蛋白的泛素化影响蛋白质的稳定性。一般认为，组蛋白对转录的抑制作用主要是通过维持染色质高级结构的稳定性来实现。组蛋白的泛素化主要发生在 Lys 上，可以将 HDAC 和异染色质结合蛋白 1（heterochromatin protein 1，HP1）招募过来，从而阻遏基因的表达。组蛋白 H1 的磷酸化与去磷酸化也直接影响染色质的活性。组蛋白在多种蛋白激酶的作用下可以发生磷酸化修饰，直接将负电荷引入到组蛋白分子中，降低组蛋白与 DNA 的亲和力，从而使染色质疏松，影响染色质的活性。哺乳动物体细胞 H1 的磷酸化主要发生在有丝分裂期，通常每个 H1 分子可以接受 6 个磷酸基团，而这些磷酸基团在子细胞核形成时减少了 80%。H1 是染色质由 10 nm 纤丝产生 30 nm 纤丝所必需的，在不能进行磷酸化的突变体中，会观察到染色体的复制受阻，细胞不能进行细胞分裂。因此，推断 H1 的磷酸化在有丝分裂时可能与染色质构象变化有关。此外，组蛋白的磷酸化修饰还与 DNA 修复、细胞凋亡等过程相关。

### 3.2.3.3　DNA 甲基化的调控作用

DNA 合成以后，由有关的酶把供体上的甲基基团转移给碱基，叫作 DNA 甲基化作用（DNA methylation），催化这个反应的酶叫作甲基转移酶或甲基化酶

（methyltransferase or methylase）。DNA 上的 A 或 C 可接受一个甲基基团形成 $N^6$-甲基腺嘌呤（$m^6A$），$N^4$-甲基胞嘧啶（$m^4C$）和 5-甲基胞嘧啶（$m^5C$）。甲基供体是硫代腺苷甲硫氨酸（S-Adenosylmethionine, SAM）。DNA 的甲基化作用具有重要的功能，在原核生物中主要参与复制的调控；在真核生物中参与基因的表达调控。

DNA 甲基化现象广泛存在于细菌、植物和哺乳动物中，是 DNA 的一种天然的修饰方式。卫星 DNA 常常更易被甲基化。在真核生物中，唯一的甲基化碱基是 5-甲基胞嘧啶。在较高等的真核细胞 DNA 中有少量的 2%~7% 的胞嘧啶残基被甲基化，而且甲基化多发生在 5'-CG-3'二核苷酸对（被称为 CpG）中的 C。CpG 甲基化主要存在于异染色质中，基因组中大约 80% 的 CpG 位点处于甲基化状态。CpG 位点高度密集的区域称为 CpG 岛。相对于其他核苷酸序列，CpG 位点在哺乳动物基因组出现的频率非常低，有可能是由于 5-甲基胞嘧啶可以自发脱氨转化为胸腺嘧啶（T），而这种错误得不到修复，所以，甲基化的 CpG 很快转变为 TpG。

甲基基团能够突出到 B-DNA 的大沟中，与 DNA 结合蛋白相互作用，从而调控基因表达。在真核生物中，DNA 甲基化作用可影响染色质的结构，抑制基因的表达；也可影响 DNA 与转录因子的结合，阻止转录复合物的形成，抑制基因转录过程。甲基化程度与基因表达活性成明显的负相关性。DNA 甲基化程度高，基因表达水平降低。例如，甲基化的 CpG 可以被 DNA 结合蛋白（如 MeCP2）所识别，从而招募组蛋白去乙酰基酶和组蛋白甲基化酶来修饰附近的组蛋白，使基因表达沉默。正常细胞的 CpG 岛由于被保护而处于非甲基化状态，启动子区的高甲基化能够导致抑癌基因失活，这也是人类产生肿瘤的原因之一。总体来看，在所有组织发育过程都表达的基因，如看家基因调控区多呈低甲基化或非甲基化状态；在组织中不表达的基因多呈高甲基化状态。

### 3.2.4 DNA 水平上的调控

在个体发育过程中，用来转录生成 RNA 的 DNA 模板也会发生规律性变化，从而控制基因表达和生物的发育。真核生物可以通过基因丢失、基因扩增和基因重排等方式删除或变换某些基因从而改变它们的活性。显然，这种调控方式与转录和翻译水平上的调控不同，因为它是从根本上使基因组发生了改变。

#### 3.2.4.1 基因丢失

基因丢失（gene elimination）是指在有些低等真核生物的细胞分化过程中，将一些不需要的基因片段或整条染色体丢失的现象。通过基因丢失的方式，可以抑制那些特异分化细胞中不需要的基因的表达活性。这种关闭基因表达的调控方式主要存在于一些原生动物、线虫、昆虫和甲壳类动物的个体发育中。对这些物种而言，在个体发育和细胞分化过程中部分体细胞常常有选择地丢掉整条或部分染色体,只有将来分化产生生殖细胞的那些细胞才能够一直保持着整套的染色体。例如只有 1 对染色体($2n=2$)的马蛔虫受精卵,在体细胞分化中,染色体破碎成很多片段的小染色体。其中,具有着丝点的片段在细胞分裂中得到保存,而不具着丝点的片段在细胞分裂中没有被分配到子细胞中而丢失,这样染色体就被不均等地分配到下一代细胞中。小麦瘿蚊在个体发育中也有类似的部分染色体丢失的现象。这样,就使得一些细胞中丢掉了部分染色体,导致体细胞不同的分化方向。应该指出的是,基因丢失不是随机的,而是按照预先设定好的方式在不同分化方向的细胞中有选择取舍的过程,也就是分化细胞对遗传物质各取所需的过程。

目前的动物克隆实验表明:高等生物细胞核未发生基因丢失现象,但在高等多倍体生物的数万个基因中丢失少数基因,能否用目前的实验手段检测出来,不能确定,因此,也有可能只是存在于高度分化的体细胞中而不易被找到。但可以确定的是,在癌细胞中常有基因丢失的现象。早在 20 世纪 60 年代,有人将癌细胞与正常成纤维细胞进行融合,所获杂种细胞的后代只要保留某些正常亲本染色体时就可以表现为正常表型,但随着染色质的丢失又可重新出现恶变细胞,这一现象表明癌细胞中丢失了某些抑制肿瘤发生的基因。

### 3.2.4.2　基因扩增

在真核生物细胞中,染色体 DNA 在每次细胞分裂周期中,通常只能复制一次,这似乎说明存在着一种 DNA 复制的阻遏机理,以防止 DNA 在细胞周期内过度复制。事实上,确实存在部分 DNA 序列的独自过量合成,而且这种过量复制的现象在多种类型的细胞和发育阶段都能发生,这种局部 DNA 独立于染色体其他部分而被过量合成的过程,称作基因扩增(gene amplification)。基因扩增使细胞在短期内产生大量专一基因产物以满足生长发育的需要,是基因活性调控的一种方式。个体发育或系统发生中的倍性增加在植物中是普遍存在的现象。基因组拷贝数增加使可供遗传重组的物质增多,这可能构成了加速基因进化、基因组重组和最终物种形成的一种方式。

DNA 扩增最有代表性的例子就是许多物种卵子形成期间所产生的核糖体 rRNA 基因(rDNA)的特异性扩增。如非洲爪蟾卵母细胞为储备大量核糖体以供卵受精后发育所需,通常要专一性地增加核糖体 rDNA 来大量合成 RNA。rDNA 在卵母细胞核中重复串联形成核仁组织区(nucleolar organizer),可扩增形成 1000 个以上的核仁,拷贝数由扩增前的 1500 个猛增至 $2 \times 10^6$ 个,以适应卵裂时对于核糖体的大量需要。由此可见,基因扩增能够大幅度提高基因表达产物的量。而当卵母细胞一旦成熟,多余的 rRNA 基因将逐步降解。由 DNA 扩增产生的 DNA 拷贝是以染色体外环形 DNA 的形式存在的,从而不会改变物种的基因组组成结构。

另外，在果蝇中也发现了编码蛋白的基因被特异性扩增的情况。果蝇的卵原细胞经过 4 次分裂，产生 16 个细胞，其中，1 个是将发育成为卵细胞的卵母细胞，其余 15 个是为卵细胞的形成提供大量的蛋白质及其他大分子物质的营养细胞。营养细胞之所以能够产生大量的营养物质，是因为它们在形成的过程中发生了多次特殊的 DNA 复制，而导致卵壳蛋白等基因拷贝数显著增加。

除了在发育中存在基因扩增之外，许多癌症的发生与原癌基因扩增密切相关。原癌基因是促进细胞增殖的基因，在原癌基因发生扩增时，基因产物增多，使细胞过度增殖，从而形成肿瘤。在癌细胞中经常可检查出原癌基因的扩增。在某些造血系统恶性肿瘤中，基因扩增是一个常见的特征，如某些白血病细胞中原癌基因 c-myc 可以扩增 8~32 倍。

### 3.2.4.3　基因重排

基因重排（gene rearrangement），又称为 DNA 重排，是通过基因的转座、DNA 的断裂错接而改变原来的顺序，重新排列组合，成为一个新的转录单位。基因重排广泛存在于动物、植物和微生物的体细胞基因组中。基因重排可以使一个基因更换调控元件，例如，将基因转移到另一个强启动子或增强子的控制下，从而提高表达效率；也可以使表达的基因发生切换，由表达一种基因转为表达另一种基因，例如，单倍体酵母的交配型转换；还可以形成新的基因，使产物呈现多样性，例如免疫球蛋白基因、T 细胞受体基因的重排与表达。前者由 B 淋巴细胞合成，后者则由 T 淋巴细胞合成。

人类免疫球蛋白是由 2 条轻链和 2 条重链组成的（图 3-10），每条链都能划分

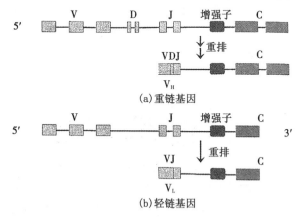

图 3-10　免疫球蛋白基因重排

为可变区（V 区）和恒定区（C 区），其结构差异完全取决于可变区的不同。轻链和重链是由不同染色体上的不同基因编码的，但同一轻链或重链的可变区基因家族

V 和恒定区基因家族 C 却位于同一染色体上。可变区和恒定区是由连接区(J 区)连接组成的,V、C 和 J 基因片段在胚胎细胞中相隔较远。在淋巴细胞分化发育过程中,编码产生免疫球蛋白的细胞通过染色体内 DNA 重组把这 3 个相隔较远的基因片段连接在一起。编码完整免疫球蛋白的基因编码 V 区的基因很多,而只有少数几个基因编码 C 区,将原来分开的几百个不同的可变区基因经选择、组合和交换,与恒定区基因一起构成稳定的特异性较高的完整免疫球蛋白编码的可表达基因。V 区和 C 区不同片段在 DNA 水平上的各种排列组合是形成免疫球蛋白分子多态性的根本原因。其中,轻链的重排方式约有 7500 种,重链的重排方式则能达到 $10^6$ 种以上。因此,这种基因重排可使得细胞仅仅利用几百个免疫球蛋白基因的片段组合变化而产生能编码达 $10^9$ 种以上的不同免疫球蛋白基因。

### 3.2.5 转录水平上的调控

由于真核生物细胞具有高度的分化性及基因组结构的复杂性,因而,在转录水平的调控上除了表现出与原核生物存在相似点外,也具有自身的特点。真核生物基因表达调控具有多层次性,除了需要活化染色质,还需要活化基因,即转录水平的调节,而且转录水平的调控是真核生物基因表达调控中最关键的调控阶段。在转录水平的调节中,真核细胞基因表达调节一方面受控于基因调控的顺式作用元件;另一方面,又受到一系列反式作用因子的调控,两者共同控制着基因转录的起始。

#### 3.2.5.1 顺式作用元件

"顺"与"反"的概念来源于顺反测验(cis-trans test),当同一基因内的两个突变位于一条染色体时,双倍体杂合子表现为野生型,这时突变的排列方式称为顺式构型;当两条染色体上各自带有一个这样的突变,则双倍体杂合子的表型为突变型,这时两个突变处于反式构型。由此确定的遗传功能单位即顺反子,通常被视为基因的同义词。

在基因表达调节过程中,顺反构型的定义得到了延伸:具有调节功能的特定 DNA 序列只能影响同一分子中的相关基因,发生在一个序列中的突变不会改变其他染色体上等位基因的表达,这样的序列称为顺式作用元件,一般没有转录功能。其中起正调控作用的顺式作用元件有启动子(promoter)和增强子(enhancer),也包括起负调控作用的沉默子(silencer)和另外一种特殊的调控元件绝缘子(insulator)。这些 DNA 序列多位于基因的旁侧及内含子中,不参与编码蛋白质。

(1)启动子

启动子(promotor)是 RNA 聚合酶识别并结合的一段特异的 DNA 序列。它是基因准确和有效地起始转录所必需的结构。真核基因有 3 种 RNA 聚合酶(Ⅰ、Ⅱ

和Ⅲ），分别负责 tRNA、mRNA 和 rRNA 的转录。3 种不同的 RNA 聚合酶负责转录的基因启动子具有各自的结构特点，本节主要讨论 RNA 聚合酶Ⅱ对应的启动子。

通过对 RNA 聚合酶Ⅱ作用机制的研究发现，整个启动子是由近段的核心启动子和上游启动子元件（upstream promoter element，UPE）两个部分构成的。核心启动子是保证 RNA 聚合酶Ⅱ转录从正确的位置起始所必需的最短 DNA 序列，包括转录起始位点及其上游或下游约 35 bp 序列，总长度约 40 bp。许多基因的核心启动子都含有一个高度保守的 7 bp 序列：TATAAAA，这个保守序列称为 TATA 框（TATA box），位于转录起始位点上游 26~31 bp 处。其功能主要是在通用转录因子和一些特异性转录因子的作用下，保证转录准确地在起始点开始进行。TATA 盒是 TATA 结合蛋白（TATA binding Protein，TBP）的结合位点。实验证明，TATA 盒内的单个碱基缺失或者突变，会引起转录水平大大下降。由 TATA 盒及转录起始点即可构成最简单的启动子。

除 TATA 盒外，GC 盒（GGGCGG）和 CAAT 盒（GCCAAT）也是很多基因常见的上游启动子元件，它们通常位于转录起始点上游 110 ~ 300 bp 的区域。另外，许多基因在转录起始位点周围存在一个起始子（initiator，Inr），起始子可以与 TATA 框存在于同一启动子中，也可以单独存在。

（2）增强子

增强子指的是能使同一条 DNA 上的基因转录频率明显增加的 DNA 序列，一般位于靶基因上游或下游远端 1~4 kb 处，个别可远离转录起始点 30 kb。在病毒与真核细胞基因中均发现增强子的存在。增强子的效应很明显，一般能使基因转录频率增加 10~200 倍，有的甚至可以高达上千倍。例如，人珠蛋白基因的表达水平在巨细胞病毒（cytomegalovirus，CMV）增强子作用下可提高 600~1000 倍。

增强子也是由若干机能组件组成，这些机能组件既可在增强子中出现，也可在启动子中出现，是特异转录因子结合 DNA 的核心序列。在一个基因的表达被激活的时候，一系列的激活蛋白被招募到它的增强子上，形成一种高度有序的增强子与蛋白质的三维复合物，称为增强体（enhanceosome）。增强体的组装具有协同性，它通过激活蛋白与增强子的结合，将组蛋白修饰酶、染色质重塑因子和基础转录因子等有序地招募到启动子的周围，从而激活基因的表达。从机能上讲，没有增强子的存在，启动子通常不能表现活性；没有启动子时，增强子也无法发挥作用。

（3）沉默子

沉默子（silencer）是一类负性转录调控元件，其与增强子的作用恰恰相反。当沉默子结合反式作用因子时，对基因的转录发挥抑制作用。已有的证据显示，沉默子与相应的反式作用因子结合后可以使正调控系统失效。沉默子作用机制可能与增强子类似，不受距离和方向的限制，只是效应与增强子相反。在酵母基因、人 β-珠蛋白基因簇中的 ε 基因、T 淋巴细胞的 T 抗原受体和 T 淋巴细胞辅助受体 CD4/CD8 等基因上均发现了沉默子。但通常沉默子的分布较少见。有些 DNA 的序列既可以起到增强子的作用，也可以起到沉默子的作用，这主要取决于细胞内转录因子的性质。

（4）绝缘子

绝缘子（insulator）能阻止正调控或者负调控信号在染色体上的传递，阻断增强子和沉默子等的作用，使其他元件的作用范围被限制在一定结构域之内。绝缘子本身对基因的表达既没有正效应也没有负效应，属于中性的转录调节顺式元件。通常位于基因旁侧的非编码区，因此，又称为边界元件。

例如，绝缘子位于增强子和启动子之间，可以阻断增强子的增强效应；位于沉默子和启动子之间时，能够阻断沉默子的抑制效应；位于异染色质和活性基因之间时，绝缘子阻断异染色质对活性基因的阻遏作用。一般来说，绝缘子通过招募绝缘子结合蛋白起到相关作用。

### 3.2.5.2 反式作用因子

一些以反式作用方式调控靶基因的 RNA，如 siRNA 和 miRNA，也可称作反式作用因子。参与转录的反式作用因子一般具有不同的功能区域，但至少包含两个结构域：一个是识别和结合 DNA 特异序列的结构域，为 DNA 结合结构域（DNA binding domain，BD）；另一个是通过与其他蛋白质的相互作用起激活转录作用的结构域，为转录激活结构域（transcription activating domain，AD）。此外，许多转录因子含有介导蛋白质二聚化的位点，二聚体的形成对它们行使功能具有重要的意义。多数基序含有一个能够插入 DNA 大沟的片段，可以识别大沟的碱基序列。这种识别依赖于转录因子与 DNA 之间复杂的分子间作用力，包括磷酸基团与带正电荷残基之间的离子键、亲水性氨基酸与磷酸基/糖/碱基之间的氢键及非极性氨基酸与碱基形成的疏水相互作用等，综合多个较弱的非共价键作用力，可使 DNA-蛋白质的结合具有很高的强度和特异性。

按照功能不同，可将转录因子分为通用转录因子（general transcription factor）、转录激活因子（transcription activator）、转录抑制因子（transcription repressor）和转录共作用因子（transcription cofactor）。通用转录因子是和 RNA 聚合酶一起结合于转录起始位点组成转录基本复合物的蛋白质。转录激活/抑制因子是一种能结合到启动子或增强子等调控元件上的特殊序列，通过增加或降低转录基本复合物结合于启动子的效率而起作用，因而，增加或降低转录频率。大多数转录因子通过与转录共作用因子之间的蛋白质-蛋白质作用形成复合物，再与 DNA 结合来发挥作用。

尽管这些转录因子的结构千差万别，但根据 DNA 结合结构域的氨基酸序列和肽链的空间排布，仍可归纳出若干具有典型特征的结构模式。结合结构域中的 α 螺旋或 β 折叠可以形成不同的特定组合，形成特殊的基序。例如螺旋-转角-螺旋、锌指、亮氨酸拉链和螺旋-环-螺旋最为普遍，占已知转录因子的 80%。

（1）DNA 结合结构域

① 螺旋-转角-螺旋。螺旋-转角-螺旋（helix-turn-helix，HTH）结构是最先在原核生物中发现的一种 DNA 结合结构基序。它是在研究原核分解代谢物基因激活蛋白（CAP）和 λ 噬菌体的 Cro 蛋白时发现的，属于最简单的基序之一。参与真核生物发育的同源异性结构域（homeodomain，HD）蛋白也具有这种结构。果蝇中的 HD 蛋白是真核细胞中第一个被证实的 HTH 蛋白，含 HD 结构的蛋白存在于从酵母到人几乎所有的真核细胞中，已经有近百种这样的蛋白被确认。

HTH 的结构特点是长约 20 个氨基酸，分为两段，各有一个 α 螺旋，两个 α 螺旋相互垂直。两段螺旋之间由 4 个氨基酸的 β 转角相连（图 3-11）。一个 α 螺旋称为识别螺旋区（DNA recognition helix），负责直接与 DNA 双螺旋中的大沟接触，以识别并结合特异性的顺式作用元件；另一个螺旋没有碱基特异性，与 DNA 磷酸戊糖链骨架接触，有助于识别螺旋在空间上采取合适的取向，更有利于转录因子与 DNA 的结合。HTH 蛋白与 DNA 结合时可形成对称的同二聚体。

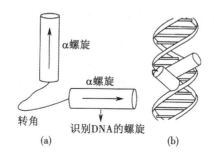

图 3-11　螺旋-转角-螺旋

② 锌指结构。"锌指"（zinc finger）这个名称来源于它特殊的结构。它的结构特点是由基部突起的环形肽段回折成手指状，并通过中间的锌离子来形成和维持这一结构（图 3-12）。含有锌指结构的蛋白称为锌指蛋白，锌指蛋白是哺乳动物细胞中种类最多的蛋白质。对多数锌指蛋白而言，几个锌指基序常由长 7~8 个残基的连接肽段串联在一起，3 段 α 螺旋（即 3 个锌指基序）恰好能填满 1 个螺距之间的 DNA 大沟，其中，每段螺旋可在 2 个位点与 DNA 发生序列特异性的结合。

爪蟾 RNA 聚合酶Ⅲ转录因子 TFⅢA 是第一个被发现的锌指蛋白，由 344 个氨基酸残基组成。在该结构中，每个 TFⅢA 分子含有 7~11 个锌离子和 9 个有规律的重复单位。不同的氨基酸残基与锌离子配位，形成不同类型的锌指模型。例如，2Cys/2His 和 2Cys/2Cys，前者为Ⅰ型锌指，后者为Ⅱ型锌指。Ⅰ型结构的"指"由 23 个氨基酸组成，"指"与"指"之间通常由 7~8 个氨基酸连接，比如 TFⅢA 和 Spl。在Ⅱ型锌指中，锌离子通过与 4 个 Cys 形成配位键，即每个指在 Cys 四分体的中央带有一个锌原子。此外，还有酵母的转录因子 Gal4 和哺乳动物的固醇类激素受体，是由 2 个紧邻的锌离子和 6 个 Cys 形成配位键构成锌指结构。固醇类激素受体的结合位点常常较短并具有高度保守的回文结构。

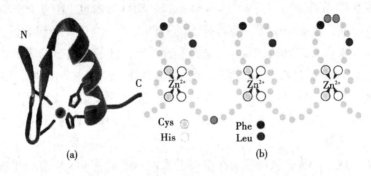

图 3-12　锌指结构

③ 亮氨酸拉链。亮氨酸拉链(leucine zipper)是某些转录因子使用的与 DNA 进行结合的一种二聚体基序。亮氨酸拉链的侧翼是 DNA 结合功能区，含有很多的赖氨酸和精氨酸。这些赖氨酸和精氨酸组成了 DNA 结合区，可以识别特异的 DNA 序列，并以同源或异源二聚体的形式与 DNA 结合。该基序是包含了 30~40 个氨基酸的亲脂性 α 螺旋，每隔 7 个残基出现一个亮氨酸。由于 α 螺旋每 3.5 个氨基酸旋转一周，所有的亮氨酸残基朝一个方向。这样，所形成的螺旋就会具有双亲性，其一侧有疏水基团(包括亮氨酸)，另一侧表面带有电荷。因此两个蛋白单体可以通过亮氨酸在 α-螺旋的疏水侧相互作用形成拉链样结构，实现蛋白单体的二聚化(图 3-13)。二聚化使得单体的碱性区也被赋予了一定的空间组织形式，进而 DNA 结合蛋白通过这段碱性区域结合于特定的 DNA 序列。二聚体的形成对于 DNA 的结合是必要的。例如，亮氨酸拉链蛋白，人类反式作用因子(AP1)在细胞增殖方面发挥重要作用。参与组成的两个亚基中任何一个基因发生突变，都不能形成二聚体，也不能结合 DNA 和促进转录。除了 AP1 蛋白，许多转录因子中都存在亮氨酸拉链结构，例如，酵母转录因子激活因子 GCN4、哺乳动物转录因子 C/EBP 等。

④ 螺旋-环-螺旋。具有螺旋-环-螺旋(helix-loop-helix, HLH)基序的 DNA

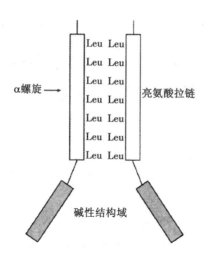

**图 3-13 亮氨酸拉链与 DNA 结合示意图**

结合蛋白与以亮氨酸拉链为 DNA 结合结构域的蛋白比较类似：二者都以二聚体的形式发挥作用，并且以碱性氨基酸序列与 DNA 特异性序列结合。

以 HLH 作为 DNA 结合结构域的单体蛋白由两部分组成，包括一段由 60 个左右的氨基酸组成的螺旋-环-螺旋结构和位于其中长螺旋一侧的负责与 DNA 结合的碱性氨基酸区域，长约为 15 个氨基酸，其中有 6 个氨基酸为碱性。HLH 结构中的螺旋由 15~16 个氨基酸组成，其中，富含 Leu 和 Phe 等疏水氨基酸，形成 α-螺旋的疏水侧结构。两个 α-螺旋通过一段环状结构相连接，一般由 12~28 个氨基酸组成。同源或异源的以螺旋-环-螺旋作为 DNA 结合结构域的蛋白单体，通过α-螺旋上的疏水氨基酸残基相互作用形成二聚体，进而引发碱性氨基酸区域与 DNA 大沟的相互作用。在 HLH 中带有碱性区的肽链称为碱性 HLH（basic HLH，bHLH）。bHLH 蛋白可分为两类：A 类的 bHLH 蛋白普遍表达，而 B 类的 bHLH 蛋白一般只在特异性组织表达，如与骨骼肌发育相关的 MyoD 等。不同种类的 HLH可以形成异二聚体，这种组合能够影响 HLH 与 DNA 结合，增加调控因子的多样性。例如，B 类 bHLH 蛋白质通常会与 A 类的 bHLH 蛋白形成异二聚体；缺乏碱性区肽链的 HLH 蛋白可以与碱性 bHLH 形成异二聚体。

（2）转录激活结构域

反式因子的转录激活结构域（activation domain，AD）是指独立于其 DNA 结合结构域之外的具有转录激活功能的结构域，它们都是反式作用因子发挥功能所必需的。反式作用因子的转录激活结构域不仅在结构上独立于 DNA 结合结构域，而且在功能上也保持相对的独立性。如果只具有单独的 DNA 结合结构域，虽然可以与启动子结合，却不能够激活转录。转录激活结构域可以按照不同的结构特征分为以下 3 种常见的类型。

① 富含酸性氨基酸的激活域。此种结构大多是含酸性氨基酸较多的双亲性 α-螺旋。带负电荷的酸性氨基酸都分布于 α-螺旋的一侧,形成一个较强的净负电荷区;另一侧则主要为疏水性氨基酸。这种结构特征使它们能够与 TFⅡD 转录起始复合物中的某个转录因子识别和结合,形成稳定的转录复合物,促进转录的进行。研究结果表明,增加激活域的负电荷数能提高激活转录的水平。

② 富含谷氨酰胺的转录激活结构域。具有组成型表达特征的转录因子 SP1 共有 4 个参与转录活性的结构域,其中活性较强的两个结构域在 SP1 的 N 端,约有 25% 的氨基酸都是谷氨酰胺,而酸性氨基酸所占比例却很低。其整体的氨基酸所形成的高级结构决定了其功能。

③ 富含脯氨酸的转录激活结构域。CTF/NF1 是特异性识别和结合 CCAAT 顺式作用元件的转录因子,脯氨酸在这类转录因子 C 端中所占比例很高,达到了 1/4。这种富含脯氨酸的结构域是其活性的决定结构。

有些转录因子虽然具有很强的起始转录的活性,但并不具有上述的 3 种氨基酸。转录激活结构域的主要功能是通过与转录基本装置相互作用而提高转录水平。

### 3.2.6 转录后加工水平上的调控

在真核细胞中,基因转录的初级产物为核内不均一 RNA(hnRNA),需要经过 5′和 3′端修饰、剪接和编辑等加工过程,才能成为成熟的信使 mRNA,然后被运送出细胞核进行翻译。这样,来自同样一个基因的初始转录本有可能产生不同的成熟 mRNA,最终翻译出不同的蛋白质,也就为遗传信息的表达提供了更灵活的选择。

#### 3.2.6.1 可变剪接

大多数真核基因转录产生的 mRNA 前体是按照一种方式剪接产生出一种 mRNA,因而,只产生一种蛋白质。在剪接的过程中,各种 U-snRNP 分别识别 5′供体位点和 3′受体位点,通过剪接体将 5′剪接点与离它最近的下游 3′剪接点进行连接,依次去除所有的内含子,产生一种成熟的 mRNA。但高等真核细胞的基因中往往不止一个内含子,这时某个内含子的 5′剪接点可能会与不同内含子的 3′剪接点进行连接,因此,会产生出两种或更多种不同的 mRNA,该过程称为可变剪接或者选择性剪接(alternative splicing)。从 1977 年 W.Gilbert 提出可变剪接的概念到目前为止,一共发现了数百种有可变剪接的基因,推测高级真核细胞生物约 5% 的基因有可变剪接。

可变剪接通常表现为一定的生理条件下或细胞类型中特定剪接位点效率的改变,包括剪接点的活化或弱化。选择性剪接有不同的类型(图 3-14)。如外显子

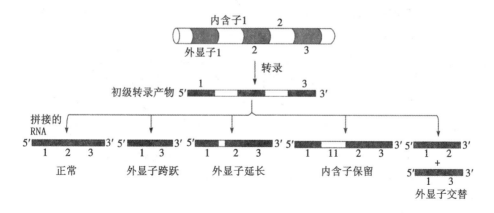

图 3-14　可变剪接的 4 种方式

跨跃(exon skipped)或外显子缺失，即在剪接时将某个外显子切除。通过对剪接位点的选择得到不同的产物，其中，可能含有不同的外显子数目或保留下不同的外显子，也可能由于激活外显子中的剪接位点而将半个外显子去除掉；内含子保留(exon retention)，一个或几个内含子被保留下来，甚至还可以保留内含子的一部分，使外显子的长度增加；此外，5′ 或 3′ 剪接位点中碱基的变异可以产生新的剪接点或消除原有的剪接点，也将直接影响剪接方式。在某些基因，尤其是病毒基因的转录过程中，常由于选择不同的启动子或聚腺苷酰化位点，从而由同一基因转录出不同的产物。

选择性剪接反应中剪接点的选择，受到多种反式作用因子和位于 mRNA 前体上特殊的顺式作用元件的调控。多种蛋白质和 RNA 复合物参与剪接体的形成，并通过不同的方式影响可变剪接过程。SR 蛋白是组成型剪接和可变剪接所必需的蛋白因子，近 N 端的 RNP 基序和 C 端多次重复的 Arg-Ser 二肽序列是它的重要特征。SR 蛋白的存在与否、活性高低，与是否发生可变剪接相关。研究发现，SR 蛋白在早期就开始结合 mRNA 前体并参与剪接复合体的组装，在含有两个内含子的 mRNA 前体中，高浓度的 SR 蛋白倾向于选择最近的 5′剪接点。

单独一个基因通过可变剪接产生的十几种剪接异构体的现象很常见。人类基因组半数以上的编码蛋白质的基因会加工出两种或者更多成熟的 mRNA，指导合成得到两个或更多的蛋白质。有些基因甚至能够产生成千上万种剪接异构体。一个基因通过可变剪接产生多个转录异构体，各个不同的转录异构体编码结构和功能不同的蛋白质，它们分别在细胞、个体分化发育的不同阶段，在不同的组织，有各自特异的表达和功能。例如，经过抗原初次致敏后，一部分 B-淋巴细胞分化为针对该抗原的效应细胞，进而发育为分泌抗体的浆细胞；而另一些则成为记忆细胞，只在细胞膜上产生特异性膜抗体。膜型和分泌型抗体的合成起始于完全相同的原始转录产物，只是由于剪接时选择了不同的终止密码子，从而翻译出较短的分泌型抗体，或具有疏水跨膜区的较长的膜抗体。因此，可变剪接是一种在转录后 RNA 水平调控基因表达的重要机制。可变剪接是从相对简单的基因组提高蛋白质组多样性的重要机制，蛋白质组的多样性与多细胞高等生物的复杂性相适应。

### 3.2.6.2　RNA 编辑

RNA 编辑是由 Benne 等人在 1986 年首先发现的除 RNA 剪接外的另一种加工方式，目前已知从病毒到高等动植物，从细胞核到叶绿体和线粒体等细胞器，从 tRNA 到 rRNA、mRNA 甚至 snRNA，都有 RNA 编辑的存在。RNA 编辑同可变剪接一样，可以使一个基因序列产生几种不同的蛋白质。RNA 编辑（RNA editing）指的是通过改变、插入或删除转录后的 mRNA 特定部位的碱基而改变其核苷酸序列。这种编辑方式可造成读码框的改变，如出现终止密码子等，使翻译生成的蛋白质在氨基酸的组成上不同于基因序列中的编码信息。RNA 编辑的结果使得遗传信息被扩大了，这可能是生物在长期进化过程中形成的更经济有效扩展原有遗传信息的机制，使生物更好地适应生存环境。常见的 RNA 编辑包括 U→C，C→U、U 的插入或缺失、多个 G 或 C 的插入等。

载脂蛋白 B 合成过程中的 RNA 编辑是核苷酸置换的一个典型实例。载脂蛋白 B 分为肝型 ApoB100 和肠型 ApoB48，两者是同一基因的产物。尽管基因序列、转录过程和剪接方式都未发生变化，但在蛋白质水平上，肠型 ApoB48（2100 个氨基酸）只保留了肝型 ApoB100（4500 个氨基酸）分子 N 端脂蛋白的装配结构域，缺少了 ApoB100 分子 C 端低密度脂蛋白受体结合区。研究发现，这是因为肠型 ApoB mRNA 上 2153 位密码子从 CAA（编码 Gln）突变为 UAA（终止密码子），导致翻译终止而得到载脂蛋白肠型 ApoB48。C→U 的转变依赖于识别 RNA 靶序列的胞嘧啶脱氨酶或转糖酰酶。碱基的置换在编辑体中进行，与剪接或聚腺苷酸加尾无关。体内某些激素或代谢物可以调节 RNA 编辑的发生与否，例如，成年鼠的肝中同时存在两种类型的载脂蛋白 B，甲状腺素则可以诱导肝细胞中发生 RNA 编辑。

### 3.2.6.3　mRNA 转运上的调控

真核生物 mRNA 是在细胞核中转录生成的，但翻译是在细胞质中进行的，所以，成熟的 mRNA 必须从细胞核运输到细胞质中才有可能接触核糖体并得以表达。该转运过程是一个激活的过程，由核被膜上的核苷酸三磷酸酶水解核内三磷酸核苷酸以提供转运所需的能量。实验表明，50%左右的 RNA 在合成后就在核中被降解掉，其余大部分 RNA 将滞留于核中，能转运出细胞核的 RNA 只占 RNA 合成总量的小部分。

成熟的 mRNA 如何调节从核内转运到细胞质中呢？研究发现，snRNPs 对于 mRNA 在细胞核中的滞留是很重要的。转录加工后的 mRNA 是以核蛋白复合物的形式被转运的，其中，蛋白质因子主要是外显子连接复合物。而 mRNA 一般要经过转录后加工成为成熟 mRNA 后才能被转运出核，剪接体的形成与核输出之间存在着竞争，以防止未加工完全的 mRNA 错误出核。5′端的帽子结构提供核输出所依赖的特定信号，并由帽子结合蛋白所识别，在载体蛋白的协助下以 RNP 的形式通过核孔复合体。不仅 mRNA 的转运过程是特异性的，它所被运送到的细胞质位置也是特异性的。对于分泌蛋白或构成质膜骨架的蛋白来说，通常需要较多的翻译后的修饰和加工。因此，编码它们的 mRNA 包括已结合的核糖体会被直接运到内质网，在内质网膜上继续完成肽链的合成。这类 mRNA 在细胞质的运送和定位，是由新合成的多肽 N 端的信号肽决定的。这段肽链在刚刚被合成出来的时候，就会被一种信号识别颗粒的蛋白质所识别，指导 mRNA-核糖体-新生肽复合物运到内质网翻译继续进行。

### 3.2.7　翻译及翻译后加工水平上的调控

翻译是指蛋白质的生物合成过程，涉及非常多种的 RNA 和蛋白质，及它们之间的相互作用，是生物中最为保守的和耗费细胞能量最多的事件之一。基因转录的各种 mRNA 并不都能翻译成蛋白质，并且不同细胞中能够被翻译的 mRNA 也不一致，最终导致不同细胞具有不同的蛋白质。在蛋白质合成水平上的控制，是真核生物基因表达调控的重要环节。翻译水平的调节主要是控制 mRNA 的稳定性、mRNA 翻译起始的调控和选择性翻译。mRNA 5′端和 3′端所含有的非翻译区（untranslatedgion，UTR）是影响翻译过程的主要调节位点。由于一个蛋白质的合成通常需要上百种蛋白质和 RNA 的共同参与，翻译水平的调控也涉及 RNA 和多种蛋白质因子之间的相互作用。

#### 3.2.7.1　mRNA 稳定性对翻译的调控

作为翻译的模板，mRNA 在细胞中的浓度将直接影响蛋白质的合成速度。而 mRNA 的浓度同时由转录速率和其稳定性决定。显然，如果两个基因以相同速率转录，那么，稳定性强的 mRNA 所翻译的蛋白质肯定比稳定性差的 mRNA 翻译的蛋白质多。mRNA 的稳定性，即 mRNA 的半衰期，受内外因素影响而发生变化，这种变化会对基因表达产生一定的调控作用。因为 mRNA 半衰期的微弱变化都可能使 mRNA 的水平在短时间内发生 1000 倍甚至是更大的变化。同时，mRNA 水平的调节比其他调节机制更快捷、经济，因此，调节 mRNA 的稳定性是翻译水平调节基因表达的主要机制之一。影响 mRNA 稳定性的因素有许多，包括 5′端帽子结构、3′端 polyA(尾)、5′非翻译区、3′非翻译区、顺式作用元件、反式作用因子等。

在鸟苷酸转移酶的催化下，真核 5′端会产生以 5′-5′磷酸二酯键相连的帽子结构，由于甲基转移酶的作用，帽子结构通常发生程度不同的甲基化修饰，由此可区分出不同的帽子类型。真核 mRNA 5′末端帽结构的功能有两个：一个是保护 5′端免受磷酸化酶和核酸酶的作用，从而使 mRNA 分子稳定；另一个是提高在真核蛋白质合成体系中 mRNA 的翻译活性。如果细胞内的脱帽酶被 mRNA 中的序列元件激活，导致帽子结构中 $m^7G$ 被去除，则 mRNA 会很容易被降解。不同于原核生物 mRNA 较短的半衰期，大部分真核细胞的 mRNA 有相对长的寿命，平均大约 3 分钟。高等真核生物迅速生长的细胞中 mRNA 的半衰期平均可以达到 3 小时。在高度分化的终端细胞中许多 mRNA 极其稳定，有的寿命长达数天。例如，在海胆未受精卵中存在着非常稳定的 mRNA，这种 mRNA 只有在受精后才能被翻译出相应的蛋白。这可能是由于在未受精卵中，这种 mRNA 与蛋白质结合而被保护起来，增加了半衰期。3′端的 poly(A)尾巴不仅和 mRNA 转运的能力有关，而且影响 mRNA 的稳定性和翻译效率。有 ploy(A)的 mRNA 其翻译效率明显高于无 poly(A)的 mRNA，且其长度和翻译效率有关。poly(A)并不是裸露的核苷酸，而是与 poly(A)结合蛋白[poly(A)-binding protein，PABP]结合在一起的。细胞质中 poly(A)尾部的长度随着 mRNA 的滞留时间而逐渐缩短，一些半衰期很短的 mRNA，如 C-fos，其 poly(A)的缩短要更快一些。若将稳定的 mRNA 的 poly(A) 去除，可以使其半衰期下降至 1/10。mRNA 的半衰期除了与 5′帽子和 3′尾巴有关外，还与 mRNA 是否与蛋白质结合有关系。某些真核细胞中的 mRNA 进入细胞质以后，并不立即作为模板进行蛋白质合成，而是与一些蛋白质结合形成 RNA-蛋白质(RNA-protein，RNP)颗粒，这种复合物可以延长 mRNA 的寿命。

5′UTR 可通过影响 mRNA 半衰期来调控 mRNA 稳定性，进而改变 mRNA 翻译效率。比如在 5′UTR 中引入一个抑制翻译的茎环结构，可以改变 mRNA 半衰期。此外，mRNA 5′UTR 也可能通过与某个结合蛋白相互作用来影响 mRNA 半衰期。3′UTR 也可以调控 mRNA 稳定性。研究发现，许多不稳定的 mRNA 的 3′UTR 都含有 A-U 富集元件(A-U rich elements，AREs)。该元件是含有一个或几个拷贝的 AUUUA 的一段核酸序列，能够与 ARE-结合蛋白(ARE binding proteins，ARE-BPs)形成复合物，进而招募 poly(A)核糖核酸酶(polyA ribonuclease，PARN)引起 mRNA 的降解，降低半衰期。但是，有些 ARE 结合蛋白能够与 ARE-BP 竞争性结合，反而具有稳定 mRNA 的作用。例如，AUF1/hnRNP 与 ARE 的结合，可以减弱 PABP 与 poly(A)尾巴的亲和力，从而降低 mRNA 的稳定性；而 HuR/HuA 与 ARE 的结合，可以增强 PABP 与 poly(A)尾巴的亲和力，提高 mRNA 的稳定性。

### 3.2.7.2　mRNA 翻译起始的调控

蛋白质生物合成中起始阶段最为复杂，在真核生物中这一过程有许多相关的因子参与。5′端非编码区（5′-untranslated region，5′UTR）对翻译起始起着比较重要的调控作用。真核细胞通过 mRNA 5′帽子结构中的化学修饰招募核糖体，与 mRNA 的 5′UTR 密切相关。5′UTR 通常不到 100 个核苷酸，其中存在多种 RNA 结构元件，如小结构元件、核开关和内部核糖体进入位点（IRES）等，在翻译过程中发挥着重要的作用。翻译调控蛋白通过与 5′UTR 上特殊结构发生特异性结合来行使调控功能。翻译起始的效率很大程度取决于 mRNA 5′UTR 的加帽修饰、特殊的二级结构和先导序列的长度等。例如，当 5′UTR 的序列中存在着碱基配对时，能够形成发卡式或茎环状二级结构，这类结构会阻止核糖体小亚基的移动，对翻译起始具有顺式阻遏作用。其抑制作用的强弱取决于发卡结构的稳定性及其在 5′UTR 中的位置。

5′帽子结构吸引核糖体结合到 mRNA，并沿着 5′→3′ 的方向运行直至遇到起始密码子，这一过程称为扫描。大量实验证实，对于通过扫描搜索起始密码子的转录过程来说，mRNA 的翻译活性依赖于 5′端的帽子。当起始 AUG 距 5′端帽子少于 12 个核苷酸，相对位置太近，不容易被核糖体 40S 亚基识别。即使核糖体结合到 mRNA 上，也会有一半以上的核糖体 40S 亚基会错过起始 AUG。当起始 AUG 距 5′端帽子之间的距离在 17~80 核苷酸时，翻译效率与其长度成正比。

除此之外，起始因子对翻译的起始过程也起到重要的作用。例如对起始因子 eIF4E 和 eIF2 的磷酸化修饰可以改变翻译的效率。两者的磷酸化对翻译的影响恰好相反，eIF4E 的磷酸化能够加强翻译，eIF2 的磷酸化能够抑制翻译。当 eIF2 的 α 亚基被氯高铁血红素（eIF2 的激酶）磷酸化后，eIF2 与 eIF2-2B 紧密结合，直接影响了 eIF2 的再利用，影响蛋白质合成起始复合物的生成。

### 3.2.7.3　翻译后修饰的调控

多肽链在翻译后可以历经多种加工方式，进而对合成的蛋白具有进一步的调控作用。这些方式主要可以归为两类：① 通过蛋白酶专一性水解多肽链中的一个或几个肽键，或进行选择性的拼接等，进而形成具有生物活性的蛋白质。这种加工方式往往是不可逆的，能够改变蛋白质的品种及数量；② 将某些小分子化合物与蛋白质中特定的氨基酸残基进行连接或去除，这些修饰方式往往是可逆的，其结果主要改变蛋白质的构象来调控蛋白质的活性大小，包括泛素化、磷酸化等。

# 4　DNA 突变与重组

作为遗传物质的 DNA 在化学结构上具有高度稳定性，其稳定性高于蛋白质和 RNA。然而，这种稳定性自始至终受到细胞内外环境中各种因素的挑战，由此导致 DNA 遭受各种形式的损伤。据估计，一个细胞内的 DNA 每天平均遭受约74000 次以上的损伤。如果 DNA 损伤得不到有效的修复，就会造成 DNA 分子可遗传的永久性结构变化，称为突变（mutation）。

但是，细胞已进化了多种形式的修复机制，使绝大多数损伤能够及时修复。即使损伤一时难以修复，或者一个正在复制的 DNA 遭遇到损伤，细胞也能够通过跨损伤合成机制，克服损伤对 DNA 复制造成的障碍，但这种克服有可能会付出突变的代价。对于许多真核生物来说，万一损伤过于严重，细胞的凋亡机制可被启动，随后细胞与损伤的 DNA "玉石俱焚"，从而防止有害的遗传信息传给子代细胞。总之，DNA 损伤并不可怕，只要能及时得以修复，但若没有被修复，就可能导致突变的发生。

生物的基因并不是一成不变的，除了各种突变以外，基因重组也为生物的变异增添了新的内容。基因重组不是偶然的，而是一个必要的细胞过程，它广泛存在于各类生物，从原始生物到高等动植物都有发生。

本章将集中讨论 DNA 损伤的类型、导致损伤的各种因素、修复损伤的不同机制、损伤不能修复引发突变的原因、突变的后果、同源重组及转座重组。

## 4.1　DNA 损伤

DNA 损伤的因素有很多，由此产生的损伤形式也有很多，现分别加以介绍。

### 4.1.1　导致 DNA 损伤的因素

内部因素和外部因素都会引起 DNA 损伤。内部因素如复制错误、自发性损伤会产生自发突变（spontaneous mutation），特点是突变率相对稳定，例如，细菌的碱基对突变率为 $10^{-10} \sim 10^{-9}$/代，基因（1000 bp）突变率约为 $10^{-6}$/代，基因组突变

率约为 $3\times10^{-3}$/代。人类基因突变率为 $10^{-7}\sim10^{-6}$/(细胞·代)。外部因素如物理因素、化学因素和生物因素会产生诱发突变(induced mutation)。

① 复制错误。主要导致点突变。复制虽然高度保真,但错配在所难免。DNA 聚合酶选择核苷酸的错误率为 $10^{-5}\sim10^{-4}$,经过 $3'$-$5'$ 外切酶活性校对降至 $10^{-8}\sim10^{-6}$。

② 自发性损伤。DNA 分子可以由于各种原因发生化学变化。碱基发生酮-烯醇互变异构是导致自发突变的主要原因,此外,还有碱基修饰、碱基脱氨基甚至碱基丢失等。这些变化会影响碱基对氢键的形成,因而,影响碱基配对。如果这些变化发生在 DNA 复制过程中,就会发生错配。

③ 物理因素。紫外线和电离辐射可导致碱基丢失、主链断裂或交联等。紫外线(特别是 $100\sim290$ nm 的 UVC)通常使 DNA 链上相邻的嘧啶碱基形成二聚体(T2 最多,C2 最少),在局部扭曲 DNA 双螺旋结构,阻断复制和转录。电离辐射例如 X 射线可直接使 DNA 主链断裂,也可作用于水而产生活性氧(氧化应激时产生增加),间接导致 DNA 断链或碱基氧化。

④ 化学因素。碱基类似物、碱基修饰剂、烷化剂、染料、芳香族化合物和黄曲霉毒素等许多诱变剂(mutagen)可以引起 DNA 损伤。

⑤ 生物因素病毒 DNA。整合和转座子转座等可以改变基因结构,或者改变基因表达活性。

### 4.1.2 DNA 损伤的类型

不同的因素造成不同的损伤。一般根据受损的部位,DNA 损伤可分为碱基损伤和 DNA 链的损伤(图 4-1)。

碱基损伤有 5 亚类。

① 碱基丢失(base loss)。这由水分子进攻 DNA 分子上连接碱基和核糖之间的糖苷键引起,以脱嘌呤最为普遍。这种损伤会随着细胞受热或 pH 值降低而加剧。来自某些真菌的黄曲霉素 $B_1$ 能加剧脱嘌呤反应,从而导致癌症。

② 碱基转换。这种损伤的原因是含有氨基的碱基自发地发生了脱氨基反应,例如,A 和 C 经脱氨基反应分别转换为 I 和 U。某些化学试剂的作用可加剧这种损伤,如亚硝酸。

③ 碱基修饰。这是某些化学试剂、生物试剂或 ROS 直接作用碱基造成的。例如,烷基化试剂修饰鸟嘌呤产生 6-烷基鸟嘌呤($O^6$-alkylated guanine),ROS 修饰鸟嘌呤和胸腺嘧啶分别产生 8-氧鸟嘌呤和胸腺嘧啶乙二醇(thymine glycol)。

④ 碱基交联。紫外线照射可导致 DNA 链上相邻的嘧啶碱基,主要是 T 之间形成环丁烷嘧啶二聚体(cyclobutane pyrimidine dimmer, CPD)或 6-4 光产物(6-4

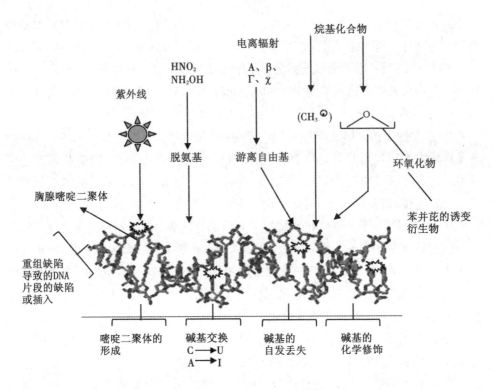

图 4-1   DNA 分子上可能遭遇到的各种损伤

photoproduct, 6-4 PP)。

⑤ 碱基错配。引起错配的原因有 DNA 复制过程中 4 种 dNTP 浓度的失调,以及碱基的互变异构,或者碱基之间的差别不足使 DNA 聚合酶(DNA polymerase, DNAP)难以完全将它们区分开来。尽管绝大多数错配的碱基能被 DNAP 的校对机制纠正,但仍然会有少数"漏网之鱼"残留下来。

DNA 链的损伤又分为 3 亚类。

① 链的断裂,包括单链断裂和双链断裂。原因有离子辐射,如 X 射线和 γ 射线(图 4-2),以及某些化学试剂的作用,如博来霉素(bleomycin)。链断裂可谓最严重的损伤,若 DNA 出现太多的裂口(特别是双链裂口),往往难以修复,这会导致细胞的死亡。癌症放疗的原理就在于此。

② DNA 链的交联。原因主要是一些双功能试剂的作用,导致 DNA 发生链间交联,如顺铂和丝裂霉素 C(mitomycin C, MMC)。

③ DNA 与蛋白质之间的交联。甲醛或 UV 可诱导 DNA 与结合的蛋白质之间形成共价交联。

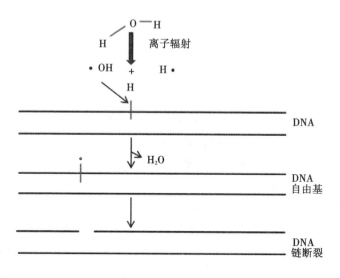

图 4-2　离子辐射引起的 DNA 链断裂

## 4.1.3　细胞对 DNA 损伤做出的反应

面对内外环境各种因素的作用，细胞内的基因组 DNA 遭受到各种损伤是不可避免的。但细胞也不会甘心被动"挨打"，会做出多种保护性反应：既可以动用各种修复系统，尽可能加以修复，还可以做出其他反应（图 4-3）。比如，激活损

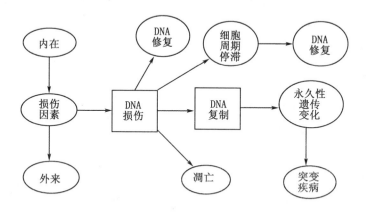

图 4-3　哺乳动物细胞对 DNA 损伤做出的各种反应

伤监察机制，阻止细胞周期的前进，为细胞争取修复的时间，以防止损伤的 DNA 或部分复制的染色体传给子代细胞；或者诱发转录水平上的反应，调整基因的转录样式，多合成一些修复蛋白；而对真核生物来说，可激活它们的凋亡机制，这是当 DNA 损伤过于严重而难以修复的时候，真核细胞使出的最后一招，细胞与损伤

的 DNA"同归于尽"，以彻底摆脱受"重伤"的 DNA。如果细胞做出的反应不及时或者不够，可导致细胞的衰老和癌变。

从损伤发生到最后的反应出现，前后共经历了 DNA 损伤→损伤探测(sensing)→信号发送(signaling)→应答(response)等 4 个阶段的反应。损伤探测由一系列专门的损伤探测蛋白(damage sensor protein)来执行。

细菌体内负责探测损伤的蛋白质主要是重组蛋白 A(RecA)，当细菌基因组DNA 受到损伤并产生单链区的时候，RecA 即被激活。被激活的 RecA 一方面可调动细菌体内的重组修复系统；另一方面，可刺激 LexA 蛋白的自水解活性，从而产生 SOS 反应(见本章 DNA 修复)。

真核细胞内参与探测损伤的蛋白质比较多，但主要有 ATM 和 ATR。ATM 是一种 Ser/Thr 蛋白质激酶，它是在研究共济失调微血管扩张综合征(Ataxia telangiectasia，AT)中发现的。AT 是一种罕见的遗传性渐进性小脑运动失调的疾病，在1—3 岁之间开始发病，病人的小脑会渐渐地遭到损害，造成无法平衡和不能协调。AT 还会削弱免疫系统，大幅增加年轻患者得白血病和淋巴瘤的风险。病人体内的此种蛋白质激酶发生了突变，故命名为 ATM(ataxia telangiectasia mutated)。ATR 也是一种 Ser/Thr 蛋白质激酶，因在结构和功能上与 ATM 和 RAD3 相关而得名(ATM and Rad3-related，ATR)。

在细胞内，许多 ATM 和 ATR 磷酸化的底物是相同的，但是，它们负责探测不同性质的损伤。ATM 主要负责发现由离子辐射造成的 DNA 双链断裂和染色质结构的破坏；ATR 主要对损伤引起的复制叉暂停做出反应，它在 DNA 双链断裂反应中仅起补充作用。

这两种激酶在探测到 DNA 损伤以后，便开启信号转导级联系统(图 4-4)，通过激活检查点激酶 1 和 2(checkpoint kinase 1 and 2，Chkl 和 Chk2)等 Ser/Thr 蛋白质激酶，催化信号通路下游的一些蛋白质发生磷酸化修饰，最终导致细胞周期前进受阻。有一类检查点介导蛋白，它们包括 BRCA1、MDC1 和 53BP1，在将检查点激活信号传给下游成分中也起重要的作用。

p53 是一种重要的下游靶蛋白，它是一种抑癌基因的产物，在 DNA 损伤反应中起着承上启下的作用，有人称之为真核细胞基因组的"保护神"。据估计，全球大约有 1100 万肿瘤患者含有失活的编码 p53 的基因。

p53 在 DNA 受到损伤的时候被激活。如果 DNA 损伤严重，它可诱导细胞凋亡；如果损伤不重，它可以作为转录因子，诱导周期蛋白依赖性激酶(cyclin-dependent kinase，CDK)抑制蛋白 p21 的大量表达。p21 通过抑制 CDK 的活性在 3个环节，即 $G_1$ 期→S 期、S 期内和 $G_2$→M 期，阻止细胞周期的前进。此外，p53 还直接参与 DNA 修复，这是因为它能激活核苷酸还原酶基因——p53R 的表达，为

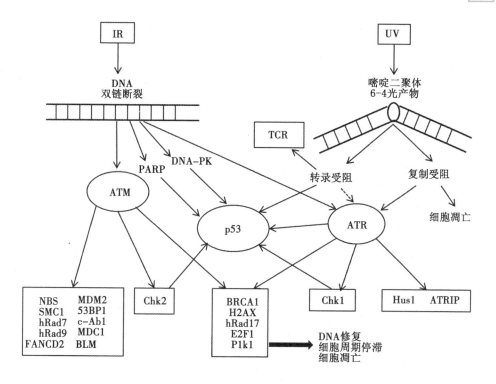

图 4-4　损伤引发的细胞反应

复制和修复提供脱氧核苷酸，而且能直接作用于 AP 内切酶和参与修复的 DNA 聚合酶。

　　p53 活性受 MDM2-MDM4 蛋白复合物的调节。当细胞处于正常情况下，这两种蛋白质与 p53 结合，使 p53 泛酰化，从而导致其在蛋白酶体内发生降解。但细胞内的 DNA 受到损伤以后，p53 在 Ser15、Thr18 或 Ser20 上的磷酸化促使它与 MDM2 解离。在正常的细胞内，p53 的这 3 个氨基酸残基是去磷酸化的，因而，它在细胞内的浓度很低。DNA 损伤激活包括 ATM 和 ATR 在内的一系列蛋白质激酶，它们可以直接以 p53 为底物，也可以通过 Chk1 和 Chk2 起作用，从而提高 p53 浓度。p53 浓度升高最终激发了细胞产生一系列反应。在 DNA 损伤被修复以后，ATM 和 ATR 等蛋白质激酶不再有活性，于是，p53 很快被去磷酸化，在 MDM2 的作用下，经过泛素介导的蛋白酶体水解系统被降解。当 p53 浓度降低到一定水平，细胞周期恢复前进。

## 4.2　DNA 修复

　　在机体内外因素的作用下，DNA 与蛋白质或其他生物大分子一样会经历各式各样的损伤。然而，与其他生物大分子不同的是，DNA 在遭受损伤以后可以被完全修复，而其他生物大分子在损伤以后要么被取代，要么被降解。当然，并非发生在 DNA 分子上的所有损伤都可以被修复。如果 DNA 受到的损伤来不及修复，不仅会影响到 DNA 的复制和转录，还可能导致细胞的癌变或早衰甚至死亡。实际上，一些遗传性疾病是参与修复的某一个基因缺陷造成的，更有某些癌症的发生是因为某个修复基因发生了突变，如直肠癌。当然，并不是任何一种参与修复的基因只要有缺陷，就会致病，这是因为修复系统是冗余的，即一种损伤可以被几种不同的修复途径修复。

DNA 受到损伤以后，细胞使用的处理方法是尽可能将其修复而不是简单地将其水解，主要有两个原因：① 一个细胞内的同一种 DNA 分子不像蛋白质和 RNA 能有多个拷贝，如果将其水解的话，细胞也就失去了存在的根基。② DNA 的互补双螺旋结构使得损伤很容易修复。正因为如此，一种生物体，即使是那些基因组甚小的生物，也会在修复上投入大量的基因，一般不少于 100 个基因。

尽管 DNA 损伤的形式有很多，但是细胞内存在十分完善的修复系统。基本上每一种损伤在细胞内都有相应的修复系统，有时还不止一种，可及时将它们修复。

根据修复的机理，DNA 修复一般可分为直接修复（direct repair）、切除修复（excision repair）、双链断裂修复（double-strand break repair, DSBR）、易错修复（error-prone repair）和重组修复（recombination repair）等几类，下面分别介绍。

## 4.2.1 直接修复

直接修复是最简单、最直接的修复方式。细胞内绝大多数修复系统使用的策略是：将受损伤的核苷酸连同周围的一些正常的核苷酸"不分青红皂白"地一起切除，然后，以另一条互补链上正常的核苷酸序列作为模板，重新合成以取代原来异常的核苷酸。然而，直接修复则不需要将受损伤的核苷酸切除，而是直接将损伤加以逆转，能够被这种机制修复的损伤有嘧啶二聚体、6-烷基鸟嘌呤和某些链断裂。

### 4.2.1.1 嘧啶二聚体的直接修复

嘧啶二聚体是一种极为常见的损伤，它的出现可导致 DNA 双螺旋发生扭曲，从而影响到 DNA 复制和转录。例如，细菌体内正在催化复制的 DNAP Ⅲ 遇到了模板链上的嘧啶二聚体，如果在嘧啶二聚体的对面插入 A，聚合酶会将这个以弱的氢键相连的 A 视为错配的碱基而将其切除，从而导致聚合酶在这里"裹足不前"，无法越过受损伤的部位。

嘧啶二聚体这种损伤既可以被直接修复机制修复，也可以被切除修复机制修复。

参与直接修复的酶是 DNA 光复活酶(DNA photoreactivating enzyme)或光裂合酶(DNA photolyase),该酶是在光复活(photoreactiration)现象被发现不久后得以确定的。1949 年,A.Kelner 在研究灰色链霉菌(Streptomyces griseus)的紫外诱变时,发现了所谓光复活现象:足够的紫外辐射可使此种真菌生存率下降到 $10^{-5}$,但若在紫外辐射以后立刻接触可见光,生存率只降到 $10^{-1}$。光复活酶广泛存在于细菌、许多古菌和大多数真核生物,许多真核生物的线粒体和叶绿体也有,但不知为何胎盘类哺乳动物却没有这种酶。根据氨基酸序列的相似性,光复活酶可分为两类,一般来自细菌的属于第一类,而来自真核生物和古菌的属于第二类。不同的光复活酶作用的特异性也不尽相同,有的只作用环丁烷二聚体,有的只作用 6-4 光产物。所有的光复活酶均属于黄素蛋白,含有 2 个辅助因子:一个是以半醌(semiquinone)形式存在的 FADH·¯,另外一个是甲川四氢叶酸(methenyltetra-hydrofolate,MTHF)或脱氮黄素(deazaflavin)。辅助因子的作用是充当捕光色素,但只有 FADH·¯是酶催化所必需的,第二个辅助因子只是在低光条件下能显著提高反应速率。酶利用捕光色素捕获到的可见光的能量,激活 FADH·¯,然后 FADH·¯将高能电子传给嘧啶二聚体,使之直接修复。

光复活酶的作用分为两步:① 光复活酶直接识别和结合位于 DNA 双螺旋上的嘧啶二聚体,使其发生翻转而落入到酶的活性中心,这一步独立于光。② 酶的辅助因子在吸收到光能以后被激活,通过 FADH·¯释放出的高能电子将嘧啶二聚体之间的共价键断开,这一步需要蓝光或近紫外光(300~500 nm)。一旦嘧啶二聚体被直接修复,光复活酶就与 DNA 解离(图 4-5)。

尽管人类和其他哺乳动物缺乏有活性的光复活酶,但是在它们体内却已发现了光复活酶的两种同源蛋白——隐蔽色素(cryptochrome,CRY)1 和 2。CRY1 和 CRY2 也结合有 FAD,同时也含有一个捕光色素,但没有直接修复嘧啶二聚体的活性。有证据表明,它们的功能可能是作为光信号的受体,参与调节生物钟(circadian clock)相关的过程。

#### 4.2.1.2　烷基化碱基的直接修复

DNA 烷基转移酶(alkyltransferase)参与烷基化碱基的直接修复。在大肠杆菌细胞中,6-烷基鸟嘌呤、4-烷基胸腺嘧啶($O^4$-alkylated thymine)和甲基化的磷酸二酯键由 Ada 酶直接修复。Ada 酶又名 6-甲基鸟嘌呤甲基转移酶 I($O^6$-methyl-guanine methyltransferase,MGMT-I),是烷基转移酶的一种。此酶既可以转移碱基上的烷基,还可以转移甲基化磷酸二酯键上的甲基。Ada 酶以活性中心的 1 个 Cys 残基作为甲基受体,然而,一旦它得到甲基,也就失活了,因此,它就是一种自杀酶(suicide enzyme)(图 4-6)。MGMT-Ⅱ是另外一种烷基转移酶,它不能转

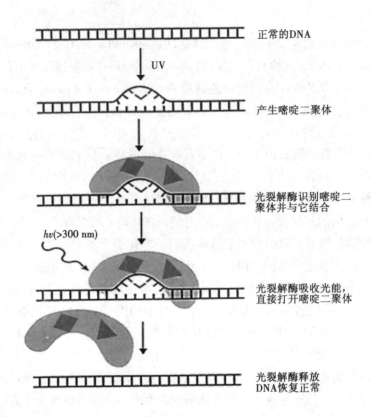

图 4-5　嘧啶二聚体的直接修复机制

移甲基化磷酸二酯键上的甲基。

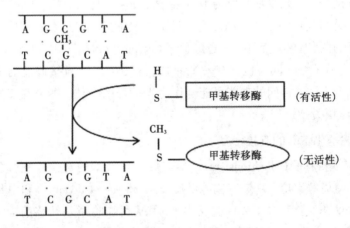

图 4-6　烷基化碱基的直接修复

　　以 1 个酶分子作为代价去修复 1 个受损伤的碱基,这在能量学上似乎很不经济,但在动力学上却是有利的,因为整个修复反应只有一步,可谓一步到位。

大肠杆菌在受到环境中低浓度烷基化试剂的刺激以后，会产生适应性反应（adaptive response）。适应性反应独立于 SOS 反应（见后），涉及 *ada*、*aidB*、*alkA* 和 *alkB* 基因的诱导表达。*alkA* 编码 3-甲基腺嘌呤 DNA 糖苷酶——参与碱基切除修复（见后），*ada* 编码 Ada 酶。当 Ada 酶接受甲基以后，虽然失去活性，但却转变成了一种刺激自身基因（*ada*）和 *aidB*、*alkA* 和 *alkB* 基因表达的正调节物。于是，失去的 Ada 酶又能得到及时补充。在真核生物体内，失活的烷基转移酶因构象发生变化，会被泛素-蛋白酶体系统识别，在打上多聚泛酰化的"死亡标签"后即被水解掉。

人体内的 6-氧烷基鸟嘌呤 DNA 烷基转移酶（$O^6$-alkylguanine DNA alkyltransferase，AGT）与 DNA 形成的复合物的三维结构已被解析：让人惊奇的是，AGT 与 DNA 的结合方式并不多见。它与 DNA 结合的模体是螺旋-转角-螺旋（helix-turn-helix），该模体存在于很多参与调节基因表达的转录因子中。然而，绝大多数转录因子都在大沟里识别并结合 DNA 分子上特殊的碱基序列，AGT 却在小沟里结合 DNA。这种结合方式可能有利于损伤的修复，因为 AGT 在结合 DNA 的时候必须不能依赖特定的碱基序列，这样，才能修复出现在 DNA 分子任何位置上的 6-氧烷基鸟嘌呤，而在小沟里面结合就可以摆脱对碱基序列的依赖。

AGT 在催化反应的时候，通过活性中心 1 个高度保守的 Y 残基的侧链，迫使 DNA 分子上磷酸基团发生旋转，而磷酸基团的旋转则引起了碱基的翻转，于是烷基化的鸟嘌呤便进入活性中心。与此同时，HTH 中的一个 R 残基刚好取代原来的鸟嘌呤填补其翻转后留下来的真空。

### 4.2.1.3　DNA 链断裂的直接修复

这种修复由 DNA 连接酶催化，但裂口必须正好是 DNA 连接酶的底物，即 5′-磷酸和 3′-OH。

### 4.2.1.4　碱基的直接插入修复

DNA 链上嘌呤的脱落造成无嘌呤位点，能被 DNA 嘌呤插入酶（insertase）识别结合，在 $K^+$ 存在的条件下，催化游离嘌呤或脱氧嘌呤核苷插入生成糖苷键，且催化插入的碱基有高度专一性，与另一条链上的碱基严格配对，使 DNA 完全恢复。

## 4.2.2　切除修复

切除修复需要先切除损伤的碱基或核苷酸，然后，重新合成正常的核苷酸，最后，再经连接酶重新连接。前后经历识别（recognize）、切除（remove）、重新合成（re-synthesize）和重新连接（re-ligate）四大步。

切除修复又分为碱基切除修复（base excision repair，BER）和核苷酸切除修复

（nucleotide excision repair，NER），两者的主要差别在于如何识别损伤，前者是直接识别具体受损伤的碱基，识别的标记是受损伤碱基的化学变化，而后者则是识别损伤对 DNA 双螺旋结构造成的扭曲。NER 中有一亚类专门用来修复 DNA 复制中产生的错配碱基对，该机制称为错配修复（mismatch repair，MMR）。

切除修复是各种生物用来修复 DNA 损伤的主要机制。因揭示 DNA 修复机制而获得 2015 年诺贝尔化学奖的三位科学家 Tomas Lindahl、Aziz Sancar 和 Paul Modrich 研究的都是切除修复机制。其中，瑞典的 Lindahl 发现了 BER 机制，土耳其的 Sancar 发现了 NER 机制，美国的 Modrich 发现了 MMR 机制。

### 4.2.2.1 碱基切除修复

碱基切除修复（base excision repair，BER）最初的切点是 β-N-糖苷键，首先被切除的是受损伤的碱基，这种机制特别适合修复较轻的碱基损伤，比如尿嘧啶、次黄嘌呤、烷基化碱基、被氧化的碱基和其他一些被修饰的碱基等，催化切除反应的酶是 DNA 糖苷酶（DNA-glycosylase）。

已发现 10 多种特异性不同的 DNA 糖苷酶：有的特异性较高，如 UDG；有的特异性较广。但所有的 DNA 糖苷酶一般是沿着双螺旋的小沟扫描 DNA，直到发现受损伤的碱基，然后即与 DNA 结合，并诱导 DNA 结构发生弯曲，以使损伤的碱基发生翻转，被挤出双螺旋，进入活性中心后被切除。共有两类 DNA 糖苷酶，一类只有 N-糖苷酶的活性，另一类还带有 3'-AP 裂合酶活性（3'-AP lyase），属于双功能酶。几乎所有的 DNA 糖苷酶只作用单个损伤碱基，很少作用较大的涉及几个碱基的复合型损伤。然而，T4 噬菌体和黄色微球菌（Micrococcus luteus）编码一种对嘧啶二聚体特异性的糖苷酶。

DNA 分子经 DNA 糖苷酶作用，产生无嘌呤或无嘧啶位点（apurinic/apyridimidic site，AP 位点）。该位点是细胞内专门的 AP 内切酶（AP endonuclease）的有效底物。随后，BER 可行两条路径：短修补（short-patch）和长修补（long-patch）（图 4-7）。短修补途径广泛存在于细菌、真核生物的细胞核、线粒体和叶绿体之中，长修补途径存在于细菌、古菌和真核生物的细胞核，但一般少见于线粒体和叶绿体。

在短修补路径中，一般是先由 AP 裂合酶（AP lyase）在 AP 位点 3'一侧，切开 DNA 主链上的磷酸二酯键。在大肠杆菌细胞内，行使这项功能的是内切酶Ⅲ（endonuclease Ⅲ）的 Nth 蛋白。此蛋白质是一种双功能酶，兼有 8-氧鸟嘌呤糖苷酶和 AP 裂合酶的活性。在哺乳动物细胞内，行使同样功能的是 Nth 和 OGG1，两者也是双功能酶。这些酶在作用的时候，伴随着 β-消除（β-elimination）反应，产生 3'-不饱和醛（unsaturated aldehydes）和 5'-脱氧核苷酸。由于 3'-不饱和醛不是 DNAP 的引物，需要 AP 内切酶的脱氧核糖磷酸二酯酶（dRPase）的活性，来切除突出的

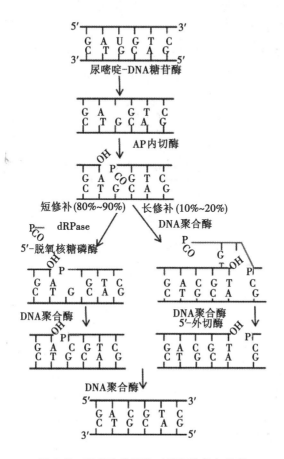

图 4-7  尿嘧啶的两条碱基切除修复途径

脱氧核糖磷酸产生 3′-OH。这时，会留下 1 个核苷酸的空隙，随后被 DNAP 填补，再由连接酶缝合。细菌细胞负责短修补的一般是 DNAP Ⅱ，真核细胞核和线粒体负责短修补的合成分别是 DNAPβ 和 γ。有趣的是，DNAPβ 在添补单个核苷酸缺口之前，可以直接去除脱氧核糖磷酸。最后切口的缝合，由 DNA 连接酶 Ⅰ 或 XRCCl/DNA 连接酶Ⅲ复合物催化。

在长修补途径之中，AP 内切酶切口也是紧靠 AP 位点 5′-侧的磷酸二酯键，产生 5′-脱氧核糖磷酸和 3′-OH。但产生的 5′-脱氧核糖磷酸并不被除去，而是由 DNAP(细菌是 DNAP Ⅱ，真核细胞是 DNAPδ 或 ε)在切口的 3′-端添加若干个核苷酸(2~8 nt)，以取代带有 5′-脱氧核糖磷酸的寡聚核苷酸。随后，被取代的寡聚核苷酸形成单链的翼式结构(the flap structure)，这种结构被特定的核酸酶(古菌和真核细胞是翼式内切核酸酶 FEN1)识别并切除，外切酶水解被取代的寡聚核苷酸。最后，在连接酶(真核细胞是 DNA 连接酶 Ⅰ)的催化下缺口被缝合。真核细胞和古菌的长修补途径依赖于 PCNA，它所起的作用一是将 DNAPδ 或 ε 装载到 DNA 上，二是刺激 FEN1 活性(图 4-8)。

DNA 分子上的 AP 位点也可能是碱基的自发脱落形成的，由这种方式产生的 AP 位点直接由 AP 内切酶启动修复过程，省去了 DNA 糖苷酶。

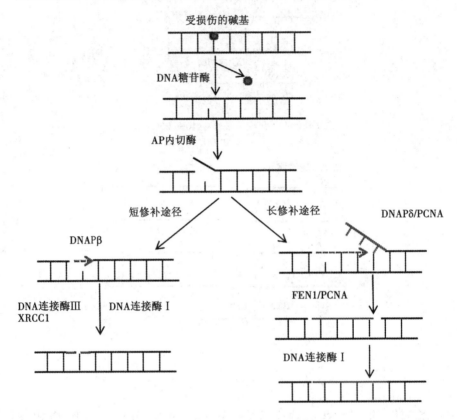

图 4-8　真核细胞的碱基切除修复

### 4.2.2.2　核苷酸切除修复

核苷酸切除修复(nucleotide excision repair，NER)要比 BER 复杂(特别是真核细胞)，它主要用来修复导致 DNA 结构发生扭曲并影响到 DNA 复制的损伤，如可造成 DNA 发生大约 30° 弯曲的嘧啶二聚体。此外，大概 20% 由 ROS 造成的碱基氧化性损伤也由它修复。

NER 的起始切点是损伤部位附近的 3′，5′-磷酸二酯键，由于 NER 识别损伤的机制并不是针对损伤本身，而是针对损伤对 DNA 双螺旋结构造成的扭曲，故许多并不相同的损伤却能被相同的机制和几乎同一套修复蛋白修复。

尽管参与 NER 的蛋白质在真核生物体内高度保守，但与细菌相关蛋白质的同源性很低。然而，修复的整个过程是相当保守的，主要由 5 步反应组成：① 探测损伤——由特殊的蛋白质完成，并由此引发一系列的蛋白质与受损伤 DNA 的有序结合；② 切开损伤链——特殊的内切酶在损伤部位的两侧切开 DNA 链；③ 去除损伤——2 个切口之间带有损伤的 DNA 片段被去除；④ 填补缺口——由 DNAP 完成；⑤ 缝合切口——由 DNA 连接酶完成。

NER 还可以进一步分为全局性基因组 NER(global genome NER，GGR)和转录偶联性 NER(transcription-coupled NER，TCR)(图 4-9)。GGR 负责修复整个基因组的损伤，速度慢，效率低；TCR 专门修复那些正在转录的基因在模板链上的损伤，速度快，效率高。两类 NER 的主要差别在于识别损伤的机制，而损伤识别以后发生的修复反应几乎相同。TCR 由 RNA 聚合酶识别损伤，当聚合酶转录到受损伤部位而前进受阻的时候，TCR 即被启动。TCR 系统的存在使得基因模板链上遭遇的损伤更容易得到修复。

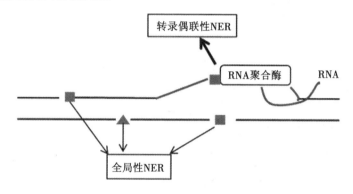

图 4-9　全局性 NER 和转录偶联性 NER

(1)细菌的 NER 系统

首先以大肠杆菌为例，介绍其 GGR 系统修复嘧啶二聚体的过程。

表 4-1　参与细菌细胞 NER 系统的主要蛋白质和酶的名称和功能

| 蛋白质 | 功能 |
| --- | --- |
| UvrA | 损伤识别，充当分子接头 |
| UvrB | 损伤识别，具有 ATP 酶活性 |
| UvrC | 具有酶切核酸酶活性，在损伤的两端先后两次切开 DNA 链 |
| UvrD | Ⅱ型解链酶，通过解链去除两切口之间带有损伤的 DNA 片段 |
| DNAP Ⅰ/Ⅱ | 填补空缺 |
| DNA 连接酶 | 缝合 DNA 链上的切口 |

大肠杆菌的 GGR 系统需要 UvrA、UvrB、UvrC、UvrD、DNAP Ⅰ/Ⅱ 和连接酶等 6 种蛋白质(表 4-1),其中,UvrA、UvrB 和 UvrC 最为重要,直接参与损伤的识别和切割,因此,该系统经常被称为 UvrABC 系统。修复的具体步骤见图 4-10。

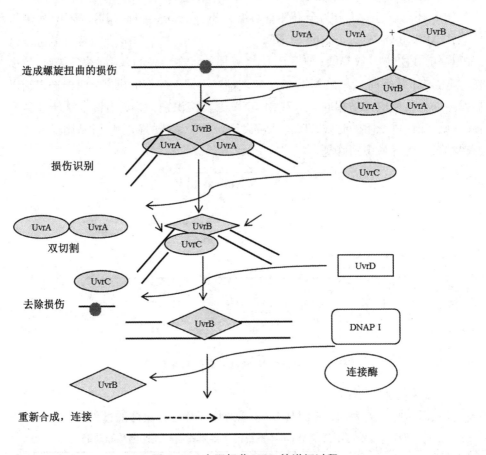

图 4-10  大肠杆菌 NER 的详细过程

① 2 个 UvrA 与 1 个 UvrB 形成三聚体(UvrA$_2$UvrB),此过程需要 ATP 的水解。

② UvrA$_2$UvrB 与 DNA 随机结合后,受 ATP 水解的驱动在基因组上单向移位,以便对活细胞内的碱基损伤进行实时监控。如果损伤被发现,UvrA 立刻解离。留在损伤处的 UvrB 通过自带的弱的解链酶活性,催化损伤处的 DNA 发生局部的解链,从而与 DNA 形成更稳定的预剪切复合物(pre-incision complex)。

③ UvrC 被招募到预剪切复合物之中,作为内切酶先后两次切割受损伤的 DNA。先在损伤的下游,即 3'-侧距离损伤 4~5 nt 的位置产生切口。后在损伤的

上游, 即 5′-侧距离损伤 8 nt 的位置产生切口。虽然 UvrC 切割 DNA 共两次, 但却使用了两个不同的活性中心, 这两个活性中心分别位于 N 端结构域和 C 端结构域。此反应需要 UvrB 结合有 ATP, 但并不需要 ATP 的水解。有时, 一种叫 UvrC 同源物(C homologue, Cho)的核酸酶可代替 UvrC, 在损伤的 3′-侧起切割作用。

④ 一旦切割完成, 一串由 12~13 nt 组成的寡聚核苷酸片段即被切开, 但仍然与互补链配对在一起。

⑤ UvrC 随后解离, UvrD 解链酶则结合上来催化解链反应, 将带有损伤的 DNA 片段释放出来。

⑥ DNAP I 催化修复合成, 并将 UrvB 取代下来。

⑦ DNA 连接酶进行最后的缝合。

TCR 最初在真核细胞内发现, 后来也发现存在于细菌和古菌细胞中。证明其存在的直接证据是大肠杆菌的乳糖操纵子在诱导物异丙基硫代半乳糖苷(Isopropylβ-D-Thigalactoside, IPTG)的存在下, 其 DNA 的转录股由 UV 诱发的损伤在 5 分钟内被全部修复, 而非转录股的损伤和无 IPTG 诱导的细胞遭遇的损伤约需要 40 分钟才能被修复。如果缺乏 TCR, 则转录股与非转录股修复的效率几乎没有差别。

之所以转录股更容易修复, 是因为它上面的损伤更容易被识别。在大肠杆菌 TCR 系统中(图 4-11), 一旦 RNA 聚合酶进入受伤部位就暂停, 并形成一个稳定的复合物。转录修复偶联因子(transcription repair coupled factor, TRCF)(Mfd 基因的产物)识别这种暂停的复合物, 取代 RNA 聚合酶, 同时, 将 UvrA$_2$UvrB 复合物招募到受伤部位, 还能促进 UvrA 与 UvrB 解离, 从而加快 UvrB-DNA 预剪切复合物的形成。一旦损伤被切除, 后面修复反应与全局性 NER 完全相同。

(2)真核生物的 NER 系统

真核细胞内的 NER 系统更为复杂, 大概需要 30 多种蛋白质的参与(表 4-2), 但修复的基本原理和过程与细菌非常相似。因为许多蛋白质是在研究人着色性干皮病(Xeroderma pigmentosum, XP)、柯凯因氏症候群(Cockayne syndrome, CS)和人类的毛发二硫键营养不良症(trichothiodystrophy, TTD)中发现的, 所以, 很多蛋白质都以它们的缩写来命名。

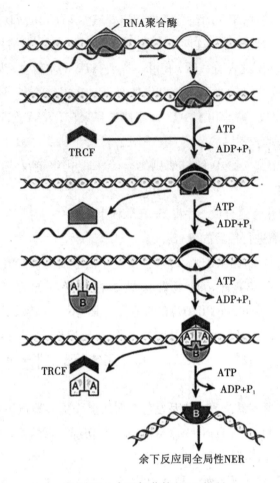

图 4-11　大肠杆菌的 TCR 机制

表 4-2　参与真核细胞 NER 系统的主要蛋白质的名称和功能

| 蛋白质名称<br>（哺乳动物） | 蛋白质名称<br>（酵母） | 功能 |
| --- | --- | --- |
| XPA | RAD14 | 优先结合受损伤的 DNA（亲和力比结合正常的 DNA 高 $10^3$ 倍） |
| XPB | RAD25（SSL2） | （$3' \rightarrow 5'$）DNA 解链酶，TF Ⅱ H 的组分 |
| XPC/hHR23B | RAD4/RAD23 | 结合受损伤的 DNA |
| XPD | RAD3 | （$5' \rightarrow 3'$）DNA 解链酶，TF Ⅱ H 的组分 |
| XPE/p48 | 不明 | 优先结合受损伤的 DNA |
| XPF/ERCC1 | RAD1/RAD10 | DNA 内切酶（切点在损伤部位的 $5'$ 端） |
| XPG（ERCC5） | RAD2 | DNA 内切酶（切点在损伤部位的 $3'$ 端） |

表4-2(续)

| 蛋白质名称<br>(哺乳动物) | 蛋白质名称<br>(酵母) | 功能 |
|---|---|---|
| RPA | RPA | 单链 DNA 结合蛋白 |
| Cdk7 | KIN28 | CAK 亚复合物 |
| CycH | CCL1 | CAK 亚复合物 |
| Mat1 | TFB3 | CAK 亚复合物 |
| CSA(ERCC8) | RAD28 | 与 CSB 和 TFⅡH p44 亚基结合,参与 TCR |
| CSB(ERCC6) | RAD26 | 与 CSA 和 TFⅡH p44 亚基结合,参与 TCR |
| TTDA | 不明 | 参与 TCR 和 GGR |
| RFC | RFC | PCNA 钳载复合物 |
| PCNA | PCNA | DNA 滑动钳 |
| DNAPδ/ε | DNAPδ/ε | DNA 修复合成 |
| DNA 连接酶Ⅰ | DNA 连接酶Ⅰ | 缝合切口 |

在已鉴别出的人细胞参与 NER 的蛋白质中,至少有4种与损伤识别有关。这些蛋白质可以分为两组:① XPA、XPE 和 RPA——单独能够与损伤的 DNA 结合,但它们之间的相互作用能显著提高与损伤 DNA 结合的亲和性;② XPC 和 hHR2B(酵母是 RAD23)——它们结合在一起,与损伤 DNA 具有很强的亲和性。

与细菌的 NER 相似,真核生物的 NER 涉及多个步骤,各蛋白质的结合有一定的次序,但它们的精确次序究竟如何还存有争议。另外,真核生物在进行 NER 修复之前,损伤所在位置的染色质构象需要发生变化。以 UV 诱导的嘧啶环丁烷二聚体的修复为例,DDB1/DDB2 蛋白质复合体能监测到嘧啶二聚体对双螺旋结构造成的扭曲,然后激活 XPC 蛋白的可逆性多聚泛酰化(reversible polyubiquitination)修饰,而 XPC 的泛酰化修饰可导致参与 NER 的功能复合物最终能装配到染色质上。

以人细胞的 GGR 系统为例,其修复的基本步骤如下(图 4-12)。

① 激活的 XPC 和 hHR23B 形成二聚体,识别和结合损伤的 DNA。

② XPC/hHR23B 与损伤部位的结合加剧了双螺旋结构的扭曲。

③ DNA 双螺旋的进一步扭曲让更多的修复蛋白得以"加盟",它们包括 TFⅡH、RPA 和 XPA。TFⅡH 为九聚体蛋白,其中,有两个亚基(XPB 和 XPD)有解链酶活性。XPB 和 XPD 与 DNA 的损伤链结合,一道通过水解 ATP 来驱动损伤部位约 20~30 bp 的区域朝两个相反的方向解链。XPD 还可以将周期蛋白依赖性激酶激活的激酶(cyclin-dependent kinase activating kinase, CAK)招募到 TFⅡH 上,对其进行磷酸化修饰,从而对细胞周期前进中涉及的 CDK 发出指令。RPA 作为 SSB

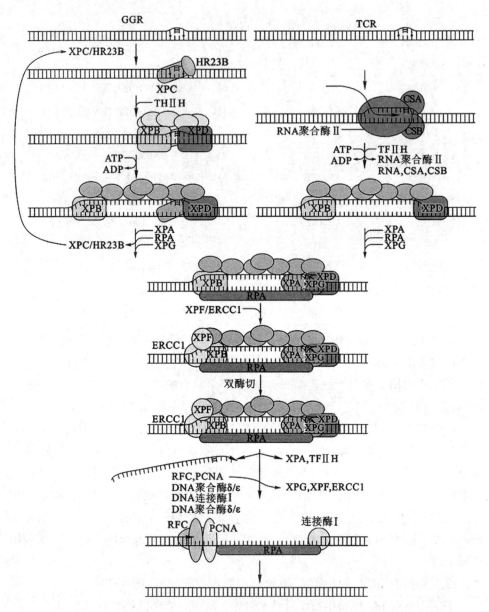

图 4-12 哺乳动物细胞的 GGR 和 TCR

与已解开的单链区域结合。XPA 尽管不是解链酶，但却是解链所必需的。

④ 随后，XPG 和 XPF/ERCC1 作为对 DNA 结构特异性的内切酶，被招募到已解链的损伤部位，在 DNA 的双链区和单链区的结合部切开 DNA 链，其中 XPG 先切，其切点在损伤部位的 3′-侧，与损伤位点相隔 2~8 nt，ERCC1/XPF 后切，切点在损伤部位的 5′-侧，与损伤位点相隔 15~24 nt。

⑤ XPB/XPD 解链酶协助去除 2 个切点之间包含损伤的寡聚核苷酸，其平均

长度为 27 nt。

⑥ DNAPδ 或 ε 与 PCNA 一起进行修补合成，填补空隙。

⑦ 最后，连接酶 I 缝合裂口。

如果是 TCR，则需要 XPC/hHR23B 以外所有参与 GGR 的蛋白质，这是因为 TCR 识别损伤的机制不同于 GGR。哺乳动物 TCR 系统识别损伤的机制是：RNA 聚合酶延伸复合物暂停在损伤部位，并导致一小部分区域发生解链；随后，CSA 和 CSB 被招募到 RNA 聚合酶上，而结合到 RNA 聚合酶上的 CSA 和 CSB 帮助招募 TF II H、XPA、RPA 和 XPG 到损伤部位，RNA 聚合酶、RNA 转录物、CSA 和 CSB 则解离下来，于是，形成了与 GGR 一样的复合物，剩下来的反应也就无须赘述。

（3）古菌的 NER 系统

古菌的 NER 系统还不是十分清楚，但应该与真核细胞相似。尽管起初发现有的古菌编码细菌 Uvr 蛋白的同源物，但这些 Uvr 的同源物可能来自细菌的基因水平转移。事实上，大多数古菌编码真核细胞内一些参与 NER 的同源物，如 XPD、XPB 和 XPF（表 4-3）。然而，迄今为止，还没有发现真核 GGR 系统用来检测损伤的 XPC/hr23B 和 TCR 系统的 CSA/CSB 同源物。但有证据表明，古菌体内的 SSB 可能就有检测损伤的作用。因此，有理由认为，古菌体内的 NER 系统是一种简版的真核 NER 系统。

表 4-3　细菌、真核生物和古菌参与 NER 的主要成分

| 修复步骤 | 细菌 | 真核生物 | 古菌 |
| --- | --- | --- | --- |
| 识别损伤 | GGR 为 $UvrA_2UvrB$，<br>TCR 为 RNA 聚合酶 | GGR 为 XPC/hr23B，<br>TCR 为 RNA 聚合酶 | GGR 为 SSB，<br>TCR 为 RNA 聚合酶 |
| DNA 解链 | Uvr B | XPB 和 XPD | XPB 和 XPD |
| 损伤切除 | Uvr C 或 Cho | XPF-ERCC1 和 XPG | XPF、Bax1 和 NucS |

### 4.2.2.3　错配修复

错配修复（mismatch repair，MMR）系统主要用来纠正 DNA 双螺旋上错配的碱基对，此外，还能修复一些因"复制打滑"而诱发产生的核苷酸插入或缺失环（小于 4 nt）（insertion/deletion loop，IDL）：此途径的缺陷可产生所谓突变子（mutator）表型，表现为细胞的自发突变频率升高和微卫星不稳定性（microsatellite instability，MSI）提高。

MMR 的总过程相似于其他切除修复途径，但与其他修复系统不同的是，MMR 系统首先需要解决的问题是如何区分母链和子链，做到只会将子链上错误的碱基切除，而不会切除母链中本来就正确的碱基。实验结果表明，大肠杆菌的 MMR 系统利用甲基化来区分子链和母链，因为刚刚复制好的子代 DNA 分子母链

和子链的甲基化程度是不一样的，母链高度甲基化，甲基化位点是母链上 GATC 序列中 A 的 6 号位，催化甲基化的酶也是 Dam，而子链几乎还没有甲基化。因此，大肠杆菌内的 MMR 系统又称为甲基化导向的错配修复（methyl-directed mismatch repair）。如果两条链都没有甲基化，那么修复也能进行，但因为不能区分两条链，所以，无法保证真正的错配修复；如果两条链都甲基化了，修复的效率极低，即使发生，同样也无法保证真正的错配修复。

MMR 也有长修补和短修补两种方式。大肠杆菌的长修补途径至少需要 *mutH*、*mutL*、*mutS* 和 *uvrD* 四个基因，它们分别编码 MutH、MutL、MutS 和 UvrD 这 4 种蛋白质（表 4-4）。MutS 蛋白负责识别错配的碱基对，其识别的效率取决于错配的类型和错配的碱基对所处的环境，一般而言，G：T 和 A：C > G：G 和 A：A，C：T 和 G：A> C：C。MutH 是一种内切核酸酶，其底物是没有甲基化的 GACT 序列，切点紧靠 G 的 5′-端。MutS、MutH、ATP 及 $Mg^{2+}$ 是 MutH 内切酶活性所必需的。UvrD 是一种 DNA 解链酶。

表 4-4　参与 MMR 的蛋白质和酶的名称和功能

| 大肠杆菌 | 哺乳动物 | 大肠杆菌中蛋白质的功能 |
| --- | --- | --- |
| MutS | MutSα：Msh2-Msh6<br>MutSβ：Msh2-Msh3 | 识别错配碱基，具有弱的 ATP 酶活性 |
| MutL | MutLα：Mlh1-Pms2 | 调节 MutS 与 MutH 之间的相互作用，与 UvrD 作用 |
| MutH | 缺乏 | 结合半甲基化的 GATC 位点、序列和甲基化特异性内切酶，剪切非甲基化的 GATC 的 5′端 |
| UvrD | 不明 | 解链酶Ⅱ，催化被切开的含有错配碱基的子链与母链的分离 |

参与大肠杆菌 MMR 长修补途径的蛋白质除了 MutS、MutL、MutH 和 UvrD 以外，还有特殊的外切核酸酶、DNAPⅢ和 DNA 连接酶。它们作用的主要步骤是（图 4-13）：① MutS 识别并结合除了 C-C 以外的错配碱基对，也能识别因碱基插入或缺失在 DNA 上形成的小环，MutL 随后结合。② 在错配碱基对两侧的 DNA 通过 MutS 做相向移动。③ MutH 与 MutL 和 GATC 位点结合。④ MutH 的内切核酸酶的酶活性被 MutS/MutL 激活，切开子链非甲基化 GATC 的 5′-端。⑤ UvrD 作为解链酶，催化被切开的含有错配碱基的子链与母链的分离，SSB 则与母链上处于单链状态的区域结合，特殊的外切酶水解游离出来的含有错配碱基的单链 DNA。如果 MutH 的切点在错配碱基的 3′-端，则由外切核酸酶Ⅰ或Ⅹ从 3′-5′方向水解；如果 MutH 的切点在错配碱基的 5′-端，则由外切核酸酶Ⅶ和 RecJ 来降解。⑥ 最后，DNAPⅢ和连接酶分别进行缺口的修复合成和切口的缝合，原来的 G：A 变成了正确的 A：T。

GATC 位点与错配碱基对之间的距离可近可远，远的可达 1 kb。显然，它们之间越远，被切除的核苷酸就越多，修复合成所需要消耗的 dNTP 就越多。因此，错配修复是一个低效率、高耗能的过程。但不管消耗多少 dNTP，目的只有一个，就是为了修复一个错配的碱基。

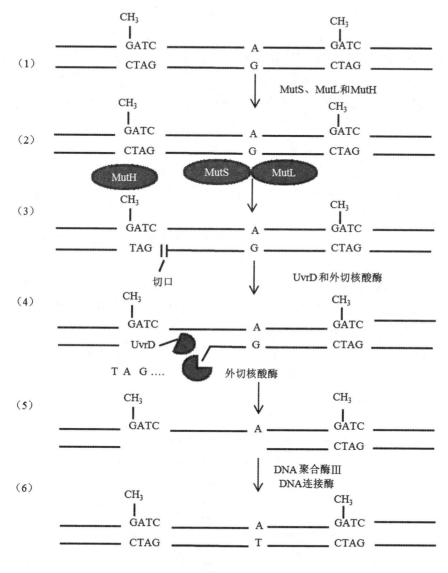

图 4-13　大肠杆菌错配修复的详细过程

大肠杆菌有两条独立于 mutHLS 的短修补 MMR 途径。

① 依赖于 MutY 的修复途径——用于取代 A：G 和 A：C 错配碱基对中的 A。MutY 是一种 DNA 糖苷酶，其主要功能是在 BER 途径中，切除位于 8-氧-7，8-二氢脱氧鸟嘌呤（8-oxy-7，8-dihydrodeoxyguanine）碱基对面的 A，但也参与这里的

短修补 MMR 途径。

②极短修补(very short patch, VSP)途径——用于纠正 G∶T 错配碱基对中的 T。当受甲基化酶 Dcm 作用的靶序列 CC(A/T)GG 之中 5-ᵐC 因脱氨基而转变成 T 以后，原来正确配对的 G∶C 碱基对就变成了错误配对的 G∶T 碱基对。VSP 途径可以纠正这样的 G∶T 错配碱基对。VSP 需要 MutS 和 MutL，以及一种对 CT(A/T)GG 序列之中错配的 GT 碱基对特异性的内切酶，但不需要 MutH 和 UvrD。

大多数细菌和所有的真核生物的 MMR 长修补途径与大肠杆菌相近，但不是以甲基化来区分母链和子链。在酵母细胞和哺乳动物细胞中，人们已找到绝大多数与参与大肠杆菌 MMR 修复蛋白的同源物，只是缺乏 MutH 的对应物，这是因为真核细胞并不以 GATC 的甲基化来区分子链和母链。关于真核细胞在 MMR 的长修复途径中如何识别新链仍然是一个谜。有一种观点认为，DNA 复制过程中在 DNA 连接酶连接之前存在于后随链上的缺口，以及专门在前导链上引入的缺口是识别新合成链的标记。

以人细胞内的 MMR 为例，其基本过程如下(图 4-14)：①在 PCNA 的促进下，错配识别蛋白 hMutSα 或 hMutSβ 识别并结合经半保留复制产生的双链 DNA 分子上错配的碱基对。②结合在错配碱基对上的 hMutS 将 hMutLα 招募上来。③发生在错配碱基对上的 DNA-蛋白质和蛋白质-蛋白质之间的相互作用，促进了将外切核酸酶 1(exonuclease 1, EXO1)招募到错配碱基对附近的 DNA 链的裂口处。④在 hMutS、hMutLct 和 RPA 的存在下，EXO1 开始从裂口处水解包括错配碱基在内的序列。⑤在 PCNA、RPA 和 RFC 的存在下，DNAPδ 进行修复合成，最后 DNA 连接酶 I 将缺口连上。

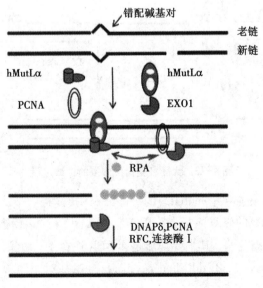

图 4-14　人细胞内的错配修复的详细过程

在哺乳动物细胞中，也存在一种短修补 MMR 途径，用来纠正其甲基化的 CpG 岛上因脱氨基产生的错配的 GT。

MMR 有缺陷的真核细胞，在基因组 DNA 内微卫星序列（microsatellite sequence）上具有高度的不稳定性，这是因为微卫星序列由成串的 4~40 个单核苷酸或双核苷酸重复序列组成，这些短重复序列很容易造成复制的 DNAP 发生"打滑"（见后），从而产生插入或缺少错误，这些复制错误更依赖于 MMR 系统的修复。正因为如此，检测微卫星序列的增长或缩短，经常被用来确定一种癌细胞是不是在错配修复上有缺陷。

古菌也应该存在 MMR 系统，但大多数古菌缺乏 MutL 和 MutS 的同源物，这说明它们可能在使用其他不一样的机制进行错配修复。

### 4.2.3　DNA 双链断裂修复

对于所有的生物来说，DNA 断裂尤其双链断裂是一种致死性最强的损伤。为了克服这种损伤对于生物体生存造成的威胁，已有好几种机制发展起来用于修复这种损伤，如 DNA 双链断裂修复（double strand break repair, DSBR）。第一种机制称为非同源末端连接（non-homologous end joining, NHEJ），能在无同源序列的情况下，让断裂的末端简单地加工一下，再重新连接起来。这种机制速度快、效率高，但由于经常会在裂口丢掉若干核苷酸，因此，其具有较高的致变性。这种方式广泛存在于真核生物和少数细菌体内。缺乏这种修复方式的突变细胞，对导致 DNA 断裂的离子辐射或化学试剂的作用极为敏感。第二种机制是同源重组（参看 DNA 重组），它利用在 DNA 复制过程中形成的另外一个没有损伤的 DNA 作为修复的模板，因此，可以对损伤进行忠实性的修复。细菌修复主要是利用同源重组，在它们的体内有两条同源重组途径，一条是 RecBcD 途径，另外一条是 RecF 途径（参看 DNA 重组）。这两条途径有部分重叠。

对于真核生物来说，一旦 DNA 双链发生断裂，组蛋白 H2A 的一种变体 H2AX 在一些蛋白质激酶（如 ATM，ATR 和 DNA-PK）的催化下，Ser139 发生磷酸化修饰。磷酸化的 H2AX 称为 γH2AX，是 DNA 双链断裂的重要标记。它作为 MDC1 蛋白的结合位点，继而可将参与修复的酶招募过来。参与哺乳动物细胞 NHEJ 的主要成分包括 Ku70 蛋白、Ku80 蛋白、DNA 依赖性蛋白质激酶催化亚基（DNA-dependent protein kinase's catalytic subunit, DNA-PK$_{cs}$）、Artemis 蛋白、XRCC4、DNA 连接酶Ⅳ和类 XRCC4 因子（XRCC-like factor）等（表 4-5）。其中，Ku70 和 Ku80 形成异源二聚体，除了参与双链 DNA 断裂的修复以外，还参与 B 淋巴细胞分化过程中抗体基因的重排及端粒长度的维持。

**表 4-5　参与哺乳动物细胞双链断裂修复的主要蛋白质及其功能**

| 蛋白质 | 功能 |
|---|---|
| Ku70 | 与 Ku80 一道结合 DNA 末端，招募其他蛋白质 |
| Ku80 | 与 Ku70 一道结合 DNA 末端，招募其他蛋白质 |
| DNA-PKcs | 依赖于 DNA 的蛋白质激酶的催化亚基，激活 Artemis |
| Artemis 蛋白 | 受 DNA-PKcs 调节的核酸酶，参与 DNA 末端的加工，使得末端适于连接 |
| XRCC4 | 在 DNA 末端被 Artemis 蛋白加工好以后，协同连接酶Ⅳ一道催化断裂的双链 DNA 分子重新连接 |
| 连接酶Ⅳ | 在 DNA 末端被 Artemis 蛋白加工好以后，协同 XRCC4 一道催化断裂的双链 DNA 分子重新连接 |

哺乳动物细胞 NHEJ 的基本步骤如下（图 4-15）。

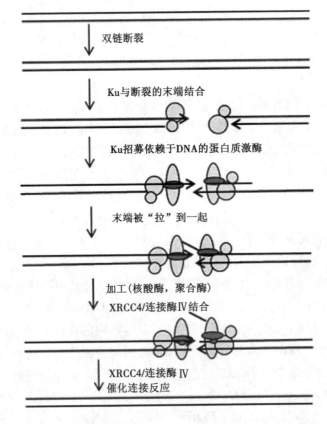

图 4-15　哺乳动物细胞 DNA 双链断裂的非同源末端连接

① Ku70/Ku80 异源二聚体与 DNA 断裂末端结合。

② 断裂的 DNA 因 2 个 Ku70/Ku80 二聚体之间的相互作用被强拉到了一起。

③ Artemis 蛋白作为 DNA-PK$_{cs}$ 的底物与 DNA-PK$_{cs}$ 结合,然后一起被 Ku70/ Ku80 招募到 DNA 末端。

④ DNA-PK$_{cs}$ 一旦与 DNA 末端结合,即与 Ku 蛋白一起组装成 DNA-PK 全酶,其蛋白质激酶活性就被激活,随后作用于 Artemis 蛋白。Artemis 蛋白因被磷酸化,其核酸酶活性被激活。

⑤ 被激活的 Artemis 蛋白开始加工 DNA 的末端,水解末端突出的单链区,创造出连接酶的有效底物。

⑥ 连接酶Ⅳ、XRCC4 与类 XRCC4 因子形成的复合物,共同催化已加工好的 DNA 末端之间的连接。

尽管古菌在 DNA 复制、转录、重组和翻译等方面,与真核生物十分相似,但迄今为止,还没有在任何古菌体内发现任何与真核细胞 NHEJ 相关的同源蛋白。古菌所使用的修复机制可能是与真核生物十分相似的重组修复系统。

## 4.2.4　损伤跨越

DNA 损伤可以发生在细胞周期的任何阶段和 DNA 的任何碱基序列上。如果一个正在移动的复制叉遇到模板链上的损伤,将会遇到麻烦。一方面因为复制叉内的 DNA 已发生解链,无法利用互补链作为修复的模板。若这时强行进行切除修复,将引起双链断裂和复制叉塌陷,由此造成更严重的后果;另一方面,因为损伤让 DNAP 在催化 DNA 复制的时候,难以形成正常的碱基对,特别是遇到模板链上的 AP 位点,这里可没有指导互补链合成的信息。尽管细胞内的 BER 系统会修复绝大多数 AP 位点,但少数 AP 位点可能逃脱了 BER 系统的修复,残留在 DNA 分子上。当催化 DNA 复制的那些高进行性、高保真性和严格遵守互补碱基配对规则的 DNAP 复制到这些"受伤"的碱基时,将难以复制下去,只能停留在原地不动,这就影响了复制的连续性。针对上述情况,进化让细胞发展了两套相对独立的损伤跨越"战术",以维持复制的连续性:一套是重组跨越(recombinational bypass),第二套是所谓"跨损伤合成"(translesion synthesis,TLS)。这两套战术都是先不管损伤,想方设法完成复制再说。

### 4.2.4.1　重组跨越

重组跨越又称为重组修复,它使用同源重组的方法使 DNA 模板进行交换,以克服损伤对复制的障碍,而随后的复制仍然使用细胞内高保真的聚合酶,故此途径可视为一种无错的系统,因为忠实性并没有受到影响。

以大肠杆菌为例(图 4-16),一旦复制叉到达损伤位点,如嘧啶二聚体,DNAPⅢ即停止移动,随后与模板链解离,然后在损伤点下游约 1000 bp 的地方重启 DNA 复制,这就在子链上留下一段空缺。然而,在重组蛋白 A(RecA)的催化下，原来 DNA 一条母链(与新合成的子链一样)的同源片段被重组到子代 DNA 上(重组机制参看 DNA 重组)，填补子链的空缺，但在母链上会产生出新的空缺。此外，由于重组过程中的交叉是错开的，因此，在子链位于损伤的下游仍然有一个小的缺口。不过，DNAP Ⅰ很容易对上述缺口进行填补，而连接酶则会将留下的切口缝合。

因此可见，重组跨越克服了损伤对 DNA 复制的障碍，但是损伤还保留着，不过迟早会被细胞内其他修复系统所修复。

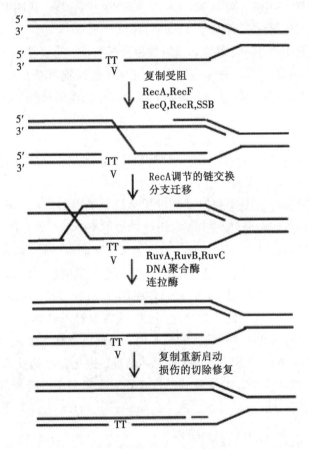

图 4-16　大肠杆菌的重组跨越

### 4.2.4.2　跨损伤合成

跨损伤合成又称为跨越合成(bypass synthesis)，由细胞内一类"宽容"、"任性"、一般无校对活性和进行性低的 DNAP 来取代停留在损伤位点上原来催化复制的 DNAP(细菌是 DNAPⅢ，真核生物是 DNAPα、δ 和 ε)，在子链上即模板链上损伤碱基的对面，随便插入一个核苷酸，以实现对损伤位点无错或易错的跨越。

据估计，人细胞参与 TLS 的 DNAP 至少有 30 多种。参与跨损伤合成的 DNAP 一般属于 Y 家族，例如真核生物的 DNAPη。已发现，人体缺乏 DNAPη 也可导致着色性干皮病。

Y 类 DNAP 若以没有损伤的 DNA 作为模板，合成出来的 DNA 错误率很高，若以受损伤的 DNA 为模板，则可以进行跨损伤合成，那么，Y 类 DNAP 是如何做到的呢？根据对源自一种叫嗜热硫矿硫化叶菌（Sulfolobus solfataricus）的古菌体内的 Y 类 DNAP——Dpo4 的晶体结构的研究，发现这类聚合酶除了具有所有 DNAP 的标志性右手结构——拇指、手掌和手指以外，在它们的 C 端还存在一个特有的小指状结构域。在手指和手掌之间，形成的是一个宽敞的活性中心，主要通过一些非特异性的相互作用结合 DNA 模板。拇指和小指状结构域分别从小沟和大沟一面握住 DNA 双链。总之，这类聚合酶博大的"胸怀"及其对特异性 DNA 相互作用依赖性的降低，让它们能够容忍在活性中心及周围的 DNA 模板发生的扭曲。Dpo4 催化的跨 AP 位点的合成，始于在模板链损伤的对面插入一个核苷酸。晶体结构分析清楚地显示，该酶在催化的时候，为了完成在"无头"的 AP 位点对面配上一个"有头"的搭档，强行扭曲 DNA 模板链，以使损伤处以环出的方式进入手指和小指之间开放的空间内，从而让进入活性中心的 dNTP 能与 AP 位点 5′-侧的碱基配对。

（1）大肠杆菌的跨越合成

大肠杆菌的 TLS 是其 SOS 反应的一部分，属于一种可诱导的过程。SOS 反应是指细胞在受到潜在致死性压力之后，如 UV 辐射、胸腺嘧啶饥饿、MMC 的作用、DNA 修饰物的作用和 DNA 复制所必需的基因失活等因素，做出的有利于细胞生存，但以突变为代价的代谢预警反应，包括易错的 TLS、细胞丝状化（细胞伸长，但不分裂）和切除修复系统的激活，其中，涉及近 20 个 sos 基因的表达，整个反应受到阻遏蛋白——LexA 和激活蛋白——RecA 的调节。

大肠杆菌在正常的生存条件下，LexA 蛋白作为阻遏蛋白，与 20 个 sos 基因上游的一段叫 SOS 盒（SOS box）的序列结合，阻止这些基因的表达；当细胞面临致死性压力，其 DNA 遭到严重的损伤而出现单链缺口时，RecA 蛋白被单链 DNA 激活后作用于 LexA 蛋白，致使 LexA 蛋白发生自切割，而失去与 SOS 盒结合的活性，从而解除了其对 sos 基因表达的抑制（图 4-17）。

20 个 sos 基因中与 TLS 有关的是 dinB、umuC 和 umuD，它们表达的产物分别是 DNAPIV、UmuC 和 UmuD。UmuD 受 LexA 的切割可变成 UmuD′。1 分子 UmuC 与 2 分子 UmuD′再组装成 DNAP V。

图 4-18 为 DNAP V 的作用模型和作用的详细步骤：从中可以看出，除了 DNAP V 以外，还需要 RecA 蛋白、SSB、DNAPⅢ的 β 亚基和 γ 钳载复合物。γ 钳

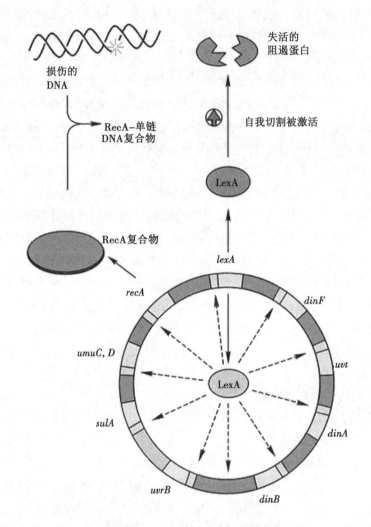

**图 4-17 大肠杆菌的 SOS 反应**

载复合物所起的作用正如它在装配 DNAP Ⅲ 全酶中的角色一样，是帮助由 β 亚基构成的滑动钳装载到 DNAP V 上，而刺激 DNAP V 催化的 TLS。DNAP V 在催化的时候有点盲目，在损伤部位因缺乏可靠的模板指导，随便抓一个脱氧核苷酸掺入到 DNA 链上，以克服损伤对 DNA 复制构成的阻碍。然而，这种盲目性是以忠实性作为代价的，因为掺入的核苷酸错配的可能性更大，但这也为细胞提供了生存下来的机会，可以说是细胞迫不得已采取了"两害相权取其轻"的做法。能被 DNAP V 跨越过的损伤包括嘧啶二聚体和 AP 位点。既然由 DNAP V 催化的跨越损伤的 DNA 合成是易错的，它就为生存下来的细胞带来了各种突变，实际上，它是 DNA 损伤试剂诱导大肠杆菌突变的主要原因。

一旦细胞内的 DNA 损伤被修复，RecA 立刻失活而无法再促进 LexA 的自切割。于是，细胞内的 LexA 迅速积累，在与 SOS 盒结合以后关闭 SOS 反应。

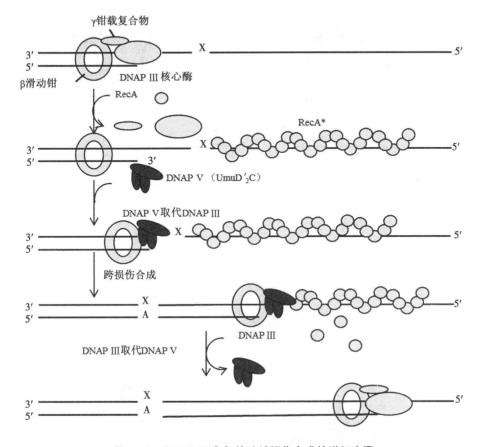

**图 4-18　DNAP V 参与的跨越损伤合成的详细步骤**

（2）真核生物的跨越合成

真核生物的 TLS 有易错和无错两种方式。究竟选用何种方式，一方面取决于损伤的类型；另一方面，取决于细胞内各种参与 TLS 聚合酶之间的相对活性。

DNA 损伤可诱导 PCNA 的泛酰化修饰，PCNA 既可以受 RAD6/RAD18E2/E3 复合物的作用发生单泛酰化修饰，也可以受到 RAD5/UBC13/MMS2 的作用发生多聚泛酰化修饰。这些化学修饰用来调节易错的或无错 TLS（图 4-19），以应对 DNA 的损伤或复制叉的阻滞。结合在染色质上的 PCNA 在 K164 位被单泛酰化修饰以后，可将参与 TLS 的 DNAPη 招募过来，因为，此聚合酶含有专门结合泛素的结构域（ubiquitin-binding doain，UBZ）。

在易错途径中（图 4-20），DNAPξ 和 Rev1 蛋白代替停留在嘧啶二聚体上的 DNAPδ 或 ε 催化核苷酸的掺入。酵母的 DNAPξ 由 Rev3 和 Rev7 亚基组成，可以胜任对各种损伤进行的 TLS。在体内，Rev1 在损伤处对面插入第一个核苷酸从而启动 TLS。随后由 DNAPξ 合成几个核苷酸。最后，再由 DNAPδ 或 ε 取代 ξ 和 Rev1 蛋白继续进行 DNA 复制。

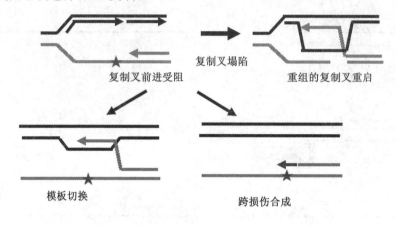

图 4-19　复制叉前进受阻时真核细胞的 3 种可能的反应

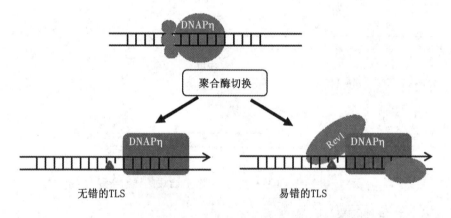

图 4-20　酵母细胞 DNA 的两种跨损伤合成机制

在无错途径中，DNAPη 替代 δ 或 ε 进行跨损伤合成，在嘧啶二聚体的对面插入两个正确的 A。另外，无错途径还有一种模板转换介导的 TLS（template-switching-mediated TLS），它是在 PCNA 的 K63 进行多聚泛酰化修饰以后发生的：该途径通过切换模板，利用以损伤链互补链为模板合成的子链作为模板，来合成出无错的核苷酸序列，然后回来与损伤链配对，继续延伸。

体外实验表明，DNAPξ 和 η 与 DNA 底物的亲和力较低，在插入一个核苷酸以后即与 DNA 模板解离，这种性质使得在 TLS 完成以后，正常的聚合酶和辅助蛋白很容易取代它们继续进行 DNA 复制。

（3）古菌的跨越合成

古菌体内催化 DNA 复制的酶属于 B 类和 D 类，当它们遇到模板链上受损伤的碱基时，会停顿下来，让 Y 类 DNAP 接手，如嗜酸热硫化叶菌（Sulfolobus acido-caldarius）的 Dbh 蛋白和嗜热硫矿硫化叶菌的 Dpo4，催化跨损伤合成。

极端的环境，特别是高温可以大大增加 C 脱氨基变成 U 的机会。因此，很多古菌具有多种手段对付 DNA 分子上的 U，以降低突变造成的危害。例如：某些古菌的 B 类 DNAP 利用其 N 端的口袋预读并探测 DNA 模板链上可能存在的 U；还有一些古菌体内的 D 型 DNAP 也有特别的机制用来发现 U。古菌体内也含有 dUTP 酶，以将细胞内的 dUTP 尽可能水解成 dUMP，防止其错误掺入到子链上。其他保守的修复系统包括使用 UDG 的 BER 系统。还有研究结果表明，在 U 诱导的复制叉暂停移动以后，原来复制体内引发酶的小亚基 PriS 能够进行跨损伤合成。PriS 可在氧化性损伤和嘧啶二聚体所在催化无错的跨损伤合成。此外，即使在停留的 B 类 DNAP/PCNA 复合物存在的情况下，PriS 也能复制通过模板链上的 U。

### 4.2.5 DNA 修复缺陷相关疾病

既然修复系统在维持 DNA 的完整性和稳定性上起着如此重要的作用，那么，可以想象，当修复系统出现故障的时候，机体会产生什么样的后果（表 4-6）。例如，遗传性非息肉病性结直肠癌（hereditary non-polyposis colorectal cancer，HNPCC）是一种显性遗传病，患者通常在 30 岁之前生恶性直肠癌。HNPCC 患者从上一代继承了一个拷贝突变的 MSH1 或 YILH1 基因，因此，其细胞 DNA 具有更高的突变率，更容易生癌，一般先发生在直肠。

表 4-6　DNA 修复缺陷有关的遗传性疾病和癌症之间的关系

| 疾病 | 有缺陷的修复系 | 敏感性 | 癌症易感性 | 症状 |
| --- | --- | --- | --- | --- |
| HNPCC | MMR | UV 化学诱变剂 | 大肠癌，卵巢癌 | 早发型肿瘤，高频率的自发突变 |
| XP | NER | UV 点突变 | 皮肤癌，黑色素瘤 | 皮肤和眼睛对光敏感，角质病 |
| Cockayne 氏综合征（Cockayne's syndrome，CS） | NER 和 TCR | 活性氧 | | 对 UV 敏感，早衰 |
| 毛发二硫键营养不良症（Trichothiodystrophy，TTD） | NER | UV | | 毛发易断，生长迟缓，皮肤会对光过敏 |

表4-6(续)

| 疾病 | 有缺陷的修复系 | 敏感性 | 癌症易感性 | 症状 |
| --- | --- | --- | --- | --- |
| 布伦氏综合征<br>(Blomm's syndrome) | 重组跨越 | 中度烷基化试剂 | 白血病，淋巴瘤 | 光敏感，面部运动失调，染色体变异 |
| 范康尼贫血<br>(Faconi anemia) | 重组跨越 | DNA交联试剂，活性氧 | 急性骨髓性白血病，鳞状细胞癌 | 发育异常，包括不育、骨骼变形和贫血 |
| 遗传性乳腺癌抗原1(breast cancer anti-gen 1，BCRA1)和乳腺癌抗原2(BCRA2)基因缺失 | 重组跨越 | | 乳腺癌，卵巢癌 | 早年发生乳腺癌或卵巢癌 |

# 4.3 DNA 突变

当 DNA 遭遇到损伤以后，尽管细胞内的修复系统在很大程度上能够将绝大多数损伤及时修复，然而修复系统并不是完美无缺的。修复系统的不完善，为 DNA 的突变创造了机会。因为如果损伤在下一轮 DNA 复制之前还没有被修复的话，有的就直接被固定下来传给子代细胞，有的则通过易错的跨损伤合成，产生新的错误并最终也被保留下来。这些发生在 DNA 分子上可遗传的永久性结构变化统称为突变(mutation)，而带有一个特定突变的基因或基因组的细胞或个体称为突变体(mutant)。

突变是各种遗传病的"罪魁祸首"，也是癌症发生的主要原因。突变也是地球上所有生物进化的动力！但对多细胞动物来说，一般只有影响到生殖细胞的突变才具有进化层次上的意义，而就单细胞生物(细菌、古菌、原生动物和某些真菌)和植物而言，发生在体细胞的突变一样可以传给后代。

## 4.3.1 突变的类型与后果

既然 DNA 的遗传信息是以碱基序列的形式贮存的，那么，DNA 突变的本质就是其碱基序列发生的任何变化。根据碱基序列变化的方式，DNA 突变可分为点突变(point mutation)和移码或移框突变(frameshift mutation)。

突变并不总是产生表型的变化，这是因为一些突变位点并没有影响到基因的功能或表达，或者高一级的基因组功能(如 DNA 复制)。这样的突变从进化的角度来看属于中性的(neutral)，因为它并没有影响到个体的生存和适应能力。

单细胞生物能够将新产生的突变直接传给其后代，而多细胞生物能否将突变传给后代则取决于突变是发生在生殖细胞还是体细胞。如果突变发生在生殖细胞，则与单细胞生物一样，可传给后代；如果是发生在体细胞，则一般不会传给后代，除非后代是由突变的体细胞克隆而成的。

### 4.3.1.1 点突变

点突变也称为简单突变（simple mutation）或单一位点突变（single-site mutation）。其最主要的形式为碱基对置换（base-pair substitution），专指 DNA 分子单一位点上所发生的碱基对改变的突变，分为转换（transition）和颠换（transversion）两种形式（图 4-21）。转换是指两种嘧啶碱基（T 和 C）或两种嘌呤碱基（A 和 G）之间的相互转变，颠换是指嘧啶碱基和嘌呤碱基之间的互变。有时，发生在单个位点上的少数核苷酸缺失或插入（小于 5 nt）也被视为点突变。

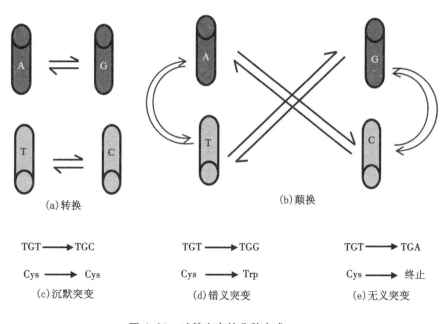

图 4-21　碱基突变的几种方式

点突变带来的后果取决于其发生的位置和具体的突变方式。如果是发生在基因组的"垃圾"DNA（junk DNA）上，就可能不产生任何后果，因为那里的碱基序列缺乏编码和调节基因表达的功能；如果发生在一个基因的启动子或者其他调节基因表达的区域，则可能会影响到基因表达的效率；如果发生在一个基因的内部，就有多种可能性。这一方面取决于突变基因的终产物是蛋白质还是 RNA，即是蛋白质基因还是 RNA 基因。另一方面，如果是蛋白质基因，还取决于究竟发生在它的编码区还是非编码区，是内含子还是外显子。发生在蛋白质基因编码区的点突变有 3 种不同的后果。

(1)突变的密码子编码同样的氨基酸

这类突变对蛋白质的结构和功能不会产生任何影响，因此，称为沉默突变（silent mutation）或同义突变（same-sense mutation）。例如，密码子 ATT 突变成 ATC，决定的仍然是 Ile。但同义突变有时因为密码子的偏爱性影响翻译的效率，或者突变改变了内部的调控元件而影响到转录的效率和转录产物的稳定性，或者正好产生了隐蔽的剪接位点而导致 mRNA 前体的后加工发生变化，这些因素都有可能引起表型的变化。

(2)突变的密码子编码不同的氨基酸

这类突变导致一种氨基酸残基取代另一种氨基酸残基，可能对蛋白质的功能不产生任何影响（中性的）或影响微乎其微，也可能产生灾难性的影响而带来分子病，如镰状红细胞贫血和囊性纤维变性（cystic fibrosis）等。由于突变导致出现了错误的氨基酸，因此，这样的突变称为错义突变（missense mutation）。如果错误的氨基酸与原来的氨基酸属于同种性质，如 Leu 突变成 Val，这种突变称为中性突变（neutral mutation）。某些错义突变很微妙，其产生的后果只有在极端的条件下（如温度提高）才显露出来，这样的突变体称为条件突变体（conditional mutant）。前面提到的温度敏感型突变体就属于条件突变体中的一类。

(3)突变的密码子变为终止密码子或者相反

若是原来的密码子突变为终止密码子可导致一条多肽链被截短，这称为无义突变（nonsense mutation），如 TGC（Cys）突变成 TGA。由于终止密码子有琥珀型（amber, TAG）、赭石型（ocher, TAA）和乳白型（opal, TGA）3 种形式，相应的无义突变分别称为琥珀型、赭石型和乳白型。无义突变究竟会给一个蛋白质的功能带来什么影响，主要取决于丢失了多少个氨基酸残基。显然丢失得越多，危害越大；若是终止密码子突变成非终止密码子，则会使转录后的 mRNA 在翻译的时候发生通读，从而使肽链加长，因此，这样的突变称为加长突变（elongation mutation）或通读突变（read-through mutation）。例如，TAG 突变成 CAG。由于 CAG 编码 Gln，这可导致原来翻译终止的地方却掺入了 Gln。加长突变可能会改变多肽的性质，如影响其稳定性。但一般不会加得很长，因为通常在原来的终止密码子下游还有其他天然的终止密码子。

如果突变发生在蛋白质基因的非编码区，则可影响到这个基因的转录、转录后加工或翻译等。例如，一些地中海贫血患者是因为珠蛋白基因内含子含有突变，影响到后面的剪接反应，导致翻译出来的珠蛋白没有功能。

#### 4.3.1.2 移码突变

移码突变是指在一个蛋白质基因的编码区发生的一个或多个核苷酸(非 3 的整数倍)的缺失或插入,如图 4-22 中的(a)、(b)和(d)所示,但(c)并不是。由于遗传密码是由 3 个核苷酸构成的三联体密码(参看蛋白质的生物合成),因此,这样的突变将会导致翻译的可读框发生改变,致使插入点或缺失点下游的氨基酸序列发生根本性的变化,但也可能会提前引入终止密码子而使多肽链被截短。移码突变究竟对蛋白质功能有何影响,取决于插入点或缺失点与起始密码子的距离。显然,离起始密码子越近,功能丧失的可能性就越大。

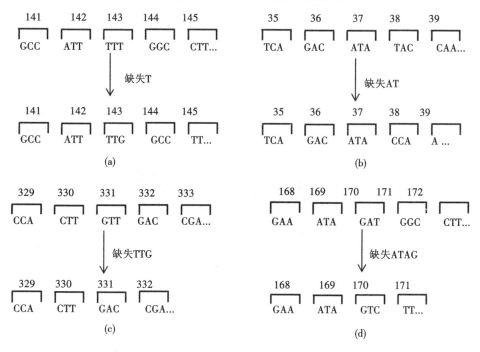

图 4-22 移码突变

#### 4.3.1.3 隐性突变和显性突变

DNA 突变可能是显性的(dominant),也可能是隐性的(recessive)(图 4-23)。如果突变仅仅导致一种蛋白质没有活性(loss of function),那么,这种突变一般产生隐性性状,属于隐性突变。因为染色体通常是成对的(同源染色体),在二倍体细胞内的每一个基因至少有 2 个拷贝,一条同源染色体上正常基因的产物,能够抵消或中和另一条同源染色体上突变的基因对细胞功能和性状的影响。因此,只有一对同源染色体上两个等位基因都发生突变,才会影响到表型。但这种情形也会有例外,特别是一些结构蛋白和调节其他基因表达的调节蛋白,这些蛋白质因突变而丧失功能的时候表现的是显性。这主要是因为它们在机体内的量对于机体的功能十分重要，而细胞已无能力再提高正常拷贝表达的量以弥补基因突变造成的损失。例如，人类对 I 型胶原的需求量特别大，如果它的基因只有一个拷贝是正常的话，就会因为最终产生的这种结构蛋白的量不够而引发骨脆性增大和早发性耳聋。

如果突变产生的蛋白质对细胞有毒，这种毒性就无法被另一条染色体上正常基因表达出来的正常蛋白质所抵消或中和，那么，这种突变就表现为显性。显性突变只需要两条同源染色体上任意一个等位基因发生突变，就可以带来突变体的表型变化。

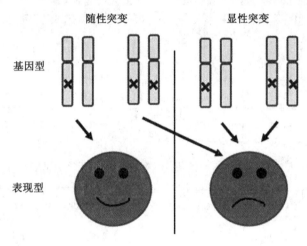

图 4-23　隐形突变和显性突变

### 4.3.2　突变的原因

突变可以自发地发生，也可能来自外部因素的诱导。究其原因十分复杂，几乎任何导致 DNA 损伤的因素都可能成为 DNA 突变的诱因，前提是它们造成的损伤在 DNA 复制之前还没有被体内的修复系统修复，因此，可以这样认为，导致 DNA 损伤的因素在某种意义上同样可以导致 DNA 的突变。正如 DNA 的损伤有内、外两种因素一样，DNA 突变也是如此，由内在因素引起的突变称为自发突变（spontaneous mutation），由外在因素引发的突变称为诱发突变（induced mutation）。这两类突变都有点突变和移码突变。各种导致 DNA 突变的内、外因素总称为突变原（mutagen）。

#### 4.3.2.1 自发突变

（1）自发点突变

导致自发点突变的原因如下。

① DNA 复制过程的错配。

② 自发脱氨基。DNA 分子上的胞嘧啶容易发生自发脱氨基反应，但如果是没有修饰的 C 发生脱氨基反应，则转变成 U。由此产生的 U 若没有被细胞内的 BER 系统识别和修复，则经过一轮 DNA 复制以后，原来的 C：G 碱基对会转换为 T：A 碱基对（图 4-24）。此外，如果是修饰的 5-甲基胞嘧啶发生自发脱氨基反应，则就变成了 T，因为 T 是 DNA 分子上正常的碱基，一般没有专门的修复系统纠正这种错误，那么，经过一轮 DNA 复制以后，原来的 C：G 碱基对会被转换为 T：A 碱基对。

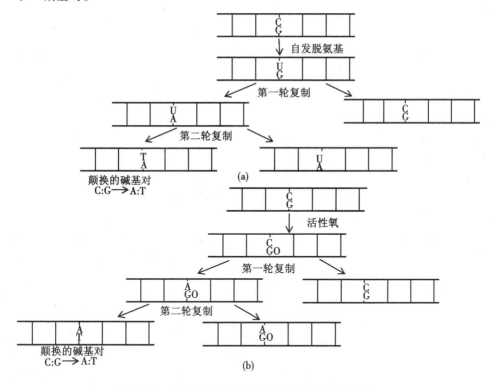

图 4-24　自发脱氨基和活性氧作用引起的碱基转换

③ ROS 的氧化。细胞正常代谢产生的 ROS 对碱基造成的损伤可改变碱基配对性质。例如，ROS 作产物 8-氧鸟嘌呤与 A 配对，这可以导致 G：C 碱基对被颠换成 T：A 碱基对（图 4-24）。

④ 碱基的烷基化。这里指细胞内一些天然的烷基化试剂（如 S-腺苷甲硫氨

酸)错误地引起 DNA 上某些碱基的甲基化,而改变碱基的配对性质。

(2)自发移码突变

引起自发移码突变的主要原因有"复制打滑"(eplication slippage)和转座作用。

①"复制打滑"。DNA 复制构成中出现"复制打滑"可导致自发的移码突变。当 DNAP 复制到一些具有短重复序列的区域(如微卫星序列)时,子链和母链之间容易发生错配而形成突环结构。如果突环出现在子链上,复制就会向后打滑,导致插入突变;如果突环出现在母链上,复制就会向前打滑,导致缺失突变(图4-25)。如果这种突变发生在一个基因的编码区,将可能产生异常的蛋白质,而导致机体病变。例如,亨廷顿氏病(Huntington disease)是 CAG(单个 CAG 编码 Gln)重复序列在 HD 基因的编码区因复制打滑增多造成的。正常人的 HD 基因在编码区内有 10~35 个 CAG 重复序列,但亨廷顿氏病患者 HD 基因内的 CAG 重复序列高到 36~70 个,甚至更多。

②转座子的转座作用。转座子是细胞内可移动的 DNA 片段(参看 DNA 重组),它很容易导致突变的发生。当一个基因内部被转座子插入以后,不仅会引起移码突变,还可能导致基因的中断和失活等其他变化。

### 4.3.2.2 诱发突变

(1)诱发点突变

能够诱发点突变的突变原有以下几类。

① 碱基类似物。碱基类似物与天然碱基在结构上十分相似,如 5-溴尿嘧啶(5-bromodeoxyuracil,5-BrU)与 T 相似,2-氨基嘌呤与 A 相似。在它们进入细胞后,可经核苷酸合成的补救途径转变成相应的 dNTP 类似物,然后在 DNA 复制过程中以假乱真进入 DNA 链。但是,由于它们在结构上与真正碱基的差异,致使配对性质发生变化。以 5-BrU 为例,在细胞内它会代替 T 掺入到一个正在合成的 DNA 链上,但与 T 不同的是,它在体内更容易转变为烯醇式。由于烯醇式的 5-BrU 与 G 配对,这将最终导致 DNA 分子中的 A∶T 碱基对转换成 G∶C 碱基对。

同理,2-氨基嘌呤在细胞内可代替 A 进入正在复制的 DNA 链中,但在下一轮复制时,它作为模板既能与 T 又能与 C 配对。但如果是与 C 配对,最终可导致 A∶T 转换成 G∶C。

② 烷基化试剂。碱基可被烷基化试剂(如氮芥和硫芥等)化学修饰而改变配对性质,从而将碱基对的转换引入 DNA 分子之中。例如,6-甲基鸟嘌呤可以和 T 配对,从而导致 G∶C 转换为 A∶T。此外,某些双功能烷基化试剂可导致 DNA 的链间交联,而引起染色体的断裂。

③ 脱氨基试剂。亚硝酸是一种无特异性的脱氨基试剂,它诱发的脱氨基反应

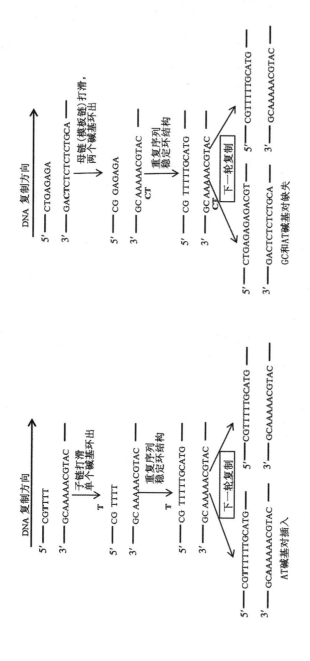

图4-25 "复制打滑" 引起的插入或缺失突变

与碱基的自发脱氨基的结果是一样的，只不过是它在体内能加快这种过程。C、A和 G 在亚硝酸的作用下，分别转变成尿嘧啶、次黄嘌呤和黄嘌呤。除了黄嘌呤的配对性质与 G 一样没有改变以外，其他两种碱基配对性质都有变化，这种变化将最终导致碱基对的转换。亚硫酸则是一种对 C 专一性的脱氨基试剂，能促进 C 转变成 U。

④ 羟胺。羟胺在细胞内能够直接修饰碱基，改变它们的配对性质，从而引发碱基对的转换。例如，C 经羟胺的修饰便变成能与 A 配对的羟胞嘧啶，这最终可以导致 DNA 分子上的 C：G 转换成 T：A。

（2）诱发移码突变

DNA 嵌入试剂（intercalating agent），如吖啶黄（acridine orange）、原黄素（proflavin）和溴化乙啶（ethidium bromide，EB）等，都是一类结构扁平的多环分子，可插入到碱基之间，与 DNA 分子上的碱基杂环相互作用，致使双螺旋拉长，并骗过 DNAP，让 DNA 在复制的时候发生移码突变。如果嵌入试剂插入到复制的模板链上，则子链在延伸时会在位于嵌入试剂分子的对面随机插入一个核苷酸，诱发插入突变；相反，如果嵌入试剂分子插入到正在延伸的子链上，那么，在进行下一轮复制的时候，一旦嵌入分子脱落，就会导致缺失突变（图 4-26）。

除了上述各种能够直接导致 DNA 发生突变的试剂以外，还有一些因素（特别是离子辐射和 UV）通过直接损伤 DNA，诱发易错的 TLS 或 NHEJ 而间接导致突变。

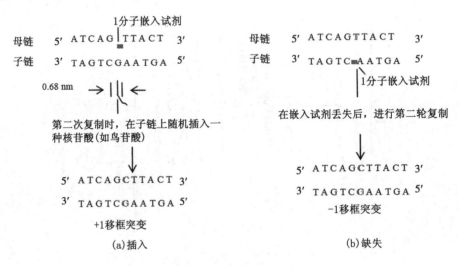

图 4-26　嵌入试剂诱发的移框突变

### 4.3.3 正向突变、回复突变与突变的校正

#### 4.3.3.1 正向突变和回复突变

回复突变是相对于正向突变(forward muta-tion)而言的。它们根据突变的效应是背离还是返回到野生型这两种方向来区分。正向突变是指改变了野生型性状的突变,而回复突变(reverse mutation 或 back mutation)则在起始突变位点上发生第二次突变,致使原来的野生表型得到恢复。表型能够在回复突变中恢复,可能是因为突变点编码的氨基酸变成原来的氨基酸或者性质相近的氨基酸,从而使原来突变蛋白的功能得到部分或完全恢复(图 4-27)。就一个基因而言,回复突变

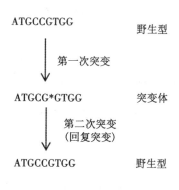

图 4-27 回复突变

通常要比正向突变的频率低,自发产生的回复突变频率只有正向突变的十分之一左右。并非所有的正向突变都可以回复到野生型状态。有的突变基因不发生回复突变,比如那些大片段缺失所造成的突变。

#### 4.3.3.2 校正突变

校正突变(suppressor mutation)有时称为假回复突变(pseudo-reverse mutation),它是指发生在非起始突变位点上但能中和或抵消起始突变的第二次突变,可分为基因内校正(intragenic suppressors)和基因间校正(intergenic suppressors)。

(1)基因内校正

基因内校正与起始突变发生在相同的基因内,它可能通过点突变或移码突变来实现校正。显然,点突变一般只能校正点突变,移码突变只能校正移码突变。如图 4-28 所示,一个基因起始密码子 ATG 之后的第三个密码子 TAC 先发生了颠换,变成了终止密码子 TAG。这是一个无义突变,如果没有基因内校正,会导致翻译提前结束。然而,倘若在突变的密码子内再发生第二次突变,让 TAG 变成 CAG,则第二次突变便校正了第一次无义突变。

点突变来校正还可以通过恢复一个基因产物内 2 个残基(氨基酸残基或核苷酸残基)之间的功能关系来实现。具体机制可能是 2 次突变相互抵消了 2 个残基的变化,从而恢复了 2 个残基之间的相互作用,致使基因产物能够正确地折叠,或者是 2 个相同的亚基能够组装成有功能的同源二聚体。现举一例说明,假定一个蛋白质的正确折叠需要在 Lys3 和 Glu50 残基侧链之间形成离子键。显然,若 Lys3 突变成 Glu3,将会导致原来的蛋白质因不能正确折叠而丧失功能。但是,如

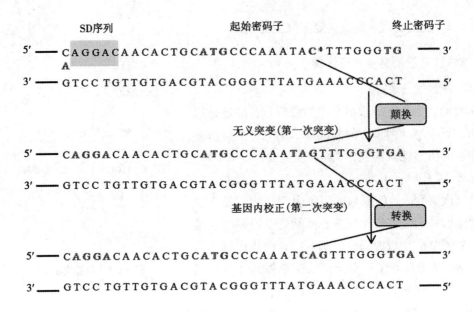

图 4-28 基因内校正

果它的 Glu50 残基也发生了突变，而且突变成了 Lys50，则可以恢复 Glu 残基与 Lys 残基之间的离子键，致使突变的蛋白质仍然能正确折叠，并恢复原有的功能。

如果是由移码突变来校正，则起始突变一般也是移码突变，而且移码的方向相反，且数目相同。例如，一个基因的第一次突变是+1 移框，如果有第二次突变正好发生在它的附近，而且是−1 移框的话，那么，第二次突变很有可能就是一次基因内校正。

（2）基因间校正

基因间校正发生在另外一个与第一次突变不同的基因上，绝大多数是在翻译水平上起作用。这种发生第二次突变具有校正功能的基因称为校正基因。一般而言，每一种校正基因只能校正无义突变、错义突变或移框突变中的一种。

校正基因通常通过恢复 2 个不同基因产物之间的功能关系来实现，如在 2 条不同的多肽链、2 个不同的 RNA 或者 1 条多肽链和 1 个 RNA 之间。绝大多数校正基因编码 tRNA，这些具有校正功能的 tRNA 称为校正 tRNA。校正 tRNA 通过其内部突变的反密码子，来校正 mRNA 上一个突变的密码子，恢复两者之间的功能联系，从而使翻译出来的多肽链的氨基酸序列恢复正常。

校正 tRNA 不仅能够校正无义突变，还能校正错义突变，甚至能校正移码突变。但由于校正 tRNA 基因在细胞内与野生型 tRNA 基因共存，其产物即校正 tR-NA 会与野生型 tRNA 或翻译的终止释放因子竞争，这可能会导致正常的翻译反而出现错义或通读。

如果校正基因不是 tRNA 的基因，而是一个蛋白质基因，则校正机制通常是通过其编码的蛋白质上的一个氨基酸残基变化，去抵消发生第一次突变的那个蛋白质上的氨基酸残基变化，致使这两种蛋白质照样能够正常地组装在一起，形成有功能的异源寡聚体蛋白。

① 无义突变的校正。如果一个无义突变落在 mRNA 的一个特定密码子上，那么，校正突变就发生在 DNA 上编码野生型 tRNA 的反密码子上，从而使发生突变的密码子能被突变的 tRNA 识别，结果依然能被翻译成正常的氨基酸。例如，一个 tRNA^Tyr 的反密码子发生突变，从 GUA 颠换成 CUA，这样的突变使之能识别一个 mRNA 分子上因突变产生的终止密码子 UAG（由一个 Tyr 的密码子 UAC 颠换而成），于是原来的无义突变得到校正（图 4-29）。

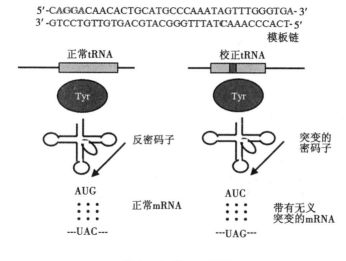

图 4-29　基因间校正

② 错义突变的校正。对于这种形式的校正还不完全了解。其中涉及的机制可能是一个突变的 tRNA 能阅读一个 mRNA 上错误的密码子，从而导致正常的氨基酸的掺入。

③ 移码突变的校正。这种方式非常罕见，有两种方式：第一种方式是在一个突变的 tRNA 分子上，出现了由 4 个核苷酸组成的密码子，它能够阅读一个突变mRNA 分子上由 4 个核苷酸构成的密码子；第二种方式是由核糖体蛋白的突变引起，这种突变引起了核糖体在翻译的时候发生反方向的移框。

④ 迂回校正（bypass suppressor）。迂回校正是一种生理意义上的校正，该机制通常适用于一条信号通路。如图 4-30 所示，蛋白质 C 的突变使得信号无法从 C 传给 D，而导致整个信号通路无法正常运转。然而，发生在蛋白质 D 上的突变若

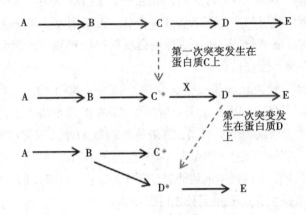

图 4-30　迂回校正

能让它绕过 C，直接从蛋白质 B 得到信号，将使原来的信号通路恢复畅通。

再如，一种突变导致机体内某一代谢产物的量减半，然而，如果有另外一种突变可以提高量减半产物的可得性和运输能力，这就可以防止第一种突变给机体带来的危害。

### 4.3.4　DNA 突变的特点

#### 4.3.4.1　DNA 突变具有普遍性

无论是低等生物、高等动植物还是人，都可能发生基因突变。DNA 突变在自然界的物种中广泛存在。因为基因突变是遗传物质结构发生了变化，所以新的变异性状是稳定的，也是可遗传的。

#### 4.3.4.2　DNA 自发突变频率很低

在自然状态下，对一种生物来说，自发突变的频率是很低的。每个细胞每一世代中发生基因突变的概率称为突变率（mutation rate），突变率一般是 $10^{-9} \sim 10^{-6}$。据估计，在高等生物中大约十万个到一亿个生殖细胞中，出现一个基因突变，突变率是 $10^{-8} \sim 10^{-5}$。不同生物的基因突变率是不同的。同一种生物的不同基因，突变率也不相同。通过人工诱变，可以将生物体的突变率提高 $10 \sim 10^{5}$ 倍。但是诱变剂仅仅提高突变率，所获得的突变株与自发突变株并没有本质区别。

#### 4.3.4.3　多数基因突变对生物体是有害的

任何一种生物都是长期进化的结果，它们与环境条件已经取得高度的协调。如果发生基因突变，就有可能破坏这种协调关系。因此，基因突变对于生物的生存往往是有害的。例如绝大多数的人类遗传病，就是由基因突变造成的，这些病对人类健康构成了严重威胁。又如植物中常见的白化苗，也是基因突变形成的。

由于缺乏叶绿素，这种苗不能进行光合作用，最终导致死亡。但是，也有少数基因突变是有利的。例如，植物的抗病性突变、耐旱性突变和微生物的抗药性突变等，都是有利于生物生存的。所以，基因突变是一把"双刃剑"，既可以导致生物体死亡，又可以促进生物进化。

#### 4.3.4.4　基因突变是随机的和不定向的

基因突变是随机发生的，突变对每个细胞是随机的，对每个基因也是随机的。每个基因的突变都是独立的，既不受其他基因突变的影响，也不会影响其他基因的突变。基因突变可以发生在生物个体发育的任何时期和任何细胞。一般来说，在生物个体发育过程中，基因突变发生的时期越晚，生物体表现突变的部分就越少。基因突变可以发生在体细胞中，也可以发生在生殖细胞中。发生在体细胞中的突变，一般不能传递给后代。发生在生殖细胞中的突变，可以通过受精作用直接传递给后代。基因突变是不定向的，一个基因可以向不同的方向发生突变，产生一个以上的等位基因。在诱发突变的过程中，基因突变的性状与引起突变的因素之间无直接的对应关系。比如说，在紫外线照射下可以出现抗紫外线的菌株，也可以获得不抗紫外线，却抗青霉素的菌株。这就是基因突变的不对应性。此外，基因突变是可逆的，任何遗传性状都可发生正向突变，也可发生回复突变。

### 4.3.5　突变原与致癌物之间的关系及致癌物的检测

据估计，多达 80% 的人类癌症是由各种导致 DNA 损伤或者干扰 DNA 复制或损伤修复的致癌物或致癌原(carcinogen)引发的，因此，致癌物一般也是突变原。由于许多致癌物是人工合成的，如许多食品添加剂、化妆品、杀虫剂和农药等，因而，需要建立一套快速检测一种物质是不是致癌物的方法。既然致癌物一般是突变原，那么，完全可以根据一种物质的致变性来推测其潜在的致癌性。

1975 年，Bruce Ames 建立了沙门氏菌回复突变试验法，即 Ames 试验(Ames test)法，它是使用突变性推测致癌性的一种较为流行的检测方法。该法简便、快捷、敏感和经济，且适用于测试混合物，能反映多种化学物质的综合效应。Ames 试验的原理是(图 4-31)：鼠伤寒沙门氏菌(Salmonella typhimurium)的组氨酸营养缺陷型(his$^-$)菌株，在含微量 His 的培养基中，除极少数发生自发回复突变的细胞外，一般只能分裂几次，形成在显微镜下才能见到的微菌落。然而，一旦受化学诱变剂作用，大量细胞会发生回复突变，自行合成 His，长成肉眼可见的菌落。某些化学物质需经代谢活化才有致变作用，这就需要在测试系统中加入哺乳动物肝细胞微粒体酶，以弥补体外实验缺乏代谢活化系统的不足。

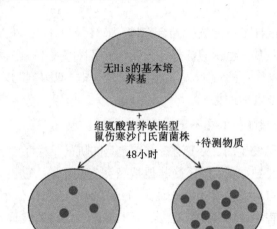

图 4-31　Ames 试验

# 4.4　基因重组

### 4.4.1　基因重组概述

生物的基因并不是一成不变的,除了各种突变以外,基因重组也为生物的变异增添了新的内容。基因重组不是偶然的,而是一个必要的细胞过程,它广泛存在于各类生物,从原始生物到高等动植物都有发生。

在真核生物的性母细胞中,有两套染色体,分别来自母本和父本,其中,大小和形状相同的染色体称为同源染色体(homologous chromosome)。每条同源染色体都有两条姐妹染色单体,称为二联体(dyad)。带有两套染色体的细胞就称为二倍体(diploid),以 $2n$ 表示。只带有一套染色体的细胞就称为单倍体(haploid)。在大部分高等生物中,如人类和显花植物的细胞都是二倍体,其染色体内的基因就是成对存在的,称为等位基因,性母细胞通过减数分裂的形式进行细胞分裂。在减数分裂时,通过同源染色体的交换和非同源染色体的独立分配,使子代细胞的遗传信息产生了重新组合;细菌和噬菌体的基因组为单倍体,来自不同亲代的两组 DNA 之间可通过多种形式进行基因重组。这种 DNA 分子内或分子间发生遗传信息重新组合的现象,称为 DNA 重组,也叫基因重排或基因重组,其重组产物称为重组体 DNA(recombination DNA)。

基因重组是自然界广泛存在的。DNA 是基因的载体,是生命遗传的物质基础, 基因分子的变异是生物进化的必要条件, 而基因重组或称 DNA 重组是遗传变异的重要方式。基因重组能迅速增加群体的遗传多样性, 使突变通过优化组合积累有意义的遗传信息, 对生物进化起着关键的作用。基因重组可以通过有性生殖过程进行个体之间的基因交换而实现。各种重组在自然选择过程中可以消除不利的变异, 保存有利的基因组合, 由此, 在生物物种中不断地积累有利的遗传信息, 完成生物进化。此外, DNA 重组还参与许多重要的生物学过程, 它为 DNA 损伤或复制障碍提供了修复机制; 某些生物的基因表达受到 DNA 重组的调节。

基因重组有广义和狭义之分。广义的基因重组, 指任何产生新的基因组合, 从而造成基因型变化的过程都称为基因重组, 包括独立分配和交换, 如上述减数分裂过程中所发生的基因重组。狭义的基因重组, 仅指涉及 DNA 分子内断裂并重新连接而致基因重新组合的过程, 即基因交换。根据重组过程中对 DNA 序列和所需蛋白质因子的要求不同, 可将重组分为四类: 同源重组 (homologous recombination, HR)、位点特异性重组 (site-specific recombination, SSR)、转座重组 (transposition recombination, TR) 和异常重组 (illegitimate recombination, IR)。同源重组的重组对之间需要有同源性, 调节这一过程的蛋白质不是序列专一性的, 而是同源依赖性的; 位点特异性重组的重组对之间不需要同源性, 调节这一过程的蛋白质在供体和受体分子中识别短的特异 DNA 序列, 供体和受体位点之间经常存在同源性。转座重组过程不需要同源性, 调节这一过程的蛋白质识别重组分子中的转座因子, 受体位点一般在序列上是相对非特异的, 重组可将转座因子整合到宿主 DNA 中; 异常重组的重组对之间不需要同源性, 或少量同源性, 是不正常细胞加工的结果, 在此章不赘述。

### 4.4.2 同源重组

#### 4.4.2.1 同源重组的概念

同源重组是最基本的 DNA 重组方式, 是发生在同源序列间的重组, 它通过同源区 DNA 链的配对、断裂和再连接, 实现两个 DNA 分子同源序列间单链或双链片段的交换, 又称一般性重组 (general recombination)。在同源重组中, 只要两条 DNA 序列相同或接近相同, 就可以在序列的任何一点发生同源重组。对负责 DNA 配对和重组的蛋白质因子无碱基序列特异性要求, 如真核生物中姐妹染色单体的交换、非姐妹染色单体的交换、细菌及某些低等真核生物的接合、转化和噬菌体转导等都属于同源重组。

#### 4.4.2.2 同源重组发生的基本条件

① 在进行重组的交换区域含有完全相同或接近相同的碱基序列。

② 两个双链 DNA 分子之间需要互相靠近，并发生互补配对。

③ 需要特定的重组酶(recombinase)的催化，但重组酶对碱基序列无特异性。

④ 形成异源双链(heteroduplex)。

⑤ 发生联会(synapsis)。

#### 4.4.2.3 同源重组的分子机制

用来解释同源重组分子机制的主要模型有 Holliday 模型(Holliday model)、单链断裂模型(single-stranded break model)和双链断裂模型(double-stranded break model)。

(1) Holliday 模型

Holliday 模型由美国科学家 Robin Holliday 在 1964 年提出，尽管几经修改，但其核心内容一直没有改变。

Holliday 模型最初的主要内容如下。

① 2 个同源的 DNA 分子相互靠近。

② 2 个 DNA 分子各有 1 条链在相同位置被一种特异性的内切酶切开，被切开链的极性相同。

③ 被切开的链交叉并与同源的链连接，形成 X(chi)状的 Holliday 连接(Holliday junction, HJ)。

Holliday 连接又称 Holliday 结构(Holliday structure)、Holliday 中间体(Holliday immediate)或 X 结构(X structure)。如果 2 个 DNA 之间发生 180 度的旋转，可得到它的异构体。

④ Holliday 连接的拆分。Holliday 连接的拆分方式有两种：第一种方式是相同的链被第二次切开，结果产生与原来完全相同的两个非重组 DNA；第二种分离方式是另一条链被切开，然后重新连接，由此产生重组的 DNA。

上述模型过于简单，难以解释清楚许多天然的同源重组现象，于是人们很快对其进行了改进。其中，最大的一个改进是在 Holliday 连接形成之后，引入 1 个全新的步骤——分叉迁移(branch migration)。如图 4-32 所示，Holliday 连接形成以后，其分叉可向两侧移动，这样的移动可让 1 个 DNA 分子上一条链的部分序列转移到另一个 DNA 分子之中。

上述经过迁移的 Holliday 连接，再通过内部 180 度旋转，同样可以得到它的异构体。最后 Holliday 连接的拆分也有两种方式，但与无分叉迁移的模型不同，在非重组的 DNA 分子上也带有异源的双链。支持 Holliday 模型最有力的证据是 Potter 和 Dressler 使用特殊的方法，在电镜下直接看到了 Holliday 中间体的结构如图 4-33 所示。

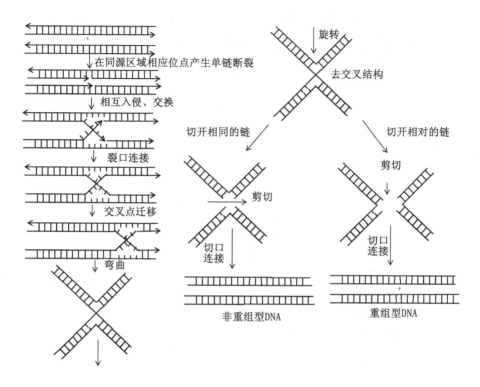

图 4-32 同源重组的 Holliday 模型

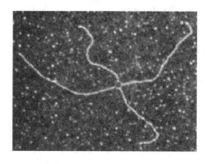

图 4-33 Potter 和 Dressler 在电镜下看到的 Holliday 连接

（2）单链断裂模型

尽管最早的 Holliday 模型能解释同源重组的一些特征，而且 Potter 和 Dressler 也为 Holliday 模型提供了关键的证据，但它仍然存在不足。例如，参与重组的 2 个 DNA 双链被等同看待，既是入侵者，又是入侵者作用的对象。但后来的研究发现，参与重组的两个双链 DNA 一般有一个优先充当遗传信息的供体。再如，它也没有解释 2 个 DNA 分子的同源序列是怎样配对及单链切口又是如何形成的。此外，它也不能很好地解释存在于真核细胞（如酵母）内的同源重组现象。1975 年，

Aviemore 对 Holliday 模型提出了修改。不久，Matt Meselson 和 Charles Radding 再次提出了修改，修改后模型称为 Aviemore 模型或 Meselson-Radding 模型，有时也称为单链断裂模型。

单链断裂模型(single-stranded break model)认为，2 个进行同源重组的 DNA 分子在同源区相应的位点上，只产生一个单链裂口。单链断裂可能是自发的，也可能是环境胁迫诱导而成的，如离子辐射。产生切口的那条链在被 DNAP 催化的新链合成取代后，侵入到另一条同源的 DNA 分子之中，至于 Holliday 连接的形成以及后来的拆分，与原来的 Holliday 模型相比并没有做多少变动。

(3)双链断裂模型

双链断裂模型由 J.Szostak、T.L.Orr、R.Weaver、J Rothstein 和 F.W.Stahl 等人于 1983 年共同提出，故又名 Szostak-Orr-Weaver-Rothstein-Stahl 模型。该模型主要是在酵母中获得的一些实验数据的基础上提出来的。与 Aviemore 模型不同，双链断裂模型认为，1 个 DNA 分子上两条链的断裂才启动了链的交换。在两个重组 DNA 分子中，产生断裂的双链称为受体双链(recipient duplex)，不产生断裂的称为供体双链(donor duplex)。随后发生的 DNA 修复合成及切口连接导致形成了 Holliday 连接，但有 2 个半交叉点(half chiasmas)，具体步骤共由 7 步反应组成(图 4-34)。

① 内切酶切开一个同源 DNA 分子的两条链，导致整个 DNA 分子双链发生断裂，从而启动重组过程。这个双链断裂的 DNA 分子既是启动重组的"入侵者"，又是遗传信息的受体，因此，称为受体双链。

② 受到外切酶的作用，双链切口扩大而产生具有 3′-单链末端的空隙。

③ 一个自由的 3′-端入侵供体双链 DNA 分子同源的区域，形成异源双链。供体双链的一条链被取代，产生取代环(the displacement loop，D-环)。

④ 由入侵的 3′-端引发的 DNA 修复合成导致 D-环延伸。D-环最终大到覆盖受体双链的整个空隙。新合成的 DNA 是由被入侵的 DNA 双链作为模板，于是，新合成的 DNA 序列由被入侵的 DNA 决定。

⑤ 当供体双链被取代的链到达受体双链空隙的另外一侧，它将和空隙末端的另一个 3′-单链末端退火。于是，被取代的单链提供了序列，填补了受体双链一开始被切除的序列。由 DNAP 催化的修复合成将供体双链的 D-环转变成双链 DNA。

在以上两个步骤之中，最初被入侵的双链充当供体双链，提供修复合成反应的遗传信息。

⑥ DNA 连接酶缝合缺口，形成两个 Holliday 连接。

⑦ Holliday 连接的拆分。

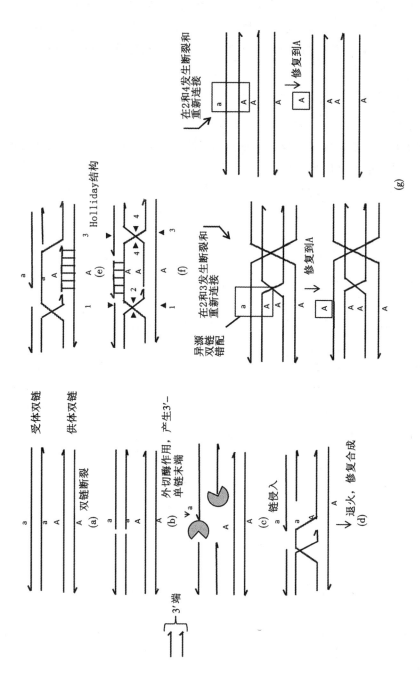

图4-34　同源重组的双断裂模型

拆分有两条可能的途径：一条途径是两个切口一个在内侧的链，另一个在外侧的链，那么，分离得到的是交换产物(crossover product)；另一条途径两个切口要么都在内侧的链，要么都在外侧的链，得到的是非交换产物(non-crossover product)。

### 4.4.2.4　同源重组的酶学

在所有生物中，对大肠杆菌和噬菌体的同源重组研究最为深入。细胞内 DNA 同源重组的每一步反应都是在特定的蛋白质或酶的协助下完成的。这些参与重组的酶或蛋白质，基本上是通过筛选一系列重组有缺陷的大肠杆菌突变体(重组突变频率降低)而得到的，它们中的绝大多数已经被克隆和定性。下面以大肠杆菌为例，介绍一些与同源重组有关的蛋白质的结构与功能。

（1）RecA 蛋白

RecA 是细菌同源重组中最重要的蛋白质，它起初是作为依赖于 DNA 的 ATP 酶被发现的，参与大肠杆菌所有的同源重组途径。其在重组中的主要作用是促进同源序列配对和链交换(strand exchange)(图 4-35)。

RecA 有单体和多聚体两种形式，单体由 352 个氨基酸残基组成，大小为 38 kDa，含有 2 个 DNA 结合位点，能分别结合单链 DNA 和双链 DNA。多聚体由单体在单链 DNA 上从 5′-3′方向组装而成的丝状结构。多聚体的 RecA 环绕在单链 DNA 上形成一种有规则的螺旋，平均每 1 个单体环绕 5 个核苷酸，每 1 个螺旋有 6 个单体。RecA 的主要功能包括：① 促进 2 个 DNA 分子之间的链交换；② 参与 SOS 反应——作为共蛋白酶(co-protease)，促进 LexA 蛋白和 UmuD 的自水解。

RecA 催化 DNA 分子之间的链交换需要同时满足 3 个条件。

① 2 个 DNA 分子中的 1 个必须含有单链区，以便 RecA 能够结合。

② 2 个 DNA 分子必须含有不低于 50 bp 的同源序列。

③ 同源序列内必须含有 1 个自由的末端，以启动链的交换。

RecA 在同源重组中的具体作用分为 3 步。

① 联会前阶段(presynapsis)。RecA 通过它的第一个 DNA 结合位点与单链 DNA 结合，包被 DNA，形成蛋白质-DNA 丝状复合物即核丝(nucleofilament)结构。

② 联会阶段(synapsis)。RecA 的第二个 DNA 结合位点与 1 个双链 DNA 分子结合，由此形成三链 DNA 中间体，随后单链 DNA 侵入双链 DNA，寻找同源序列。这个阶段称为联会阶段。

③ 链交换阶段。由 RecA 包被的单链 DNA 从 5′-3′方向，取代双链 DNA 分子之中的同源老链，形成异源双链，并发生分叉迁移。在此阶段，ATP 与 RecA 的结合是由 RecA 驱动的链取代和分叉迁移所必需的，但这并不需要 ATP 的水解，因

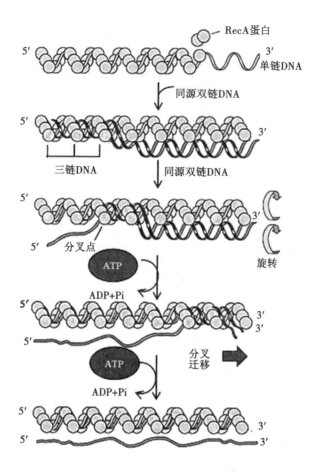

图 4-35 **RecA 蛋白促进 2 个双链 DNA 分子链之间的交换**

为使用不能被水解的 ATP 类似物代替 ATP，发现链取代和分叉迁移仍然能够进行。

（2）RecBCD 蛋白

RecBCD 蛋白参与细胞内的 RecBCD 同源重组途径，其功能是产生 3′-单链末端，为链入侵做准备。

RecBCD 蛋白又称为 RecBCD 酶，由 RecB、RecC 和 RecD 三个亚基组成，分别由 recB、recC 和 recD 三个基因编码，具有外切核酸酶 V、解链酶、内切核酸酶、ATP 酶和单链外切核酸酶活性。这些酶活性之间能够自动切换，用于重组的不同阶段。

RecBCD 蛋白作用的基本过程为（图 4-36）：RecBCD 首先与双链 DNA 分子自由末端结合，依靠 ATP 的水解为动力，沿着双链移动，解开双链。但它上面一条链比下面一条链移动的速度要快，于是一个单链的环形成了。这个环随着它沿着

DNA 双链移动而增大（在电镜下可以观测到），先是依靠它的 3′-外切酶活性降解上面的一条链。然而，一旦遇到 χ 序列，3′-外切酶活性就减弱，而 5′-外切酶活性则被激活，于是，下面一条链的单链部分被迅速降解，留下上面一条链的单链部分。产生的单链 DNA 为 RecA 作用的底物，由此最终启动了链交换和重组反应。

χ 序列是一段特殊的碱基序列，其一致序列是 GCTGGTGG，它的存在能显著提高重组的频率。它在重组中的作用是调节 RecBCD 的酶活性，作为 RecBCD 从 3′-外切酶切换成 5′-外切酶的信号，刺激 RecBCD 重组途径。据估计，大肠杆菌全基因组含有 1000 个以上的 χ 序列。

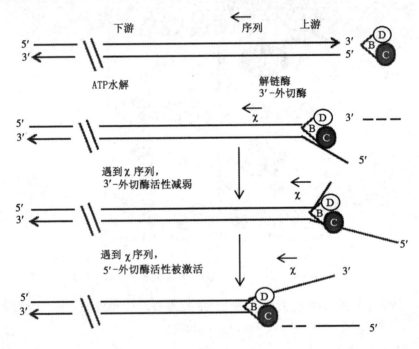

图 4-36　RecBCD 酶在同源重组中的作用

（3）RuvA、RuvB 和 RuvC 蛋白

① RuvA。RuvA 蛋白（图 4-37）的功能是识别 Holliday 连接，协助 RuvB 蛋白催化分叉的迁移。

大肠杆菌的 RuvA 蛋白以一种特别的方式形成四聚体，呈四重对称，特别适合与 Holliday 连接中的 4 个 DNA 双链区结合，从而促进分叉迁移过程中链的分离。

② RuvB。RuvB（图 4-37）蛋白本质上是一种解链酶，其功能是催化重组中分叉的迁移。与多数解链酶一群，RuvB 是一种环状六聚体蛋白，但其特别之处在于

RuvB 包被双链 DNA，而不是单链 DNA。此外，它单独结合 DNA 的效率并不高，需要 RuvA 的帮助。电镜照片显示，RuvB 在溶液中是七聚体，但一旦与 DNA 结合，就转变为六聚体。有 2 个 RuvB 六聚体与 RuvA 接触，位于 RuvAB-Holliday 复合体相反的两边。

③ RuvC。RuvC（图 4-37）是一种特殊的内切核酸酶，其在重组中的作用是促进 Holliday 连接的分离，故又称为拆分酶（resolvase）。在作用时，RuvC 形成对称的同源二聚体，在 Holliday 连接的中央部位切开 4 条链中的 2 条，而导致 Holliday 连接的拆分。由于 RuvC 二聚体与 Holliday 连接对称结合，因此，从理论上讲，RuvC 能够以两种机会均等的方式与 Holliday 连接结合，致使 Holliday 连接能够以两种机会均等的方式被解离，但只有一种方式产生重组 DNA。RuvC 的作用具有一定的序列特异性，其作用的一致序列是（A/T）TT ↓ （G/C）（箭头为切点），因此，只有在分支迁移到上述一致序列时，RuvC 才能起作用：大肠杆菌的基因组含有很多这样的一致序列。

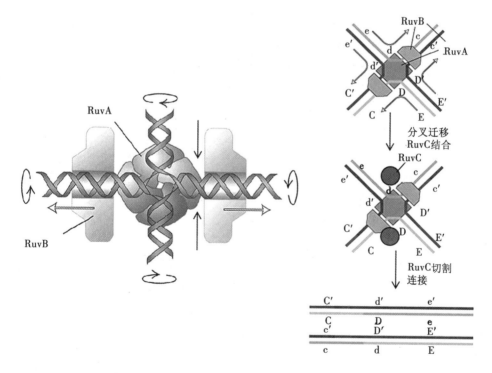

图 4-37　RuvA、RuvB 和 RuvC 在同源重组中的作用

（4）其他同源重组蛋白

在大肠杆菌中，大概有 30 种蛋白质与同源重组有关，除了上面详细介绍的几种以外，还有如下几种。RecE，一种双链外切核酸酶，也称为外切核酸酶Ⅷ，它

也能产生 3′-单链末端；RecJ，一种 DNA 脱氧核糖磷酸二酯酶；RecQ，一种解链酶；RecF，与单链或双链 DNA 结合；RecR，与 RecO 相互作用；RecT，促进 DNA 复性；RecG，一种解链酶，催化 Holliday 连接的迁移；Rus，催化 Holliday 连接的切割；RecN，参与双链 DNA 断裂修复；SbcA，调节 RecE 活性；SbcB，单链外切核酸酶；SbcC，双链 DNA 外切酶；SbcD，单独存在具有单链 DNA 内切酶活性，与 SbcC 形成复合物具有 ATP 依赖性外切酶活性；DNA 拓扑异构酶 I；DNA 旋转酶；DNA 连接酶；DNAP I；DNA 解链酶 II；DNA 解链酶 IV；SSB。

### 4.4.2.5　细菌的基因转移与重组

细菌可以通过多种途径进行细胞间基因转移，并通过基因重组以适应随时改变的环境。这种遗传信息的流向可发生在物种内或物种间，甚至高等动植物细胞之间也存在横向的遗传信息传递，如在寄生于人体内的细菌基因组中可以找到属于人类的基因。被转移的基因称为外基因子(exogenote)，如果与内源基因组或称为内基因子(endogenote)的一部分同源，就成为部分二倍体(partial diploid)，这种情况下，可以发生同源重组。细菌的基因转移主要有 4 种机制：接合(conjugation)、转化(transformation)、转导(transduction)和细胞融合(cell fusion)。进入受体细胞的外源基因通常有 4 种结果：降解、暂时保留、与内源基因交换或发生整合。

（1）接合作用

当细菌的细胞相互接触时遗传信息可由一个细胞转移到另一个细胞，这种类型的基因转移称为接合作用。供体细胞为雄性，受体细胞为雌性。通过接合而转移 DNA 的能力由接合质粒提供，与接合功能有关的蛋白质均由接合质粒所编码。能够促使染色体基因转移的接合质粒称为致育因子(fertility factor)，简称性因子或 F 因子。研究最多的是大肠杆菌 F 质粒(F 因子)，也是目前研究得较清楚的一种接合质粒。

F 质粒是双链闭环的大质粒，总长约为 100 kb，复制起点为 OriV。F 质粒可以在细胞内游离存在，也可以整合到宿主染色体内，因此，属于附加体(episome)。其与转移有关的基因(tra)占质粒的 1/3(约 33 kb)，称为转移区，包括编码 F 性菌毛(F pilus)、稳定接合配对、转移的起始和调节等总共约 40 个基因。traA 编码性菌毛单个亚基蛋白(pilin)，由菌毛蛋白聚合形成中空管状的性菌毛，它的修饰和装配至少还要 12 个另外的 tra 基因参与作用。每一 F 阳性(F⁺)细胞有 2~3 条性菌毛。

接合过程由供体细胞 F 性菌毛接触受体细胞表面所启动，它的功能是识别和连接 F 因子细菌。供体细胞不会与其他含 F 因子的细胞(F⁺细胞)相接触，因为 traS 和 traT 基因编码表面排斥蛋白(surface exclusion protein)，阻止同为 F⁺细胞之间的相互作用。F⁺细胞的性菌毛固着F⁻细胞后，即通过回缩与拆装（disassemble）使两细胞彼此靠近。F⁺细胞内膜蛋白——TraD 蛋白——是 DNA 转移的通道。在 TraY 的帮助下，兼有切口酶（nickase）和解螺旋酶的活性的 TraI 蛋白结合到质粒 DNA 的转移起点 OriT 上，并切开 F⁺质粒的一条链，游离的 5′末端向 F⁻细胞转移。随后在两细胞内分别以单链 DNA 为模板各自合成互补链，结果 F⁻细胞转变为 F⁺细胞。

当整合在染色体 DNA 中的 F 质粒启动接合过程时，质粒转移起点被切开，其前导链引导染色体 DNA 单链转移。大肠杆菌全部染色体完成转移的时间约为 100 分钟，此期间如果供体细胞和受体细胞受外力作用而分开，转移的 DNA 即被打断，根据转移基因所需时间可以确定该基因在环状染色体上的位置，绘制出染色体的基因图。

供体细胞单链 DNA 进入受体细菌后转变为双链形式，并可与受体染色体发生重组。整合 F 因子的大肠杆菌菌株具有较高频率的重组（high-frequency recombination），称为 Hf 菌株。F 因子可以整合在染色体不同位置，由此而得到不同的 Hf 菌株，它们从不同位点开始转移基因。

整合的 F 因子引导染色体转移往往不能使受体细胞转变为 F⁺细胞。因为发生转移时，F 因子在转移起点（OriT）处切开单链，其 5′端前导链引导染色体转移，F 因子的转移区（tra 基因）直至最后才转移，然而染色体很长，随时都会断裂而中止转移。整合的 F 因子可被切割出来，有时不精确切割使 F 因子带有若干宿主染色体基因，此时，称为 F′因子。使 F′细胞与 F⁻杂交，供体细胞部分染色体基因随 F′因子一起进入受体细胞，无需整合就可以表达，实际上形成部分二倍体，此时，受体细胞也变成 F′细胞。细胞基因的这种转移过程称为性导（sexduction）。

（2）转化作用

转化作用（transformation），是通过自动获取或人为地供给外源 DNA，细菌细胞因获得了外源 DNA（转化因子）而发生遗传表型改变的现象。具有摄取周围环境中游离 DNA 分子能力的细菌细胞称为感受态细胞（competent cell）。很多细菌在自然条件下就有吸收外源 DNA 的能力，如固氮菌、链球菌、芽孢杆菌、奈氏球菌及嗜血杆菌等。

转化过程涉及细菌染色体上十多个基因编码的功能。例如，感受态因子（competent factor）、与膜连接的 DNA 结合蛋白、自溶素（autolysin）及多种核酸酶（nuclease）均参与感受态的形成。感受态因子可诱导与感受态有关蛋白的表达，其中包括自溶素，它使细胞表面的 DNA 结合蛋白和核酸酶裸露出来，当游离 DNA 与细胞表面 DNA 结合蛋白相结合后，核酸酶使其中一条链降解，另一条链则被吸收，并与感受态特异蛋白相结合，然后转移到染色体，与染色体 DNA 重组。

有些细菌在自然条件下不发生转化或转化效率很低，但在实验室中可以人工促使转化。例如，用高浓度 $Ca^{2+}$ 处理大肠杆菌，可诱导细胞成为感受态，重组质粒得以高效转化。转化的机制目前还不十分清楚，可能与增加细胞通透性有关。

(3)转导作用

当病毒从被感染的细胞(供体)释放出来，再次感染另一细胞(受体)时，发生在供体细胞与受体细胞之间的 DNA 转移及基因重组即为转导作用(transduction)，是通过噬菌体将细菌从供体细胞转移到受体细胞的过程。

当噬菌体感染宿主细胞时会有两种结果：一种是噬菌体 DNA 在宿主菌内迅速增殖，产生病毒颗粒，并溶解细菌、释放出新生噬菌体，这就是所谓溶菌生长途径(lysis pathway)；另一种是噬菌体 DNA 整合进宿主染色体，随宿主 DNA 复制而被动复制，这就是溶源菌生长途径(lysogenic pathway)。在溶源菌生长方式中，噬菌体(此时称原噬菌体)与宿主(称溶源菌)"和平共处"可维持无数代，直到宿主遭遇特殊事件(如 DNA 损伤诱发 SOS 反应)，使原噬菌体 DNA 从细菌染色体上被切下，进入溶菌途径。当原噬菌体 DNA 从细菌染色体上被切除时，如果有部分宿主 DNA 被随着切下，新生的噬菌体在下次感染细菌时就可能将前一宿主 DNA 转移至新的宿主细胞，即发生转导作用。

转导有两种类型：普遍性转导(generalized transduction)，是指宿主基因组任意位置的 DNA 成为成熟噬菌体颗粒 DNA 的一部分而被带入受体菌；局限性转导(specialized transduction)，是某些温和噬菌体在装配病毒颗粒时将宿主染色体整合部位的 DNA 切割下来取代病毒 DNA。在上述两种类型中，转导噬菌体均为缺陷型，因为都有噬菌体基因被宿主基因所取代。缺陷型噬菌体仍然将颗粒内 DNA 导入受体菌，前宿主的基因进入受体菌后即可与染色体 DNA 发生重组。

(4)细菌的细胞融合

在自发或人工诱导下，两个不同基因型的细胞或原生质体融合形成一个杂种细胞的过程称为细胞融合(cell fusion)，其基本过程包括：细胞融合形成异核体，异核体通过细胞有丝分裂进行核融合，最终形成单核的杂种细胞。在细胞核融合的过程中发生了基因转移和重组。在实验室中，用溶菌酶除去细胞菌细胞壁的肽聚糖，使之成为原生质体，可人工促进原生质体的融合，由此使两菌株的 DNA 发生广泛的重组。

(5)大肠杆菌几种重要的同源重组途径

大肠杆菌主要有 3 条同源重组途径，其中的许多成分在 SOS 应急反应中被诱导表达，这意味着它们在细胞中正常的功能可能是重组介导的 DNA 修复。在用于基因工程的某些菌株中，参与重组的基因几乎都无活性，这有利于防止大的质粒之间及质粒与染色体之间发生不必要的重组。

① RecBCD 途径。这是大肠杆菌最主要的重组途径。除了 RecBCD 蛋白以

外，还需要 RecA、SSB、RuvA、RuvB、RuvC、DNAP I、连接酶和旋转酶。此外，还需要 χ 序列。

② RecF 途径和 RecE 途径。遗传学突变研究结果表明，recA⁻突变体可使大肠杆菌的重组频率下降为 $10^{-6}$，而 rec BCD⁻突变体仅使突变频率下降为 $10^{-2}$ 倍，这说明除了 RecBCD 途径以外，大肠杆菌还具有其他同源重组途径。事实上，RecF 途径就是其中的一种，它主要是质粒之间进行重组的途径，需要的蛋白质有 RecA、RecJ、RecN、RecO、RecQ 和 Ruv 等。此外，还有 RecE 途径，此途径中的很多蛋白质与 RecF 途径相同，但 RecE 却是特有的。RecE 具有外切核酸酶VIII的活性，其突变能被 SbcA 校正。

### 4.4.2.6 真核生物的同源重组

真核生物的同源重组主要发生在细胞减数分裂前期 I 两个配对的同源染色体之间，先在细线期(leptotene)和合线期(zygotene)形成联会复合体(synaptonemal complex, SC)，再在粗线期(pachytene)进行交换。此外，同源重组也会发生在 DNA损伤修复之中(图4-38)，主要用于修复DNA双链断裂、单链断裂和链间交

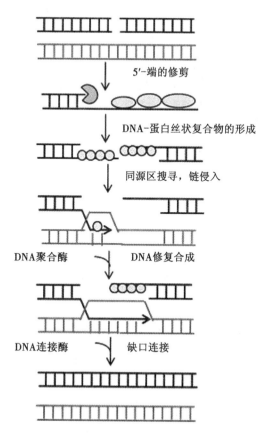

图 4-38　真核细胞 DNA 双链断裂的重组修复

联等损伤。研究表明，不同真核生物的同源重组机制高度保守，至少具有以下几个共同特征。

① 首先发生特异性的双链断裂，然后发生同源重组。因此，适合真核生物同源重组的模型为双链断裂模型。

② 不能形成 SC 的突变细胞也可以发生交换。

③ 参与同源重组的主要蛋白质有多种（表 4-7），如 Rad50、Mre11、Nbs1、Spo11、Dmc1、PCNA、RPA 和 DNAPδ/ε 等，其中，Rad50 与 Mre11 和 Nbs1 一起组成 Mre11 复合体，此复合体在各真核生物之间高度保守，不仅参与 DNA 重组，还参与 DNA 损伤的修复和染色体端粒结构完整性的维持。

同源重组的关键反应是由重组酶（recombinase）超家族催化的 DNA 链交换，细菌的 RecA 蛋白就属于此类。真核生物体内相当于细菌 RecA 的是 Rad51 及只参与减数分裂期间同源重组的 Dmc1 蛋白。在 ATP 存在下，这些重组酶包被初级单链 DNA，启动搜寻另一个双链 DNA 上的次级同源序列。这个初级单链 DNA 最终入侵并取代它的同源序列，完成链交换反应。链交换使得可以利用相同的姊妹染色体或同源染色体作为模板进行复制。

尽管在重组酶超家族各成员之间氨基酸序列的相似性并不高，但都可以形成两种右手螺旋结构：一种是更加伸展的活性形式，另一种是相对紧缩的无活性形式。多种技术手段研究结果表明，由伸展的重组酶/ssDNA/ATP 形成的核丝结构螺距为 9~11 nm，每圈约有 6 个重组酶亚基和 18 个核苷酸。

表 4-7　参与真核生物同源重组的主要蛋白质

| 人 | 酵母 | 生化功能 | 其他性质 |
|---|---|---|---|
| 与 Rad51 作用相关的蛋白质 | | | |
| MRN 复合物 Mre11-Rad50-Nbs1 | MRX 复合物 Mre11-Rad50-Xrs2 | DNA 结合，核酸酶活性 | 参与 DNA 损伤的检查，DSB 的末端修整 |
| BRCA2 | 无 | 单链 DNA 结合，调节重组 | 与 RPA、Rad51、Dcm1 和 DSS1 相互作用 |
| Rad52 | Rad52 | 单链 DNA 结合，调节重组 | 与 Rad51 和 RPA 相互作用 |
| 无 | Rad59 | 单链 DNA 结合和退火 | 与 Rad52 同源，与 Rad52 相互作用 |
| Rad54 Rad54B | Rad54 Rdh54 | ATP 依赖性双链 DNA 移位酶，诱导双链 DNA 超螺旋形成，刺激 D-环反应 | Swi2/Snf2 蛋白家族一员，染色质重塑与 Rad51 相互作用 |

表4-7(续)

| 人 | 酵母 | 生化功能 | 其他性质 |
|---|---|---|---|
| Rad51B-Rad51C<br>Rad51D-XRCC2<br>Rad51C-XRCC3 | Rad55-Rad57 | 单链 DNA 结合,调节重组 | Rad51B - Rad51C 和 Rad51D-XRCC2 形成四元复合物 |
| Hop2-Mnd1 | Hop2-Mnd1 | 刺激 D-环反应,稳定突触前丝状结构,促进双链捕获 | 与 Rad51 和 Dmc1 相作用 |
| 无 | Mei5-Sae3 | 调节重组 | 与 Rad51 和 Dmc1 相作用 |
| Rad54B | Rad54 | 刺激 D-环反应 | 与 Dmc1 和 Rad51 相作用 |

所有的 RecA 类重组酶都有一个 ATP 酶核心,还有一个短的多聚化模体结构。然而,在 N 端和 C 端结构域不尽相同。Rad51、Dmc1 和 RadA 在 N 端结构域具有一定的保守性,而 RecA 在 C 端具有类似的结构域。此外,RecA 在 DNA 损伤时产生的单链 DNA 激活以后,可打开易错的修复途径,这样的特性是古菌和真核生物重组酶所缺乏的。无论如何,重组酶所具有的保守 ATP 酶核心,赋予了它们具有经典的 ATP 诱导的别构效应,由此引发亚基构象变化和丝状结构的组装,从而激活重组酶。

④ 由同源配对蛋白 2(homologous-pairing protein 2, Hop2)控制染色体配对的特异性。Hop2 蛋白缺陷的突变体细胞能形成正常数目的 SC,但非同源染色体也能配对。这说明同源配对并不是 SC 形成的必要条件。

⑤ 如果不发生交换,则减数分裂受阻,以确保在交换发生之前细胞不能分裂。

⑥ 受到严格的调控,以促进正常的同源重组,同时防止发生异常的同源重组。受到调控的对象主要是 Rad51,它既可以受到一些正调节物(如 Rad55 和 Rad57)的刺激,又可以受到一些负调节物(如 Srs2)的抑制。此外,许多参与同源重组的蛋白质(如 RPA、Rad51 和 Rad55)受到共价修饰的调节,如磷酸化和小泛素类修饰物(small ubiquitin-like-modifier, SUMO)化(SUMOylation)。

### 4.4.2.7 古菌的同源重组

不同生物体内的同源重组机制是高度保守的,但古菌的同源机制与真核生物更加相似,如在一级结构的水平上,古菌和真核生物的重组酶(RadA 蛋白或 Rad51 蛋白)序列的一致性可达约 40%,而细菌的 RecA 与它们的一致性只有约 20%。

古菌同源重组起始的切除反应由 Rad50-Mre11-HerA-NurA 复合物催化,产生用于入侵的单链 DNA 3′-端,这里相当于细菌 RecA 的是 RadA 和其他的种内同源物。入侵的结果同样导致形成 Holliday 连接,随后的分叉迁移可能由 Hel308 解链酶催化。Hel308 可作用催化 Holliday 连接拆分的解离酶 Hjc，还能与 PCNA 滑动钳形成功能复合物，最后，连接酶将留有裂口的双链缝合。

### 4.4.3 位点特异性重组

位点特异性重组是指发生在 DNA 特异性位点上的重组。参与重组的特异性位点需要专门的蛋白质识别并结合。尽管在许多情况下，它也需要在重组位点具有同源的碱基序列，但同源序列较短。

位点特异性重组既可以发生在 2 个 DNA 分子之间，也可以发生在 1 个 DNA 分子内部。前一种情况通常会导致 2 个 DNA 分子之间发生整合或基因发生重复，而后一种情况可能导致缺失(deletion)或倒位(inversion)(图 4-39)。

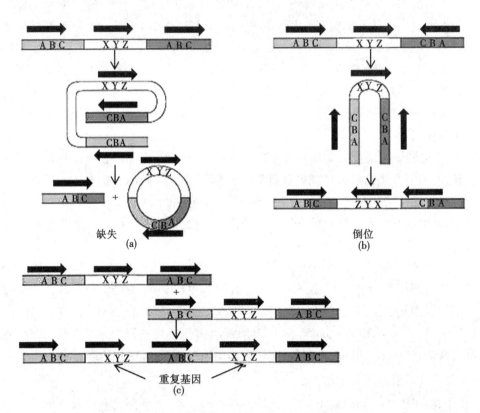

图 4-39　缺失性和倒位式位点特异性重组

缺失性位点特异性重组在 2 个重组位点上含有直接重复序列(direct repeats, DR)，而倒位式位点特异性重组在 2 个重组位点上含有反向重复序列(inverted repeats, IR)。

位点特异性重组的生物学功能主要包括：

① 调节病毒 DNA 与宿主细胞基因组 DNA 的整合；

② 调节特定的基因表达；

③ 调节动物胚胎发育期间程序性的 DNA 重排，例如脊椎动物抗体基因。

此外，还可以利用这种重组作用的高度特异性，以此作为一项重要的工具，将其引入到一种生物体内，实现对特定基因的定点、定时或定向敲除或激活（见后）。

位点特异性重组的发生需要两个要素：① 两个 DNA 分子或片段；② 负责识别重组位点、切割和再连接的特异性重组酶。几乎所有已鉴定的位点特异性重组酶都可归入两大家族——酪氨酸重组酶（the tyrosine recombinase）和丝氨酸重组酶（the serine recombinase）。这两类重组酶的催化，都依赖于活性中心的酪氨酸或丝氨酸残基侧链上的羟基引发的对重组点上的 3′, 5′-磷酸二酯键的亲核进攻，从而导致 DNA 链的断裂。在磷酸二酯键断裂的时候，由于释放的能量以磷酸丝氨酸或磷酸酪氨酸酯键的形式得以保留，因此，重新连接都不需要消耗 ATP。

酪氨酸重组酶家族的成员较多，有 140 余种。例如，整合酶、大肠杆菌的 XerD/XerD 蛋白、Pl 噬菌体的 Cre 蛋白和酵母的 FLP 蛋白。这一类重组酶通常由 300~400 个氨基酸残基组成，含有两个保守的结构域，需要 4 个酶分子同时参与，具有共同的反应机制。链交换反应涉及在识别序列交错切开，2 个切点相距 6~8 bp，形成 Holliday 连接。所有的链切割和重连接反应与 Ⅰ 型 DNA 拓扑异构酶十分相似，为系列转酯反应，没有磷酸二酯键的水解，也没有新 DNA 的合成。具体反应如下（图 4-40）。

① 4 个相同的重组酶亚基识别并结合重组位点，形成联会复合物。

② 有 2 个酶分子各通过活性中心的 Tyr-OH，亲核进攻识别序列上 1 个特定的磷酸二酯键，导致 2 个 DNA 分子各有 1 条链在识别序列内被切开，形成 5′-磷酸和 3′-OH，其中 5′-磷酸与 Tyr 残基以磷酸酯键相连。

③ 两个切点之间发生转酯反应，即一个切点上的 3′-OH 亲核进攻另一个切点上 5′-磷酸-酪氨酸酯键，重新形成 3′, 5′-磷酸二酯键，从而形成 Holliday 连接。

④ 在短暂的分叉迁移后，另外 2 个酶分子在 2 个 DNA 分子上的另一条链上产生切口，反应同②。

⑤ 反应同③。

丝氨酸重组酶的催化机制与酪氨酸重组酶具有两个明显的区别：一是开始作亲核进攻的羟基来自活性中心的丝氨酸残基，而不是酪氨酸残基；二是在催化链交换和重新连接之前，一次切开所有的 4 条链。具体反应如下（图 4-41）。

① 4 个重组酶亚基识别并结合重组位点，形成联会复合物。

② 重组酶的活性被激活，进攻重组位点。在每个亚基的活性中心上，有 1 个丝氨酸残基的羟基对重组点的磷酸二酯键展开亲核进攻，导致 4 条链同时断裂，

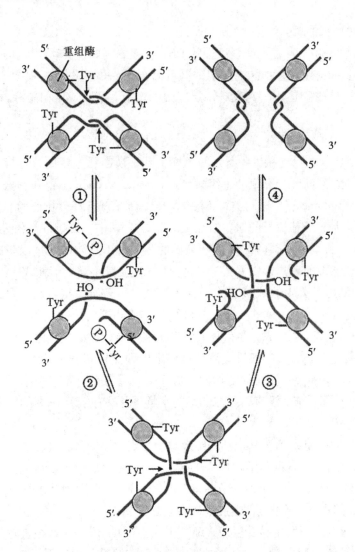

图 4-40    酪氨酸重组酶的作用机制

形成 5′-磷酸-丝氨酸酯键和 3′-OH，切开的磷酸所占的空间使得裂口的 3′-端有 2 个碱基以单链状态存在。

　　③ 断裂的末端发生重排，需要交换的双方发生 180 度旋转，从而进入重组的构象状态。

　　④ 进行链交换。

　　⑤ 链交换以后，游离的 3′-OH 进攻 5′-磷酸-丝氨酸酯键，完成重新连接，同时，释放出重组酶。在重新连接的时候，以单链形式存在的 2 个突出碱基十分重要，因为可以和另一个 DNA 分子上的 2 个互补碱基配对，这有助于确定重组的方向。

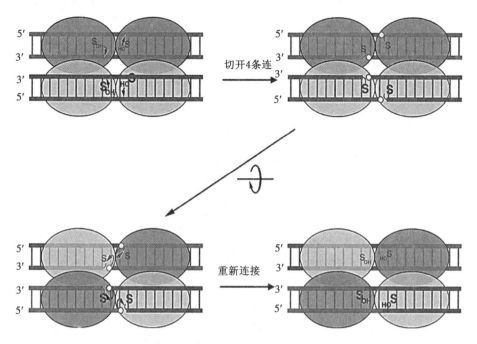

图 4-41  丝氨酸重组酶的催化机制

使用酪氨酸重组酶的典型例子是 λ 或 P1 噬菌体在大肠杆菌基因组 DNA 上的位点特异性整合，而使用丝氨酸重组酶的典型例子是鼠伤寒沙门氏菌在鞭毛抗原转换时发生的倒位。下面分别介绍 λ 噬菌体的位点特异性整合和鼠伤寒沙门氏菌的倒位。

### 4.4.3.1  λ 噬菌体的位点特异性整合

这是第一例被发现的位点特异性重组，发生在 λ 噬菌体 DNA 和大肠杆菌基因组 DNA 之间。λ 噬菌体感染大肠杆菌以后，其 DNA 通过两端的黏性位点（cohesive site，cos 位点）自我环化，并在 DNA 连接酶的催化下实现共价闭环。随后，噬菌体必须在裂解途径（lytic pathway）和溶源途径（lysogenic pathway）中做出选择。若是裂解途径，噬菌体会在较短的时间内通过滚环复制大量增殖，而导致宿主菌裂解；若是溶源途径，噬菌体 DNA 就以位点特异性重组整合到宿主染色体 DNA 上，进入到原噬菌体（prophage）状态。在这期间，噬菌体几乎所有的基因都不表达。

大肠杆菌基因组有高度特异性的位点供 λ 噬菌体 DNA 整合，它位于 gal 操纵子和 bio 操纵子之间，称作附着位点（the attachment site），简称为 attB。attB 只有 30 bp 长，中央含有 15 bp 的保守区域，重组就发生在该区域，该区域简称为 BOB′。B 和 B′分别表示大肠杆菌 DNA 在这段保守序列两侧的臂（图 4-42）。

噬菌体的重组位点称为 attP，其中央含有与 attB 一样长的同源保守序列，以

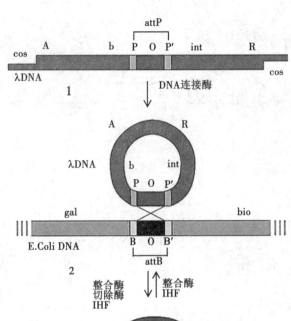

**图 4-42 λ 噬菌体的位点特异性整合**

POP′表示。这段 15 bp 的同源序列是重组的必要条件,但不是充分条件。P 和 P′分别表示两侧的臂,臂长分别是 150 bp 和 90 bp(图 4-43)。*attP* 两翼的序列非常

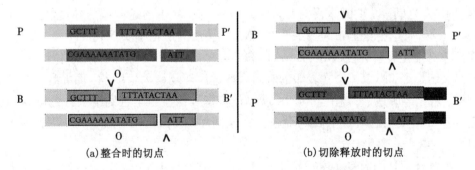

| (a)整合时的切点 | (b)切除释放时的切点 |
|---|---|

**图 4-43 λ 噬菌体重组整合或切除时切点的序列**

重要,因为它们含有重组蛋白的结合位点,参与 λ 噬菌体整合的重组蛋白包括:1 种由噬菌体编码的整合酶(integrase, Int)和 1 种宿主蛋白——整合宿主因子(integration host factor, IHF),但不需要 RecA 蛋白。这两种蛋白质结合在 P 臂和 P′

臂上，促使 *attP* 和 *attB* 的 15 bp 保守序列能正确地排列。其中 IHF 结合以后可让 DNA 弯曲达 160 度，这使得 Int 能更好地催化链的交换。

与同源重组一样，这类位点特异性重组也有链交换、形成 Holliday 连接、分叉迁移和 Holliday 连接解离等过程，但链交换没有 RecA 或者其类似物的参与，而且分叉迁移的距离较短。Int 催化了重组过程的所有反应，包括一段 7 bp 长的分叉迁移。重组的结果导致整合的原噬菌体两侧各成为 1 个附着点，但结构稍有不同，左边的 *attL* 结构为 BOP′，右边的 *attR* 结构是 POB′。

整合的 λ 噬菌体 DNA 从大肠杆菌基因组中的切除，除了需要 Int 和 IHF 以外，还需要 Xis 和倒位刺激因子（factor for inversion stimulation，Fis）。Xis 是一种切除酶（excisionase），由噬菌体编码，Fis 由细菌编码。这 4 种蛋白质都与 attL 和 attR 上的 P 臂和 P′臂结合，促进 *attL* 和 *attR* 的 15 bp 保守序列正确地排列，从而有助于原噬菌体的释放。

λ 噬菌体的整合和切除受到严格的调控。当其侵入大肠杆菌以后，整合能否发生主要取决于 Int 的合成。*int* 基因的转录调控和 *cI* 基因的调控是一致的。（参看原核生物的基因表达调控）

#### 4.4.3.2　鼠伤寒沙门氏菌鞭毛抗原的转换

鼠伤寒沙门氏菌的鞭毛抗原由 H1 或 H2 鞭毛蛋白（flagellin）组成，但在一个特定的细胞内只有一种鞭毛蛋白表达。表达一种鞭毛蛋白的细胞偶然会转变为表达另外一种鞭毛蛋白的细胞（1/1000），这种现象称为相变（phase variation）。由于鞭毛蛋白是宿主的免疫系统最先使用抗体攻击的对象，所以，相变让一些沙门氏菌能生存下来。

相变的发生由倒位性位点特异性重组控制（图 4-44），并无遗传信息的丢弃，

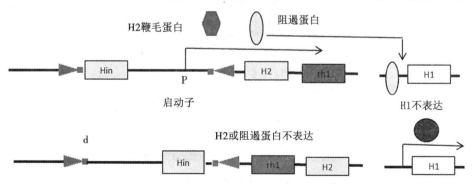

图 4-44　鼠伤寒沙门氏菌鞭毛抗原的转换

仅仅是通过倒位改变基因的方向，致使 H1 和 H2 只能表达一种。在一种方向下，H2 操纵子同时转录 H2 和 rh1，但 rh1 基因编码的是一种抑制 H1 转录的阻遏蛋白Rh1。于是，当 H2 表达的时候，H1 就不能表达。然而，hin 基因编码的是 Hin 倒

位酶(invertase)，属于丝氨酸重组酶，它每隔一定时间便催化位点特异性倒位，导致 H2 启动子离开 H2 操纵子。结果，H2 和 Rh1 均不能表达，这时 H1 反而能够表达。

这里的倒位性位点特异性重组除了 Hin 以外，还需要倒位刺激因子 Fis，以及远处一段 60 bp 的特殊碱基序列。这段序列含有 2 个隔 48 bp 的 Fis 结合位点，其位置和方向不影响它的作用，这与真核生物的增强子(enhancer)相似，它的存在可将重组机会提高到约 1000 倍。Fis 是一种同源二聚体蛋白，每一个亚基含有 98 个氨基酸残基，在结合上述特殊序列以后，直接作用 Hin，刺激它催化倒位区的链断裂反应。

### 4.4.4 转座重组

转座重组是指 DNA 分子上的碱基序列从一个位置转移到另外一个位置的现象。发生转位的 DNA 片段称为转座子(transposon)或可移位的元件(transposable element，TE)，有时还称为跳跃基因(jumping gene)。

与前两种重组不同的是，转座子的靶点与转座子之间不需要序列的同源性。接受转座子的靶点绝大多数是随机的，但也可能具有一定的倾向性(如存在一致序列或热点)，具体是哪一种与转座子本身的性质有关。

转座子的插入可改变附近基因的活性。如果插入到一个基因的内部，很可能导致基因的失活；如果插入到一个基因的上游，又可能导致基因的激活(图 4-45)。此外，转座子本身还可能充当同源重组系统的底物，因为在一个基因组内，双拷贝的同一种转座子提供了同源重组所必需的同源序列。

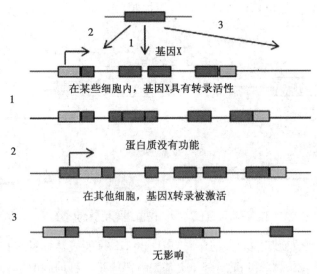

图 4-45　转座子对基因 X 的可能影响

转座子还可增加一种生物的基因组含量，即 C 值。对几种生物的基因组序列分析的结果表明，人、小鼠和水稻的基因组大概有 40% 的序列由转座子衍生而来，但在低等的真核生物和细菌内的比例较小，占 1%~5%。这说明在从低等生物到高等生物的基因和基因组进化过程中，转座子曾发挥过十分重要的作用。

细菌和真核生物的转座子在性质和转座机制上存在很大的差别，现分别介绍。

### 4.4.4.1　细菌的转座子

人们最早在大肠杆菌的半乳糖操纵子（gal operon）内发现转座现象。首先被发现的转座子是插入序列（insertion sequences，IS），因其插入使靶点处基因失活而被发现。IS 在从 DNA 的一个位点插入到另一个位点时，可导致靶点基因及在同一个操纵子内的但位于靶点基因下游的基因表达受阻，此现象称为极性效应（polar effect）。

迄今为止，在细菌内已发现 4 类转座子。

（1）第一类转座子

第一类转座子即 IS，它们是最简单的转座元件，是细菌基因组、质粒和某些噬菌体的正常组分。它们具有以下特征（图 4-46 和表 4-8）：① 长度较小，大概在 700~1800 bp 之间。② 两端一般含有 10~40 bp 长的 IR 序列（左边是 IRL，右边是 IRR）。IRL 和 IRR 非常相似，但不一定完全相同。③ 内部通常只有一个基因，其表达产物只与插入事件有关，是专门催化转位反应的转座酶（transposase，tnpA），缺乏抗生素或其他毒性抗性基因。转座酶的量受到严格的调控，它是决定转座频率的主要因素。④ 通过剪切和插入的方式进行转座，转座结束后可导致靶点序列倍增（图 4-47）。⑤ 有少数（如 IS91）没有明显的 IR 序列，通过滚环复制和插入的方式进行转座。

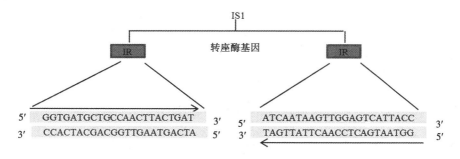

图 4-46　第一类转座子的结构

表 4-8　大肠杆菌中的几种插入序列

| IS 类别 | 长度/bp | IR 长度/bp | 靶点长度 | 染色体上的拷贝数 | F 质粒上的拷贝数 |
|---|---|---|---|---|---|
| IS1 | 768 | 20/23 | 9 | 5~8 | |
| IS2 | 1327 | 32/41 | 5 | 5 | 1 |
| IS3 | 1258 | 39/39 | 3 | 5 | 2 |
| IS4 | 1426 | 16/18 | 11, 12 或 14 | 1 或 2 | |
| IS5 | 1195 | 15/16 | 4 | 丰富 | |
| IS10R | 1329 | 17/22 | 9 | | |

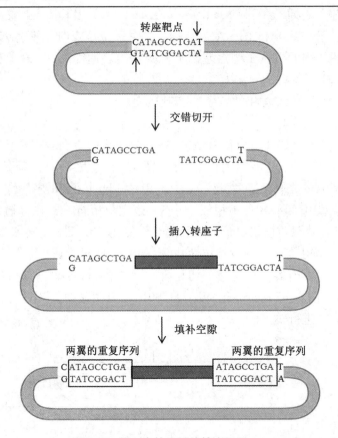

图 4-47　第一类转座子的转座机制

（2）第二类转座子

第二类转座子又称为复杂型转座子（complex transposon），它们具有以下特征（图 4-48 和表 4-9）：① 较长，长度在 2.5~20 kb 之间。② 两侧含有 35~40 bp 长的 IR 序列。③ 内部结构基因通常不止一个。常见的结构基因包括 tnpA-编码转座酶，tnpR-编码拆分酶，一个或几个特定的抗生素抗性基因（resistance，res）。④ 转座以后导致约 5 bp 长的靶点序列发生倍增，由此在转座子两侧产生直接重复序列。

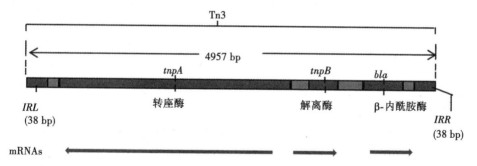

图 4-48  第二类转座子的结构

表 4-9  几种第二类转座子的特征

| 转座子 | 抗生素或其他抗性标记 | 长度/bp | IR 长度/bp |
|---|---|---|---|
| Tn1 | 青霉素 | 4957 | 38 |
| Tn3 | 青霉素 | 4957 | 38 |
| Tn501 | Hg 抗性 | 8200 | 38 |
| Tn7 | 甲氧苄卡嘧啶、壮观霉素、链霉素 | 14000 | 35 |

（3）第三类转座子

第三类转座子又名复合型转座子（composite transposon）（图 4-49 和表 4-10），由 2 个 IS 和一段带有抗生素抗性（如新霉素磷酸转移酶导致新霉素失活）或其他毒性抗性的间插序列组合而成，其中的 2 个 IS 位于转座子的两侧，具有相同或相反的方向。每一个 IS 具有典型的第一类转座子的特征，可独立地转位，也可与间插序列一道作为一个整体进行集体转移。

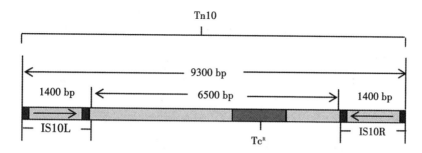

图 4-49  第三类转座子的结构

表 4-10　几种第三类转座子的特征

| 转座子 | 抗生素或其他抗性标记 | 长度/bp | 插入序列 |
| --- | --- | --- | --- |
| Tn5 | 抗卡那霉素（kan$^R$） | 5700 | IS50 |
| Tn9 | 抗氯霉素（cm$^R$） | 2638 | IS1 |
| Tn10 | 抗四环素（tet$^R$） | 9300 | IS10 |

（4）第四类转座子

这一类转座子最为典型的是 Mu 噬菌体（bacteriophage Mu），它是大肠杆菌的一种温和性噬菌体，具有裂解和溶源循环生长周期。在溶源期，其 DNA 整合到宿主基因组 DNA 之中，但不是通过位点特异性重组而是通过转座的方式随机地整合。它在复制以后，通过复制型转位随机插入到宿主 DNA 的任何区域，很容易诱发宿主细胞的各种突变，因此，它有时称为诱变子（mutator）。从转座子的角度来看，Mu 噬菌体 DNA 为 38 kb 的线性双链，两侧缺少 IR 序列，其基因组的 20 多个基因只有 A 基因和 B 基因与转座有关，其中，A 基因编码转座酶（图 4-50）。Mu 的转座也可引起靶点序列产生倍增。

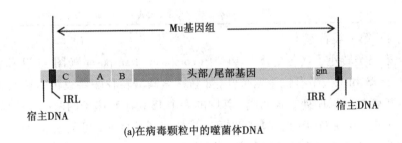

(a)在病毒颗粒中的噬菌体DNA

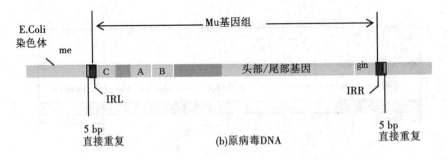

(b)原病毒DNA

图 4-50　Mu 噬菌体 DNA 的结构

#### 4.4.4.2 真核生物的转座子

真核生物的转座现象最初由 Barbara McClintock 于20世纪50年代初在玉米中发现。随后，又有人在果蝇体内发现。但在当时并没有引起足够的重视，从 McClintock 在 1951 年发表她的发现，到 1983 年获得诺贝尔奖，竟然相隔 32 年之久，就足以说明其曾经受到的冷落程度。现已证明转座事件是真核生物极为普遍的现象，已有多种形式的转座子被发现。真核转座子与原核转座子的差别主要反映在转座的机制上，集中在两个方面：① 真核转座子在转座过程中的剪切和插入是分开进行的。② 真核转座子的复制很多需要经过逆转录即 RNA 中间物来进行（详见转座机制）。

一般可以根据转座的机理将真核转座子分为两类：第一类是无 RNA 中间体的 DNA 转座子，其转座过程是 DNA→DNA；第二类是需要 RNA 中间体的逆转座子（retrotransposons），其转座过程是 DNA→RNA→DNA，中间有一环节是逆转录反应（图 4-51）。

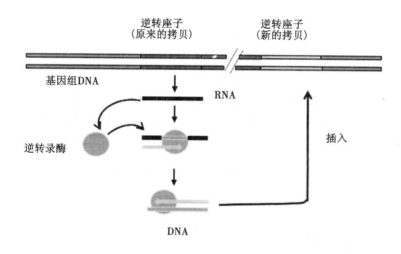

图 4-51　逆转座子的转座机制

每一类转座子都有自主型（autonomous）和非自主型（non-autonomous）。自主型含有 1~2 个可读框，编码转座所必需的酶或蛋白质，因此能独立地进行转座；非自主型编码能力不足，不能独立地进行转座，但保留了转座所必需的顺式元件，所以，在合适的自主型转座子编码的转座酶的帮助下，也可以进行转座。

（1）DNA 转座子

DNA 转座子还可以进一步分为复制型 DNA 转座子（replicative DNA transposons）和保留型 DNA 转座子（conservative DNA transposons），其中，前者在转位前后，原位置上的拷贝并没有消失，只是将转座子序列复制一份，并转移到新的位点；而后者在转座中，原有的拷贝被全部原封不动地转移保留到新的位点。

复制型 DNA 转座子统称为 Helitron，它们以滚环的方式进行复制，然后插入到新的位点。据估计，拟南芥和线虫基因组约 2% 的序列属于此类转座子。

Helitron 的两端无 IR 序列，在转座以后，也不会使靶点序列发生倍增。然而，Helitron 总是以 5′-TC 开始，3′-CTRR 结束（R 表示嘌呤碱基）。此外，在 CTRR 序列上游，有一段 16～20 nt 长的无保守性的回文序列，可折叠成发夹结构（图 4-52）。Helitron 内部的基因可能只有 1 个，如来源于线虫的；也可能含有 2～3 个，如来源于拟南芥和亚洲栽培稻（O. sativa）的。基因编码的蛋白质一般含有 5′-3′解链酶和核酸酶或连接酶的结构域，Helitron 名称的前四个字母来自解链酶。

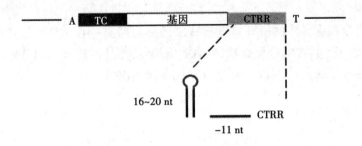

图 4-52　Helitron 的结构

真核生物绝大多数 DNA 转座子属于保留型 DNA 转座子。例如，玉米的 Ac-Ds 系统，果蝇的 P 元件（P element），广泛存在于多种生物（原生动物、果蝇、蚊子和鱼类等）体内的"水手"元件（mariner elements），以及在水稻和线虫体内发现的微型反向重复转座元件（miniature inverted-repeat transposable elements，MITE）。

① 玉米的 Ac-Ds 系统。Ac-Ds 系统是由 McClintock 最先发现的（图 4-53）。

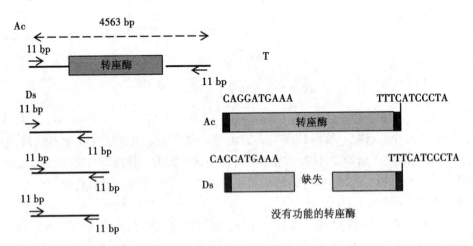

图 4-53　Ac 和 Ds 的结构比较

Ac 表示激活子元件（activator element），约有 4563 bp，属于自主型，带有全功能的转座酶基因，两端是 11 bp 的 IR 序列；Ds 表示解离元件（dissociation element），属于非自主型，两端也是 11 bp 的 IR 序列，但中间只有缺失、无功能的转座酶基因，它实际上是 Ac 经不同的缺失突变形成的。由于 Ds 无转座酶，因此不能单独转位，只有 Ac 存在才可以。

　　玉米种子的颜色由紫色色素基因 C 决定（图 4-54）。如果 Ac 或 Ds 插入到 C 基因（color gene）内部，则 C 基因失活，于是，玉米籽粒不能产生紫色色素，而成为黄色；如果 Ds 从 C 跳开，C 基因就能正常表达，玉米籽粒又变成紫色；如果 Ds 远离 Ac，或者 Ac 本身跳开，位于 C 基因内的 Ds 则不再受 Ac 的控制，可以持续发挥对 C 基因的抑制作用，使玉米籽粒成为黄色。Ac 和 Ds 在染色体上的跳动十分活跃，使得受它们控制的颜色基因时开时关，于是，玉米籽粒便出现了斑斑点点。

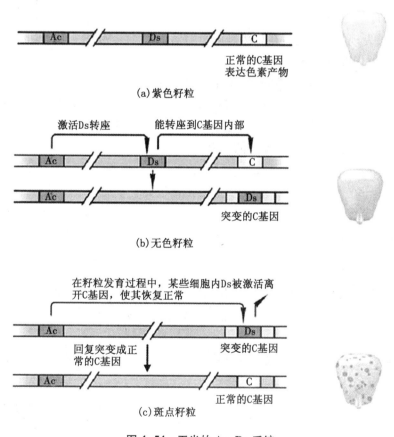

(a) 紫色籽粒

(b) 无色籽粒

(c) 斑点籽粒

图 4-54　玉米的 Ac-Ds 系统

　　② 果蝇的 P 元件。完整的 P 元件长度约为 2.9 kb，两端含有 31 bp 的 IR 序列，内部有一个可读框，由 4 个外显子和 3 个内含子组成，编码转座酶。P 元件的

转座可引起染色体的断裂和基因突变,因此可导致细胞的死亡。但它只能在生殖细胞内发生,这是因为只有在生殖细胞内转座酶的 RNA 才能被正确地剪接(3 个内含子完全切除),从而翻译出具有活性的转座酶,而在体细胞内,第 3 个内含子不能被除掉,由这种 RNA 翻译出来的产物是转座的阻遏物。上述阻遏物也存在于含有 P 元件的卵细胞的细胞质,因此,含有 P 元件的雌果蝇与缺乏 P 元件的雄果蝇交配不会产生不育后代,而含有 P 元件的雄果蝇与缺乏 P 元件的雌果蝇交配,则产生许多不育后代。

③ "水手"元件。水手元件也叫水手类元件(mariner-like element, MLE),最早发现在一种源于印度洋的果蝇(Drosophila maurintiana)。其长约为 1.3 kb,两端为一段短 IR 序列,内部只有 1 个转座酶基因。

MLE 很特别,具有水平传播的能力,即能够在不同的物种之间进行水平转移。已在很多原生动物、400 多种节肢动物和鱼的基因组内发现其踪迹。

④ MITE。MITE 是在秀丽隐杆线虫(C.elegans)基因组和水稻基因组序列测定完成以后被发现的。这两种生物的基因组中含有大量的 MITE,人、爪蟾和苹果的基因组中也发现有 MITE。

MITE 非常小,仅有 50~500 bp,不能编码任何蛋白质,两端含有 15 bp 的 IR 序列,属于非自主型转座子,因此,转座需要借用其他自主型转座子编码的转座酶。例如,在野生的水稻基因组中发现一种叫 mPing 的转座子就属于此类,它的转座需要自主型转座子 Ping 编码的转座酶的帮忙。

(2)逆转座子

逆转座子在真核生物基因组中所占的比例很高。根据两端的结构,可将它们分为 LTR 逆转座子(LTR-containing retrotransposon)和非 LTR 逆转座子(non-LTR retrotransposon)(图 4-55):在 LTR 逆转座子的两端,含有类似于逆转录病毒基因

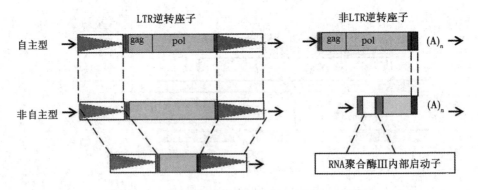

图 4-55 LTR 逆转座子和非 LTR 逆转座子的结构

组 RNA 经逆转录产生的 LTR 序列;非 LTR 逆转座子没有 LTR 序列,但在一端含有一小段重复序列(通常是 polyA)。无论是哪一种逆转座子,同样有自主型和非

自主型之分。如果是自主型的，其内部含有 gag 基因和 pol 基因，但缺乏编码逆转录病毒外壳蛋白的 env 基因。pol 基因编码蛋白酶、逆转录酶、核糖核酸酶 H 和整合酶；如果是非自主型的，则内部序列大小变化很大，已丧失大多数或全部编码功能。

属于 LTR 逆转座子的有果蝇基因组上的 Copia 元件和酵母基因组上的 Ty 元件，属于非 LTR 逆转座子的有 LINE、SINE 和 SVG 等。

① 酵母的 Ty 元件。Ty 元件在酵母单倍体细胞中约有 35 个拷贝，散布在各染色体 DNA 上，一般位于基因组 DNA 基因贫乏的区域或异染色质所在的地方，这样，可以降低对宿主可能造成的危害。其 LTR 称为 δ 序列，长度大概为 330 bp。Ty 元件的转座效率很低，平均 $10^4$ 世代才会发生 1 次。

1985 年，Gerald Fink 及其同事设计了一个巧妙实验，证明 Ty 元件是通过 RNA 中间物转座的。他们将这类转座子的一种 Ty1 受控于半乳糖启动子，于是，它的转录受到培养基中的半乳糖的诱导。结果表明，如果培养基中没有半乳糖，则几乎观测不到转座现象；反之，如果培养基中有半乳糖，则有转座发生。此外，他们还将一个内含子人为插入到 Ty1 内部，当使用半乳糖诱导转录以后，发现在新位置上出现的转座子拷贝已丢掉了内含子。上述实验说明，Ty1 的确通过 RNA 转录物为中间体进行转座的，否则，它的转座不可能受到半乳糖的诱导，更不可能丢掉内含子序列。

Ty 元件可分为五大家族(Ty1~Ty5)，但并不是都具有转录的活性。具有转录活性的 Ty 元件属于自主型逆转座子，其转录产物最多可占到细胞总 mRNA 的 5% 以上。内部含有活性的 tyA 基因和 tyB 基因，分别相当于逆转录病毒的 gag 和 pol。tyA 编码一种 DNA 结合蛋白，tyB 编码逆转录酶。但由于缺乏编码逆转录病毒外壳蛋白的 env 基因，因此，它们在细胞内并不能装配成感染性的病毒颗粒，但可以形成类似于病毒的颗粒(virus-like particle，VLP)。

② 果蝇的 Copia 元件。Copia 元件长度约为 5.1 kb，每一个果蝇基因组大概有 20~60 个拷贝，散布在各染色体上，其 LTR 的长度约为 276 bp。每一个 Copia 的内部含有一个长可读框，编码的是由整合酶、逆转录酶和一种 DNA 结合蛋白组成的多聚蛋白质。在果蝇细胞中，也含有无传染性的类似于病毒的颗粒。

Copia 元件在结构上与酵母的 Ty 相似，但转座效率略高于 Ty，$10^3$~$10^4$ 世代发生一次，它的转座可导致靶点上 5 bp 序列发生倍增。

③ LINE、SINE 和 SVA。灵长类基因组含有的非 LTR 逆转座子包括 LINE、SINE 和 SVA(图 4-56)，LINE 和 SINE 都缺乏 LTR，其中 LINE 分为 LINE-1(简称为 L1)和 LINE-2(简称为 L2)两种形式。

人 LINE 的主要形式是 L1，在人类基因组上的拷贝数超过 50 万，其长度为 1~6 kb。完整的 L1 的全长为 6.5 kb，含有 2 个可读框，一个相当于 gag 基因，编码一种 DNA 结合蛋白,另一个编码具有逆转录酶活性的内切核酸酶。然而,人类基因组中具有转录和翻译活性的完整的 L1 大概有 100 个,绝大多数都是长度不等的缺失性突变体,丧失了有功能的基因。

LINE 转座的基本过程由于 L1-DNA 的转录终止并不总是精确的,有时通读,有时提前结束,结果导致一些转录产物要么被加长,要么被截短,这就是 L1 序列不均一的原因,那些被截短的 L1 很可能就丧失了某些功能。

有时,由 L1-RNA 翻译出来的逆转录酶偶尔会误以细胞内其他基因的 mRNA 为底物,并将逆转录成的 cDNA 整合到基因组 DNA 上,从而产生假基因。通过这种手段产生的假基因,既少了正常基因所具有的内含子,也少了真基因转录所必需的全套启动子和其他调控序列,因此,一般没有转录活性。

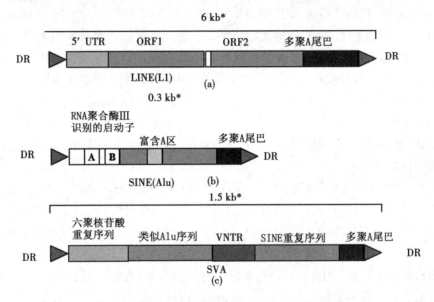

图 4-56　LINE、SINE 和 SVG 3 种逆转座子的结构

人类基因组含有大量的 SINE,约占基因组总量的 10%,它们散布在各染色体 DNA 上,在靠近 5′-端含有 RNA 聚合酶Ⅲ所识别的内部启动子序列(A 盒和 B 盒)。绝大多数 SINE 属于 Alu 家族或 Alu 序列。

已发现 Alu 序列至少与人类的一种遗传病——神经纤维瘤(neurofibromatosis)——有关,在这种病人体内,Alu 序列插入到一种抑癌基因——NF1——的内部,导致该基因失活。NF1 编码的是神经纤维瘤蛋白(neurofibromin),其功能是通过干扰原癌基因 ras 编码的 Ras 蛋白的作用而抑制细胞的生长和分裂。

SVA 元件是存在于灵长类动物基因组内的一类非自主逆转座子,最初被命名为 SINE-R 元件,其中,R 表示它起源于逆转录病毒。SVA 以它的 3 个主要成分来命名:SINE-R、VNTR 和 Alu 序列。在灵长类基因组内超过一半以上的 SVA 是全长的，能够利用 L1 编码的内切酶和逆转录酶进行转座。SVA 一端为多聚 A 尾巴序列，在两侧有靶点倍增产生的重复序列。单独的 SVA 的大小会有变化，主要是因为内部的 VNTR 有多态性。

相对于 LINE 和 SINE，SVA 是灵长类基因组的"新兵"，但"实力"却在不断壮大。已发现一些新的 SVA 是人类一些疾病的病因。与 L1 相似，SVA 在转座的时候，有可能带走其两端的基因组序列，从而导致外显子洗牌（exon shuffling），进而产生新的基因家族，因此，它对宿主有利有弊。

#### 4.4.4.3 古菌的转座子

古菌体内的转座子主要是 IS 和 MITE，仅有少量复合型转座子，迄今为止，还没有发现任何逆转座子的存在。其 IS 在结构上类似于细菌，与真核生物差别较大。两端是短的 IR，内部带有 1~2 个可读框，编码转座酶，在转座以后，一般会导致插入点序列的倍增。其 MITE 为非自主的已缺失了转座酶部分或全部序列的 IS。

古菌与细菌在转座子结构上的相似性说明了在它们之间发生过转座元件的水平转移（lateral transfer），而这种转移在真核生物和古菌之间却未曾发生。

#### 4.4.4.4 转座的分子机制

转座机制一般分为两种类型：一种是简单转座（simple transposition），也称为直接转座或保留型转座（conservative transposition）或非复制型转座（non-replicative transposition），另外一种是复制型转座（replicative transposition）。无论是哪一种机制，起主导作用的都是转座酶。

迄今为止，已发现 5 类转座酶。这 5 类酶在转座中使用不同的催化机制，调节 DNA 链的断裂和重新连接。

① DDE-转座酶：含有高度保守的三联体氨基酸残基，即 Asp（C）、Asp（D）和 Glu（E），它们是参与催化的 2 价金属离子（主要是 $Mg^{2+}$）与酶配位结合所必需的。

② Y2-转座酶：活性中心有 2 个 Tyr 残基参与催化。

③ Y-转座酶：活性中心的 1 个 Tyr 残基参与催化。

④ S-转座酶：活性中心的 Ser 残基参与催化。

⑤ RT/En 转座酶：由逆转录酶和内切酶组合而成。

（1）简单转座

这种机制只是将起始位点上的转座子剪切下来，然后粘贴到新的靶点上去。显然，在转座完成以后，起始位点上的转座子序列已消失，因此，转座子的拷贝数维持不变。参与此种转座机制的转座酶主要是 DDE-转座酶，也有的使用 Y-转座酶或 S-转座酶。利用此机制的转座子有：IS10、IS50、P 元件、Ac/Ds 元件和水手元件等。

由 DDE 转座酶催化的转座子的剪切有 3 种方式（图 4-57）：第一种方式是转座子的 3′-端被切开，形成 3′-OH 和 5′-磷酸。随后，3′-OH 亲核进攻另一条链上转座子 5′-端的磷酸二酯键，导致形成两端带有发夹结构的游离转座子。当发夹结构被切开以后，就被转移到靶点上；第二种方式是转座子的 5′-端被切开，形成 3′-OH 和 5′-磷酸。随后，3′-OH 亲核进攻另一条链上转座子 3′-端的磷酸二酯键，使转座子直接游离出来，但转座子两侧的 DNA 则形成发夹结构；最后一种方式是转座子的 5′-端和 3′-端先后被切开，无发夹结构的形成。

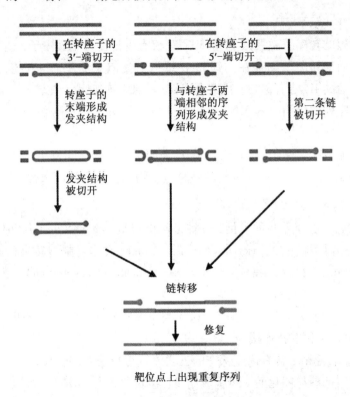

图 4-57　DDE 转座酶催化的转座子剪切方式

（2）复制型转座

这种机制需要将起始位点上的转座子复制一份，然后粘贴到新位点上。显然，每转座一次，拷贝数就增加一份。有的转座子的复制不需要 RNA 中间物，有的需要 RNA 中间物，现分别加以讨论。

① 不需要 RNA 中间物的转座子复制。不使用 RNA 中间物的复制，一般使用滚环复制，由 Y2-转座酶催化，使用此机制进行复制的转座子有 IS91 和 Helitron。

有一种模型认为复制和插入分开进行（图 4-58(a)），具体步骤是：

• 转座酶切开转座子起点的一条链，产生 5′-磷酸酪氨酸酯键连接和 3′-OH；

- 聚合酶以 3′-OH 作为引物，开始链取代合成；
- 转座酶在转座子的终点以同样的方式切开同一条链，从而游离出单链转座子；
- 新合成的 DNA 链的 3′-OH 亲核进攻位于转座子终点的 5′-磷酸酪氨酸酯键，形成 3′, 5′-磷酸二酯键，并释放出转座酶；

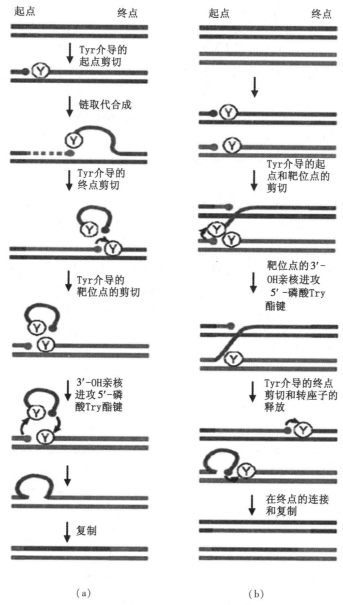

（a）　　　　　　（b）

图 4-58　由 DDE 转座酶介导的转座子剪切和插入机制

• 转座酶在靶点上切开 DNA 的一条链，同样产生 5′-磷酸酪氨酸酯键连接和 3′-OH；

• 前面被游离出来的单链转座子通过其 3′-OH，亲核进攻靶点上 5′-磷酸酪氨酸酯键，致使单链转座子插入到靶点；

• 靶点上 3′-OH 亲核进攻单链转座子上的 5′-磷酸酪氨酸酯键，靶点的切口被缝合，转座酶得到释放；

• 在靶点的另一条链上进行 DNA 的修复合成，产生转座子的互补链。

还有一种模型认为复制与插入同时进行，具体步骤是(图 4-58(b))：

• 转座子的起点和靶点同时被转座酶切开，产生 5′-磷酸酪氨酸酯键连接和 3′-OH；

• 靶点上的 3′-OH 进攻转座子起点上的 5′-磷酸酪氨酸酯键，形成新的 3′，5′-磷酸二酯键，致使转座子的一端插入到靶点；

• 在转座子起点的 3′-OH 开始 DNA 链取代合成，导致转座子的一条链被取代；

• 转座酶在终点的剪切导致转座子的一条链完全插入到靶点上；

• 在转座子和靶点上分别进行 3′-OH 亲核进攻 5′-磷酸酪氨酸酯键的反应，致使两个位点上的切口被缝合；

• 在靶点的另一条链上进行 DNA 的修复合成，产生转座子的互补链。

② 需要 RNA 中间物的转座子复制。逆转座子都需要 RNA 中间物，但 LTR-逆转座子和非 LTR-逆转座子在转座的具体步骤上有很大的差别，其中，LTR-逆转座子的转座机制类似于逆转录病毒，这里以 L1 为例，只介绍非 LTR-逆转座子的转座过程。

L1 转座主要依赖靶点引发的逆转录反应(target-primed reverse transcription, TPRT)，其详细过程如下。(图 4-59)

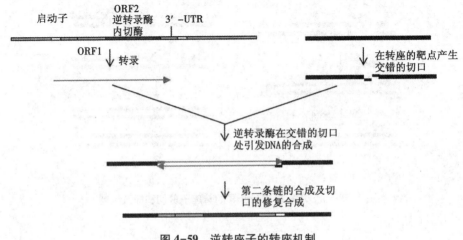

图 4-59　逆转座子的转座机制

- L1-DNA 在 RNA 聚合酶Ⅱ的催化下转录为 L1-RNA。
- L1-RNA 进入细胞质，被翻译成 RT 和内切酶。
- L1-RNA 与翻译产物一起返回到细胞核。
- 内切酶在靶点上切开 DNA 的一条链，产生 3′-OH 和 5′-磷酸。
- RT 在靶点的 3′-OH 上，以 L1-RNA 为模板，启动逆转录，开始合成 cDNA 的第一条链。
- 靶点上的第二条链被内切酶或宿主细胞的核酸酶切开，产生 3′-OH 和 5′-磷酸。
- 新合成的 cDNA 第一条链与靶点上的另一条链通过微同源性而配对，使得靶点上第二切点上的 3′-OH 能够作为引物，以启动 CDNA 第二链的合成。
- 靶点上的缺口被宿主 DNA 聚合酶填补。有时，逆转录酶可能切换模板，以靶点上的另一条链为模板，继续 cDNA 第一条链的合成，然后由逆转录酶或宿主细胞内的 DNA 聚合酶合成 cDNA 的第二条链，并填补缺口。

L1 内切酶在底部的这条链的 A 和 T 之间切开，暴露出一个 3′-OH，作为引物，以含有多聚 A 尾巴的 L1-RNA 为模板，合成 cDNA。上面的一条链交错切开，再进行修补合成、连接，最后可导致靶点序列（TACT）倍增（target-site duplication，TSD）（图 4-60）。

### 4.4.4.5 转座作用的调节

转座子这类自私的 DNA 序列，像计算机病毒一样，可以自我复制、粘贴。新的转座子的插入可导致有害的突变，或者影响整个基因组的稳定，还可能带有增强子或绝缘子序列，从而改变邻近基因的表达。已发现人类的一些疾病与转座子有关，如 L1 插入到凝血因子Ⅷ基因或结肠腺瘤性息肉（adenomatous polyposis coli，APC）基因的内部，可分别导致血友病和结肠癌。然而，转座子也有好的一面。例如，它们可以增加一种生物的 $C$ 值，也可能对基因的调节和适应有好处。转座子对它们的宿主不管是好是坏，与宿主都是相互依赖的。在长期的进化过程中，宿主已在多个水平发展了多种抑制转座子活性的机制，特别是在生殖细胞内，以实现由转座事件产生的利弊平衡，防止有害的突变传给后代。

（1）染色质和 DNA 水平

许多真核转座子位于转录活性差的异染色质内，或者内部含有抑制转录活性的 5-甲基胞嘧啶，这实际上是利用复杂的表观遗传沉默机制来抑制转座子活性。这类方式被植物普遍使用，它们包括在 CG、CHG 和 CHH（H 代表 A、T 或 C）序列上进行高水平的甲基化，对 H3 组蛋白的 Lys9 进行甲基化修饰（H3K9me2），使用 24 nt 长的小干扰 RNA（siRNA）进行 RNA 指导的 DNA 甲基化（RNA-directed DNA methylation，RdDM）。若 DNA 甲基化样式受到破坏，可激活转座子。例如，拟南芥有一种甲基转移酶 MET1，其失活突变可直接导致拟南芥的一个逆转座子 E-

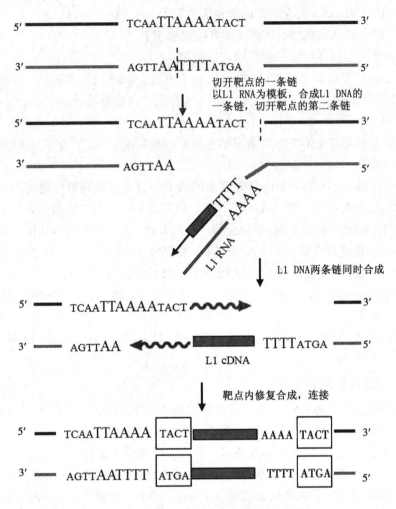

**图 4-60　L1 逆转座子复制粘贴的过程**

VADE(EVD)的激活。

(2)转录水平

一般说来，驱动转座酶基因转录的启动子天生是弱启动子，因此，转座酶的转录效率本来就低；另外，它的启动子通常有部分序列位于末端重复序列之中，这使得转座酶能够与自身的启动子序列结合而进行自体调控，从而使转录的活性降低。此外，某些转座酶基因的转录还受到阻遏蛋白的负调控。

(3)转录后水平

在大多数动物体内(从线虫到哺乳动物)，存在着一类非编码的小 RNA，叫PIWI 作用的 RNA(PIWI-interacting RNA，piRNA)，它们时刻监视着基因组，防止有害的转座事件的发生。这里的 PIWI 蛋白和参与干扰 RNA 作用的 Ago 蛋白同属一大家族。piRNA 主要分布在动物的生殖细胞，一般长度为 20~35 nt，其 3′-端的核苷酸在 2′-羟基被甲基化修饰，5′-端的核苷酸一般是尿苷酸。piRNA 在与 PIWI 蛋白结合以后，通过碱基互补配对锁定目标 RNA。与大多数 Ago 蛋白一样，PIWI 也具有内切核酸酶活性，它通过切割与 piRNA 互补的 RNA，诱导转录后的转座子的沉默。此外，还有一些 PIWI 蛋白（果蝇的 Piwi 和小鼠的 Miwi2）可进入细胞核，通过异染色质组蛋白标记 H3K9me3 或 DNA 甲基化在转录水平上诱导转座子沉默。

piRNA 在基因组 DNA 上成簇排列，最先转录的是一个长的前体，随后被加工成成熟的 piRNA，再通过一种乒乓循环（ping pong cycle）机制得以扩增。在这种循环机制中，先成熟的 piRNA（初级 piRNA）与 PIWI 蛋白结合，在遇到含有互补序列的由逆转座子转录产生的 RNA 以后，PIWI 将转座子 RNA 切成小的片段，使其成为次级 piRNA。次级 piRNA 与 PIWI 蛋白结合，再反过来作用于初级 piRNA 的前体，产生更多的成熟的 piRNA 去对付逆转座子转录产生的 RNA（图 4-61）。

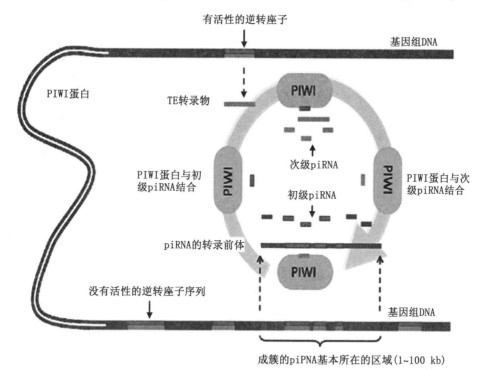

**图 4-61　piRNA 介导的转座子沉默**

（4）翻译水平

某些转座子 mRNA 翻译的起始信号隐蔽在特殊的二级结构之中，这使得它的起始密码子难以被核糖体识别，从而降低了它的翻译效率。此外，还可以通过翻译水平上的移框或反义 RNA(anti-sense RNA)来减弱或抑制转座酶的翻译。

(5)转座酶本身的稳定性

许多转座酶的稳定性很差,很容易被宿主细胞内的蛋白酶降解,这在一定程度上降低了转座酶的活性。

(6)转座酶活性的顺式调节

已发现某些转座酶对表达它的转座子或邻近的转座子的活性高,而对其他位点上的同一种转座子的活性很低,这就限制了它对其他位点转座事件的影响。

(7)宿主因素的影响

转座酶的活性经常受到宿主细胞内多种因子的调节,如 DNA 伴侣蛋白(DNA chaperone)、IHF、HU 和 DnaA 蛋白等。

# 第二篇

## 方法篇

# 5　重组 DNA 技术

重组 DNA 是通过某种手段将不同来源的 DNA 片段连接起来，并进行扩增和纯化以供进一步研究的技术。当克隆即无性繁殖这一名词被借用到同一种重组 DNA 分子的大量扩增和纯化的时候，基因克隆或分子克隆等术语便应运而生，因此，重组 DNA 又称为基因克隆。基因克隆的步骤如图 5-1 所示。

有效的基因克隆至少需要满足 5 个条件：① 具有容纳外源基因或序列的载体（vector）；② 具有将外源基因或序列导入到载体的工具；③ 具有合适的宿主细胞或受体细胞；④ 具有将重组 DNA 引入到宿主细胞的有效途径；⑤ 具有选择和筛选重组体的方法。

## 5.1　基因工程载体

载体的作用是容纳被克隆的目的基因，以便将它们带入到特定的宿主细胞进行扩增或表达。一种理想的载体一般需要满足以下几个条件。① 大多数载体含有细菌 DNA 复制起始区，以便于在细菌细胞中的扩增。② 某些载体还含有真核细胞 DNA 复制起始区，以方便在真核细胞内的自主复制。③ 含有集中了多种常用的限制性内切酶切点的多克隆位点，以方便各种克隆片段的插入和建立 DNA 文库。④ 带有抗生素抗性基因或其他选择性标记，有利于克隆的筛选和鉴别。⑤ 某些载体含有可诱导的或组织特异性的启动子或增强子序列，有利于控制被插入的基因在宿主细胞内的表达。⑥ 现代的载体一般含有多功能的结构元件，同时兼顾到克隆、测序、体外突变、转录和自主复制等。目前，使用的载体多衍生于质粒、噬菌体载体。

### 5.1.1　质粒载体

质粒是指细菌染色体以外的、能自主复制并与细菌共生的遗传成分（图5-2）。少数真核生物甚至线粒体也有质粒。大部分质粒都至少含有一段可作为复制起点的 DNA 序列，因此，能够在细胞内独立于宿主细胞本身的复制周期而实现扩增。

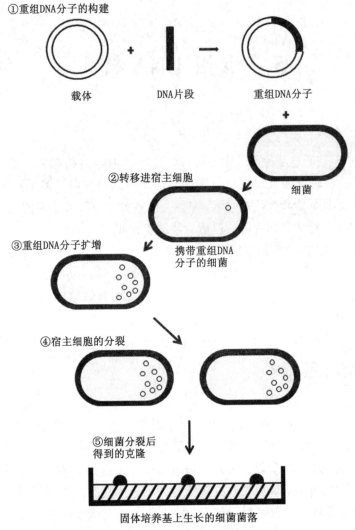

①重组DNA分子的构建

载体　　　　　　DNA片段　　　　　重组DNA分子

②转移进宿主细胞

细菌

③重组DNA分子扩增

携带重组DNA
分子的细菌

④宿主细胞的分裂

⑤细菌分裂后
得到的克隆

固体培养基上生长的细菌菌落

图 5-1　基因克隆步骤

一些小的质粒也可以利用宿主细胞本身的 DNA 复制酶来对自身进行拷贝，而一些较大的质粒本身携带能够编码自身质粒复制所需的专一性酶的基因。一小类质粒还能够通过将自己插入到宿主细胞染色体中来进行复制。这些整合型质粒或称游离型质粒可以以这种形式稳定存在于细胞中很多代，但也会在某些阶段以独立的成分存在。

　　质粒的大小和拷贝数对于基因克隆来说尤其重要。质粒的大小不等，只有其中很小一部分质粒能够在克隆实验中得到应用。拷贝数指的是在一个细菌细胞中通常能够找到的某个质粒的分子数。一些大一些的质粒在细胞中十分稀少并且只

图 5-2 质粒——在细菌内发现的独立遗传成分

有一到两个低拷贝数。此外，有一种松弛型质粒，在一个细胞中含有 50 个或更多的拷贝数。控制拷贝数的因素尚未被人们充分了解。一般来说，一个有用的克隆载体需要以大拷贝的形式存在于细胞中，这样，才能够获得大量的重组 DNA。

天然存在的质粒按照其特征可分为 5 类：① 致育质粒（fertility）或称 F 质粒（F plasmid），仅携带转移基因，并且除了能够促进质粒间有性结合的转移外，不再具备其他的特征，如大肠杆菌中的 F 质粒。② 耐药性（resistance）质粒或称 R 质粒（R plasmid），携带有能够赋予宿主细菌对某一种或多种抗菌剂的耐药性的基因，如抗氯霉素、氨苄青霉素或水银。R 质粒因其通过正常的繁殖而传播，在临床微生物学上具有重要作用，能够对细菌感染的治疗产生深远的影响，如 RP4，通常在假单胞菌中被发现，但也能够在其他细菌中出现。③ Col 质粒（Col plasmid），编码大肠杆菌素，一种能够杀死其他细菌的蛋白，比如大肠杆菌的 ColE1 质粒。④ 降解质粒（degradative plasmid），使宿主菌能够代谢一些通常情况下无法利用的分子，如甲苯和水杨酸。例如，恶臭假单胞菌中的 TOL 质粒。⑤ 毒性质粒（virulence plasmid）赋予宿主菌致病性，比如根瘤农杆菌中的 Ti 质粒（Ti plasmid），能够在双子叶植物中诱导冠瘿瘤。

用于基因克隆的细菌质粒的主要特点如下：① 是染色体以外的共价闭环双链 DNA，可形成天然的超螺旋结构。不同质粒的大小在 2~300 kb，<1.5 kb 的小质粒最适合用作载体，这是因为它们比较容易分离纯化，而且能够容纳较大的外源 DNA。② 含有 DNA 复制起始区，因而能自主复制。一般质粒可随宿主细胞分裂而传给后代。按复制的调控机制及其拷贝数可将它们分为两类：一类为严紧控制型，其复制受到严格的控制，拷贝数较少，只有一到几十个；另一类是松弛控制型，其复制不受宿主细胞控制，每个细胞有几十到几百个拷贝。显然，松弛型质粒更适合作为克隆载体。③ 质粒对宿主细胞的生存并不是必需的，但通常带有某种有利于宿主细胞在特定条件下生存的基因。例如，许多天然的质粒带有抗药性基因，能编码某种酶分解或破坏四环素、氯霉素或青霉素等，这些质粒称为抗药性质粒，带有抗药性质粒的细菌能够在相应的抗生素存在下生存繁殖。如 RP4 携

带有氨苄青霉素、四环素和卡那霉素耐药基因。只有那些含有 RP4（或相关质粒）的大肠杆菌细胞才能在含有致死剂量的一种或多种此类抗生素的培养基中生长（图 5-3）。

四环素抗性基因

大肠杆菌细胞，一些含有RP4

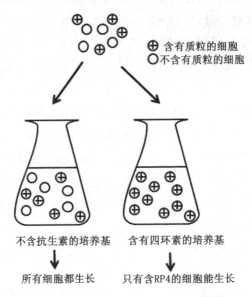

⊕ 含有质粒的细胞
○ 不含有质粒的细胞

不含抗生素的培养基　　含有四环素的培养基

所有细胞都生长　　只有含RP4的细胞能生长

图 5-3　四环素抗性基因作为质粒的选择性标记

### 5.1.2　λ 噬菌体载体

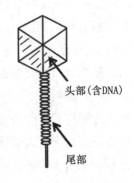

头部(含DNA)

尾部

图 5-4　噬菌体结构

　　噬菌体是一类能够特异性侵染细菌的病毒。噬菌体的结构非常简单，只有一个携带一定数量基因的 DNA 分子，这些基因中包括与噬菌体复制有关的基因。在 DNA 分子的外面包绕着一层保护性的蛋白分子构成的外衣或称壳体（图 5-4）。

　　噬菌体侵染形式大致相同，一般的侵染模式分 3 步（图 5-5）：① 噬菌体颗粒附着到细菌的外表面，并将自身的 DNA 注入到侵染的细胞。② 噬菌体 DNA 分子被复制，这一过程通常是在噬菌体自身基因编码的特异性复制酶催化下完成的。③ 其他的噬菌体基因合成构成壳体的蛋白成分，新的噬菌体被装配起来并被从细菌中释放出来。对于一个噬菌体来说，完成整个侵染循环是一个非常迅速的过程，不超过 20 min。这种快速侵染的过程称作裂解周期，因在释放新生成的噬菌体过程中同时伴随着原细菌细胞的裂解而得名。裂解侵染循环的标志性特征是：噬菌体 DNA 复制完成后立刻开始壳体蛋白的合成，而且噬菌体 DNA 分子在宿主细胞内无法以稳定的状态存在。

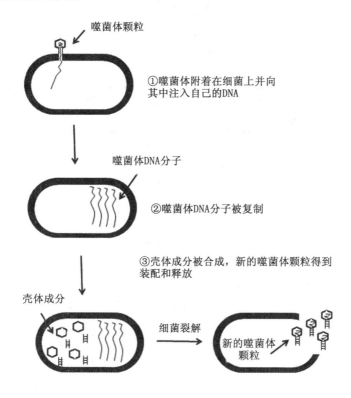

图 5-5　噬菌体侵染细菌的一般模式

相对于裂解性侵染，溶源侵染的标志是噬菌体 DNA 分子在宿主细胞中能够稳定存在，可能在细菌细胞的上千次分裂后仍然存在。对许多溶源性噬菌体来说，噬菌体 DNA 是以一种游离基因插入的方式插入到细菌的基因组中。λ 噬菌体侵染循环就是典型的溶源性噬菌体侵染循环(图 5-6)。

λ 噬菌体是最早使用的克隆载体，λ 噬菌体的基因组是一长度约为 50 kb 的双链 DNA 分子，利用 λ 噬菌体载体，首先需要用外源 DNA 替代噬菌体 DNA 中段的非必需序列，或者将其插入到噬菌体 DNA 的中段，然后让重组的 DNA 随噬菌体的左右臂一起在体外包装成噬菌体，再让噬菌体去感染大肠杆菌，以使外源 DNA

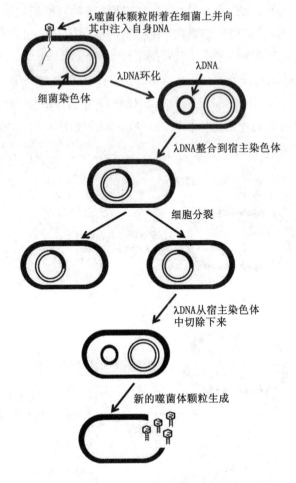

λ噬菌体颗粒附着在细菌上并向
其中注入自身DNA

λDNA环化

λDNA

细菌染色体

λDNA整合到宿主染色体

细胞分裂

λDNA从宿主染色体
中切除下来

新的噬菌体颗粒生成

图5-6  λ噬菌体的溶源性侵染循环

在宿主细胞内能随噬菌体的繁殖而扩增。现在广泛使用的 λ 噬菌体载体已做了以
下几个方面的改造。① 去除了 λ-DNA 上一些限制性酶的切点。这是因为 λ-
DNA 较大，序列中的限制性酶切点过多会妨碍其应用。② 在中部非必需区域，替
换或插入多克隆位点和某些标记基因。插入或置换中段的外源 DNA 长度是有一
定限制的，太长或太短都会影响到包装后的重组噬菌体的生存活力。使用噬菌体
载体的好处一是能够容纳较长的外源 DNA，二是其感染宿主菌的效率要比质粒转
化细菌高得多。但其缺点在于克隆操作比质粒载体烦琐。

## 5.2　工具酶

在重组 DNA 分子构建实验中，载体分子和将要被克隆的 DNA 分子都必须在特定的位点被切开，并以可控方式连接到一起。执行基因克隆的 DNA 切开和连接操作的酶称为限制性内切酶和连接酶。

### 5.2.1　限制性内切酶

重组 DNA 首先需要对特定的 DNA 进行精确的定向切割，而限制性内切酶的发现才使得这种精确定向切割成为可能。20 世纪 50 年代初，限制性内切酶被发现，当时观察到一些细菌株对噬菌体的侵染表现出免疫力，这种现象称为宿主调控性限制。限制的发生是因为细菌产生出一种能够在噬菌体 DNA 进行复制和合成新的噬菌体颗粒前就将其降解的酶，细菌本身的 DNA 却不受这种攻击的影响，其携带的甲基团阻断了降解酶的活动。这些降解酶称作限制性内切酶，能够被多种细菌所合成。

限制性内切酶实际上是一类特殊的具有高度序列特异性的 DNA 内切酶，它们能识别双链 DNA 分子内部特殊的碱基序列(通常为 4 bp、6 bp 的回文序列)，切开 DNA 的两条链，产生特定的末端。到目前为止，已有 3000 多种限制性内切酶从细菌和古菌中分离，各种酶的命名是按照酶的来源菌的属名和种名，由属名的第一个字母和种名的头两个字母组成的 3 个斜体字母缩写。如有菌株名，再加上一个字母，其后再按照发现的次序添上罗马数字。例如，第一种限制性内切酶是在大肠杆菌 RY13 菌株内被发现的，按照上述规则，它被命名为 EcoR Ⅰ。

限制性内切酶切割 DNA 后在切点产生的总是 5′-磷酸和 3′-OH，这对于后面的连接反应十分重要，这是因为 DNA 连接酶要求连接点必须是 5′-磷酸和 3′-OH，然而，不同的限制性内切酶在切割 DNA 时，切割的方式不尽相同(图 5-7)。

根据在识别位点上的切割方式，限制性内切酶又分为两个亚类：第一亚类交错切开 DNA 的两条链，产生突出的互补末端。有的产生 5′-突出，如 Pst I。有的产生 3′-突出，如 EcoR I，这样的末端在特定的条件下能够重新缔合在一起，因此称为黏端；第二亚类在 DNA 两条链相同的位置切开 DNA，产生无突出的平端，如 Hae Ⅲ。在基因克隆中，使用最多的是产生黏端的限制性内切酶，因为不同的 DNA 分子经过同一种限制性内切酶处理后，产生相同的黏端，经退火后很容易"粘"在一起，从而大大方便了后面的连接反应。常见的几种限制性内切酶识别的碱基序列和切点性质如表 5-1 所示。

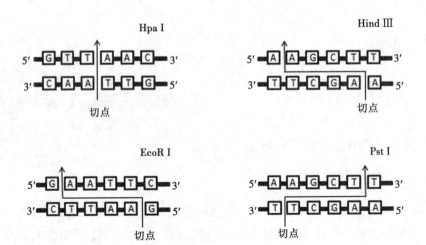

图 5-7　限制性内切酶切割方式

表 5-1　常见的几种限制性内切酶识别的碱基序列和切点性质

| 限制性内切酶 | 识别序列和切点 | 限制性内切酶 | 识别序列和切点 |
|---|---|---|---|
| Alu Ⅰ | AG↓CT | Kpn Ⅰ | GGTAC↓C |
| BamH Ⅰ | G↓GATCC | Mbo Ⅰ | ↓GATC |
| Bgl Ⅱ | A↓GATCT | Pst Ⅰ | CTGCA↓G |
| EcoR Ⅰ | G↓AATTC | Sma Ⅰ | CCC↓GGG |
| Hae Ⅲ | GG↓CC | Not Ⅰ | GC↓GGCCGC |
| Hind Ⅲ | A↓AGCTT | Dpn Ⅰ | Gm$^6$A↓TC |
| Hpa Ⅱ | CC↓GG | Msp Ⅰ | C↓CGG 或 C↓m$^6$CGG |

　　一次限制酶切结果会得到一定数量的 DNA 片段，酶切片段的大小取决于初始分子中内切酶识别序列的确切位置。显然如果限制性内切酶用作基因克隆的工具就需要有能够确定酶切片段长度和数目的方法。要想知道一个 DNA 分子是否被限制性酶切，可简单地通过检测溶液的黏度来确定。大的 DNA 分子的溶液黏度要比小分子 DNA 溶液大得多，因为酶切导致溶液黏度降低。然而，要计算出单个酶切产物的大小和数量要困难得多。直到 20 世纪 70 年代，早期凝胶电泳技术被开发出来后，这个问题得到了相应的解决。凝胶电泳是利用分子荷电量不同来分离混合物的技术。凝胶电泳时，当最小的分子在凝胶中朝着阳极迁移到最大的距离时，可以分离不同大小的 DNA 分子。如果一些不同大小的 DNA 分段被电泳，凝胶中会出现一系列条带。可根据公式：$D=a-b\lg M$，计算迁移速率与相对分子质量间的关系。$D$ 是迁移的距离，$M$ 是相对分子质量，$a$ 和 $b$ 是依赖于电泳条件的常数。

### 5.2.2 连接酶

连接酶在基因克隆中的作用是将外源 DNA 连接到载体上。基因克隆一般使用 T4 噬菌体编码的 DNA 连接酶，它以 ATP 为能源，不仅能够连接黏端 DNA，还能够连接平端 DNA。

根据末端的性质，它们的连接方式主要有 3 种。① 载体和目的基因具有相同的黏端；② 载体和目的基因均为平端；③ 载体和目的基因各有一个黏端和一个平端。选择哪一种连接方式主要取决于载体内多克隆位点的性质和目的基因的来源。

黏端的连接是最有效的连接方式。如果载体上的多克隆位点含有与目的基因两端相同的限制性内切酶切点，就可使用同一种限制性内切酶分别消化载体和目的基因，从而在载体和目的基因上产生相同的黏端；经分离纯化后，将它们按照一定的比例进行混合；低温退火后，载体和目的基因被黏端"粘"在一起；最后，在 DNA 连接酶催化下，目的基因就与载体最终以共价键相连。有时，目的基因的两端和载体的多克隆位点虽然具有不同的限制性内切酶切点，但若能找到能产生相同黏端的同尾酶，就同样可用此法连接。例如，识别 GGATCC 序列的 BamH I 和识别 GATC 序列的 Sma I 虽然识别不同的序列，但是，切割 DNA 后产生的 5′-突出黏端都是 GATC。如果找不到合适的 RE 产生互补的黏端，就可用一些特殊的方法引入黏端。例如，使用末端核苷酸转移酶，在目的基因 3′-端和被切开的载体的 3′-端，分别添加寡聚 G 和寡聚 C，产生所谓共核苷酸多聚物黏端，通过上述处理后的载体和目的基因也能黏合在一起；再如，可在目的基因两端，添加含有特定限制性内切酶切点的人工接头序列，也可以使用 PCR，借助事先设计好的引物，在扩增的时候将含有特定 RE 切点的序列直接引入到目的基因的两端。然后，再使用相应的限制性内切酶消化产生黏端。

T4DNA 连接酶可直接将含有平端的载体和目的基因连接在一起，但平端连接效率要比黏端连接低得多，因此，一般尽量不用这种连接方法。然而，如果目的基因和载体上的确没有相同的限制性内切酶切点，可先用不同的限制性内切酶消化，再用适当的酶将 DNA 突出的末端削平，如核酸酶 Sl，或将其补齐成平末端，如 Klenow 酶，也可以直接使用产生平端的限制性内切酶进行消化，再用 T4DNA 连接酶进行平端连接。

## 5.3　重组 DNA 导入宿主细胞

目的基因序列与载体连接后，要导入宿主细胞中进行复制和扩增，再经过筛选，才能获得重组 DNA 分子克隆。宿主细胞也称为受体细胞，它是接受、扩增和表达重组 DNA 的场所。理论上，任何活细胞都可以作为宿主细胞，但最常用的有大肠杆菌、酵母、草地贪夜蛾的培养细胞和哺乳动物的培养细胞等。大肠杆菌是常用的宿主细胞，因对其特别了解，操作起来也特别容易。酵母是最常用的真核宿主细胞，其很多性质与大肠杆菌相似。草地贪夜蛾的培养细胞专门用来接受改造过的昆虫杆状病毒载体。将重组体引入到宿主细胞的主要方法包括：转化、转染、脂质体介导等。

### 5.3.1　转化

转化本来的含义是指细胞因外源 DNA 的进入其遗传性发生改变的现象，后来用它表示基因克隆中质粒进入宿主细胞的过程。为了提高转化效率，通常需要采取一些特殊方法处理细胞，经处理后的细胞就更容易接受外源 DNA，因此，称为感受态细胞。例如，大肠杆菌经冰冷 $CaCl_2$ 的处理，其表面通透性增加，就成为感受态细菌。此时加入重组质粒，并突然由 4℃ 转入 42℃ 做短时间热休克处理，质粒 DNA 就很容易进入细菌。另外，转化率高低还与转化的质粒 DNA 自身的特性有关，DNA 越小，转化率越高；不同结构状态质粒的转化率依次为：超螺旋环状>带缺刻的开环结构>线性结构。

### 5.3.2　转染

重组的噬菌体 DNA 也可像质粒 DNA 一样进入宿主菌，即宿主菌先经过 $CaCl_2$ 或电穿孔等处理成感受态细菌再接受 DNA，进入感受态细菌的噬菌体 DNA 同样可以复制和繁殖，这种方式称为转染。重组 DNA 进入哺乳动物细胞也称为转染。最经典的转染方法是 DNA-磷酸钙共沉淀法，其原理是：DNA 在以磷酸钙-DNA 共沉淀物形式出现时，培养细胞摄取 DNA 的效率会显著提高。

### 5.3.3　脂质体介导

脂质体也称人工细胞膜，是由脂质双分子层组成的，磷脂分子在水中可自动生成闭合的双层膜，从而形成一种囊状物，称为脂质小体，最初人们只是运用脂质体模拟膜的构造及其功能，从而发现膜的融合及内吞作用。脂质体介导法的原理是:首先,双层膜的封闭式阳离子脂质体试剂加入水中时形成微小的单层脂质体(大小为 100~400 nm),由于脂质体带正电,可以通过静电作用结合到 DNA 磷酸骨架上及带负电的细胞膜表面,形成 DNA-阳离子脂质体复合物;其次,DNA-阳离子脂质体复合物通过某种机制进入细胞内,被俘获的 DNA 就会被导入培养的细胞中,在细胞内分解并释放出 DNA;最后,核酸进入细胞核并在相应位点整合,使转染基因得以表达。脂质体介导法具有很多优点:制备工艺简便,可运载大小不同的基因片段和质粒,还可运载染色体或细胞核,其内容量大大超过其他载体可抵御核酸酶的作用,延缓基因降解;脂质体与细胞融合后,重组基因导入细胞,脂质体即被降解,磷脂可被细胞生物膜利用;操作简便,转化效率比较高,可以用于瞬时转染,也可以用于永久表达系的建立。

## 5.4　DNA 重组体筛选

外源 DNA 与载体正确连接的效率及重组体导入宿主细胞的效率都是有限的,因此,最后生长繁殖出来的细胞不可能都带有外源 DNA。一般情况下,一个载体只携带某一段外源 DNA,一个细胞也只接受一个重组 DNA 分子。在最后培养出来的细胞群中,只有小部分是含有外源 DNA 的重组体。只有把含有目的重组体的宿主细胞从各种无关的细胞中筛选出来,这才等于成功获得了目的 DNA 的克隆,因此,筛选是基因克隆不可缺少的一步。在选择和构建载体、选择宿主细胞和设计基因克隆方案时,都必须充分考虑到筛选的问题。

筛选方法一般可分为直接筛选和间接筛选,前者根据宿主细胞接受外源基因以后直接引起的表型变化而进行筛选。然而,多数外源 DNA 没有可利用的表型,于是,需要使用后一种方法通过对重组体 DNA 序列和表达产物的分析进行鉴定。

### 5.4.1　直接筛选

(1)根据抗生素敏感性和抗性变化进行的筛选

许多载体带有抗生素抗性基因,例如,抗氨苄青霉素(amp)、抗四环素(ter)和抗卡那霉素(kan)等基因,利用这些抗性基因可在细菌细胞克隆系统中对重组体进行筛选。在培养基中含有抗生素时,只有携带相应抗性基因载体的细胞才能生存繁殖,那些未能接受载体的宿主细胞则被统统排除;如果外源基因插入在载体的抗性基因内部,就可使此抗性基因失活,原来的抗药性标志也就随之消失。例如,质粒 pBR322 含有 $amp^R$ 和 $ter^R$ 两个抗药基因,若将外源基因插入 $amp^R$ 内部,转化大肠杆菌,将细菌放在含氨苄青霉素和四环素培养基中培养,凡未接受载体的细胞都不能生长。凡在含氨苄青霉素和四环素培养基中能生长的细菌，一定含无外源基因的质粒 pBR322。而在四环素中能生长，在氨苄青霉素中不能生长的细菌含有外源基因的重组质粒。

（2）根据噬菌体斑类型进行筛选

噬菌体类载体在感染宿主细胞以后形成噬菌斑的能力和类型也可作为直接筛选的方法。例如，衍生于 λ 噬菌体的载体，只有在插入外源 DNA 以后的长度在其野生型 DNA 的 75%～105%的范围内，才能在体外和体内有效地包装成感染性的病毒颗粒，并形成噬菌斑。因此，形成噬菌斑的菌落才可能含有重组体。

（3）蓝白斑选择筛选

常用的大肠杆菌克隆质粒为 pUC18/19，此质粒还携带一个抗氨苄青霉素基因，由它编码一种内酰胺酶，能打开青霉素分子内的 β-内酰胺环，使氨苄青霉素失效。因此，当细菌用 pUC18/19 转化后，放在含氨苄青霉素的培养基中，凡不含pUC18/19 者都不能生长，而长出的细菌都带有 pUC18/19。pUC18/19 还携带细菌乳糖操纵子的 lacI 和 lacZ，但与野生的 lacZ 基因不同的是，lacZ 仅编码 β-半乳糖苷酶 N 端的 146 个氨基酸残基。当培养基中含有诱导物 IPTG 和显色底物 X-gal 时，lacZ 被诱导表达产生的 β-半乳糖苷酶 N 端肽段能与宿主菌表达的 c 端肽互补，并组装成有活性的 β-半乳糖苷酶，此现象称为 α-互补。X-gal 受到半乳糖苷酶水解后产生有颜色的产物，从而使菌落呈现蓝色。通常在不改变 ORF 的前提下，在 lacZ 中间插入多克隆位点，以便外来序列的插入。当外来序列插入后，可打破 lacZ 原来的 ORF，致使半乳糖苷酶活性丧失，这种现象称为插入失活。含有重组体质粒的菌落因无法水解 X-gal 就呈白色，这种颜色的变化经常用来区分和挑选含有重组质粒的转化菌落（图 5-8）。

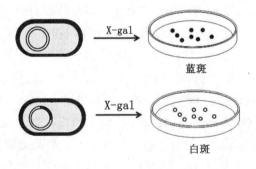

图 5-8　蓝白筛选法

### 5.4.2 间接筛选

（1）核酸杂交法

利用标记的核酸（RNA 或 DNA）做探针，与转化细胞的 DNA 或 RNA 进行杂交，可以筛选和鉴定含目的序列的克隆，其中，以 DNA 为杂交对象的方法称为 Southern 杂交或印迹，而以 RNA 为杂交对象的方法称为 Northern 杂交或印迹。此方法并不依赖于目的基因表达出来的蛋白质活性，而是依赖于探针与目的基因之间在序列上的互补性，即形成异源双螺旋的能力。常用的方法是将转化后生长的菌落或者噬菌斑复印到硝酸纤维膜上，用碱裂解法释放出来的 DNA 就吸附在膜上，再与标记的核酸探针保温杂交，核酸探针就结合在含有目的序列的菌落 DNA 上而不被洗脱。核酸探针可以用放射性同位素标记，也可以荧光标记，前者用放射性自显影显示出阳性克隆，后者借助于荧光显示阳性克隆。

（2）PCR 法

PCR 技术的出现给克隆的筛选增加了一个十分方便的手段。如果已知目的序列的长度和两端的序列，就可以设计合成一对引物，以转化细胞所得的 DNA 为模板进行扩增，若能得到预期长度的 PCR 产物，则该转化细胞就可能含有目的序列。

（3）免疫化学法

这是利用特定抗体与目的基因表达产物特异性结合的性质进行筛选。此法不是直接筛选目的基因，而是通过与基因表达产物的反应指示含有目的基因的转化细胞，因而，要求在实验设计的时候，必须要让目的基因进入受体细胞后能表达出其编码的产物。抗体可用特定的酶（如过氧化物酶或碱性磷酸酶）进行标记，酶可催化特定的底物分解而呈现颜色，从而指示出含有目的基因的细胞。免疫学方法特异性强、灵敏度高，适用于从大量转化细胞群中筛选少数含有目的基因的阳性克隆。

（4）受体与配体的结合性质

与免疫化学法相似，此方法不是直接筛选目的基因，而是利用标记的配体或受体与目的基因表达出来的蛋白（作为受体或配体）之间的相互作用来进行筛选。例如，利用酶的过渡态类似物或竞争性抑制剂来筛选目的基因为酶的阳性克隆。

（5）Southwestern/Northwestern 印迹法

这种方法专门用来筛选含有核酸结合蛋白基因的克隆，其中，以获得 DNA 结合蛋白基因为目的的筛选方法称为 Southwestern 印迹，而以获得 RNA 结合蛋白基因为目的的筛选方法称为 Northwestern 印迹。此方法以标记的具有特定序列的 DNA 或 RNA 作为"诱饵"，筛选含有能够与此序列结合的蛋白质基因的克隆。已有人使用此法得到了含有锌指结构、亮氨酸拉链或 HTH 等结构域的 DNA 结合蛋白的基因克隆。

(6) DNA 序列分析法

无论是哪一种方法筛选得到的阳性克隆，都需要使用序列分析来作最后的鉴定。已知序列的基因克隆要经序列分析确认所得克隆准确无误；未知序列的克隆只有在测定序列后才能了解其结构、推测其功能，以做进一步的研究。因此，核酸序列分析是基因克隆中必不可少的一环。

# 6　重组 DNA 技术的应用

重组 DNA 技术又称基因克隆(gene cloning)、DNA 克隆(DNA cloning)、分子克隆(molecular cloning)或基因工程(gene engineering)。目前,重组 DNA 技术主要应用于文库(library)建立、序列分析、表达外源蛋白、制备转基因动物和植物、基因治疗、基因敲除及寻找未知基因等方面。

## 6.1　文库构建

重组 DNA 技术中的文库指克隆到某种载体上能够代表所有可能序列并且可以稳定维持和使用的 DNA 片段的集合。可分为基因组文库(genomic library)和cDNA 文库(cDNA library)(表6-1)。建立基因文库的主要目的在于,可以方便地获得、扩增和分离特定的目的序列,进行文库筛选(library screening)。

**表6-1　基因组文库和 cDNA 文库的比较**

| 文库类型 | 基因组文库 | cDNA 文库 |
| --- | --- | --- |
| 来源 | 基因组 DNA | mRNA |
| 变化 | 物种 | 物种、不同组织、不同发育阶段 |
| 大小 | 12~20 kb | 0.2~6 kb |
| 探针 | DNA | DNA、蛋白质 |
| 用途 | 基因结构、推断蛋白质性质 | 表达的蛋白质、推断蛋白质性质 |

### 6.1.1　基因组文库

基因组文库由一种生物的基因组 DNA 克隆而来,包含一个基因组所有的序列。根据所选用的载体可分为:质粒文库、噬菌体文库、黏粒文库和人工染色体文库。

制备基因组文库的基本步骤如下(图6-1)。① 基因组 DNA 提取:一般情况下,多细胞生物的基因组文库可以从任何细胞中抽取基因组 DNA,但不主张使用高等动物的淋巴细胞，因为高等动物的淋巴细胞在成熟过程中会经历 DNA 重排；② 插入序列的制备：使用酶法或物理法将基因组 DNA 切成预期片段；③ 根据插入序列选择合适的载体进行克隆。选择载体与插入序列大小的原则是：质粒载体约 10 kb；γ 噬菌体载体为 9～23 kb；P1 噬菌体载体为 75～100 kb；柯斯质粒载体（cosmid vectors）又称黏粒载体，约为 45 kb；细菌人工染色体（bacterial artificial chromosome，BAC）为 100～300 kb；酵母人工染色体（yeast artificial chromosome，YAC），约 500 kb。

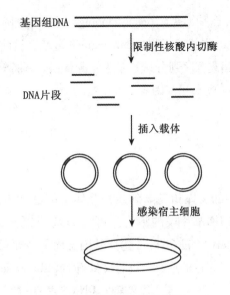

图 6-1　基因组文库的构建

在建立文库的时候，可以根据单倍体基因组的大小除以文库中插入序列的平均大小，估算出包含一个完整基因组序列所需的独立克隆数。例如，以质粒为载体的人类基因组文库，插入序列的平均长度为 2000 bp，单倍体人类基因组大小为 $3 \times 10^9$ bp，按照上面的公式计算，则至少含有 $1.5 \times 10^6$ 个独立的克隆才能代表一个完整的基因组序列，而如果一个细菌的基因组大小为 $4 \times 10^6$ bp，只需要 2000 个独立的克隆；如果以 γ 噬菌体为载体，插入序列的平均大小为 17000 bp，代表一个完整的人基因组序列就需要 $1.8 \times 10^5$ 个独立克隆，基因组大小为 $4 \times 10^6$ bp 的细菌只需要 176 个独立克隆；如果以 BAC 为载体，插入序列的平均大小为 200000 bp，代表一个完整的人基因组序列需要 $1.5 \times 10^4$ 个独立克隆，基因组大小为 $4 \times 10^6$ bp 的细菌只需要 20 个独立克隆。

若需更精准地计算出包含一个完整基因组序列所需要的独立克隆数，可使用公式

$$N = \frac{\ln(1 - p)}{\ln(1 - f)}$$

式中，$N$ 代表达到预期概率的基因组文库所需要的独立克隆数；$p$ 代表所需片段在基因组文库中出现的概率；$f$ 代表插入到载体中序列平均大小占基因组大小的分数。

### 6.1.2 cDNA 文库

cDNA 文库是指某生物某一发育时期的某种组织或细胞内所表达的所有 mRNA 经反转录形成的 cDNA 片段与载体连接而形成的克隆的集合。基因组含有的组织特异性基因（tissue-specific genes）在不同环境、不同发育阶段的细胞中表达的种类和强度具有差异。cDNA 文库相比基因组 DNA 文库较小，从中更易筛选出阳性克隆，从而得到特异性表达的基因。对于真核细胞，从基因组文库获得的基因往往与从 cDNA 文库获得的不同，前者一般有内含子序列，而从 cDNA 文库中获得的是已剪接并去除内含子的基因。此外，与基因组文库相比，cDNA 文库中缺乏启动子和增强子等顺式作用元件。cDNA 的合成（图 6-2）和 cDNA 文库的构建基本步骤包括：① 总 mRNA 提取；② mRNA 逆转录成 cDNA；③ 将 cDNA 导入特定载体。

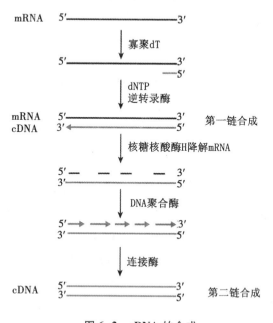

图 6-2 cDNA 的合成

利用 cDNA 文库，可以进行以下应用：① 确定一个基因的转录产物和翻译产物。许多真核基因含有内含子，直接在基因组文库中分析难度很大，而在 cDNA

文库中进行分析可直接确定一个基因的编码区；② 如果是表达文库，就可用来表达不同的蛋白质以满足各种需要；③ 从 cDNA 库中获得无内含子的基因，以便在原核系统中进行表达；④ 体外转录 mRNA；⑤ 合成探针；⑥ 简化与疾病有关的基因突变分析；⑦ 有助于确定和预测基因组序列中的基因；⑧ 从 cDNA 库中获得表达序列标签(EST)。

### 6.1.3　文库的筛选

文库筛选的基本步骤：① 将菌落(质粒文库)或噬菌斑(噬菌体文库)复制到滤膜上；② 用裂解细菌细胞壁的溶液处理滤膜使 DNA 变性；③ 加热、烘干滤膜使单链 DNA 与滤膜永久性结合；④ 将制备好的探针与滤膜保温；⑤ 洗掉没有结合的探针；⑥ 使用放射自显影技术或其他检测系统作最后的鉴定。

探针的来源包括：① 异源探针(heterologous probe)：使用另外一个已知物种的基因序列制备探针，适用于高度保守的目的基因；② cDNA 探针：从基因组文库中获取一个基因的内含子和启动子序列；③ 根据蛋白质的氨基酸序列制备探针：如果一个蛋白质的氨基酸序列已知，就可以根据遗传密码表，人工合成简并的寡聚核苷酸探针；④ 人工合成寡聚核苷酸；⑤ 通过体外转录系统合成 RNA 探针；⑥ 单克隆抗体：针对表达的多肽或蛋白质产物抗原而设计。

### 6.1.4　DNA 序列分析

DNA 序列分析是基因克隆的另一个主要目的，分析的对象可以是基因片段、基因、基因表达的调控序列乃至基因组。DNA 序列分析的具体方法如下。① 第一代测序技术：以 Sanger 测序法为代表，适用于小样本基因的鉴定；② 第二代测序技术：主要包括全基因组重测序、全外显子组测序和目标区域测序，相比第一代测序，大幅降低了测序成本和测序时间；③ 第三代测序技术：又称为单分子 DNA 测序，通过现代光学、高分子和纳米技术等手段来区分碱基信号差异的原理，而不使用生物化学试剂，准确度要低于第二代测序很多。

通过序列分析可以反推出一个蛋白质基因所编码的氨基酸序列，有助于对一个蛋白质的性质、结构和功能进行预测；序列分析还有助于对基因和基因组的组织及其进化过程的理解；此外，序列分析也可以确定控制一个基因表达的各种顺式元件及导致疾病发生的基因突变。

## 6.2 外源蛋白表达

使克隆基因在特定宿主细胞中表达，对于研究一个基因的功能及表达调控的机理十分重要。许多具有特定生物活性的蛋白质（如胰岛素和干扰素）或酶具有广泛的医学或工业应用价值，将相关基因克隆再让其在特定宿主细胞中大量表达，可应用于医学或工业等领域。

要使克隆基因在宿主细胞中表达，首先需要将目的基因克隆到带有基因表达所必需的各种顺式元件的载体中，这种载体称为表达载体（expression vector）。目的基因可以放在不同的宿主细胞中表达，例如，大肠杆菌、枯草杆菌、酵母、昆虫细胞、培养的哺乳类动物细胞等。针对不同的表达系统，需要构建不同的表达载体。

表达载体分为融合载体（fusion vector）和非融合载体（non-fusion vector），融合载体在插入位点上预先插入了另一个蛋白质或多肽的基因，因此，插入的外源基因会与它发生融合，表达出一种融合蛋白。例如，lacZ 融合序列载体（图 6-3）中胰岛素的 A 链和 B 链表达载体、融合有蛋白质 A 的 pGEX 系列（protein A series）、融合有 GFP 的 pGFP 系列和融合有多聚组氨酸标签（His-tag）的 pGEM2T 系列等。使用融合载体有助于对目标蛋白进行鉴定和纯化。

理想的表达系统应该满足以下条件：① 表达载体具有合适的多克隆位点（multiple cloning site，MCS），以方便外源基因能插入到正确的表达位置，或至少是含有 3 个以上开放阅读框（open reading frame，ORF）的系列；② 能形成正确的翻译后修饰和三维结构，以形成有活性或有功能的分子；③ 为可诱导的表达系统，允许细胞生长和诱导表达，防止毒性蛋白质的积累；④ 易于分离和纯化；⑤ 最好能分泌到胞外。

大肠杆菌是目前应用最广泛的蛋白质表达系统，其表达外源基因产物的水平远高于其他表达系统，目的蛋白的表达量最高能超过细菌总蛋白量的 80%，而且大肠杆菌培养操作简单、生长繁殖快、价格低廉，使用它作为外源基因的表达工具已积累了几十年的经验。

然而，不是所有基因都适合在大肠杆菌中表达，将真核基因放入细菌中表达时，通常面临以下问题：① 缺乏真核基因转录后加工的功能，不能进行 mRNA 前体的剪接；② 缺乏真核生物翻译后加工的功能，表达产生的蛋白质不能进行糖基化和磷酸化等修饰，或难以形成正确的二硫键和三维结构，从而导致产生的蛋白质经常没有活性或活性不高；③ 表达的蛋白质通常是不溶的，会在细菌内聚集成

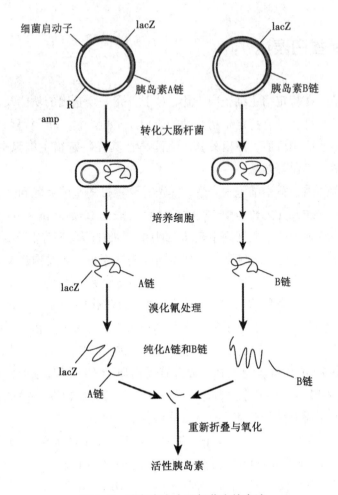

**图 6-3 胰岛素在大肠杆菌中的表达**

不溶性包涵体(inclusion body)，包涵体的形成原因可能是蛋白质合成速度快，多肽链来不及折叠，暴露在外的疏水侧链之间的疏水作用让蛋白质聚合在一起。

使用真核生物表达系统表达真核生物蛋白质，比使用细菌系统优越，常用的有酵母、昆虫和哺乳动物培养细胞等表达系统。真核表达载体至少具备两类元件：① 细菌质粒序列，包括在细菌中起作用的复制起始区及筛选克隆的抗药性标记基因等；② 在真核宿主细胞中表达重组基因所需要的各式元件，包括启动子、增强子、转录终止子和多聚 A 加尾信号序列、mRNA 前体剪接信号序列、能在宿主细胞中复制的序列、能用在宿主细胞中筛选的标记基因及供外源基因插入的 MCS 等。

## 6.3　基因功能研究

研究基因的功能,可以对基因的表达产物直接进行研究,此外,也可以通过观察和分析破坏目的基因或抑制目标基因的表达而造成的表型变化来研究。目前广泛用于基因功能研究的方法有基因敲除(gene knockout)、基因敲低(gene knock-down)和显性复性突变(dominant negative mutation)。

### 6.3.1　基因敲除

基因敲除是 20 世纪 80 年代发展起来的一门技术,是指在分子水平使用特定手段,将一个结构已知但功能未知的基因去除,或用其他序列相近的基因取代,使原基因功能丧失,再观察实验生物表型变化,从而推断相应基因功能的方法。现在基因敲除的手段除了经典的同源重组外,还有转座子插入及基因组编辑技术。

当基因敲除的对象是动物,其基本操作步骤如下(图 6-4):① 构建重组基因

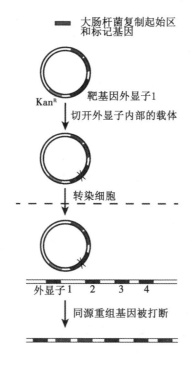

图 6-4　使用同源重组进行基因敲除的基本步骤

载体；② 用电穿孔或显微注射等方法把重组 DNA 转入受体细胞核内；③ 用选择培养基筛选出重组体细胞；④ 将重组体细胞转入胚胎使其生长为转基因动物；⑤ 对转基因动物进行形态观察、行为学实验及分子生物学检测。

同源重组进行基因敲除使用的载体有如下两类：① 整合型载体（integration vector），即含有一段靶基因的片段和选择性标记（通常是新霉素抗性基因 NeoR）的载体，进入靶细胞后，能将自身插入到目的基因内部使目的基因被破坏，并带入自身含有的基因，因此，可使用新霉素进行筛选；② 取代型载体（replacement vector），即在含有 NeoR 基因的基础上于两侧各插入了靶基因的片段和单纯疱疹病毒胸苷激酶基因（herpes simplex virus thymidine kinase，HSVtk），进入靶细胞以后，NeoR 会取代目的基因的一部分，而 HSVtk 则被游离出来，因此，也可以使用新霉素进行选择和筛选。

目前，基因敲除的应用领域主要有：① 建立人类疾病的转基因动物模型为医学研究提供材料。现在，各种基因敲除小鼠已成为研究不同疾病的发生机理及诊断治疗的重要实验材料。② 改造动物基因型，鉴定新基因及其新功能。深入研究基因敲除小鼠在胚胎发育及生命各时期的表现，可以得到有关基因在生长发育中的作用。

### 6.3.2 基因敲低

基因敲低，即基因抑制，是在生物体中保留原基因的情况下降低或抑制某个或某些基因表达的技术。基因敲低可以通过 DNA 的修饰抑制基因转录，也可使用人工设计的核酶（主要是锤头核酶）定向切割特定目标基因转录出来的 mRNA，也可在翻译水平上通过 RNA 干扰（RNA interference，RNAi）技术或依赖于核糖核酸酶 H 的反义核酸技术来抑制特定 mRNA 的翻译。在翻译水平上进行的敲低，引起基因表达抑制效应通常是暂时的，一般称为瞬间敲低（transient knockdown）。

现在用得最多的是基于 RNAi 的基因敲低，这种敲低几乎适用于所有动物和植物，可沉默特异组织中的基因，也可设计特定 RNAi 在生物的发育期或成年期的任何时间启动或关闭。

### 6.3.3 显性负性突变

显性负性突变是通过基因转移将突变的目标蛋白基因引入到体内，使其在特定细胞内过量表达，以阻断正常蛋白质功能，造成生物表型改变，从而推断野生蛋白质的功能。

# 6.4 基因工程

克隆的基因不仅可被导入细菌或培养的细胞，还能被转移到动物或植物体内，整合到基因组中，使其所有细胞都带有特定外源基因，从根本上改变一种生物的遗传特性。转基因动物或转基因植物就是指在其基因组内稳定整合外源基因并能遗传给后代的动物或植物。

## 6.4.1 转基因动物

以转基因小鼠为例，如果以受精卵为起点，则培育转基因动物的基本步骤为：① 从供体动物中分离受精卵；② 将转基因 DNA 显微注射到一个受精卵的雌性原核（female pronucleus）中，使进入的 DNA 通过非同源重组插入到基因组中；③ 将受精卵移植到代孕母鼠的子宫中；④ 对出生的小鼠进行筛选，挑选出转基因小鼠。

如果以胚胎干细胞（embryonic stem cell，ES）细胞为起点，基本步骤为：① 分离 ES 细胞进行培养；② 使用常规转染技术，将含有转基因和标记基因的载体导入 ES 细胞中，所用的抗性基因通常是新霉素抗性基因（NedR）；③ 使用新霉素对 ES 细胞进行选择，并使用 PCR 进行鉴定；④ 将转化的 ES 细胞注射到处于囊胚期的胚胎中；⑤ 将胚胎移植到代孕的母鼠中；⑥ 将新出生的嵌合型动物与非转基因动物进行交配，从后代中筛选出转基因动物。转基因动物的筛选可分别在 DNA 水平、RNA 水平和蛋白质水平上使用 Southern 印迹、Northern 印迹和 Western 印迹进行。

转基因技术的应用为遗传育种提供了新途径，转基因动物也可以帮助获得治疗人类疾病的一些重要的蛋白质。此外，利用转基因动物建立人类疾病的动物模型，可以为研究人类疾病的病因提供有效的手段。

## 6.4.2 转基因植物

在转基因植物的培育过程中，基因导入通常以根癌农杆菌（agrotcericum tunmifacicens）内的肿瘤诱导（tumor inducing，Ti）质粒介导。根癌农杆菌可感染植物细胞，产生"肿瘤"。

Ti 质粒由转化基因 T、毒性基因 vir 和复制起始区 ori 等组成。vir 基因编码的酶可在 LB 和 RB 处切开 T 基因，将它们转移到植物基因组之中。目前多用二元质粒系统（the binary plasmid system）（图 6-5），具体步骤是：① 将外源目的基因插入到质粒 1 的 MCS 之中；② 使质粒 1 和质粒 2 共转化根癌农杆菌；③ 将含有质粒 1 和质粒 2 的根癌农杆菌感染培养的植物细胞；④ 在宿主细胞内，vir 基因表达的产物切除 LB 和 RB 之间的 DNA，然后将其转移到植物基因组；⑤ 利用卡拉霉素选择细胞，并使用 PCR 进行确认；⑥ 诱导单个细胞分裂分化成植物；⑦ 筛选出转基因植物。

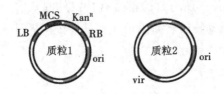

■质粒在大肠杆菌内扩增和选择的元件

图 6-5　二元质粒系统

上述操作步骤适合双子叶植物，由于多数单子叶植物对根癌农杆菌有抗性，因此，需要使用基因枪或其他手段导入外源基因。

使用转基因技术，赋予植物新的农艺性状，如抗虫、抗病、抗旱、抗逆、高产和优质等，在植物育种方面具有特别的意义。自 1983 年首次获得转基因植物以来，至今已有几十个科的几百种植物转基因获得成功。1986 年，首批转基因植物获批进入田间试验。1992 年，中国成为世界上允许种植商业化转基因植物的第一个国家。1994 年，美国 Calgene 公司研制的转基因延熟番茄首次进入商业化生产。1996 年，转基因玉米、转基因大豆相继投入商品生产。美国最早研制抗虫棉花。我国科学家将苏云金芽孢杆菌 Bt 品体毒素蛋白基因和胰蛋白酶抑制剂基因（CPT）导入棉花，最先获得一系列转双价基因抗虫棉品系并获准进行商业化生产。

### 6.4.3　转基因食品

以转基因生物为原料加工生产的食品就是转基因食品或基因修饰食品（genetically modified food，GM food）。根据转基因食品来源的不同，可分为植物性转基因食品、动物性转基因食品和微生物性转基因食品，其中，以植物性转基因食品更常见。

转基因食品的研发迅猛发展，转基因食品的安全性获得了极大的关注，目前学术界并没有统一说法，争论的焦点主要在转基因食物是否会产生毒素、是否可通过 DNA 或蛋白质诱发过敏反应、是否影响抗生素耐药性等方面。然而，根据美国科学院于 2016 年 5 月发布的一份名叫《基因工程作物：经验与展望》（*Genetically engineered crops: experiences and prospects*）的研究报告，并没有证据表明转基因

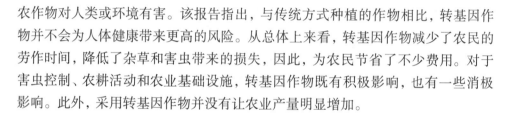

农作物对人类或环境有害。该报告指出，与传统方式种植的作物相比，转基因作物并不会为人体健康带来更高的风险。从总体上来看，转基因作物减少了农民的劳作时间，降低了杂草和害虫带来的损失，因此，为农民节省了不少费用。对于害虫控制、农耕活动和农业基础设施，转基因作物既有积极影响，也有一些消极影响。此外，采用转基因作物并没有让农业产量明显增加。

### 6.4.4　基因治疗

基因治疗(gene therapy)是指将人的正常基因或有治疗作用的基因通过一定方式导入人体细胞，表达有功能的蛋白质，纠正目的基因的缺陷或发挥治疗作用的一种治疗方法。

根据治疗的细胞对象，基因治疗分为以下两种：① 性细胞治疗(germ-line gene therapy)，在患者的性细胞中进行操作，用来彻底根除并使其后代从此再也不会得这种遗传病；② 体细胞基因治疗(somatic gene therapy)。

根据治疗途径，基因治疗可分为以下两种：① 体内(in vivo)基因治疗，直接在人体组织细胞中转移基因；② 回体(ex vivo)基因治疗，指先从病人体内获得某种细胞进行培养，在体外完成基因转移，随后将成功转移的细胞扩增培养重新输入患者体内。迄今为止，大部分基因治疗临床试验都属于回体基因治疗，这种方法操作复杂，但效果较为可靠。

### 6.4.5　寻找未知基因

基因克隆不仅可以使人类对已知的基因进行多样研究，还为人类寻找和鉴定新基因提供了两种有效的途径。

#### 6.4.5.1　从基因的终产物开始鉴定新基因

在得到一个基因产物的基础上，先分离和纯化得到这种新的蛋白质或其降解片段，确定它的部分氨基酸序列，根据遗传密码子表，反推出编码它的核苷酸序列，进行人工合成，使其作为探针从 cDNA 文库或基因库中挑出原始的基因。然而，许多蛋白质在细胞内的含量微乎其微，想得到它的纯品极为困难，因此，这种鉴定新基因的方法难以实现。

#### 6.4.5.2　从核酸水平上寻找新基因

随着基因组学的兴起和发展，人们得到了各种生物基因的全部序列和部分序列，从这些已知 DNA 序列中得到新基因成为研究人员的一大目标。从核酸水平上寻找新基因的方法总结起来主要有以下几种。

(1)根据同源序列寻找新基因

不同物种间功能相同或相近的基因序列通常具有相似性,物种的亲缘关系越近,相似度越高,因此,如果某一物种的某一种蛋白质的基因已知,就可以以其核苷酸序列为探针,在其他物种的基因组文库和 cDNA 文库中调出同源基因。如果得到一段新的核苷酸序列,就可以使用专门的软件(如 Blast 或 Bioedit)在世界上共享的基因库(如 Genbank)中寻找同源序列,以初步判断它是否属于一种新的基因序列。

(2)基因标签法

插入一段外源 DNA 到基因内部或靠近这个基因的位置作为标签,使基因的结构被破坏或表达受到干扰,引起某种表型变化,由此从突变体中分离得到目的基因。

(3)消减杂交和抑制性消减杂交技术

消减杂交(subtractive hybridization)最早用于寻找因缺失而导致遗传性疾病的相关基因。其后,有人将其应用于两个不同的 cDNA 文库(分别来自健康和病变的细胞),让两者变性后进行杂交,采用亲和素-生物素结合或羟基磷灰石层析分离未杂交的部分,由此获得呈差异表达的基因片段。该技术的主要缺陷在于无法对低丰度表达的基因进行克隆。

(4)差异显示 PCR 技术(differential display PCR, DD-PCR)

快速对多个样本进行比较,适合用于对处于疾病不同发展阶段或处于不同发育阶段的生物样本进行比较的技术。主要流程是:首先提取组织样品的 mRNA,以 3′-端的 12 对带有寡聚 dT 的锚定引物进行逆转录;再以锚定引物和 5′-端的 20 种随机引物进行 PCR 扩增,在反应体系中加入同位素标记的 dATP 标记扩增产物;在对 PCR 扩增产物作电泳分析后回收差异条带,再以之为模板进行第二轮扩增;最后,对第二轮扩增产物进行杂交鉴定、测序,获得差异显示表达序列标签(EST),以获得新基因。

(5)RNA 随机引物聚合酶链式反应(RNA arbitrarily primed PCR, RAP-PCR)

该技术与 DD-PCR 十分相似,不同的是,通过使用随机引物将不含有多聚 A 尾巴的 mRNA 逆转录。

(6)外显子捕获(exon trapping)

用来鉴定一段基因组 DNA 内属于一个表达基因部分的外显子区域。将基因子序列克隆到专门载体,插入位点在一个内含子内部,而这个内含子两侧是外显子,此重组载体在一个强启动子驱动下表达。如果被克隆的基因组片段含有外显子,那外显子就会在随后的转录物剪接反应中被保留,使原来的 mRNA 大小发生改变,从而被检测出来。

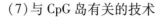

（7）与 CpG 岛有关的技术

CpG 岛广泛存在于真核生物的基因组中，许多存在于管家基因周围，有的延伸到基因的第一个外显子内。利用这个性质，可以以 CpG 岛周围的序列作为探针，从基因组文库中获得新基因。也可以以 CpG 岛周围序列和其他标记序列设计引物（如 Alu 序列），使用 PCR 调出可能的新基因。

（8）噬菌体展示（phage display）

噬菌体展示是将基因表达和表达产物亲和选择相结合的技术。是将外源 DNA 片段插入丝状噬菌体编码外壳蛋白的基因 PⅢ或 PⅥ中，从而使外源基因编码的多肽或蛋白质与外壳蛋白以融合蛋白的形式展示在噬菌体表面，被展示的多肽或蛋白质可保持相对独立的空间结构和生物活性。该技术将蛋白质分子表型和基因型巧妙地结合于丝状噬菌体这样一种便于进行一系列生化和遗传操作的载体平台上，简化了蛋白质分子表达文库的筛选和鉴定。

# 7　聚合酶链式反应

聚合酶链式反应(polymerase chainreaction, PCR)技术可能是体外快速扩增特定基因或 DNA 序列最常用的方法。20 世纪 80 年代，凯利·穆利斯(Kary Mullis)发明了该技术。当时，他供职于美国的西特斯公司——世界上第一个靠重组 DNA 技术起家的生物技术公司。从此以后，PCR 成为分子生物学研究必不可少的一部分，被广泛应用于基础研究、疾病诊断、农业检测和法医调查等领域。而 Kary Mullis 也因这一发明获得了 1993 年的诺贝尔化学奖。PCR 反应的起始材料模板 DNA，可以是基因组 DNA 上的某个基因或基因片段，也可以是 mRNA 反转录产生的 cDNA 链(RT-PCR)。

PCR 技术的原理并不复杂，首先将双链 DNA 分子在临近沸点的温度下加热分离成两条单链 DNA 分子，DNA 聚合酶以单链 DNA 为模板并利用反应混合物中的 4 种脱氧核苷酸合成新生的 DNA 互补链。DNA 聚合酶是一种天然产生的能催化 DNA(包括 RNA)的合成和修复的生物大分子。所有生物体基因组的准确复制都依赖于这类酶的活性。PCR 中使用的 DNA 聚合酶不同于一般的聚合酶，它具有很好的耐高温性。DNA 聚合酶开始 DNA 合成时都需要有一小段双链 DNA 来启动("引导")新链的合成，所以，新合成的 DNA 链的起点，事实上是由加入到反应混合物中的一对寡核苷酸引物在模板 DNA 链两端的退火位点决定的。图 7-1 所示为 PCR 扩增示意图。

PCR 时，只要在试管内加入模板 DNA、PCR 引物、4 种核苷酸及适当浓度的 $Mg^{2+}$，DNA 聚合酶就能在数小时内将目标序列扩增 100 万倍以上。双链模板 DNA 分子首先在高温下解开成长链单链，短链引物分子立即与该模板 DNA 的特定序列相结合，产生双链区，DNA 聚合酶从引物处开始复制合成其互补链，迅速产生与目标序列完全相同的复制品。在后续反应中，无论是起始模板 DNA 还是经复制的杂合 DNA 双链，都会在高温下解开成单链，体系中的引物分子再次与其互补序列相结合，聚合酶也再度复制模板 DNA。由于在 PCR 中所选用的一对引物，是按照与扩增区段两端序列彼此互补的原则设计的。因此，每一条新生链的合成都从引物的退火结合位点开始并朝相反方向延伸，每一条新合成的 DNA 链上都具

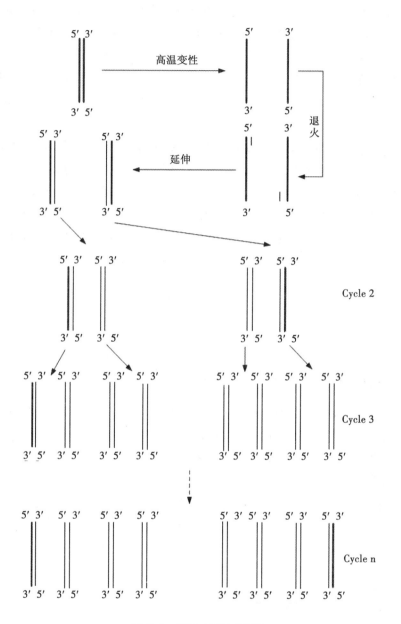

图 7-1　PCR 扩增示意图

有新的引物结合位点。整个 PCR 过程，即 DNA 解链（变性）、引物与模板 DNA 相结合（退火），DNA 合成（链的延伸）三步，可以被不断重复。经多次循环之后，反应混合物中所含有的双链 DNA 分子数，即两条引物结合位点之间的 DNA 区段的拷贝数，理论上的最高值应是 $2^n$，能满足进一步遗传分析的需要。

　　热稳定 DNA 聚合酶的发现是一项重大进步。它实现了长时间的反应稳定性，为 PCR 方法的改进提供了无限可能。1976 年，从耐热菌 Thermus aquaticus 中分离出来的 Taq DNA 聚合酶是最有名的热稳定 DNA 聚合酶之一。1988 年研究人员首次报道，证明 Taq DNA 聚合酶能够在 75°C 以上保持活性，从而无须手动加入新鲜的酶即可持续循环扩增，实现了工作流程自动化。此外，与大肠杆菌 DNA 聚合酶相比，Taq DNA 聚合酶能够获得更长的 PCR 扩增子，并且具有更高的灵敏度和特异性。

尽管 Taq DNA 聚合酶大大改善了 PCR 实验方法，但也表现出一些缺点。例如，Taq DNA 聚合酶在 90°C 以上的 DNA 链变性温度中相对不稳定。对于需要更高解离温度的富含 GC 或具有强二级结构的 DNA 模板而言，这一问题尤为明显。同时，Taq DNA 酶还缺乏校正活性，会在扩增期间引入错误核苷酸。对于克隆和测序而言，序列的准确性至关重要，所以，不能存在含有错配的 PCR 扩增子。此外，Taq DNA 聚合酶的易错配特性使其通常无法稳定扩增长度大于 5 kb 的片段。

## 7.1 引物设计

### 7.1.1 目的意义

在准备基因引物设计前，要非常清楚地了解其研究的宗旨和意义，首先要查阅大量的文献，明确该基因的相关理化特性。其次，在进行引物设计之前必须弄清楚是否需要进一步用于克隆或表达。若要用于克隆，引物 5′ 端最好加上限制性内切酶的酶切位点，有利于定向克隆，加入的酶切位点不能与引物内部形成互补结构，并且所选择的酶切位点尽量为多克隆位点的中间酶切位点，最好载体其他地方无该酶切位点。这样，连接以后再构建新的质粒时选择酶的空间更大些，并保证所需扩增的 DNA 序列中无该酶切位点，为日后研究该基因的后续实验奠定基础。

### 7.1.2 主要数据库和生物软件

目前，进行引物设计时模板选择有两种情况：一种是扩增已知基因，需要在 GenBank 数据库中搜索相同物种该基因的 DNA 或者 mRNA 作为模板来设计引物；另一种是扩增未知基因，需根据比较基因组定位的原理，选择研究深入的高等动植物保守的功能基因的 DNA 或者 mRNA 序列为模板来设计引物。虽然引物设计模板选择有很多，但是无论何种情况，都要涉及引物设计软件。SYBR Green 是一种结合于所有 dsDNA 双螺旋小沟区域的具有绿色激发波长的染料，该染料不能区分特异性 PCR 产物和引物二聚体。因此，对于 SYBR Green 染料法来说，引物设计显得至关重要。通过搜集大量的信息资源，当前进行引物设计的国际三大核酸数据库分别为 NCBI（http：//www.ncbi.nlm.nih.gov）、DDBJ（http：//www.ddbj.nig.ac.jp）、EMBL（http：//www.ebi.ac.uk/embl），生物软件有：BlockMaker、CodeHop 和 clustalW2 等。

另外，现在引物设计还可以直接登录：http：//www.idtdna.com/Home/Home.aspx，在 SciTools 的下拉菜单中直接选择 PrimerQuest，然后弹出相关的操作界面，最后研究者根据所研究的目的和意义进行针对性的计算机引物设计程序操作。

设计引物的软件一般都具有引物自动搜索功能，不同软件侧重点有所不同，因此，自动搜索的结果也不一样。一般以 Primer Premier 5.0 功能最强且方便使用，其次是 Oligo 6.0，其他软件如 Dnasis Omiga 和 Dnastar 等都带有引物自动搜索功能，但搜索结果都不是十分理想。

### 7.1.3　设计原则

虽然引物设计软件种类很多，但其引物设计必须遵循以下基本原则。

① 引物与引物之间避免形成稳定的二聚体或发夹结构，引物与模板的序列要紧密互补。引物设计中，特别需要判断引物互补配对情况是否影响模板与引物的结合，这需要估计模板与引物结合及引物配对结合的自由能。A、T 由 2 个氢键连接，G、C 由 3 个氢键连接。一般来说，出现 3 个碱基的序列互补便有些危险，尤其在引物 3′末端。若 3′末端出现 3 个碱基的序列互补或碱基为 GC 的 2 个碱基的序列互补，只好将这个引物放弃，重新设计。

② 在选择用来扩增不同物种 DNA 的引物时，应避开 mRNA 的 5′和 3′末端非翻译区序列。不同物种 mRNA 的 5′和 3′末端非翻译区序列可能没有任何的同源性，如果选择的不同物种 DNA 序列同源性非常低，那么，就无法保证获得一段或几段高度保守的序列，将会为引物设计带来很大的困扰，特别是在 BLAST 比对和使用 Primer Premier 5.0 软件进行评价分析时，各项参数指标将会远远达不到要求，无法充分保证引物设计的高度敏感性和特异性，更会为后期的 RT-PCR 试验带来诸多麻烦。

### 7.1.4　设计方法

① NCBI 搜索核苷酸序列。登录 www.ncbi.nlm.nih.gov/GenBank，可以从 GenBank 中获取基因序列作为模板。根据试验要求来确定需要扩增的 DNA 序列，并知道其编码结构基因区序列。具体方法如下：在 Search 对话框中选择 Nucleotide，在对话框中填入所要查找的 Nucleotide 名称，如输入 CPT，点击 Go 即得到与 CPT

相关的许多序列信息，从中选择物种相近的一个，然后将其序列与 GenBank 中相关序列进行比较。

② 序列同源性分析与比较。运用 DNAStar 等相关软件进行序列比较，具体步骤为打开 DNAStar，点击 MegAlign，在 File 菜单中选择 Eenter Sequences，在查找范围对话框中将上述获得的目的序列复制，点击 Done，软件就自动把输入的所有序列进行比较，确定同源性区域。找出同源性较高的区域，在该区域内选择出引物设计的模板，通过以上的计算机操作便可以完成序列编辑与处理及引物设计位置的确定。

③ 使用 Primer Premier 5.0 设计引物。Primer Premier 5.0 是用来设计最适合引物的应用软件，利用其高级引物功能，进行引物数据库搜索、巢式引物设计、引物编辑和分析等，可以设计出有高效扩增能力的理想引物，也可以设计出用于扩增长达 50 kb 以上的 PCR 产物的引物序列。该软件主要由 GenBank 序列编辑、Primer 引物设计、Align 序列比较、Enzyme 酶切分析和 Motif 基序分析等几个主要功能板块组成。

④ BLAST 比对。首先登录 www.ncbi.nlm.nih.gov，然后点击 BLAST；然后进入 Nucleotide blast，在 Search 对话框中将上述获得的序列复制粘贴，点击 BLAST，GenBank 将自动把输入的序列与序列资源库中所有相关序列进行比较。

在比较结果中列出所有的相关序列比较的情况，当然也包括同一物种不同长度及不同物种已在 GenBank 中登记的相关基因序列的综合比较。如果是对特异引物的特异性分析，还可以登录 www.Gramene.org，选择前后引物 Blastn—位置分析，如果只在基因组的相近位置有完全匹配，则可认为具有较好的特异性。然后可以根据研究目的选择使用相应的序列比较资料，也可以利用结果中提供的信息获得自己最需要的一种基因序列，为下一步的 PCR 引物设计打下基础。

⑤ 筛选后引物的综合评价。筛选后引物首先可以在软件上进行分析评价，设计引物的软件一般要具备引物分析评价功能。各种软件侧重点有所不同，在引物分析评价功能方面，通过综合比较，以 Oligo 6.0 软件最优秀，可快速设计出高成功率的引物。Oligo 6.0 是目前使用最为广泛的引物设计软件，除了可以简单、快捷地完成各种引物和探针的设计与分析外，还具有很多其他同类软件不具有的高级功能。

⑥ 引物设计后基因的重新检测。引物多次筛选是为了在设计的多对引物中找出适合进行特异、高效 PCR 扩增的引物。主要应注意以下两点：一是将得到的一系列引物分别在 GenBank 中进行回检，即把每条引物在比对工具（www.ncbi.nlm.nih.gov/blast）的 blastnr 中进行同源性检索，弃掉与基因组其他部分同源性比较高的引物，也就是有可能形成错配的引物。一般连续 10 bp 以上的同源有可能

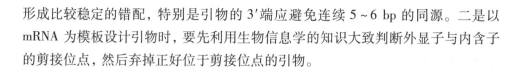

形成比较稳定的错配，特别是引物的 3′ 端应避免连续 5~6 bp 的同源。二是以 mRNA 为模板设计引物时，要先利用生物信息学的知识大致判断外显子与内含子的剪接位点，然后弃掉正好位于剪接位点的引物。

## 7.2 反转录 PCR

### 7.2.1 技术原理

逆转录 PCR，或者称反转录 PCR(reverse transcription-PCR，RT-PCR)，是聚合酶链式反应(PCR)的一种广泛应用的变形。在 RT-PCR 中，一条 RNA 链被逆转录为互补 DNA，再以此为模板通过 PCR 进行 DNA 扩增。由一条 RNA 单链转录为互补 DNA(cDNA)称作"逆转录"，由依赖 RNA 的 DNA 聚合酶(逆转录酶)来完成。随后，DNA 的另一条链通过脱氧核苷酸引物和依赖 DNA 的 DNA 聚合酶完成，随着每个循环倍增，即通常的 PCR。原先的 RNA 模板被 RNA 酶降解，留下互补 DNA。RT-PCR 的指数扩增是一种很灵敏的技术，可以检测很低拷贝数的 RNA。RT-PCR 广泛应用于遗传病的诊断，并且可以用于定量监测某种 RNA 的含量。

### 7.2.2 常见问题

cDNA 链产物产量低或没得到：RNA 被降解或 RNA 纯化过程中遗留的试剂会影响目的 RNA 的质量。对策有通过变性琼脂糖凝胶电泳检验 RNA 的完整性；确保试剂、加样器尖头及反应管均无 RNA 酶；在有核酸酶抑制剂存在的情况下分离 RNA。

## 7.3 实时定量 PCR

由于 PCR 技术具有极高的敏感性，扩增产物总量的变异系数常常达到 10%~30%。因此，人们普遍认为应用简单方法对 PCR 扩增的产物进行最终定量是不可靠的。随着技术的进步，20 世纪 90 年代末期出现了实时定量 PCR(real time quantitative PCR)技术，利用带荧光检测的 PCR 仪对整个 PCR 过程中扩增 DNA 的累积速率绘制动态变化图，从而消除了在测定终端产物丰度时有较大变异系数的问题。

　　实时定量 PCR 在带透明盖的塑料小管中进行，激发光可以直接透过管盖，激发荧光探针。荧光探针事先混合在 PCR 液中，只有与 DNA 结合后，才能够被激发出荧光。随着新合成目的 DNA 片段的增加，结合到 DNA 上的荧光探针增加，被激发产生的荧光也相应增加。最简单的 DNA 结合的荧光探针是非序列特异性的，例如，荧光染料 SYBR Green I 激发光波长 520 nm，这种荧光染料只能与双链 DNA 结合。

　　利用 SYBR Green I 可以检测 PCR 反应中获得的全部双链 DNA，但是不能区分不同的双链 DNA，为了进一步确保荧光检测的就是靶 DNA 序列，人们又设计了仅能与目的 DNA 序列特异结合的荧光探针，如 TaqMan 探针。TaqMan 探针是一小段被设计成可以与靶 DNA 序列中间部位结合的单链 DNA（一般为 50~150 bp），并且该单链 DNA 的 5′ 和 3′ 端带有短波长和长波长两个不同荧光基团。这两个荧光基团由于距离过近，在荧光共振能量转移（FRET）作用下发生了荧光淬灭，因而，检测不到荧光。PCR 反应开始后，随着双链 DNA 变性产生单链 DNA，Taq-Man 探针结合到与之配对的靶 DNA 序列上，并被具有外切酶活性的 Tag DNA 聚合酶逐个切除而降解，从而解除荧光淬灭的束缚，荧光基团在激发光下发出荧光，所产生的荧光强度直接反映了被扩增的靶 DNA 总量。图 7-2 所示为 TaqMan 探针工作示意图。

　　聚合酶链式反应是分子生物学领域功能最强大的技术之一。采用 PCR 技术，利用序列特异性寡核苷酸、热稳定性 DNA 聚合酶和热循环，可将 DNA 或 cDNA 模板内的特异性序列拷贝或"扩增"数千至数百万倍。在传统 PCR 中，扩增序列的检测和定量是在反应结束，即最后一次 PCR 循环完成后进行的，且需要 PCR 后分析，如凝胶电泳和图像分析。在实时荧光定量 PCR 中，每次循环均检测 PCR 产物。通过监测指数扩增期的反应，用户可以确定靶点的起始量，且精度极高。

　　在理论上，PCR 可成指数型扩增 DNA，使每个扩增循环中的靶分子数倍增。在 PCR 问世之初，科学家推断，通过与已知标准品进行比较，利用循环数和 PCR 终产物的量可以计算出遗传物质的起始量。为达到可靠定量的要求，实时荧光定量 PCR 技术得以问世。如今终点 PCR 主要用于扩增特定的 DNA，用于测序、克隆及其他分子生物学技术。

　　在实时荧光定量 PCR 中，每次循环结束后通过荧光染料检测 DNA 的量，荧光染料产生的荧光信号与生成的 PCR 产物分子（扩增片段）数直接成正比。利用反应指数期采集的数据，生成有关扩增靶点起始量的定量信息。实时荧光定量 PCR 使用的荧光报告基团包括双链 DNA（dsDNA）结合染料或在扩增过程中掺入 PCR 产物的、与 PCR 引物或探针结合的染料分子。

　　实时荧光定量 PCR 的优点包括：能够实时监控 PCR 反应的进程；能够精确

测定每个循环的扩增片段数量，从而对样本中的起始材料量进行准确定量；具有更大的检测动态范围；在单管中实现扩增和检测，无须 PCR 后处理。

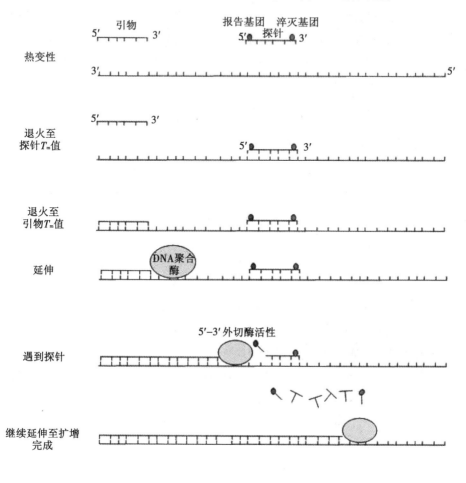

图 7-2　TaqMan 探针工作示意图

## 7.4　巢式 PCR

巢式 PCR（nested primers-polymerase chain reaction，NP-PCR）也称为嵌合 PCR，通过设计外侧、内侧两对引物进行两次 PCR 扩增，外侧引物的互补序列在模板的外侧，内侧引物的互补序列在同一模板的外侧引物内侧。先用一对外侧引物扩增含有目的靶序列的较大 DNA 片段，然后用另一对内侧引物以第一次 PCR 扩增产物（含有内侧引物扩增的靶序列）为模板扩增，使目的靶序列得到第二次扩增，从而获取目的靶序列。这样两次连续的放大，明显地提高了 PCR 检测的灵敏度，保证了产物的特异性。对于极其微量的靶序列，应用巢式 PCR 技术可以获得满意的结果。

根据两对引物设计的不同，又可以把巢式 PCR 分为巢式 PCR 和半巢式 PCR。如果一对内侧引物的互补序列是在外侧引物的内侧，称为巢式 PCR；如果内侧引物中的一条与外侧引物相同，而另一条在外侧引物内侧，则称为半巢式 PCR，半巢式 PCR 也有很强的特异性。

## 7.5　多重 PCR

多数的 PCR 技术都是设计一对寡核苷酸引物扩增所需要的目标序列。如果在实验中要求分析不同的 DNA 序列，可以根据实验的要求，设计多对引物，在同一个 PCR 反应体系中，同时扩增一份 DNA 样本中几个不同靶区域的 DNA 片段，这一过程称为多重 PCR。由于每对引物扩增的是位于模板 DNA 上的不同序列的 DNA 片段，因此，扩增片段的长短不同，可以据此来检测特定基因片段，检测其大小、缺失和突变是否存在。PCR 扩增后电泳检测，有条带则说明有待测基因片段；反之，则这一片段缺失。

多重 PCR 的特点有：高效性，在同一 PCR 反应管内同时检出多种病原微生物，或对有多个型别的目的基因进行分型，特别是用一滴血就可检测多种病原体；系统性，多重 PCR 很适宜于成组病原体的检测；经济简便性，多种病原体在同一反应管内同时检出，将大大节省时间，节省试剂，节约经费开支，为临床提供更多、更准确的诊断信息。

## 7.6　不对称 PCR

聚合酶链式反应是利用一对引物扩增两段已知序列中间的 DNA 片段的反应，这对引物分别与模板 DNA 两条链中的一条互补，而且互补片段正好位于待扩增片段的两端，反应时两段引物均大大过量，经过变性、退火和延伸三个阶段的多次循环，得到指数扩增的双链 DNA 产物，从而可以进一步进行产物的克隆或序列分析等操作，然而，当常规 PCR 产物直接用于序列分析时它还必须进行一些预处理，例如，在测序之前去除剩余的引物，以及对测序引物进行放射性标记等。Gyl-lensten 等在 20 世纪 80 年代末发明了一种新的方法扩增单链的 DNA 用于 DNA 的序列测定，这就是不对称 PCR(asymmetric polymerase chain reaction)，它指的是利用不等量的一对引物来产生大量的单链 DNA(ssDNA)方法。不对称 PCR 制备的单链 DNA 在用于序列测定时不必在测序之前除去剩余引物,简化操作,节约人力和物力,另外,用 cDNA 经不对称 PCR 进行序列分析或 SSCP 分析也是现在研究真核外显子的常用方法。引物数量不对称 PCR 的应用使 DNA 测序和一些疾病的检验变得更加简便,但是在实际应用时由于两种引物的碱基组成不同,其扩增效率可以相差 $10^4$ 倍,此外,还需要严格控制引物的数量和模板数量,因而,不能保证每次不对称 PCR 都能获得成功。后来发展的热不对称 PCR,使得不对称 PCR 变得更加简单实用,下面将对引物浓度不对称 PCR 和热不对称 PCR 分别进行介绍。

### 7.6.1 引物浓度不对称 PCR

引物浓度不对称 PCR,是通过不等量的一对寡核苷酸引物引导扩增得到大量单链 DNA 的反应,其中,低浓度引物被称为限制性引物,限制性引物量的多少在整个反应中起决定性作用,只有限制性引物基本耗完之后才开始单链 DNA 的合成;高浓度引物称为非限制性引物,非限制性引物在整个反应中都是过量的,类似于常规 PCR 中的引物。在不对称 PCR 中,限制性引物与非限制性引物在每个反应体系中的物质的量浓度相差悬殊,其最佳比例一般是 1∶50~1∶100,关键是限制性引物的绝对量。在扩增反应的开始 10~15 个循环中,两引物都与模板发生退火,引导 DNA 链的合成,所以,全部产物都是双链 DNA,而且几乎是以指数速率扩增,在 12~15 个循环以后,其中的限制性引物的浓度降低,甚至基本耗尽,从而制约了反应的进行,双链 DNA 的合成速率显著下降,此时,非限制性引物将继续引导单链 DNA 的合成,故反应的最后阶段只产生初始 DNA 中一条链的拷贝(非限制性引物引导合成的单链),随后的合成和变性过程中仅单链产物以线性速率扩增。其具体过程如图 7-3 所示。

以上介绍的是一步法进行不对称 PCR,除此之外,还可以先用常规 PCR 制备目的基因的双链 DNA(dsDNA)片段,然后以 dsDNA 作为模板,只用其中一个过量的引物进行第一次单引物 PCR,借以制备 ssDNA,这也是不对称 PCR 的常用方法,尤其是在模板较少时为了获得较高的扩增效率,先扩增双链 DNA 就成为一种有效的扩增策略。

### 7.6.2 热(引物长度)不对称 PCR

(1)常规热不对称 PCR

热不对称 PCR 是传统的引物浓度不对称 PCR 的发展,它利用一对引物的碱基数目与组成不同,造成退火温度的差异而实现。设计引物时两引物的退火温度

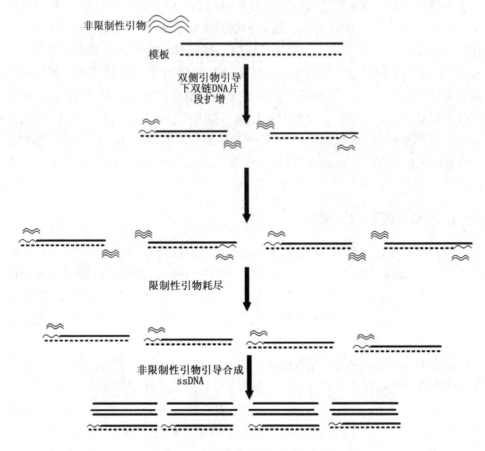

非限制性引物

模板

双侧引物引导
下双链DNA片
段扩增

限制性引物耗尽

非限制性引物引导合成
ssDNA

图 7-3　引物浓度不对称 PCR 示意图

可以根据常用的软件进行分析，也可以根据退火温度的常用计算公式：$T_m = 69.3 + 0.41[(G+C)\,\mathrm{mol}\,\%]-650/L$（$L=$引物长度）计算，设计的限制性引物与非限制性引物的退火温度应相差 10℃ 以上，其中，限制性引物的退火温度低于非限制性引物的退火温度，在最初的 10~15 个循环中使用较低的退火温度（根据限制性引物的退火温度决定，一般略低于限制性引物的退火温度），这时变性后两引物都可以与模板结合，引导 DNA 链的合成，产生双链产物，随后将 PCR 的退火温度提高（根据非限制性引物的退火温度决定），此时，限制性引物不能再与模板发生退火，只有非限制性引物可以与模板结合后继续引导扩增，从而产生大量单链DNA。其具体过程如图 7-4 所示。

（2）交错式热不对称 PCR

热不对称 PCR 的发展和应用使不对称 PCR 方法变得更加简单和实用，而 Liu Yao-Guang 等后来又将其进一步发展产生了交错式热不对称 PCR（thermal asym-

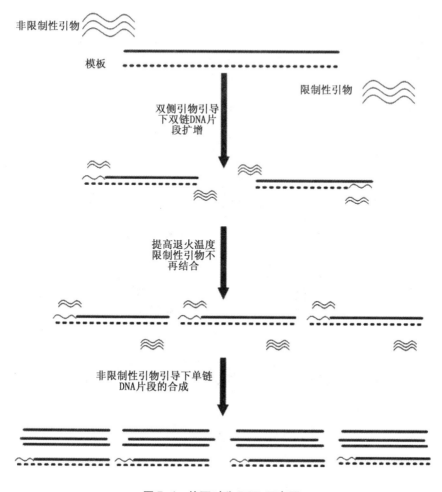

非限制性引物

模板

双侧引物引导
下双链DNA片
段扩增

限制性引物

提高退火温度
限制性引物不
再结合

非限制性引物引导下单链
DNA片段的合成

图7-4 热不对称 PCR 示意图

metric interlaced PCR，TAIL-PCR）。

　　TAIL-PCR 是指利用一系列序列特异性的巢式引物和一个短的任意引物引导扩增已知序列的侧翼序列的反应，它是一种半特异性的 PCR 反应，由于两类引物的退火温度不同，从而可以通过控制反应过程中的退火温度有效地控制特异性产物和非特异性产物的扩增。在 TAIL-PCR 中序列特异性的巢式引物较长、退火温度较高，因此，在 PCR 反应中退火温度的高低（相对）对它与目的序列的退火没有太大的影响，在高、低两种退火温度下都可以与已知序列发生特异性的退火，而序列短的任意引物则仅可以在退火温度较低时与未知序列（已知序列的侧翼序列）发生退火，通过高低退火温度的交替进行，使目的基因得到有效的扩增。TAIL-PCR 具体过程如图 7-5 所示。

　　图 7-5 所示为利用一组巢式的特异性引物和一条任意引物，通过三个 PCR

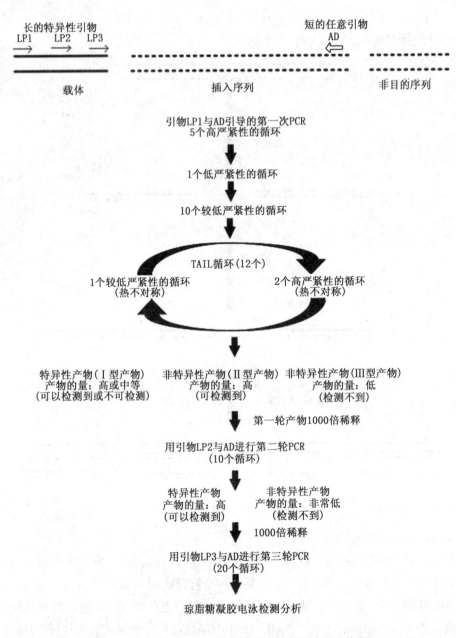

图7-5 TAIL-PCR 扩增已知序列的侧翼序列示意图

反应扩增已知序列的侧翼序列。其中，实心箭头所示为特异性引物，可以与位于目的片段一侧的已知序列特异性结合，空心箭头所示为任意引物，在低严紧性循环可以与侧翼序列的一个或多个位点结合。图中 I 型产物是指特异性引物与非特异性引物共同引导合成的片段，II 型产物指的是仅由特异性引物引导合成的 DNA 片段，而引导合成 III 型产物的只有任意引物。

　　TAIL-PCR 的关键是应用了一系列巢式引物,它们的序列相对较长,退火温度比较高,而任意(AD)引物序列比较短,退火温度比较低。首先进行的 5 个高严紧性的循环是为了利用特异性引物有效扩增与已知序列相邻的插入序列,获取单链 DNA,随后 1 个低严紧性 PCR 循环的目的是为了促成 AD 引物与未知的目的序列上的位点的非特异性退火。接下来,通过高严紧性循环与较低严紧性循环的交替进行,目的序列(Ⅰ型产物)得到线性扩增,而由 AD 引物单独引导的非目的序列(Ⅲ型产物)几乎不合成。在接下来的较低严紧性的循环中两种引物都可以与模板序列发生退火,在高严紧性循环中产生的单链 DNA 被复制成双链,为接下来的几个线性扩增循环提供了几倍量的模板。通过重复的 TAIL 循环目的片段就可以得到有效扩增。在这个过程中,非特异性的Ⅱ型产物也会增加,但是这种非目的产物在接下来的第二次和第三次反应中会被逐渐冲淡。

# 8 蛋白质研究

蛋白质是生物体中含量最高、功能最重要的生物大分子，存在于所有生物细胞。作为生命的物质基础之一，蛋白质在催化生命体内各种反应进行、调节代谢、抵御外来物质入侵及控制遗传信息等方面都起着至关重要的作用。基因是遗传信息的携带者，蛋白质是生命活动的执行者，人类基因组计划产生的海量基因信息，必须经过对其表达产物——蛋白质——的研究而加以阐释。蛋白质的研究方法包括免疫印迹、酵母双杂交、免疫共沉淀、层析和蛋白质工程等。

## 8.1 免疫印迹

免疫印迹是利用特异性的抗体检出混合物中特定的生物大分子的有效方法，是现代生命科学经常使用的重要研究手段。在进行 Western blot 检测时，蛋白质样品混合物首先通过 SDS-PAGE 分离，然后转移到固相支持物(包括硝酸纤维素膜、PVDF 膜和阳离子尼龙膜等)上。通过抗原抗体反应，膜上固定的蛋白质首先被特异性第一抗体识别，然后通过酶标复合物如辣根过氧化物(horseradish peroxidase，HRP)标记的抗体或过氧化物酶标记的亲和素(streptavidin/ avidin)与适当的底物反应后生色或化学发光的方法指示出特异性的蛋白质。

Western blot 检测的方法是利用目的蛋白质特异的抗体或是融合标签的特异抗体进行检测，是更为专一和敏感的方法，能够检测出相对分子质量为 1~5 ng 的蛋白质。把膜上未反应的位点封闭起来阻止抗体的非特异性结合，这样固定的蛋白质可与特异性的抗体相互作用，通过生色或化学发光方法进行信号检测(图 8-1)。

### 8.1.1 抗体制备

利用抗原分子刺激机体，使其产生免疫反应，由机体的浆细胞合成并分泌能与抗原分子特异性结合的一组免疫球蛋白被定义为抗体。由于抗原分子通常是由多个抗原决定簇组成的，由单一抗原决定簇刺激机体，由一个 B 淋巴细胞克隆接

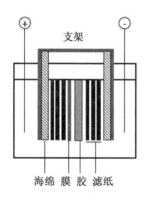

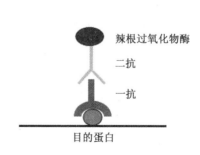

辣根过氧化物酶

二抗

一抗

目的蛋白

图 8-1 转膜、免疫反应示意图

受该抗原所产生的抗体就称为单克隆抗体(monoclonal antibody),而由多种抗原决定簇产生的一组含有针对各个抗原决定簇的混合抗体,就称为多克隆抗体(polyclonal antibody)。制备技术主要分为:① 抗原准备。对于某个特定的蛋白质,常有多种抗原形式,包括形成特异性偶联多肽、重组表达该蛋白全长或部分及重组表达的融合蛋白等。② 动物免疫。实践中供免疫用的动物主要是哺乳动物,如家兔、绵羊、山羊和小鼠等。动物选择常依据抗体的用途和需用量决定,如需大量制备抗体,多采用体形较大的动物。如期望获得直接用于标记诊断的抗体,则应采用与诊断目标相同的动物。针对不同的动物及要求抗体的特性等不同,需采用不同的免疫剂量、免疫周期来对动物进行免疫。以小鼠为例,首次的免疫剂量为 $50 \sim 400\ \mu g/$次,免疫周期间隔为 $5 \sim 7$ 天,在一定的范围,抗体的效价随免疫剂量增加而提高,而较长的免疫周期有利于获得较高效价的抗血清。③ 效价检测。不同抗原分子、不同免疫动物及不同的免疫方法,其效价往往不同。可用试管凝集法、琼脂扩散实验、酶联免疫吸附试验(ELISA)等检测抗体效价。④ 采集血清,纯化抗体。如果鉴定抗体效价达到要求,则杀死实验动物,采集全部血清,利用偶联在支持物上的含特异性抗原决定簇的分子来纯化抗体。⑤ 获得抗体并进行纯度及特异性鉴定。

## 8.1.2 常用二抗分类

用于检测的二级抗体一般分为以下 3 种。

① 放射性标记的抗体。最早的免疫印迹都采用这种方法,这也是迄今为止定量最准确的方法。由于使用放射性同位素,有一定的危险性,现在已逐渐被非放射性检测系统所取代。

② 与酶偶联的抗体。主要包括辣根过氧化物酶和碱性磷酸酶,如果选用辣根过氧化物酶标记的二抗,就可以用化学发光法检测。当有过氧化氢存在时,辣根

过氧化物酶催化鲁米诺氧化即可发光,在暗室用 X 线胶片曝光法可以检测到信号。如果选用碱性磷酸酶标记的二抗和溴氯吲哚磷酸盐/硝基氮蓝四唑(BCIP/NBT)做底物,能在酶结合部位产生肉眼可见的黑紫色沉淀,产生清晰的条带,而且几乎没有背景。反应可被 EDTA 所终止。

③ 与生物素偶联的抗体。生物素是可溶性的维生素,能与抗生物素蛋白高亲和力结合,后者再与报道酶相结合,以确定抗生物素-生物素-靶蛋白复合物的位置并进行定量分析。

## 8.2 酵母双杂交

1989 年,Fields 和 Song 等人根据当时人们对真核生物转录起始过程调控的认识(即细胞内基因转录的起始需要转录激活因子的参与),提出并建立酵母双杂交系统。该系统作为发现和研究活细胞体内的蛋白质与蛋白质之间的相互作用的技术平台,近几年得到了广泛的运用和发展。

酵母双杂交系统的原理是利用转录激活因子在结构上是组件式的,即这些因子往往由两个或两个以上相互独立的结构域构成,其中,有 DNA 结合结构域(binding domain,BD)和转录激活结构域(activation domain,AD),它们是转录激活因子发挥功能所必需的。单独的 BD 虽然能和启动子结合,但是不能激活转录。而不同转录激活因子的 BD 和 AD 形成的杂合蛋白仍然具有正常的激活转录的功能。根据转录因子的这一特性,将 BD 与已知的诱饵蛋白质 X 融合,构建出 BD-X 质粒载体;将 AD 基因与 cDNA 文库、基因片段或基因突变体(以 Y 表示)融合,构建 AD-Y 质粒载体。两个穿梭质粒载体共转化至酵母体内表达。蛋白质 X 和 Y 的相互作用导致 BD 与 AD 在空间上的接近,从而激活 UAS 下游启动子调节的酵母菌株特定报告基因(如 lacZ、HIS3 和 LEU2)等的表达,使转化体由于 HIS3 或 LEU2 表达,而可在特定的缺陷培养基上生长,同时,因 lacZ 表达而使菌斑在 X-$\alpha$-Gal 存在的条件下显蓝色(图 8-2)。

相比于其他蛋白质筛选系统,酵母双杂交系统具有以下优点:① 检测在真核活细胞内进行,在一定程度上代表细胞内的真实情况。② 作用信号是在融合基因表达后,在细胞内重建转录因子的作用而给出的,省去了纯化蛋白质的烦琐步骤。③ 检测结果是基因表达产物的积累效应,因而,可检测存在于蛋白质之间的微弱或暂时的相互作用。④ 酵母双杂交系统可采用不同组织、器官、细胞类型和分化时期材料构建 cDNA 文库,能分析细胞质、细胞核及膜结合蛋白等多种不同亚细胞部位及功能蛋白质。⑤ 通过 mRNA 产生多种稳定的酶使信号放大。同时,酵

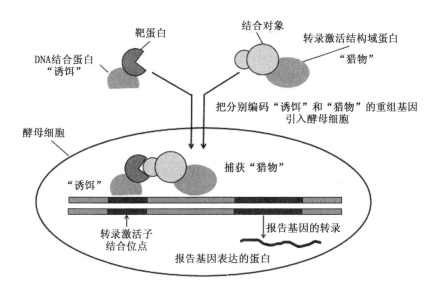

图 8-2 酵母双杂交系统原理示意图

母表型、X-gal 及 HIS3 蛋白表达等检测方法均很敏感。

酵母双杂交系统也具有一定的局限性。首先，经典的双杂交系统分析蛋白质间的相互作用定位于细胞核内，因而，限制了该系统对某些细胞外蛋白和细胞膜受体蛋白的研究。酵母双杂交系统的另一个局限性是假阳性。在酵母双杂交系统建立的初期阶段，由于仅仅采用 $\beta$-半乳糖苷这一单一的报告基因体系，这种报告基因的表达往往不能十分严谨地被控制，因此，容易产生假阳性。由于某些蛋白质本身具有激活转录的功能或在酵母中表达时发挥转录激活作用，使 DNA 结合结构域融合蛋白在无特异激活结构域的情况下也可被激活转录。另外，某些蛋白质表面含有对多种蛋白质的低亲和力区域，能与其他蛋白质形成稳定的复合物，从而引起报告基因的表达，产生假阳性结果。产生假阴性结果的原因，可能有许多蛋白质间的相互作用依赖于翻译后加工（如糖基化、磷酸化和二硫键形成），还有些蛋白质的正确折叠和功能有赖于某些非酵母蛋白质的辅助等。

现在的酵母双杂交系统大都采用多种报告基因，如 AH109 酵母株含有三类报告基因——ADE2、HIS3 和 MEL1/ lacZ，这三类报告基因受控于 3 种完全不同、异源性的 GAL4-反应元件和三类启动子元件 GAL1、GAL2 及 MEL1。通过这种方法就消除了两类最主要的假阳性：一类是融合蛋白可以直接与 GAL4 结合位点结合或者是在结合位点附近结合所带来的假阳性；另一类是融合蛋白和某种转录因子结合后再结合到特定的 TATA 盒上所带来的假阳性。ADE2 一种报告基因就已经能够提供较强的营养选择压力，这时选择性地使用 HIS3 报告基因，一来可以降低假阳性率；二来可以控制筛选的严格性（如果需要筛选与诱饵蛋白具有较强结合的蛋白质，就可以同时使用 ADE2 和 HIS3 两种报告基因；如果只需要筛选与诱饵蛋白具有中等强度或较弱结合的蛋白质，就可以使用 ADE2 或 HIS3 两者中的一种）。MEL1 和 lacZ 分别编码 α-半乳糖苷酶和 β-半乳糖苷酶，可以作用于相应的底物 X-α-Gal 和 X-β-Gal 使酵母变蓝。其中，α-半乳糖苷酶是外分泌酶，在酵母表面就能直接检测到；β-半乳糖苷酶是内分泌酶，需要将酵母破碎后才能检测到。用蓝斑显示酵母细胞内两个蛋白质的相互作用的方法不仅具有较高的敏感性，而且蓝斑的深浅还可以反映两个蛋白质相互作用的强弱。

随着酵母双杂交系统的广泛应用，这一系统得到了不断的完善及改进，除了经典的双杂交系统以外，同时，也衍生出单杂交系统、三杂交系统、反向酵母双杂交系统、hSos/Ras 募集系统（hSos/ Ras recruitment system）、泛素分裂系统（split-ubiquitin system）和双诱饵系统（dual-bait system）等一系列相关系统，根据这些系统的不同特点，可以分别应用于蛋白质与 DNA、RNA 的相互作用、蛋白质复合体之间的相互作用、膜蛋白质之间的相互作用、筛选阻断蛋白质间相互作用的药物等一系列领域，对经典的酵母双杂交系统起到了很好的补充并有力地推动了酵母双杂交系统的发展与应用。

# 8.3 免疫共沉淀

免疫共沉淀法是检测蛋白质间相互作用的经典方法。在此方法中，蛋白质及复合物均以天然状态存在，符合体内实际情况，能更真实地反映出蛋白质间的相互作用情况，得到的蛋白质可信度高；抗原与相互作用的蛋白质以细胞中相类似的浓度存在，避免了过量表达测试蛋白质所造成的人为效应，因此，免疫共沉淀是目前研究蛋白质在体内相互作用最常用的方法（图 8-3）。

## 8.3.1 免疫共沉淀分类

免疫共沉淀可以分为外源性免疫共沉淀和内源性免疫共沉淀。两者的区别在于外源性免疫共沉淀是通过用编码相关蛋白质的质粒瞬间转染细胞，然后表达外源性蛋白质进行免疫共沉淀操作，内源性免疫共沉淀是直接在非转染细胞中进行免疫共沉淀操作。其基本原理是：细胞在非变性条件下被裂解时，完整细胞内存在的许多蛋白质-蛋白质间结合能保存下来。这一特点可被用于检测和确定生理条件下蛋白质与蛋白质之间的相互作用。

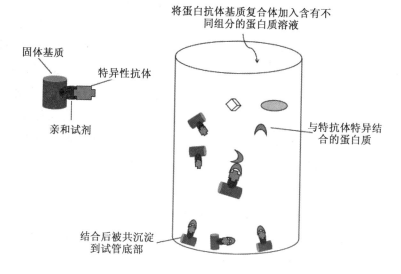

图 8-3　免疫共沉淀示意图

## 8.3.2　染色质免疫共沉淀

染色质免疫共沉淀是一种在体内研究转录因子和靶基因启动子区域直接相互作用的方法,可以在体内直接确定它们之间相互作用方式的动态变化,能够得到转录因子结合位点的信息,确定其直接靶基因。它早期多被用于研究核小体上的 DNA 和组蛋白的相互作用及组蛋白的修饰等方面。近年来,随着生物技术的迅速发展,ChIP 技术不断发展和完善,被广泛应用于体内转录调控因子与靶基因启动子上特异核苷酸序列结合方面的研究,并成为在染色质水平研究基因表达调控的有效方法。特别是,此技术与 DNA 芯片和分子克隆技术相结合,可用于高通量筛选已知蛋白因子的未知 DNA 靶位点和研究反式作用因子在整个基因组上的分布情况,这将有助于深入研究 DNA 与蛋白质相互作用的调控网络。

### 8.3.2.1　染色质免疫共沉淀原理

染色质免疫共沉淀技术的原理是:在生理状态下,把细胞内的 DNA 与蛋白质交联在一起,通过超声或酶处理将染色质切为小片段后,利用抗原抗体的特异性识别反应,将与目的蛋白相结合的 DNA 片段沉淀下来,以富集存在组蛋白修饰或者转录调控的 DNA 片段,再通过多种下游检测技术(定量 PCR、基因芯片、测序等)来检测此富集片段的 DNA 序列。

### 8.3.2.2　染色质免疫共沉淀操作步骤

染色质免疫共沉淀技术包括 3 个独立的步骤,即固定、沉淀和检测。第 1 步为固定,即在体内用甲醛固定 DNA 和蛋白质复合物,然后用化学(微球菌酶)或者机械(超声波)的手段将其随机切成一定长度的染色质小片段(200~1000 bp)。第2步为免疫沉淀,即利用目的蛋白质或者目的蛋白质上标签的特异性抗体,通过抗原和抗体反应形成 DNA-蛋白质-抗体复合体,然后沉淀此复合体,特异性地富集目的蛋白结合的 DNA 片段。第3步为目的片段的纯化与检测,即经过热处理解交联,释放共沉淀的 DNA;再将 DNA 片段纯化后,对沉淀的 DNA 样品进行检测。目前检测方法主要有3种:第1种是比较沉淀的模板与阴性和阳性对照 PCR 信号强度的普通 PCR 实验,或者相对精确的定量 PCR 方法。第2种是将沉淀的 DNA 与 DNA 微阵列芯片杂交(ChIP-on-chip),以检测多基因轨迹全部的相互作用。第3种是高通量 DNA 测序分析。

### 8.3.2.3 应用于 ChIP 技术下游的检测方法

分离 DNA-蛋白质复合物之后,对 DNA 进行 PCR 扩增,验证目标序列是否存在。除验证实验外,ChIP DNA 也可以进行测序分析,这种方法称为 ChIP-SEQ;也可做芯片分析,这种方法称为 ChIP-on-chip。这两种方法都可以用于分析目的蛋白结合的未知序列,进行探索性研究(表 8-1)。

**表 8-1  ChIP-SEQ 和 ChIP-on-chip 技术的比较**

|  | ChIP-SEQ | ChIP-on-chip |
|---|---|---|
| 分辨率<br>灵敏度 | 高分辨率,依赖于数据库中得到的片段大小<br>可能比 ChIP-on-chip 高 | 低分辨率,依赖于微阵列平台<br>受杂交有效范围内信噪比率的限制 |
| 覆盖范围 | 受唯一的阅读可对准性制约;高覆盖范围可能是重复的区域;依赖于阅读数目和结合区域的数目 | 基因组非重复性区域有高覆盖范围;重复区域通常被屏蔽 |

(1)实时定量 PCR

用比较精确的实时定量 PCR 方法检测沉淀的 DNA 样品,称为实时定量染色质免疫共沉淀技术(qChIP)。这是一种在体内确定 DNA 和蛋白质相互作用的灵敏、精确的方法。与 ChIP-on-chip 方法相比,成本较低。目前,已有将 qChIP 应用于分析减数分裂时期蛋白质和 DNA 相互作用的研究。

(2)ChIP-SEQ

为了在基因组范围内重新发现转录因子的结合位点,需进一步确定染色质免疫共沉淀实验得到的 DNA 样品的序列。其序列可以通过直接测序确定,这种方法称为 ChIP-SEQ。

ChIP-SEQ 为巨大的 DNA 并行序列应用快速进化平台,以高分辨率确定样品中富集的基因组区域。目前,Illumina 基因组分析技术(Illumina Genome Analyzer,GA)技术频繁用于 ChIP-SEQ 应用的平台。

（3）ChIP-on-chip

ChIP 和 DNA 微阵列芯片技术的结合是一种高通量分析 DNA 和蛋白质结合或者翻译后染色质/组蛋白修饰的方法，通俗地称为"ChIP-on-chip"。该技术已经成为深入研究内源蛋白质和 DNA 相互作用的有力工具。因该技术能在基因组范围内确定转录因子或组蛋白修饰所在位置的染色质结合位点，故也称为全基因组定位分析（genome-wide location analysis, GWLA）。

# 8.4　层析

在众多的蛋白质分离纯化技术中，层析是一门关键的技术，它通常在分离工序的后部，决定着产品的纯度和收率。和其他分离技术相比，层析技术具有以下特点。① 分离效率高。离心、沉淀、双水相萃取技术往往只能获取粗产品，而运用层析技术，可得到纯度较高的生物产品。② 和电泳分离相比，层析过程易于放大，易于自动化。若采用电泳技术分离蛋白质，虽然产品纯度非常高，但其过程却产生大量的热，不但有损于蛋白质的生物活性，而且过程难于放大。层析过程并不产生明显的热量，放大可采用加大柱径和高度的方法。运用计算机进行控制，还可实现操作过程的自动化。③ 层析技术适用性广。差不多每一种蛋白质纯化过程都包括层析技术，或者是离子交换层析，或者是分子筛层析，或者是几种层析技术的组合。针对蛋白质不同的生物特性，采用不同的层析技术，可获得纯度很高的蛋白质产品。

层析分离是基于固定相对流动相中各组分阻滞能力的大小，各种层析方法其阻滞机理不同。根据固定相对物料组分阻滞机理的不同，层析可分为分子筛层析、离子交换层析、疏水作用层析、反相作用层析和亲和层析等（表8-2）。

表 8-2　常用层析方法及其特征

| 层析方法 | 作用原理 | 分辨率 | 容量 |
| --- | --- | --- | --- |
| 分子筛层析 | 分子体积与形状 | 低 | 低 |
| 离子交换层析 | 离子交换 | 中 | 高 |
| 亲和层析： | | | |
| 　生物专一亲和层析 | 生物活性 | 高 | 高 |
| 　免疫亲和层析 | 抗原与抗体作用 | 高 | 高 |
| 　染料亲和层析 | 蛋白质与染料分子吸附 | 中 | 高 |
| 　金属螯合亲和层析 | 蛋白质与金属离子络合 | 中 | 高 |

表8-2(续)

| 层析方法 | 作用原理 | 分辨率 | 容量 |
|---|---|---|---|
| 层析聚焦 | 等电点 | 高 | 中 |
| 疏水作用层析 | 疏水作用 | 中 | 中 |
| 反相作用层析 | 疏水作用 | 中 | 中 |

分子筛层析又称凝胶过滤层析或尺寸排阻层析,它是利用各组分分子体积大小与形状的不同将组分分开。分子筛层析的分离精度不高,常用于分子大小相差悬殊的蛋白质的分离纯化或蛋白质溶液的脱盐。

疏水作用层析、反相作用层析利用组分间疏水性的差异分离各组分。用于疏水作用层析、反相作用层析的固定相表面都带有疏水作用基团。不同的是,疏水作用层析固定相表面的疏水基团疏水性弱,一定盐浓度的蛋白溶液流过固定相时,蛋白质被吸附,然后以低盐水溶液作为洗脱剂进行洗脱。而反相作用层析固定相表面的基团疏水性强,蛋白质水溶液流过固定相时,蛋白质被吸附,然后用有机溶剂洗脱。疏水作用层析多用于大分子蛋白质的分离纯化。反相作用层析分离蛋白质时,蛋白质容易变性失活,一般用于小分子蛋白质、多肽和氨基酸的分析、分离。

亲和层析是20世纪60年代发展起来的一种高效、快速蛋白质分离纯化技术。亲和层析利用蛋白质分子与某一分子专一可逆结合的生物特性来选择分离目标蛋白质。亲和层析容量大,分离效率高,且对目标产物的生物活性起到一定的保护作用。

免疫层析(Immunochromatography,IC)是20世纪80年代初发展起来的一种快速免疫分析技术。它的原理是:借助毛细作用,样品在条状纤维制成的膜上泳动,其中的待测物与膜上一定区域的配体结合,通过酶促显色反应或直接使用着色标记物,短时间(20 min 内)便可得到直观的结果。它不需要进行结合标记物与自由标记物的分离,省去了烦琐的加样和洗涤步骤,因而,操作简单而快速。

# 8.5 蛋白质工程

蛋白质工程是指通过对蛋白质已知结构和功能的了解,借助计算机辅助设计,利用基因定位诱变等技术改造基因,以达到改进蛋白质某些性质的目的。蛋白质工程的出现,为认识和改造蛋白质分子提供了强有力的手段。

近年来,国际上又提出蛋白质全新设计(protein de novo design)的概念。蛋白质的空间结构由其氨基酸的序列控制,而其功能又与结构密切有关。据计算,300

个氨基酸可以组成 $10^{390}$ 种不同序列的蛋白质。而从生物出现以来,自然界只发现过 $10^{55}$ 种蛋白质。即绝大多数新序列和新功能的蛋白质或酶,在 30 亿年的生物进化过程中还没有出现。这就有待我们去开发和创造。基因工程的飞速发展为蛋白质序列的表达提供了强有力的手段。如果我们能够找到组建蛋白质结构的方法,就能够获得自然界原先并不存在的、具有全新结构和功能的蛋白质。同样,这一项新技术也可以用于组建自然界原先并不存在的、结构和功能全新的酶蛋白。在确定设计目标后,先根据一定规则产生初始序列,经过结构预测和构建模型,对序列进行初步的修改,然后进行基因表达或多肽合成,再经结构检测,确定是否与原定目标相符,并根据检测结果,指导进一步的设计。

### 8.5.1　定点突变

蛋白质工程主要采用定点突变技术,对天然酶蛋白进行改造,已经取得很多成果。例如,将 T4 溶菌酶的第 51 位苏氨酸转变成脯氨酸,使该酶对 ATP 的亲和力增强,酶活力提高了 25 倍。但定点突变技术只能对天然酶蛋白中某些氨基酸残基进行替换,酶蛋白的高级结构基本维持不变,因此,对酶的功能的改造非常有限。不过,如果通过多代遗传将突变积累起来,也可以较好地拓展酶的功能。先进行无序突变和重组,继而进行筛选,再通过多代遗传,可以大大改进和拓展酶的功能。

### 8.5.2　定向进化

定向进化通过建立突变体文库与高通量筛选方法,快速提升蛋白的特定性质,是目前蛋白质工程最为常用的蛋白质设计改造策略。近十年,随着计算机运算能力大幅提升及先进算法不断涌现,计算机辅助蛋白质设计改造得到了极大的重视和发展,成为蛋白质工程新开辟的重要方向。以结构模拟与能量计算为基础的蛋白质计算设计不但能改造酶的底物特异性与热稳定性,还可从头设计具有特定功能的人工酶。

#### 8.5.2.1　定向进化原理

定向进化是利用 Taq DNA 多聚酶不具有 3′–5′校对功能的性质,并结合基因工程现有技术手段,在待进化酶基因的 PCR 扩增反应中,配合适当条件,以很低的比率向目的基因中随机引入突变,并构建突变库。凭借定向的选择方法,选出所需性质优化的酶,从而排除其他突变体。简言之,定向进化就是随机突变同选择或筛选相结合。与自然进化不同,定向进化是人为引发的,起着选择某一方向的进化而排除其他方向突变的作用,整个进化过程完全是在人为控制下进行的。酶分子定向进化的目的在于,人为地改变天然生物催化剂的某些性质,增强在不良环境中的稳定性，创造天然生物催化剂所不具备的某些优良特性甚至创造出新的活性，产生新的催化，扩大生物催化剂的应用范围。

### 8.5.2.2　定向进化中突变文库构建方法

（1）易错 PCR

易错 PCR 是指在扩增目的基因的同时引入碱基错配，导致目的基因随机突变。然而，经一次突变的基因很难获得满意的结果，由此发展出连续易错 PCR（sequential error-prone PCR）策略。即将一次 PCR 扩增得到的有用突变基因作为下一次 PCR 扩增的模板，连续反复地进行随机诱变，使每一次获得的小突变累积而产生重要的有益突变。易错 PCR（error-prone PCR）是非重组型构建突变文库的方法。由于普通的 Taq DNA 聚合酶不具有 3′-5′外切酶活力，在扩增过程中，不可避免地发生一些碱基的错配。在扩增体系因素发生改变（如改变 $Mg^{2+}$ 浓度或使用 $Mn^{2+}$ 代替 $Mg^{2+}$ 作为 DNA 合成酶的激活剂）时可以使错配率提高。

在该方法中，遗传变化只发生在单一分子内部，属于无性进化（asexual evolution）。使用该方法易出现同型碱基转换。易错 PCR 只能使原始蛋白质中仅有很小的序列空间发生突变，因而，要一般适用于较小的基因片段（< 800 bp）。

（2）DNA 改组和外显子改组

DNA 改组又称有性 PCR（sexual PCR），是基因在分子水平上进行有性重组（sexual combination）。该方法由 Stemmer 于 1994 年引入到蛋白质的定向进化过程中，并成功地改造了数十种具有工业用途的蛋白质。该方法通过改变单个基因或基因家族（gene family）原有的核苷酸序列，创造新基因，并赋予表达产物以新功能。DNA 改组策略的目的是创造将亲本基因群中的突变尽可能组合的机会，导致更大的变异，最终获取最佳突变组合的酶。在理论和实践上，它都优于"重复寡核苷酸引导的诱变"和"连续易错 PCR"。通过 DNA 改组，不仅可加速积累有益突变，而且可使酶的两个或更多的已优化性质合为一体。在 DNA 改组过程中，能以较低的和可控制的概率引入点突变，同时，它允许发生单一突变和较大的 DNA 片段的突变。

外显子改组（exon shuffling）类似于 DNA 改组，两者都是在各自含突变的片段间进行交换，与 DNA 改组不同，外显子改组是靠同一种分子间内含子的同源性带动，而 DNA 改组不受任何限制，发生在整个基因片段上。外显子改组更适用于真核生物，并可获得各种大小的随机肽库。

### 8.5.3　蛋白质计算设计

蛋白质计算设计一般以原子物理、量子物理、量子化学揭示的微观粒子运动、能量与相互作用规律为理论基础，也有部分研究以统计能量函数为算法依据。研究者在计算机的辅助下，通过运用分子对接（Molecular docking）、分子动力学模拟（Molecular dynamic simulations）、量子力学（Quantum mechanics）方法、蒙特卡罗模拟退火（Monte Carlo simulated annealing）等一系列计算方法，预测并评估数以千计的突变体在结构、自由能和底物结合能等方面的变化。基于计算结果，从中筛选可能符合改造要求的突变体并进行实验验证（如突变体能否正常表达、折叠及行使预期功能等）；再根据实验结果制定下一轮计算方案，循环往复直到获得符合需求的酶。

第三篇

专题篇

# 9　DNA 修饰

动态 DNA 修饰，例如胞嘧啶上的甲基化/去甲基化，是调节真核生物和原核生物中基因表达的主要表观遗传机制。越来越多研究证据表明，DNA 的一级序列信息可以通过表观遗传修饰来增强。尽管一个生物体只有一种基因组，但在不同的细胞类型中可以存在多种表观基因组。1984 年，Hotchkiss 等在小牛胸腺 DNA 中发现第一个修饰碱基，即 5-甲基胞嘧啶（5-methylcytosine，5mC）。除了胞嘧啶嘧啶环第 5 位的常见甲基化外，DNA 还存在其他类型的修饰。胞嘧啶第 5 位，还可以存在 5-羟甲基胞嘧啶（5-hydroxy methylcytosine，5hmC）、5-甲酰基胞嘧啶（5-formylcytosine，5fC）和 5-羧基胞嘧啶（5-carboxylcytosine，5caC）等修饰。除胞嘧啶外，腺嘌呤也可以在第 6 位发生甲基化，形成 N6-甲基腺嘌呤（N6-methyladenosine，m6A）。鸟嘌呤第 7 位同样可以被甲基化修饰，形成 7-甲基鸟嘌呤（7-methylguanosine，m7G）。DNA 甲基化修饰影响众多生物学现象及病理过程，包括干细胞多能性、神经元发育和肿瘤发生等方面。

## 9.1　主要概念

### 9.1.1　DNA 甲基化

DNA 甲基化是一种常见的表观遗传学现象，指的是甲基在 DNA 甲基转移酶（DNMTs）作用下添加在 DNA 分子碱基上。换句话说，DNA 甲基化由 DNMTs 建立。甲基化建立涉及两种类型的 DNMTs，一是维持型 DNMTs，二是从头型 DN-MTs。

在哺乳动物细胞中，DNA 甲基化发生在胞嘧啶碱基第 5 位，主要位于 CpG 二核苷酸。并且，DNA 甲基化使用 S 腺苷甲硫氨酸（SAM）作为甲基供体，由 DNA 甲基转移酶（DNMT1，DNMT3a/b）介导。转录调控元件中的胞嘧啶甲基化（5mC）与基因表达降低相关，组织特异性 5mC 与细胞分化有关。

在人类基因组中存在的大约 2800 万个 CpG 位点中，60%~80% 的胞嘧啶被甲

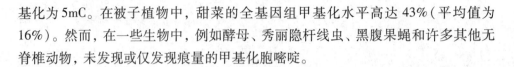

基化为 5mC。在被子植物中，甜菜的全基因组甲基化水平高达 43%（平均值为 16%）。然而，在一些生物中，例如酵母、秀丽隐杆线虫、黑腹果蝇和许多其他无脊椎动物，未发现或仅发现痕量的甲基化胞嘧啶。

### 9.1.2　DNA 去甲基化

DNA 去甲基化即从 DNA 发生甲基化的碱基中除去甲基基团。DNA 去甲基化可以通过两种途径发生，即被动去甲基化途径和主动去甲基化途径。被动机制涉及修复系统未能在复制或 DNA 合成期间维持 DNA 甲基化模式。并且，被动机制与复制循环中半甲基化 CpG 稀释有关。实际上，无论复制如何，均可以发生胞嘧啶替代 5mC 的情况。特别是在合子父本基因组或原始生殖细胞中，主动去甲基化较为常见。

## 9.2　模块学习

### 9.2.1　模块一：第六个碱基——5-羟甲基胞嘧啶

1952 年，Wyatt 和 Cohen 首次在噬菌体 DNA 中检测到 5hmC。1972 年，Penn 等人在哺乳动物组织中发现 5hmC 的存在。然而，直到 2009 年，*Science* 上发表了两篇重要文章，5hmC 才引起人们更多的关注。Kriaucionis 和 Heintz 等报道，在 Purkinje 细胞和颗粒细胞中分别含有 0.6% 和 0.2% 的核苷酸为 5hmC。5hmC 的另一个突破是鉴定出了 TET1（ten-eleven translocation 1），一种将 5mC 氧化至 5hmC 的酶。

作为真核生物中最常见的 DNA 修饰，除了 DNA 中的经典"A，G，C，T"之外，5mC 有时被认为是第五个 DNA 碱基。5mC 氧化产生 5-羟甲基胞嘧啶（5hmC）。因此，现在 5hmC 被认为哺乳动物基因组 DNA 中的第六个 DNA 碱基。

#### 9.2.1.1　TET 蛋白调控 5hmC 产生与消除

2009 年，首次发现人 TET1、TET2 和 TET3 蛋白。同时，后生动物、真菌和藻类的同源物也被鉴定出来。

TET 蛋白，是生物体内存在的一种 $\alpha$-酮戊二酸（$\alpha$-KG）和 $Fe^{2+}$ 依赖的双加氧酶，进行 5mC 至 5hmC 的氧化。3 种 TET 蛋白 TET1、TET2 和 TET3 都表现出氧化活性，能够将 5mC 转化为 5hmC。

TET1 与 MLL 基因融合，在急性髓性白血病（AML）中产生嵌合转录物。TET1 直接负责 5hmC 的产量和丰度。在小鼠胚胎干细胞中，当 TET1 耗尽时，启动子/

转录起始位点的 5hmC 水平降低, 说明 TET1 蛋白在胚胎干细胞中倾向作用于启动子。

DNA 双加氧酶 TET2 同样能够通过催化 5-甲基胞嘧啶发生去甲基化来进行基因表达的调控, 通过表观遗传学的方式影响基因活动。TET2 主要与活跃表达基因的外显子边界处的 5hmC 相关。TET2 能够通过与一个共激活因子和许多具有序列特异性的 DNA 结合因子发生相互作用实现与特定基因启动子的结合。总体来说, TET2 则更倾向作用于高表达基因的基因体和增强子。

TET1 和 TET2 可以催化 DNA 中 5mC 和 5hmC 的氧化。在用 TET2 转染的 HEK293 细胞中, 90% 的 5mC 或 5hmC 可以转化为 5caC。使用二维 TLC(2D-TLC) 测定, Ito 等研究者证明, TET 蛋白具有能够在体外将 5mC 氧化至 5hmC、5fC 和 5caC 的酶活性。

TET3 有助于在配子发生和胚胎发生过程中产生 5hmC。精子和卵子具有不同的表观基因组。在受精后需要对这些表观基因组进行重编程。TET3 在雄性原核阶段特异性表达。与此一致, 父本基因组中 5mC 发生氧化并导致 5hmC 积累。受精卵中 5hmC 的产生也依赖于 Dnmt3a 和 Dnmt1。Dnmt3a 和 Dnmt1 是两种 DNA 甲基转移酶, 负责产生 5mC。新鲜的 5hmC 来自受精卵中 5mC 的从头氧化。

TET 蛋白家族的分布具有组织特异性。目前研究表明: TET1 主要在胚胎干细胞中表达, 而 TET2 和 TET3 的分布比 TET1 广泛。TET3 在小脑、皮质和海马中大量表达。在小鼠的发育中, TET 蛋白家族 3 个成员可能既有重叠又分别有时空特异的生物学功能, 其中, TET3 在小鼠发育的整个过程中作用较 TET1 和 TET2 更为重要。

### 9.2.1.2 其他蛋白对 5hmC 的调节作用

Lin28A 蛋白通过在 5mC 至 5hmC 的转化期间募集 TET 蛋白来调节 5hmC 的产生。Lin28 最初在秀丽隐杆线虫中被发现为 RNA 结合蛋白。Lin28A 是一种 Lin28 的旁系同源物, 它在分化前优先在小鼠胚胎和胚胎干细胞中表达, 可以将 TET1 募集到 DNA 并促进 5mC 转化为 5hmC 和基因体的去甲基化。

### 9.2.1.3 5hmC 与其他 DNA 修饰

5hmC、5fC 和 5caC 具有不同的丰度, 并且均表现出组织特异性。5hmC 比 5fC 和 5caC 丰度普遍高 10~100 倍。5hmC 在神经元和干细胞中相对富集, 而在癌细胞中丰度较低。这些差异是由于 TET 蛋白对这些碱基的不同偏好和活性所导致。人 TET1 和 TET2 对 5mC 的活性均高于 5hmC 或者 5fC 的活性。一旦在基因组 DNA 中建立 5hmC, 就不容易将其氧化至 5fC 和 5caC。然而, 碱基切除修复(BER)中的 5caC 切除期间, TET3 充当 5caC 阅读器, 因为其 CXXC 结构域显示出对 5caC 的高亲和力。

用于 DNA 损伤应答的 DNA 修复蛋白在活性 DNA 去甲基化中发挥关键作用。5fC 的分布可通过 TET 介导的氧化和胸腺嘧啶-DNA 糖基化酶（TDG）切除来调节。TDG 是一种 DNA 修复酶，可从 G：T 错配和脱氨基 5mC 或 5hmC 的 BER 中切除 T。TDG 对 5fC 和 5caC 都有活性，但对 5mC 或 5hmC 无活性。通过 TET 和 TDG 的拮抗作用维持 5mC 的动态甲基化状态。一方面，5mC 被 TET 蛋白逐步氧化，产生 5hmC、5fC 和 5caC；另一方面，TDG 作为糖基化酶作用于 5fC 和 5caC，通过 BER 途径再生未修饰的胞嘧啶（C）。这种迭代氧化是哺乳动物中 5mC 活性去甲基化的主要方式。除 TDG 外，还有 3 种原型核酸内切酶Ⅷ（Nei）的直向同源物。Nei 样 NEIL1~3 酶是 TDG 的替代 DNA 糖基化酶。NEIL1、NEIL 2 和 NEIL 3 可以部分挽救 TDG 丢失。Schomacher 等人（2016）报道 NEIL1 和 NEIL2 促进 TDG 介导的 5fC 和 5caC 切除。TDG 可能首先水解 5fC 或 5caC，接着 TDG 被 NEIL1 和 NEIL2 置换，随后在 BER 途径中切割 DNA 骨架。

曾有人推测 5hmC 可选择性地通过 AID（活化诱导的脱氨酶）脱氨，以产生 5hmU，然后经过 BER 以完成 5mC 去甲基化。然而，由于 AID 不能对 dsDNA 起作用，并且单链或 dsDNA 中 5hmC 的脱氨作用率也非常低，因此，5hmC 至 5hmU 的自发脱氨作用可能无法与 5hmC 至 5fC 的氧化步骤竞争。此外，即使对于过表达 AID/APOBEC 的细胞，也未发现 5hmC 的可检测的脱氨作用。目前尚不清楚 5hmC 是否可以进行脱氨反应。或许，需要开发用于体内和体外 5hmU 检测和 5hmC 脱氨作用的灵敏方法来回答这个问题。

### 9.2.1.4　5hmC 的基因组分布与基因活性

TET 催化 5mC 产生 5hmC。然而，TET 蛋白水平并不总能准确反映 5hmC 的存在。在小鼠的神经元发育期间，即使 TET 家族基因表达没有显著增加的情况下，5hmC 丰度仍然显著提高，说明可能存在 TET 转录后调控或相互作用配体。

TET 蛋白可以将多少 5mC 转变成 5hmC？5mC 通常在反向互补的 DNA 链中在 CpG 处成对出现。是否这两个 5mC 都可以转换成 5hmC 呢？单分子荧光共振能量转移（smFRET），是一种可以同时成像和量化 5mC 和 5hmC 的技术。该方法使用生物素对 DNA 进行末端标记，并固定在载玻片上，然后用 Cy5 和 Cy3 标记 5hmC 和 5mC，分别作为供体（Cy5-5hmC）和受体（Cy3-5mC）。半羟甲基化/半甲基化的 CpG 位点（5hmC/5mCpGs）对应于高 FRET（约 0.78）状态。通过计算 FRET，估计 5hmC/5mCpG 约占 5hmC 总量的 60%。这表明除了 CpG 位点之外，5hmC 也发生在基因组的其他部位。

5hmC 与基因转录或翻译有关。在活性基因的基因体中发现更多 5hmC，并且在具有高 CpG 启动子的基因的 TSS 处经常观察到 TET1，这些启动子由 H3K27me3

和 H3K4me3 组蛋白特征标记。因此，5hmC 和 TET 蛋白可通过改变染色质可接近性或抑制阻遏蛋白结合来调节基因表达。这与基因体、启动子和转录因子（TF）结合区域内的 5hmC 富集一致。免疫染色还显示，5hmC 经常积累在富含由 H3K4me2/3 标记的基因区域中。5hmC 峰与基因表达水平之间的关系是复杂的。例如，具有活性转录的基因在其 TSS 区域中显示耗尽 5hmC，而低表达的基因在 ESC 和 NPC（神经祖细胞）中的启动子处显示出丰富的 5hmC。然而，在基因体中，5hmC 峰在 ESC 中与基因表达水平成正相关，但在 NPC 中具有较低的表达水平。与基因表达相一致地，5hmC 分布在 ESC 和 NPC 中是非常不同的。例如，大多数 ESC 中的 5hmC 峰在 NPC 中丢失，然而，一些从头 DNA 羟甲基化发生在与成熟神经元功能相关的基因座上。除了基因模型上 5hmC 的不同分布外，NPC 总体 5hmC 水平远低于胚胎干细胞，这表明胚胎干细胞向 NPC 的分化需要 5hmC 的基因组的减少。一致地，TET1 和 TET2 在 mESC 中高度表达，同时，5hmC 在小鼠和人 ESC 中富集。启动子/TSS 上 5hmC 的富集最可能与 TET1 相关，而活性基因中基因体中和外显子边界的 5hmC 水平与 TET2 活性相关。

5hmC 可能通过各种调节元件参与调控基因表达。5hmC 的分布受到细胞分化或特化过程中组蛋白修饰、表观修饰结合蛋白和染色质构型的影响。5hmC 在基因 TSS 上聚集。这些基因的启动子含有双组蛋白标记，H3K27me3 用于转录抑制，H3K4me3 用于转录激活；基因活性增强子具有 H3K4me1、H3K18ac 和 H3K27ac 标记。参与发育的基因在启动子中具有"二价结构域"。在多能性 ESC 中，"二价结构域"可以使基因具有活化（H3K4me3）和抑制（H3K27me3）标记。TET 介导 5hmC 生成和分布、总体 5hmC/5mC 变化及 CpG 岛启动子从头"二价组蛋白密码"重编程，从而直接作用于二价结构域。TET1 在 H3K27me3"二价"区域处与多梳复合物 2（PRC2）形成复合物。5hmC 在受抑制的（二价，TET1 / PRC2 共结合）和活化的（仅 TET1）基因中都是丰富的。这表明 5hmC 在多能性转换机制中发挥作用。

MeCP2（甲基-CpG 结合蛋白 2）是 5mC 和 5hmC 的"阅读者"，具有对 5hmC 和 5mC 的相似亲和力。然而，5hmC 丰度却与 MeCP2 表达水平成负相关关系。MeCP2 与 5mC 的结合可能会阻碍 5hmC 的产生。5hmC 在富含 MeCP2 和 H3K4me2 的核区域积累。因此，5hmC 和 MeCP2 可能构成细胞特异性表观遗传机制，用于调节染色质结构和基因表达。

### 9.2.1.5　5hmC 的细胞特异性和发育阶段特异性

通过对人、小鼠、斑马鱼和非洲爪蟾进行整体 5hmC 检测发现，5hmC 动力学和丰度是具有细胞类型依赖性并受发育调节。有趣的是，在两栖动物中，5hmC 分布于非洲爪蟾脊髓和蝾螈神经管细胞，或以镶嵌方式分布在两栖动物皮肤和结缔组织中。在大鼠青春期期间检测到支持细胞特异性整体 5hmC 显著增加。从幼年到成年大鼠，支持细胞的功能不同，失去或获得 5hmC 的基因属于不同功能途径。

TET 辅助亚硫酸氢盐测序（TAB-Seq）显示，5hmC 在 CNS 和 ESC 中比在外周组织中丰富 10 倍。ESC 基因组 DNA 中，5hmC 分布与 5mC 成负相关。5hmC 以组织依赖性方式表现出 DNA 序列和链不对称偏差。例如，在小鼠中，5hmC 在发育过程中富集并且在脑具有年龄依赖性。此外，5hmC 与神经退行性疾病相关。5hmC 采集发生在发育程序化的神经元细胞中，因为在未成熟神经元中检测到非常低或没有 5hmC。然而，从出生后第 7 天到成体期间，小脑和海马中 5hmC 显著增加。这有助于小脑和海马中建立组织依赖性基因转录程序。

5hmC 与造血功能相关。造血干细胞（HSC）分化过程中增强子位点被动态羟甲基化。染色质免疫沉淀测序（ChIP-seq）和转座酶染色质可进入性高通量测序（ATACT-seq）结果显示，在造血过程的所有细胞类型基因体中，5hmC 密度与基因激活的组蛋白修饰标记（比如 H3K4me1 和 H3K4me2）正相关。然而，5hmC 和 H3K4me1 未集中在具有高染色质可及性的 ATAC-seq 峰的中心，而是富含于具有较低信号强度的 ATACT-seq 峰或较低活性的染色质元件。

5hmC 修饰与肿瘤发生和应激反应有关。与健康组织相比，癌细胞中 5hmC 的丰度降低到 1/8。TET2 敲除不仅导致表达缺失，也导致鼠 AML 干细胞中 5hmC 重新分布。在早期应激小鼠中，潜在的应激相关基因被认为受 5hmC 调节。海马的糖皮质激素受体 Nr3C1 在应激反应中受 5hmC 高度介导。应激反应实验结果显示，5hmC 在 Nr3C1 基因的 3′-UTR 的 7 个 CpG 处约增强 1.8 倍。

在海马 DNA 中鉴定出 458 个高-和 174 个低-羟甲基化差异区段（DhMR）。其中，470 个基因具有高 DhMR，166 个基因具有低 DhMR，而 2 个基因同时包括高 DhMR 和低 DhMR。这些基因超过 1/3（240/638）参与应激反应。所有功能性 DhMR 含有至少一个转录因子结合基序。这些结果表明，5hmC 可能通过转录因子发挥作用，其中转录因子对 DNA 的亲和力依赖于 5hmC 修饰程度。

5hmC 与神经和精神疾病有关。Rett 综合征、阿尔茨海默病、黑色素瘤、亨廷顿舞蹈病、脆性 X 相关性震颤/共济失调综合征、共济失调性毛细血管扩张症、精神分裂症、双相情感障碍、重度抑郁症、自闭症和脑内出血，表现出 5hmC 的明显变化。当 5hmC 的动力学和分布，甚至 5hmC 至 5mC 的比例受到干扰时，将导致生命活动异常。普遍认为，当 5hmC 丰度和分布发生变化时就可能引起疾病。

### 9.2.1.6　5hmC 作用机制

DNA 中重新发现 5hmC 激发了人们研究 5hmC 分布和功能的兴趣。噬菌体 DNA 的 5hmC 修饰防止在感染大肠杆菌宿主期间被限制和降解。携带 5hmC 修饰 DNA 的噬菌体在感染细菌时会产生一些新的酶。植物性 T4 DNA 中，用 C 取代

5hmC 会抑制晚期蛋白质的合成。而且，一些晚期基因的转录只能发生在含有 5hmC 的 DNA。

5hmC 的功能和机制仍需要进一步阐明。增强子、启动子、TSS、基因体、3′UTR 或基因内区域呈现 5hmC 多样化。5hmC 在顺式元件发挥重要作用，能够通过结合转录因子促进或抑制基因表达。5hmC 的第二种方式作用于顺式作用元件与组蛋白修饰有关，通过改变染色质构型，分别在异染色素和常染色质中切换基因的"开"或"关"。TET 蛋白、5hmC、5mC 及 H3K27me3、H3K4me3 等组蛋白修饰，结合在一起形成复杂二价结构域，以维持胚胎干细胞多能性。5hmC 功能的第三种方式可能是调节基因体和外显子/内含子边界中 5hmC 分布，进而调节可变剪接。选择性剪接是使既定基因组的转录组和蛋白质组多样化的保守方式。来自约 90% 基因的转录物经历可变剪接。大约 30 年前，研究表明，在果蝇转录中可发生剪接。RNA 聚合酶 II（Pol II）可以募集 50 个帽结合复合物（CAP）、剪接和剪接前体细胞因子及聚腺苷酸化复合物。DNA 修饰和选择性剪接之间由多种蛋白质进行桥接，这些蛋白质包括 CCCTC 结合因子（CTCF）、MeCP2 和 HP1（异染色质蛋白 1）。5hmC 在组成型外显子中比在可变剪接的外显子中更丰富。5hmC 可能与 5mC 相似，通过这些调节蛋白在选择性剪接中发挥作用。DNA 修饰有助于这些蛋白质与 DNA 的结合。DNA 甲基化促进或暂停 Pol II 延伸、剪接体识别可剪接外显子及随后包含或排除外显子。Rett 综合征由 MeCP2 与 5hmC 结合受抑制引起。另外，在弗里德赖希共济失调中，FXN 基因 5′UTR 的 5hmC 增加，CTCF 占有率降低。

此外，5hmC 可能参与 microRNA 途径。MiR29b 是 miR-29 家族的关键成员，在小鼠胚胎干细胞分化过程中被上调。MiR29b 靶向 TET1/TET2 mRNA 的 3′-UTR。miR29b-TET1 轴通过诱导 Nodal 信号传导途径和相关基因的表达促进中内胚层谱系的形成。MiR29b 可通过抑制 TDG 与活性 DNA 去甲基化相关联。5hmC 与中内胚层形成中 miRNA 调节密切相关。

### 9.2.1.7 植物 5hmC 修饰和主动 DNA 去甲基化

植物中，经常在 CG、CHG 和 CHH 发现 5mC（H 代表 A、C 或 T）。从头型 DNA 甲基化和维持型 DNA 甲基化受不同信号途径调控。拟南芥中，域重排甲基转移酶 2（DRM2）、DNA 甲基转移酶 1（MET1）、染色体甲基酶 3（CMT3）和 CMT2 负责维持不同途径或序列背景下的 DNA 甲基化。植物中也存在被动或主动 DNA 去甲基化。然而，在哺乳动物中发现的 5hmC 的写者或读者，TET 蛋白或 UHRF2，在植物中并没有发现。因此，植物 DNA 去甲基化可能不通过 TET 途径。通过 BER 途径的主动 DNA 去甲基化由 ROS1（沉默抑制因子 1）、DME 家族成员（DME、DML2 和 DML3）、双功能 DNA 糖基化酶和脱嘌呤（AP）裂解酶启动。DME 糖基化酶可直接从 DNA 骨架中去除 5mC，并在 BER 途径调控下形成无碱基位点。拟南芥中已知的去甲基化酶的突变不会引起整体去甲基化，仅影响某些特定基因座的甲基化状态。在植物的配子发生和胚胎发生过程中如何发生整体去甲基化仍然需要进一步阐明。BER 途径可能不是整体去甲基化的主要途径，因为它会同时导致过多的无碱基位点和链断裂，进而引起整个基因组不稳定。

沉默抑制因子 1 和从大肠杆菌中纯化的 DME 可以切除含有胞嘧啶、5mC、5hmC、5fC 和 5caC 的 35-mer 寡核苷酸，表明它们能够在体外切割 5mC 和 5hmC。然而，在拟南芥基因组中未检测到 5hmC。多个研究小组也试图检测植物中是否存在 5hmC。到目前为止，植物中 5hmC 的存在仍然存在争议。研究者分析 3 个水稻品种，得出结论：水稻 DNA 中存在 5hmC 修饰，但叶片和穗中的低丰度分别为 1.39±0.16 和 2.17±0.03／百万个核苷酸。5hmC 分布倾向于定位于水稻中的转座元件和异染色质区域。基于 5hmC 丰度极低、编码和识别 5hmC 产生的基因缺乏及 ROS1 和 DMEs 的活性足以有效和直接消除 5mC，植物中 5hmC（如果有的话）可能只是局部区域中被动去甲基化的中间体，或者不是酶产物。

### 9.2.1.8 小结

受益于测序、生物化学、细胞生物学和分子生物学技术的发展和进步，表观遗传学研究在过去二三十年得到蓬勃发展。毫无疑问，5hmC 是近年来表观遗传研究的热点内容之一。5hmC 在基因表达、干细胞多能性、应激反应、疾病和衰老中发挥作用。然而，关于 5hmC 功能的一些基本问题仍然需要解决。

① 精确阐述 5hmC 修饰在功能基因、途径和调控机制的作用机制。

② 识别更多产生、识别和消除 5hmC 的蛋白质，揭示调控 5hmC 功能的潜在机制。对 5hmC 的功能研究反过来辅助识别 5hmC 的阅读、书写和擦除相关分子。

③ 线粒体 DNA（mtDNA）中是否存在 5hmC？假如 mtDNA 中存在 5hmC，是否与核 DNA 中 5hmC 具有相似的模式？5hmC 是否参与从细胞器到细胞核的逆行信号转导？mtDNA 的 5hmC 与噬菌体 DNA 中的 5hmC 之间是否存在进化关系？

④ 果蝇中存在 RNA 羟甲基胞嘧啶（hmrC 或 hm5C，与 DNA 中 5hmC 不同），但不存在 DNA 5mC 或 5hmC。这是否意味着某些生物体中存在 DNA 或 RNA 修饰偏好？参与 DNA 表观遗传修饰的蛋白质对 RNA 是否有相似功能？

⑤ 由于 DNA 中 5hmC 的分布和丰度与某些精神或神经系统疾病相关，那么，5hmC 变化是疾病产生的原因还是结果？如果 5hmC 是疾病产生的原因，那么，通过基因治疗阻碍疾病引起的 5hmC 分布改变时，疾病是否会得到治愈或预防？

⑥ 植物中，5hmC 是否在某些特殊细胞或某个发育阶段富集？如果我们在植物中引入和表达 TET 基因，我们能否获得 5hmC 基因组 DNA？植物 DNA 中发生 5hmC 修饰会产生什么功能效果？

### 9.2.2 模块二：DNA 甲基化与衰老

老化的一个关键标志是细胞衰老，是由多种应激引起的一种生长停滞和炎症因子释放的细胞状态。老年组织中衰老细胞的积累可通过"炎症"与健康状况下降及寿命限制联系起来。并且，清除衰老细胞的干预措施已经显著改善小鼠的健康状况和寿命。越来越多的研究表明，环境因素可以通过保守的途径影响衰老和长寿，反过来调节染色质状态。

老化伴随着组织中衰老细胞的积累。细胞衰老最初是在培养的成纤维细胞中发现的，长时间传代和复制耗竭引起端粒严重缩短而导致生长停滞。细胞在经受包括癌基因诱导、氧化应激、急性 DNA 损伤或线粒体功能障碍等多种应激因素刺激后也能够逐渐观察到衰老。衰老细胞的特征：第一点，细胞自发增殖抑制；第二点，表达溶酶体 β-半乳糖苷酶；第三点，抵抗细胞凋亡和促有丝分裂信号；第四点，释放炎症细胞因子和趋化因子（也称为衰老相关的分泌表型或 SASP）；第五点，持续 DNA 损伤；第六点，形成衰老相关的异染色灶并改变 DNA 甲基化模式。在分子水平上，生长停滞是由 DNA 损伤引发的。DNA 损伤通过 p53 稳定化并与 p21 基因的启动子结合，进而发出 CDKN1A / p21CIP1 / WAF1 上调信号。CDKN2A / p16INK4A（一种细胞周期蛋白依赖性激酶 4 和 6 的抑制剂）的独立上调，可以与 p21 协同作用以减少视网膜母细胞瘤（Rb）蛋白的磷酸化并使细胞停滞在 G1 期。这些上游信号维持衰老细胞的代谢活跃状态，但同时又显著改变细胞的基因表达程序，例如，细胞周期基因的下调和 SASP 基因的上调。

多种因素是衰老表型的原因，包括 DNA 损伤和线粒体功能失调。例如，端粒缩短是复制衰老（RS）的主要原因，这是由于去除了端粒蛋白复合物而导致端粒末端暴露，并被识别为双链断裂。癌基因如 RAS 或 BRAF 的激活通过使用 3 种机制引起致癌基因诱导的衰老（OIS）：抑制 E2F 靶基因增殖，重复应激激活引起的 DNA 损伤反应和 SASP。线粒体可以通过两种相关机制调节衰老表型：TCA 循环的过度活化和 SASP 上调。衰老中 TCA 循环代谢物苹果酸水平的变化受 p53 介导的苹果酸酶 2 抑制的影响。在 TCA 循环中，过度表达或抑制特定酶可直接影响衰老。在 OIS 中，由于丙酮酸脱氢酶水平升高引起的丙酮酸氧化增加生成活化氧物质（ROS），可激活 DNA 损伤反应。DNA 损伤反应通过 ATM、Akt、mTORC1 和 PGC1ß 途径触发线粒体损伤，从而进一步增加 ROS 产生和基因组损伤。衰老细胞中线粒体的选择性消融可以减少衰老过程中的促氧化（ROS）和促炎因子（SASP）。

引起衰老的原因与表观基因组变化的直接联系尚不清楚。一些来自低等生物的研究，提供了可能影响衰老细胞表观基因组的关键机制。例如，中年蝇表现出乙酰辅酶 A(TCA 循环的乙酰基供体)水平增强,以及组蛋白乙酰化和长寿相关转录组变化的增加。在 OIS 细胞中,升高的丙酮酸脱氢酶水平会增加乙酰 CoA 的产生,并可能影响组蛋白乙酰化。因此,有人提出,慢性 DNA 损伤和中年代谢改变可以通过调控染色质引发衰老发生并最终导致组织衰老。当然,确切机制仍有待进一步挖掘。总而言之,衰老细胞的抗增殖性质起到有效的肿瘤抑制机制作用。然而,慢性 DNA 损伤、ROS 和 SASP 会促进组织和器官水平的局部甚至全身功能障碍。

研究结果表明,表观遗传学,尤其是 DNA 甲基化,在衰老过程中起着机械作用。表观遗传时钟测量几百个特定 CpG 位点的变化,可以准确预测包括人类在内的多种物种的实际年龄。这些时钟目前是预测人类死亡率的最佳生物标志物。此外,一些研究已经描述了来自人类和小鼠的各种组织中的甲基化组的衰老效应。另外,一些研究已经表征了来自人和小鼠的各种组织中的甲基化组的老化影响。一小部分(约 2%)的 CpG 位点显示出与年龄相关的变化,即随着衰老的过度甲基化或低甲基化。评估非 CpG 位点甲基化与衰老关系的研究相对少一些,结果发现,其中约 0.5% 的这些位点随年龄而变化。因此,虽然基因组中只有一小部分胞嘧啶显示 DNA 甲基化随年龄的变化,但这也表示基因组中有 200 万~300 万个胞嘧啶与衰老相关。比较衰老对雄性和雌性小鼠和人类 DNA 甲基化影响的研究发现,海马中 95% 以上 DNA 甲基化年龄相关变化具有性别差异。例如,虽然年轻雄性个体和雌性个体中甲基化没有很大的差异,但与年龄相关的变化却具备了性别特异性。DNA 甲基化的年龄相关变化往往在特定的基因组环境中被富集。年龄相关的 DNA 甲基化变化在衰老中发挥作用的最有力证据来自对小鼠抗衰老干预(例如,热量限制、矮小化和雷帕霉素治疗)的研究。这些抗衰老干预措施使表观遗传时钟减速并逆转/预防 20%~40% 的年龄相关的 DNA 甲基化变化。

衰老和老化显著改变了 DNA 甲基化(5mC)景观,总体 DNA 低甲基化与局部高甲基化共同发生。低甲基化主要发生在重复区域(LINEs 和 SINEs)或晚期复制的着丝粒周缘卫星区域和基因组中通常与组成型异染色质相关的层状结构域。在衰老细胞中,基因组重复区域的低甲基化 DNA 的一个后果是膨胀(即 senescence-associated distension of satellites, SADS)和去阻遏。例如,在复制衰老(replicative senescence, RS)和癌基因诱导衰老(oncogene-induced senescence, OIS)细胞中,采用 3D DNA 荧光原位杂交(FISH)实验可以在中心粒周缘 II 型卫星区域和着丝粒 α 卫星观察到 SADS。来自 RS 细胞的 FAIRE(甲醛辅助分离调节元件)数据进一步显示主要逆转座子(Alu、SVA 和 L1)的染色质变得更为开放,最终导致在深度衰老期间更多的转录和转座。在老年小鼠心脏、肝脏、小脑和嗅球中,逆转录病毒重复序列转录明显增加。启动子 CpG 发生高甲基化,主要与基因抑制相关。在

RS 中，全基因组亚硫酸氢盐测序揭示启动子高甲基化多集中于细胞周期和肿瘤抑制相关基因，表明衰老的 DNA 甲基化组可使老年细胞对恶性肿瘤敏感。衰老、衰老-旁路（senescence-bypass）和癌症中的全基因组差异甲基化区域（DMR）显示出部分显著的重叠。重要的是，与衰老细胞相比，旁路细胞中保留的甲基化变化富集于癌症的甲基化变化。在 RS 中，DNMT1 和 DNMT3B 表达下调，但 TET1 和 TET3 同样表达下调，因此，无法预测 DNA 甲基化变化的方向。然而，甚至衰老细胞周围具有增殖能力的细胞也显示出低甲基化，这表明 DNMT1 不足以维持甲基化。这一观察结果，结合衰老细胞中缺乏 DNMT1 核斑点及 DNMT1 敲低可以诱导早衰，强烈支持维持甲基化酶在驱动衰老表型中的主导作用。DNA 甲基化变化也是组织衰老的特征。对年轻和年老小鼠肝脏中 DNA 甲基化组的比较分析显示，低甲基化 DMR 富集于高表达的肝脏特异性基因中的基因内增强子，而高甲基化 DMR 富集于二价 CpG 岛（bivalent CpG island）。总之，衰老与老化涉及 DNA 甲基化组中的双向选择，进而导致细胞功能障碍和可能的癌症进展。

### 9.2.2.1　表观遗传时钟

随着对人类基因组中特定 CpG 位点的识别，研究人员调查了各种年龄相关疾病和衰老的特定 CpGs 中 DNA 甲基化变化。Bjornsson（2008）、Christensen（2009）和 Teschendorff 等人（2010）是第一批研究人员，他们发现了人类基因组特定位点的甲基化随年龄发生变化。实验证据显示，来自唾液的 DNA 中的 88 个 CpG 位点与年龄高度相关。根据这些初步观察，研究人员使用监督机器学习方法，针对包含 DNA 甲基化数据和时间年龄信息的数据集，研究人类基因组中的哪些 CpG 位点能够准确预测年龄。然后，在测试模型中，以不同年龄的受试者的独立群组验证估计年龄的预测准确性。使用这种方法，已经开发了几种表观遗传时钟，基于来自组织或血液的 DNA 中 3 ~ 513 个 CpG 位点的甲基化变化率来预测实际年龄（chronological age）。

（1）人类表观遗传时钟

目前，已经开发多个时钟来测量人体组织的实际年龄。最广泛使用的表观遗传时钟由 Horvath（2013）开发。Horvath 时钟使用从公开可用的数据库获得人体各种组织和细胞类型的 DNA 甲基化数据。使用 353 个 CpG 位点，Horvath 时钟预测实际年龄的绝对偏差为 3.6 年。有趣的是，虽然许多 CpG 位点从单一角度看与年龄呈现弱相关性，但是 CpG 位点以子集方式预测实际年龄却十分准确。Hannum 等人（2013）还利用血液中的 DNA 甲基化数据开发了一种表观遗传时钟。Hannum 时钟模型基于 71 个 CpG 位点，结果输出与实际年龄绝对偏差为 4.9 年。虽然 Horvath 时钟和 Hannum 时钟都是预测实际年龄的强大工具，但它们之间只有 5 个 CpG 位点是相同的。使用血液样本开发的 Hannum 时钟，在应用于其他组织时的预测准确性会下降。相比之下，Horvath 时钟适用于各种组织。然而，Horvath 时钟在预测骨骼肌、心脏和乳房的年龄方面准确性较低。

2014 年，Weidner 等人描述了一种源自血液的表观遗传时钟，它可以仅用 3 个 CpG 位点预测年龄。在位点选择方面，作者首先将数据集减少到与年龄高度相关的 102 个 CpG 位点（平均绝对偏差 = 3.3 年）；并且，在人体血液样本中，位于 ITGA2B、ASPA 和 PDE4C 基因上的 3 个位点足以预测实际年龄。

那么，表观遗传时钟是否也可以预测生物年龄？也就是说，在动物机能下降的情况下能否预测实际年龄？一些研究报告表明，Horvath 时钟和 Hannum 时钟可能有助于测量人体组织/细胞的生物学年龄，基于以下几方面认识。

① 一些年龄相关疾病与表观遗传性年龄加速有关，例如，阿尔茨海默病、癌症、心血管疾病和亨廷顿舞蹈症。然而，Horvath 时钟与单合子双胞胎的认知下降无关。

② 脆性和诸如握力变化等脆性后果与表观遗传年龄加速相关；然而，站立平衡和椅子上升运动的时间与表观遗传老化无关。

③ 在具有加速衰老迹象的维尔纳综合征患者中观察到加速的表观遗传老化；然而，在 X 综合征患者中观察到的减速衰老与表观遗传时钟的变化无关。

④ 与加速老化相似的 HIV 相关变化与加速的表观遗传老化相关。此外，BMI 和腰围等肥胖症指标与加速表观遗传老化相关。然而，这项观察还有一定的争议，因为一些研究中没有发现这种相关性。

⑤ 表观遗传时钟预测各种因素导致的死亡。然而，也有研究报道，血液 Horvath 时钟并未能够预测来自 262 名年龄在 60—103 岁之间的受试者的死亡率。

由于 Horvath、Hannum 和 Weidner 时钟主要按照实际年龄进行训练。因此，Horvath 小组着手开发一种表观遗传时钟，通过结合临床措施（例如白蛋白、肌酐、葡萄糖和 Creative 蛋白等）来更好地预测生物衰老，并结合实际年龄捕捉健康变化。

（2）动物表观遗传时钟

鉴于表观遗传时钟在预测人类加速老化方面的潜在用途，研究人员开始开发表观遗传时钟来预测其他动物物种的实际年龄。2017 年，为小鼠、狗和狼开发了 4 个表观遗传时钟。与使用寡核苷酸阵列识别 CpG 位点子集以预测实际年龄的人类时钟相比，这些动物时钟使用还原性亚硫酸氢盐测序（RRBS）开发，其比阵列能够分析更多数量的 CpG 位点。Thompson 等人使用来自家犬和灰狼血液 DNA 制备源于 115 CpG 位点的表观遗传时钟（41 个狗 CpGs、67 个狼 CpG）。并且，研究表明，动物表观时钟 CpG 位点与人类时钟 CpG 位点存在统计学上显著的位点保守性。

　　小鼠是研究衰老信号途径和过程最多的哺乳动物模型。小鼠的表观遗传时钟有可能提供有关 DNA 甲基化变化如何影响衰老的新信息。下面介绍 3 种来自雄性 C57BL／6 小鼠组织制备的 3 种表观遗传时钟。3 个时钟使用 CpG 位点的数量分别为：90( Petkovich 等，2017)、329( Stubbs 等，2017) 和 148( Wang 等，2017)。这些 CpG 位点分布在整个小鼠基因组中。Petkovich 和 Stubbs 时钟预测了雄性和雌性 C57BL/6 小鼠的实际年龄。Petkovich 时钟也准确预测了 B6D2F1 小鼠的实际年龄，并且 Wang 时钟预测了 Ames 野生型小鼠和 UM－HET3 小鼠的实际年龄。Petkovich 时钟确定的 CpG 位点都没有匹配 Horvath 时钟和 Hannum 时钟钟表中使用的 CpG 位点。

　　目前，已经发现多种可以延长小鼠的寿命并延缓衰老的措施。因此，小鼠是研究表观遗传时钟预测老化程度的最好模型。研究结果表明，喂食卡路里限制( CR )饮食的小鼠、Snell 侏儒小鼠和生长激素受体敲除( GHR-KO) 小鼠的寿命延长，大多数生理功能得以改善及大多数病理损伤出现减少。因此，人们普遍认为衰老在这些小鼠中出现延迟，即它们的生物年龄比实际年龄更年轻。喂食 CR 饮食的小鼠的表观遗传年龄比实际年龄低 20%。Snell 侏儒小鼠和 GHR-KO 小鼠的表观遗传年龄也低于其同窝对照的实际年龄。研究已经证明，雷帕霉素可以延长各种小鼠模型的寿命。在一组 22 月龄小鼠的研究中发现，与对照相比，Ames 侏儒小鼠、CR 小鼠和雷帕霉素处理小鼠的表观遗传年龄平均分别减少了 10.1 个月、9.4 个月和 6 个月。因此，这些数据表明，由 Petkovich(2017) 和 Wang(2017) 等人开发的时钟似乎不仅衡量实际年龄，而且是生物年龄的反映。Stubbs 等人(2017) 报道，卵巢切除术加速了雌性小鼠的时钟，他们认为这是由于加速衰老。然而，卵巢切除术对啮齿动物衰老的影响尚不确定。

　　有研究团队使用表观遗传时钟确定组织微环境对人造血干细胞衰老的影响。他们使用 Horvath 时钟和 Hannum 时钟来确定移植到小鼠中的人类干细胞是否由于小鼠的加速老化环境而表现出表观遗传老化速率提升。在将人类干细胞移植到小鼠体内后的 19 周，他们发现小鼠的表观遗传老化仅略有增加。因此，研究者推论，小鼠的加速老化的异种环境对人类干细胞的表观遗传时钟影响较小。

　　(3)小结

　　表观遗传时钟已经成为测定人、狗，狼和老鼠等实际年龄的一个有力并可靠的手段。实际上，对于黑猩猩等物种，也已经有研究团队利用 CpG 位点的甲基化进行实际年龄预测。从目前的研究中可以清楚地看出，表观遗传始终并非"一个"独一无二的时钟。恰恰相反，多种 CpG 位点甲基化的组合均有可能能够预测实际年龄。此外，表观遗传时钟似乎比过去开发的其他生物标记物能够更准确地测量实际年龄。例如，端粒长度一直是过去使用的衰老生物标志物，认为端粒长度比年龄更能预测死亡。然而，与表观遗传时钟相比，端粒长度对实际年龄的预测就显得不足。

尽管表观遗传时钟在预测实际年龄方面具有高度准确性，然而，这些时钟是否能够准确地测量生物年龄，即个体的功能状态，仍有待研究。如上所述，大量研究结果表明，加速的表观遗传老化与多种年龄相关疾病和病症有关。虽然这些表观时钟似乎能够预测人类的死亡，但是有一些研究报告并没有找到时钟与衰老相关条件的显著相关性。例如，二甲双胍治疗，一种主要用于治疗 2 型糖尿病的药物，具有一定的抗衰老特性但并未延迟表观遗传老化。目前，表观遗传时钟可以预测生物学年龄的最有力证据来自 Petkovich(2017) 和 Wang(2017) 等人的研究报道。该研究结果表明，增加寿命和延缓衰老的干预措施减缓了表观遗传老化，说明表观遗传时钟目前是预测实际年龄的最佳生物学标志物。此外，这些时钟似乎也可以预测生物老化，这使它们成为目前研究者评估生物老化的最佳生物标志物。

### 9.2.2.2　年龄对 DNA 甲基化的影响

（1）年龄对基因组特定位点 5mC 变化的影响

利用 CpG 位点预测实际年龄的报道，引起人们对 DNA 甲基化在衰老中可能发挥的作用的极大兴趣。因为表观遗传时钟仅使用约 4000 万个 CpG 位点中的一小部分（而非 CpH 位点）来测量年龄，所以，表观遗传时钟在解析 DNA 甲基化调节基因组和衰老的机制方面价值有限。由于测序技术的进步，现在人们能够测定全基因组中特定胞嘧啶甲基化。于是，研究人员开始深入探究整个基因组 DNA 甲基化如何随着年龄的变化而变化。这是确定 DNA 甲基化变化的功能重要性的第一步。文献资料显示，随着年龄的增长，基因组内会出现数万个至数十万个 CpG 位点甲基化显著变化（增加或减少）。人 2%~14% 的 CpG 位点、小鼠 0.3%~2% 的 CpG 位点显示出随年龄的显著变化。

有两项研究挖掘了年龄对基因组中 CpH 位点甲基化的影响。这两项研究都集中在小鼠的海马基因组上。Masser 等人（2017）报道，在分析约 2800 万个 CpHs 位点后发现，在雄性小鼠和雌性小鼠中分别存在 150000 个和 191000 个 CpH 位点随着年龄（3~24 个月）的变化而发生变化。在随年龄发生显著变化的 CpH 位点中，57% 和 66% 分别在雄性和雌性小鼠中变得高度甲基化。随后，Hadad 等人（2018）观察到雄性小鼠中 79000 个 CpH 位点（共约 2500 万个位点）的甲基化显著变化。这些位点中约 56% 为高甲基化。基于这些有限的数据，似乎基因组中只有 0.3%~0.7% 的 CpH 位点会随着年龄变化而出现甲基化改变。然而，这也说明，对于整个基因组来说，有超过 200 万个 CpH 位点出现年龄相关变化。

由于 DNA 甲基化随着年龄的变化可能在数十万个胞嘧啶中发生，因此，出现了这样一个问题：这些变化多少是自发的和随机的，有多少变化是发生在基因组的特点位置？如上所述，表观遗传时钟的稳健性质和特定 CpG 位点甲基化变化的显著差异，说明机体以某种方式调节特定基因座的甲基化变化。当然，由于一些其他位点在衰老时钟统计分析中可能被忽略，因此，并不排除基因组中的其他位点随着衰老出现甲基化的随机增加或缺失的可能性。针对这个问题，研究人员测定了年龄对小鼠脑 DNA 甲基化变化的影响。如图 9-1 所示，研究人员观察到不同性别中 DNA 甲基化随年龄推移发生变化。对于雌性小鼠来说，年轻和老龄个体在甲基化模式方面差异较小。在雄性小鼠中，与年轻个体相比，老年鼠甲基化变化显著增加。随着技术的进步，更多研究者在单细胞水平上评估衰老过程中的DNA 甲基化变化。虽然单细胞亚硫酸氢盐测序方法仍然需要改进，但是许多证据已经表明甲基化模式随着年龄增长变得更为随机。所以，调控 DNA 甲基化模式随年龄增长而发生随机改变的机制仍然有待研究。

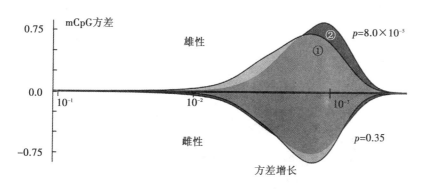

（a）mCpG 平均方差

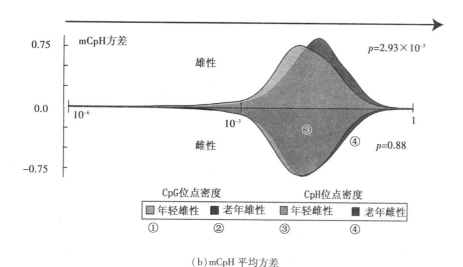

（b）mCpH 平均方差

**图 9-1 老化过程中的 DNA 甲基化方差**

(2)衰老过程中 DNA 甲基化变化的性别差异

从上文的描述可以看出，表观遗传时钟在人和小鼠的雄雌两性中均十分有效。然而，迄今为止，绝大多数研究结果表明，DNA 甲基化的年龄相关变化在两性中并不相似。Masser 等人（2017）测量了分离自 3 个月大和 24 个月大的雄性和雌性 C57BL／6 小鼠的海马的 DNA 中的 CpG 和 CpH 位点中的甲基化。其主要发现是，虽然雄性和雌性在甲基化方面具有共同的年龄相关变化，但是随着年龄的增长，发生的变化大多数（N95%）具有性别特异性，如图 9-2 所示。换句话说，雌雄两性中 DNA 甲基化随年龄发生的共同变化只占极小一部分（不足 5%）。需要指出，这些是衰老中的性别差异而非终身性别差异。因此，尽管表观遗传时钟在预测实际年龄方面没有表现出性别差异，但 Masser（2017）等人的研究结果表明，这一点很明显，雄性和雌性对小鼠大脑衰老改变的特定胞嘧啶有不同的影响。这些研究结果表明，性别和老化之间存在复杂的相互作用。

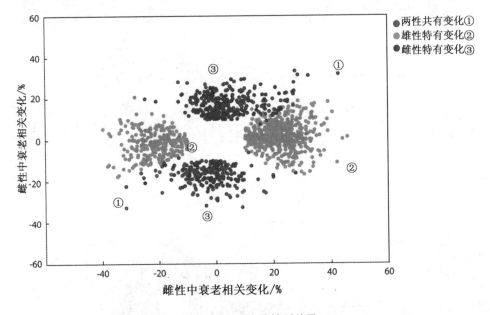

图 9-2　衰老中的性别差异

(3)年龄相关 DNA 甲基化变化的基因组背景

DNA 甲基化的年龄相关变化发生在整个基因组中数万个至数十万个 CpG 位点。研究人员已经开始确定这些变化是否随机分布在整个基因组中，或者是否存在优先发生 DNA 甲基化变化的"热点"区域及不发生变化的区域。年龄差异甲基化 CpG（DMCGs）与基因调控区域（活化基因、增强子和沉默子等）相关，这些区域涉及基因组特征性序列［启动子、CpG 岛、CpG 岛上下游 2 kb 以内的区域（CpG shore）和 CpG shore 上下游 2 kb 以内的区域（GpG shelf）等］以及组蛋白标记（乙酰化和甲基化等)。研究结果表明,差异甲基化区域(DMR)在基因组的某些区域富集。换句话说,CpG 甲基化的年龄相关变化不是完全随机的,但这些变化似乎优先发生在某些基因组环境中。

如上所述,随着年龄的增长,特定 CpG 或 CpH 位点 95% 以上甲基化变化具有性别特异性。然而,当 DNA 甲基化的变化映射到基因组区域时,研究人员观察到雄性和雌性中相似的 DMCG 和 DMCH 基因组分布。例如,CpG 和 CpH 位点的年龄差异甲基化在基因间和内含子区域富集,而在两种性别的启动子、CpG 岛和特异性增强区域中相对缺乏。因此,即使伴随年龄的确切 CpG/ CpH 位点变化为性别特异性,DNA 甲基化中的年龄相关变化确实发生在雄性和雌性基因组的相同区域。这些数据表明,某些基因组元件在雄性和雌性中随着年龄的增长而变得不稳定,即使改变的确切胞嘧啶是性别特异性的。

(4)年龄相关 DNA 甲基化变化与基因表达变化的关系

目前的数据表明 DNA 甲基化随着年龄增长而发生变化。然而,DNA 甲基化的年龄相关变化是否具有功能意义? 众所周知,DNA 甲基化在哺乳动物发育中是必不可少的,并且启动子甲基化与基因表达负相关。从基因启动子角度考虑,CpG 低甲基化通常与组成型表达基因激活相关,而 CpG 高甲基化与基因低表达/沉默相关。目前,尚不清楚这种关系是否适用于随年龄增长而发生的 DNA 甲基化变化。目前,关于 DNA 甲基化的年龄相关变化如何影响组织或细胞的转录组或功能的信息非常有限。有证据表明,一些与衰老有关的基因同样受表观遗传学调控。例如,POLG 突变小鼠表现出老化加速。POLG 基因的启动子受甲基化调控,其甲基化状态又受到炎症等因素的影响。众所周知,这些因素随着年龄的增长而增加。类似地,SOD3 突变体显示出过早衰老,并且该基因通过 DNA 甲基化进行表观遗传学调控。CDKN2A(p16 ink4a/arf)是一种细胞周期抑制子,被广泛作为衰老的一种标志物。CDKN2A 表达受甲基化控制,并且通常在各种癌症中被激活。BMAL1 是与细胞衰老相关的昼夜节律基因,其通过 DNA 甲基化和组蛋白修饰进行表观遗传学控制。MHC1 基因,一种参与免疫功能调控的重要基因,其启动子和基因内的年龄相关甲基化变化与基因表达变化同步。

结合转录组数据和 DNA 甲基化谱,可以鉴定被 DNA 甲基化改变表达的基因,即基因表达中与年龄相关 DNA 甲基化变化相关的那些变化。目前,有两项研究对人类转录组和甲基化组的变化进行了配对比较。Steegenga 等(2014)对人外周血单核细胞中 CpG 甲基化变化与基因表达变化进行比较。在高度甲基化 470 个位点中,334 个位点与 168 个表达下调基因相关,136 个位点与 78 个表达上调基因相关。在高度低甲基化的 256 个位点中,其中,130 个位点与 101 个上调表达基因相关,126 个位点与 95 个下调表达基因相关。Bysani 等人(2017)报道,肝脏中随年龄变化的约 2 万个 CpG 位点存在于 6021 个基因，其中大部分 CpG 位点存在于 3852 个基因内。其中，只有来自 351 个 CpG 位点的 151 个基因的表达显示出与 DNA 甲基化的显著相关性。换句话说，只有约 2% 随年龄变化的 CpG 位点与基因表达变化相关。

DNA 甲基化年龄相关变化与转录组变化存在差异。在一份来自 4 个月龄和 24 个月龄小鼠的造血干细胞（HSC）研究中发现，在分析的所有 HSC 特异性基因中，70% 随年龄变化的基因与差异 DNA 甲基化相关。另一份研究评估 2 月龄和 22 月龄小鼠肝脏中 DMR（低甲基化或高甲基化）与基因表达之间的关系。在 4444 个基因中（其中 3901 个携带低甲基化增强子和 543 个具有高甲基化启动子的基因），168 个基因上调，71 个基因下调。还有一份研究探讨 5 个月和 27 个月小鼠的肝脏中与年龄相关的 DMR 与基因表达年龄相关变化的关系。在其启动子中显示出与年龄差异甲基化的 403 个基因中，不到 10% 基因（39 个）的差异甲基化显示出与表达的相关性，并且这种相关性不具备统计学差异显著性。这些研究共同指出了 DNA 甲基化与基因表达之间的关系。当然，这些关系可能并不是这么简单。上述大部分数据的收集都来自有限的时间点或单一条件。另外，基因表达是高度动态的，受到摄食、昼夜节律和其他刺激的影响。因此，进一步的研究需要检测 DNA 甲基化与不同条件基因表达的全方位关系。

（5）小结

目前的研究清楚地表明，衰老对 DNA 甲基化有重要的影响。迄今为止，几乎所有的研究都集中在 CpG 位点的甲基化，研究表明，约 2% 的 CpG 位点随着年龄的增长呈现出 DNA 甲基化变化。目前，报道衰老影响 CpH 位点甲基化的研究较为有限。这些研究结果显示，所分析位点中约 0.5% 的 CpH 位点随年龄发生显著变化。

目前，许多研究也关注到表观遗传调控中发挥作用的其他 DNA 修饰，尤其是 5-羟甲基胞嘧啶（5hmC）。与主要在基因内区段（不编码的间隔段）发现的 5mC 相反，5hmC 主要集中在启动子区域中。5hmC 的存在通常与基因表达增加有关，这与 5hmC 和常染色质共定位相一致。研究表明，小鼠大多数组织中 5hmC 含量小于 5mC 的 5%。然而，脑中 5hmC 占据 20%~25% 的甲基化胞嘧啶（图 9-3）。可以采用氧化亚硫酸氢盐测序区分 5mC 和 5hmC。首先使用高钌酸钾氧化 DNA，氧化后 5hmC 转化为尿嘧啶，从而导致最终序列输出仅为 5mC。区分 5mC 和 5hmC 的能力对于解释 DNA 甲基化数据非常重要。使用氧化亚硫酸氢盐测序，研究人员发现雄性或雌性小鼠的海马 5hmC 总水平并没有随年龄增长发生变化。因为 5hmC 的潜在变化可能在功能上很重要，特别是在来自中枢神经系统的组织中，未来研究应该进一步分析年龄对 DNA 羟甲基化的影响。

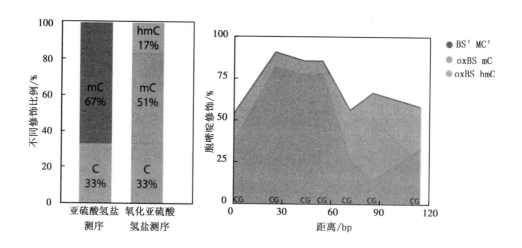

(a) 通过传统亚硫酸氢盐测序和氧化亚硫酸氢盐测序，揭示海马 DNA 中 5mC 和 5hmC 比例

(b) 海马基因组小区域（Fkbp6 的约 120 bp 区域）上 5mC 和 5hmC 的分布

图 9-3　海马区胞嘧啶甲基化和羟甲基化比较

为了确定甲基化中与年龄相关的变化是否具有功能性后果，研究人员正在将全基因组 DNA 甲基化谱与转录组数据配对，以鉴定表达随年龄变化并与甲基化变化相关的基因。然而，这种分析十分困难，因为甲基化主要影响调节元件相互作用而非作为分子表达丰度的直接测量。另外，难以鉴定哪些甲基化变化可能影响与特定基因的长程相互作用的元件，比如与增强子。多项数据显示，与年龄相关的甲基化变化可能与一些表现随年龄变化的基因相关。然而，低甲基化与表达增加相关而高甲基化与表达减少相关的简单关系似乎不随着衰老而持续。例如，一些研究报告显示，低甲基化和高甲基化与特定基因的表达增加和减少均可能相关。

### 9.2.2.3　抗衰老干预对 DNA 甲基化的影响

延缓衰老是研究衰老相关生物学机制的重要措施。通过识别这些措施引起的分子变化，我们能够知道衰老中哪些分子过程更为关键。在过去的二十年中，人们发现了多种可以延长小鼠寿命的措施。目前，研究最多且最强大的抗衰老措施是热量限制（CR）、缩小身型和雷帕霉素处理。多个实验室已经证明这些操作可以延长寿命，并且寿命增加伴随着生理功能提高。换句话说，小鼠看起来比它们的同窝对照更年轻和更健康。

热量限制（也称为饮食限制）是最早的也是最常用的抗衰老措施。早在 1936 年，研究人员已经发现严格的食物限制会增加老鼠的寿命。自此之后，许多实验团队在不同品系大鼠和小鼠实验中重复该实验,并取得了相似的结果。此外,热量限制已被证明可以延长无脊椎动物(酵母、果蝇和线虫)、狗和非人类灵长类动物的寿命。因此,人们将热量限制作为比较其他抗衰老干预措施的"金标准(gold standard)"。当热量摄入减少 30% ~ 50% 时,啮齿动物的寿命增加 20% ~ 25%。1996 年,Bartke 等人发现,特定基因的变异可以增加哺乳动物寿命,比如由 Prof1 突变导致的 Ames 侏儒症小鼠。随后,人们发现由其他一些基因突变制备的侏儒症小鼠模型中同样显示出寿命延长:携带 Pit 1 基因突变的 Snell 矮小鼠,携带 Gh-rhr(lit)基因突变的'little'小鼠和生长激素受体敲除小鼠。侏儒症小鼠的寿命比对照同窝小鼠的寿命增加 20% ~ 50%(Unnikrishnan 等,2018)。2009 年,Harrison 等人发现通过饲喂雷帕霉素(商业名称为西罗莫司 Sirolimus)可以增加小鼠寿命。目前,已有大量研究结果显示,雷帕霉素能够增加各种小鼠品系的寿命。值得注意的是,雷帕霉素具有一个独特性质:即使在生命晚期,雷帕霉素也能延长寿命。

由 Petkovich 等人(2017)和 Wang 等人(2017)开发的表观遗传时钟表明热量限制减慢小鼠的表观遗传老化。近年来,多项研究比较了大鼠和自由采食或热量限制小鼠组织中同年龄对 DNA 甲基化的影响。这些研究表明,热量减弱了 CpG 甲基化中许多与年龄相关的变化。Hadad 等人(2018)发现热量限制阻止小鼠海马中约 35% 的年龄相关 CpG 甲基化变化。虽然热量限制阻止了相似百分比的年龄相关 CpH 甲基化变化,但是热量限制对 CpG 和 CpH 位点的低甲基化和高甲基化的影响存在差异(图9-4)。热量限制对 CpG 位点的低甲基化和高甲基化减弱程度相似;然而,热量限制对高甲基化 CpH 位点的影响比对低甲基化 CpH 位点大得多(5倍)。Hahn 等人(2018)报道,热量限制阻止约 19%CpG 位点随肝脏年龄发生变化。然而,他们发现热量限制对低甲基化 CpG 位点的影响大于高甲基化 CpG 位点(14%对4%)。对于恒河猴的研究报告也表明,热量限制可防止 DNA 甲基化与年龄相关的变化。

海马 DNA 来自 3 月龄和 24 月龄小鼠。小鼠进行随机喂食或热量限制。浅色圆柱为随年龄增加发展为高甲基化的位点数目,深色条为随年龄增加变为低甲基化的位点数目。热量限制降低 35% ~ 38% 的随年龄变化的甲基化位点。对于 CpG 位点,热量限制减少高甲基化和低甲基化变化位点 32% ~ 36%。然而,对于 CpH 位点,与低甲基化位点的变化(11%)相比,热量限制对高甲基化位点变化(59%)具有更大的影响。

研究人员对热量限制、侏儒症(Ames 矮小鼠)和雷帕霉素处理这 3 种处理方式中小鼠肝脏中 DNA 甲基化变化展开分析,挖掘随年龄或抗衰老操作出现的差异甲基化(DMR)区域。在雌性小鼠中,热量限制提升肝脏年龄相关的低甲基化 DMR 中的甲基化(45% ~ 55%),而降低年龄相关的高甲基化 DMR(58% ~ 62%)的

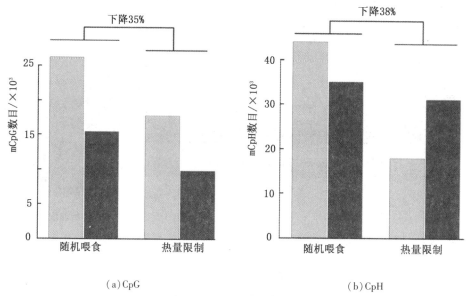

图 9-4　衰老和热量限制影响 DNA 甲基化

甲基化。研究人员同样探讨了雷帕霉素处理(42ppm，18 个月)对雌性小鼠肝脏 DNA 甲基化的影响。与热量限制类似，雷帕霉素增加低甲基化 DMR 中的甲基化程度，但增加幅度(45%至 50%)低于热量限制。并且，雷帕霉素没有显著改变高甲基化 DMR 的甲基化。另一项研究则比较了雄性 Ames 侏儒症小鼠和野生型小鼠中 CpG 甲基化的年龄相关变化。侏儒症小鼠的高甲基化 CpGs 比野生型小鼠高 10 倍，并且随着年龄的增长而进一步增加，这表明随着年龄的增长，野生型和侏儒症小鼠会表现出更多的外延型差异。相反，野生型小鼠的低甲基化 DMR 比侏儒症小鼠高 2 倍，但侏儒症小鼠对年龄相关的低甲基化更具抵抗力。因此，矮小鼠表现出比年龄相关的低甲基化更高的稳定性，而非对高甲基化。比较年龄差异甲基化 CpG 位点的研究发现，随着年龄的增长，野生型小鼠 CpG 位点变化是侏儒症小鼠 3 倍多，表明随着年龄的增长，侏儒症小鼠甲基化组更为稳定。

　　对于热量限制的研究主要集中在热量限制如何减少 DNA 甲基化的年龄相关变化，以确定可能在衰老中发挥重要作用的甲基化位点。研究发现，热量限制对甲基化组的影响大于仅仅改变 DNA 甲基化的年龄相关变化。如图 9-5 所示，老龄热量限制小鼠海马中 70%的差异甲基化的 CpG 位点发生在不随年龄变化的 CpG 位点。热量限制诱导肝脏中约 28 k 不随年龄变化 CpG 位点的甲基化，这些位点中超过 80%为高甲基化。另外，研究发现，雷帕霉素诱导的年龄相关性 CpG 甲基化变化大于热量限制。在随机喂食小鼠中随着年龄增长而变化，但变化能被热量限制逆转的 CpG 位点，以浅色表示。随机喂食小鼠中没有随年龄变化，但能

被热量限制诱导发生变化的 CpG 位点，以深色表示

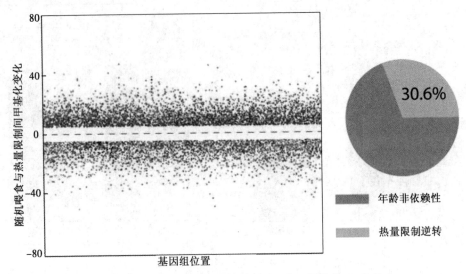

图 9-5　老龄鼠随机喂食和热量限制之间差异甲基化 CpG 位点

随热量限制发生改变的 CpG 位点的基因组环境与随年龄变化的 CpG 位点存在显著差异。热量限制高甲基化的 CpG 在 CpG 岛和 CpG 上下游 2 kb 以内的区域（CpG shore）中富集，而在 CpG shore 上下游 2 kb 以内的区域（CpG shelf）中相对缺乏。热量限制低甲基化 CpG 仅在 CpG shores 中富集。此外，热量限制高甲基化 CpG 富集抑制性组蛋白修饰，而低甲基化 CpGs 则激活和抑制性组蛋白修饰均有富集。热量限制将抑制基因、增强子和 CpG 岛的年龄相关变化。与热量限制相比，雷帕霉素抑制数量较少的基因、增强子和 CpG 中年龄相关 CpG 甲基化变化。在特定基因组区域中，热量限制抑制甲基化似乎比雷帕霉素更有效。脂肪酸、甘油三酯和酮体代谢相关基因中富集热量限制 DMR。其中，149 个存在差异甲基化基因中的 69 个基因的表达与 DNA 甲基化负相关。

热量限制容易被忽视的一个重要性质是，热量限制可以产生早期效应和细胞记忆，即使在热量限制停止时仍然存在这种记忆。例如，当它们被随意喂养以提醒他们的生活时，无论是大鼠还是小鼠，在出生后早期（4.5 个月）或断奶前进行热量限制，随后进行随机喂养，均可显著延长寿命。因此，热量限制具有长寿早期效应，即能够产生分子记忆，即使停止热量限制记忆也会持续存在，说明热量限制对寿命的延长作用至少部分地通过如 DNA 甲基化等表观遗传机制获得。研究结果表明，短期热量限制可以诱导 DNA 甲基化的变化。在老年（25 个月大）大鼠中，热量限制 1 个月逆转在肾中大约 17000 个随年龄变化的 DMR 甲基化。在年轻小鼠（5 月龄）中，进行 2 个月热量限制可诱导肝脏中约 5 万个 DMR 发生变化。

有趣的是，对于 5 月龄小鼠来说，短期热量限制比长期(18 个月)热量限制引起更多 DMR 发生变化。4 个月龄雄性小鼠进行为期 1 个月的热量限制引起 5 个组织中数百个基因表达显著变化，并且在热量限制结束 2 个月后 20%～50% 的基因表达变化仍然持续存在，表明这些基因表达很可能受表观遗传调控。接着，研究人员对这些在热量限制中发生显著变化并且当热量限制中断时仍然保持这种变化的一部分基因，进行启动子区域中的 DNA 甲基化测定。结果显示，短期热量限制在 Nts1 基因启动子的 3 个 CpG 位点均出现甲基化显著降低。并且即使当热量限制中断时，这些位点的低甲基化仍然存在，并伴随 Nts1 mRNA 表达增加。

### 9.2.2.4 小结

表观遗传时钟测量几百个 CpG 位点甲基化变化，能够准确推测实际年龄，是目前预测人类寿命的最佳生物标志物。然而，表观遗传时钟可以预测生物学年龄的程度尚不确定。表观遗传时钟的发现促使科研人员研究 DNA 甲基化在衰老分子机制中的功能作用。在过去几年时间里，多个实验室已经阐述了衰老对整个基因组中特定胞嘧啶甲基化的影响。大多数这些研究都集中在特定 CpG 位点的 5mC，并且显示约 2% 的 CpG 位点随年龄而发生显著变化。虽然低甲基化和高甲基化都随着年龄而发生，但就总体趋势来说，更多变化出现在高甲基化。研究表明，约 0.5% 的 CpH 位点随年龄而变化。综合 CpG 和 CpH 位点的数据能够发现，基因组中只有一小部分胞嘧啶显示出 DNA 甲基化变化，当然这些变化涉及 200 万～300 万个胞嘧啶。需要注意的是，这些数据均来自组织层面。组织具有异质细胞群，不同细胞类型具有不同的表观遗传谱。因此，进一步研究衰老对 DNA 甲基化的影响，需要收集不同细胞类型的特定数据。

比较衰老对雄性和雌性 DNA 甲基化影响的研究发现，海马中 95% 的年龄相关 DNA 甲基化变化具有性别差异。在年轻的雄性和雌性个体中，甲基化模式相似。然而，随着年龄的增长，特定位点的年龄相关甲基化变化只出现在某一种性别。这一观察结果令人惊讶，因为人和小鼠中表观遗传时钟在预测雄性和雌性的实际年龄方面同样有效。因此，未来研究需要进一步确定不同组织 DNA 甲基化中是否都存在类似的性别差异。在未来的研究中，测量年龄对 CpH 及 CpG 位点甲基化的影响十分重要，基于以下几点原因：① 特定 CpH 位点甲基化的年龄相关变化已经发现。② CpH 位点中潜在甲基化胞嘧啶数量比 CpG 位点高约 10 倍。③ CpH 位点甲基化与一些细胞变化有关。此外，未来研究中探究 5hmC 在衰老中的功能十分重要，因为：① 5hmC 与基因表达变化紧密相关。② 当前有关特定 CpG 或 CpH 位点 5mC 变化的研究，实际上同时测量了 5mC 和 5hmC，也就是说，人们并不能确定衰老过程中的这些甲基化变化来自 5mC 还是 5hmC。大多数组织中 5hmC 含量极少(小于 5mC 水平的 5%)，但是也存在 5hmC 相对较高的组织，比如脑中甲基化胞嘧啶大约 20% 为 5hmC。

虽然年龄相关 DNA 甲基化变化发生在整个基因组中，但这些变化在某些基因组区域中(例如，启动子和 CpG)被富集或缺乏。然而，基因组哪个区域更倾向于随年龄发生变化，目前尚无定论。研究人员已开始将全基因组 DNA 甲基化谱与转录组数据配对，以识别表达随年龄变化并与甲基化变化相关的基因。多项研究数据显示，衰老过程中特定基因的低甲基化和高甲基化与某些基因的表达增加和减少都存在直接关系。因此，低甲基化导致表达增加和与高甲基化引起表达减低的简单关系，似乎不随着衰老而延续。当然，也尚不清楚这种甲基化变化是否与基因表达改变存在因果关系。因此，进一步研究需要确定 DNA 甲基化变化是否确切引起表达变化。使用基因组编辑技术，有望确定特定胞嘧啶甲基化是否可以直接改变基因表达。例如，使用 CRISPR 将 DNMT 或 TET 的融合蛋白驱动到基因组中的特定位置，有可能改变特定位点的甲基化，并确定这些变化如何改变细胞转录组。

目前，支持 DNA 甲基化在衰老中发挥作用的最强有力数据来自抗衰老干预，尤其是热量限制对 DNA 甲基化影响的研究。首先，热量限制、侏儒病症和雷帕霉素处理能够降低表观遗传衰老。其次，热量限制可以减弱多种随年龄增长而发生改变的 CpG 甲基化变化。热量限制同时诱导与年龄无关的 DNA 甲基化变化。所以，热量限制可能通过如下机制影响衰老：第一，热量限制减弱随年龄增长而发生的 DNA 甲基化变化。第二，热量限制能够改变 DNA 甲基化从而影响具有抗衰老作用的基因表达。第三，已经证明热量限制具有早期效应并且即使在热量限制停止后仍然存在细胞记忆，说明热量限制可以通过表观遗传机制发挥作用。例如，出生后早期进行热量限制可显著延长大鼠和小鼠的寿命，并且当停止热量限制后仍然可以改善葡萄糖/胰岛素耐受。多项研究表明，1~2 个月的热量限制可以诱导 DNA 甲基化变化，并且热量限制结束后一些特定基因 DNA 甲基化变化仍然存在。

总之，当前研究数据清楚地表明，DNA 甲基化的主要变化随着年龄增长而发生改变。研究人员面临的主要问题是确定 DNA 甲基化发生的哪些变化在衰老表型中具有重要功能。换句话说，甲基化变化是否在导致衰老的分子和生理变化中扮演重要的角色。

# 10 RNA 修饰

核糖核酸(ribonucleic acid，RNA)，是由核糖核苷酸经磷二酯键缩合而成的长链状分子，存在于生物细胞及部分病毒、类病毒中，是一种遗传信息载体。一个核糖核苷酸分子由磷酸、核糖和碱基构成。RNA 碱基主要包括 4 种：腺嘌呤(A)、鸟嘌呤(G)、胞嘧啶(C)和尿嘧啶(U)。RNA 是一类极其重要的生物大分子，不仅种类繁多，而且结构也比 DNA 复杂。在细胞中，根据结构与功能的不同，主要有 3 类 RNA：转运 RNA(tRNA)、核糖体 RNA(rRNA)和信使 RNA(mRNA)。除了上述 3 种主要的 RNA 外，细胞内还有：小核 RNA(small nuclear RNA, snRNA)，是剪接体的组分；核仁小 RNA(small nucleolar RNA, snoRNA)；具有催化作用的 RNA，即核酶；指导 RNA(guide RNA)，是指导 RNA 编辑的小分子 RNA；tmR2NA，同时作为 tRNA 和 mRNA，翻译时同时具备两种功能；小胞质 RNA(small cytoplasmic RNA, scRNA)，存在于细胞质中的小分子 RNA；端粒酶 RNA，是真核生物端粒复制的模板；长非编码 RNA，一种转录本长度超过 200 nt 的 RNA 分子；微 RNA(microRNA, miRNA)，一类由内源基因编码的长度约为 22 个核苷酸的非编码单链 RNA 分子；反义 RNA(antisense RNA)，可通过与靶基因序列互补而与之结合的 RNA，或直接组织靶序列功能，或改变靶部位构象而影响其功能；环状 RNA(circular RNA, circRNA)，是一类不具有 5′末端帽子和 3′末端 poly(A)尾巴并以共价键形成环形结构的非编码 RNA 分子；小干扰 RNA(small interfering RNA, SiRNA)。RNA 还可以发生修饰。目前，研究人员已经观察到大约 170 种不同的 RNA 化学修饰，例如甲基化、乙酰化和糖基化等。

## 10.1 主要概念

### 10.1.1 信使 RNA

mRNA 是以 DNA 的一条链为模板，按照碱基互补配对原则，转录而形成的一条单链 RNA。生物的遗传信息主要贮存于 DNA 的碱基序列中，但 DNA 并不直接决定蛋白质的合成。真核细胞中，DNA 主要贮存于细胞核中的染色体上。核糖体是细胞内蛋白质合成的场所，被喻为蛋白质的"合成工厂"。从核 DNA 到核糖体蛋白质之间的遗传信息传递介质即为 RNA。RNA 主要功能是实现遗传信息在蛋白质上的表达，是遗传信息传递过程中的桥梁。

### 10.1.2　转运 RNA

tRNA 是指具有携带并转运氨基酸功能的一类小分子 RNA，其主要功能是携带符合要求的氨基酸，以连接成肽链，再经过加工形成蛋白质。tRNA 把氨基酸搬运到核糖体上，根据 mRNA 的遗传密码依次准确地将所携带的氨基酸联结起来形成多肽链。每种氨基酸可与 1~4 种 tRNA 相结合，现在已知的 tRNA 的种类有 40 种以上。

tRNA 相对分子质量平均约为 27000(25000~30000)，由 70~90 个核苷酸组成。tRNA 具有稀有碱基的特点，除假尿嘧啶核苷与次黄嘌呤核苷等稀有碱基外，还包括甲基化了的嘌呤和嘧啶。

tRNA 的共性：① 5′末端具有 G(大部分)或 C。② 3′末端都以 ACC 的顺序终结。③ 有一个富有鸟嘌呤的环。④ 有一个反密码子环，在这一环的顶端有 3 个暴露的碱基，称为反密码子(anticodon)。反密码子可以与 mRNA 链上互补的密码子配对。⑤ 有一个胸腺嘧啶环。

### 10.1.3　核糖体 RNA

rRNA 是组成核糖体的主要成分，是细胞中含量最多的 RNA，约占 RNA 总量的 82%。rRNA 一般与核糖体蛋白质结合在一起，形成核糖体(ribosome)。核糖体是合成蛋白质的工厂。如果把 rRNA 从核糖体上除掉，核糖体的结构就会发生塌陷。原核生物的核糖体所含的 rRNA 有 5S、16S 及 23S 三种。

### 10.1.4　微 RNA

microRNA 是一类非编码的小 RNA 分子，大约由 21~25 个核苷酸组成，通过与靶 RNA 的 3′UTR 互补或部分互补结合，使其降解或介导其翻译抑制，参与细胞增殖、凋亡、分化、代谢、发育和肿瘤转移等多种生物学过程。

### 10.1.5　长非编码 RNA

长链非编码 RNA(long non-coding RNA，lncRNA)指不具有蛋白编码能力，转录本长度超过 200 nt 的 RNA 分子。lncRNA 可以分为 intronic/exonic lncRNAs、antisense lncRNAs、overlapping lncRNA 和 long intergenic ncRNAs(lincRNA)。lncRNA

具有 mRNA 样结构,经过剪接,通常在 5′端有一个 7mC 的帽子,3′端可以带 poly (A)尾巴也可以不带 poly(A)的尾巴。lncRNA 的表达水平相对于编码蛋白的基因一般比较低。多数 lncRNA 虽然不直接参与基因编码和蛋白质合成,但在染色质修饰、基因转录后调控、基因组印记、剪切和修饰等过程中发挥着非常重要的功能,也在很多生命活动中均起着举足轻重的作用。

### 10.1.6 环状 RNA

环状 RNA(circRNA)是一类特殊的非编码 RNA 分子。与传统的线性 RNA (linear RNA,含 5′和 3′末端)相比,circRNA 分子呈封闭环状结构,不受 RNA 外切酶影响,表达更稳定,不易降解。circRNA 的主要特征包括:① circRNA 由特殊可变剪切产生,大量存在于真核细胞的细胞质中,主要来源于外显子,少部分内含子来源的 circRNA 存在于细胞核中;② circRNA 呈闭合环状结构,不易被核酸外切酶降解,比线性 RNA 更加稳定;③ 绝大多数 circRNA 是非编码的,但也有少数可以翻译为多肽;④ 在转录或转录后水平发挥调控作用;⑤ 具有一定序列保守性;⑥ 表达水平具有种属、组织、时间特异性。circRNA 通过 microRNA 调节基因表达,并作为潜在的生物标志物发挥作用。circRNA 可以通过 microRNA 转化为线性 RNA,然后作为竞争性内源 RNA。

### 10.1.7 小干扰 RNA

小干扰 RNA(small interfering RNA,siRNA),是一个长 20~25 个核苷酸的双股 RNA,由 Dicer(RNAase Ⅲ 家族中对双链 RNA 具有特异性的酶)加工而成,siRNA 是 siRISC 的主要成员,激发与之互补的目标 mRNA 的沉默。siRNA 在生物学上有许多不同的用途。目前,已知 siRNA 主要参与 RNA 干扰(RNAi)现象,以带有专一性的方式调节基因的表达。

### 10.1.8 RNA 甲基化

RNA 最常见的内部修饰包括 N6-甲基腺嘌呤(m6A)、N1-甲基腺嘌呤 (m1A)、胞嘧啶羟基化(m5C)。m6A 是一种可逆的 RNA 甲基化,即 RNA 分子腺嘌呤第 6 位氮原子发生甲基化修饰。研究发现,m6A 是真核生物 mRNA 上最常见的一种转录后修饰,m6A 在细胞加速 mRNA 代谢和翻译,以及在细胞分化、胚胎发育和压力应答等过程中起重要的作用。

## 10.2 模块学习

### 10.2.1 模块一：环状 RNA 剖析

1976 年，Sanger 及其同事发现某些高等植物中存在可致病的单链环状类病毒，这是人类首次发现 circRNA。随后人们陆续在酵母线粒体、丁型肝炎病毒中发现 circRNA。小鼠的睾丸内含有性别决定基因(sex-determining region Y, Sry)转录而来的 circRNA，证实 circRNA 也存在于人体细胞中。

circRNAs 曾被误认为是一种拼接错误。后来，研究发现，circRNAs 在真核细胞中广泛存在并具有多样性。circRNAs 在细胞质中较为稳定。circRNAs 比线性 RNA 更稳定，因为缺乏可接近的末端，因而，能抵抗外切核酸酶。然而，circRNA 形成的机制及其细胞功能仍不完全清楚。

对于 circRNA 的功能，主要被认为作为 microRNA 海绵而发挥表观遗传调控作用。比如，人 CDR1as/ciRS-7，一种功能性外显子 circRNA，可以作为 miRNA 海绵参与基因表达调控。然而，尚不清楚是否所有 circRNA 分子均作为 miRNA 海绵发挥作用。检测 circRNA 同样存在许多挑战，包括：需要排除测序错误，外显子 circRNA 与其他类型 RNA 可能存在判断方式不合理，等等。

circRNA 可能存在某种疾病特异性，如神经元紊乱和动脉粥样硬化。circRNA 在作为临床诊断标志物和疾病的新治疗分子方面具有很大的潜力。到目前为止，由于低表达水平，关于 circRNA 的报道数量尚不够充足。最初，这些分子被认为是可变剪接的副产物，并被命名为遗传事故或实验错误。

#### 10.2.1.1 circRNA 的生物起源

早期研究发现，大多数 circRNA 来源于蛋白质编码基因的外显子。随着研究的深入，发现内含子、非编码区和反义区也参与了它们的形成。

外显子环状 RNA 通过反向剪接的方式形成。目前，形成机制存在两种假设：① 在外显子环状 RNA 形成过程中，前体 RNA 转录时发生部分折叠，外显子随着 RNA 折叠出现跳跃现象。这样，在被跨越部位形成外显子包含内含子的环状 RNA 中间体套索结构，接着套索内部进行剪接，去除内含子序列后形成环状 RNA。② 环状 RNA 形成是由于在形成环状 RNA 前体序列两侧内含子上存在反向互补序列，正是由于两侧内含子的互补配对介导环状 RNA 形成。由于外显子环状 RNA 在细胞中广泛存在，且其形成机制尚处于推测阶段，因此，需要科研工作者对其形成过程中的相关调控及加工方式作进一步的研究。在外显子环状 RNA

的两种形成机制中，一些证据表明，自身的反向剪接序列可能比外显子跳跃发生的更频繁。有些线性 mRNA 缺失的外显子，被包含在某个环状 RNA 中，说明外显子跳跃可能也是一个合理的机制。

在某些组织中，内含子可以独立环化形成环状内含子 RNA（circular intronic RNA，ciRNA），称为内含子环化。内含子环化主要存在于细胞核中，它们的形成依赖于含有邻近 5′剪接位点处的 7 个核苷酸 GU 富集元件及 3′剪接位点处的 11 个核苷酸 C 富集元件，具有少量的 miRNA 靶点。

此外，有研究学者发现，环化外显子中间保留有内含子，称其为外显子-内含子环状 RNA（exon-in-troncirc RNA，EIciRNA），但 EIciRNA 发生机制尚不明确（图 10-1）。

### 10.2.1.2 circRNA 识别与鉴定

由于对于 circRNA 的传统研究方法较为繁多并且缺乏相关有效信息，在发现 circRNA 的早期阶段并没有对其展开广泛研究。近来，分子生物学技术手段的进步，为精确鉴定和研究 circRNA 提供了可能。

鉴定 circRNA 有助于理解其调节机制和潜在的治疗应用。lncRNA 鉴定可以直接利用转录本大小与其他小非编码 RNA（如 miRNA、siRNA 和 snoRNA）进行区分。然而，circRNA 鉴定与 lncRNA 不同，仅仅基于简单特征难以实现区分。当然，circRNA 也具有一些可辨识的特征，比如 ALU 序列和 GT-AG 法则等。通过机器识别这些序列特征，可以有效区分来自不同 lncRNA 的 circRNA。Northern 印迹、qRT-PCR、荧光原位杂交、荧光素酶报告基因等技术手段均可用来验证 circRNA。

qRT-PCR 验证 circRNA：首先分离得到非多聚腺苷酸化 RNA 或去 rRNA 后的 RNA，用 RNase R 去除线性 RNA，使用随机引物反转录成 cDNA，采用 RT-PCR 技术扩增，接着进行 PCR 产物跑胶验证，也可以再将 PCR 产物进行测序验证。这些步骤中，最关键的是针对 circRNA 设计特异性的 RT-PCR 引物。circRNA 的环化方式有两种：内含子环化和外显子环化。通过外显子环化产生的 circRNA 除了 back-spliced junction 位点处与线性 RNA 不同外，其他区域是一致的。因此，可以针对 circRNA 的 back-spliced junction 位点设计特异性的引物（divergent primers），divergent primers 可以通过网站直接进行设计。

Northern blot 验证 circRNA：主要包括分离非多聚腺苷酸化 RNA 或去 rRNA 后的 RNA、RNase R 去除线性 RNA、变性聚丙烯酰胺凝胶电泳（PAGE）等过程。其中，根据 circRNA 环化的方式设定探针序列是关键步骤。对于内含子环化产生的 circRNA，可以根据内含子序列设计探针；对于外显子环化产生的 circRNA，尽可能跨越 back-spliced junction 位点设计探针。验证策略是对基因组 DNA、总 RNA

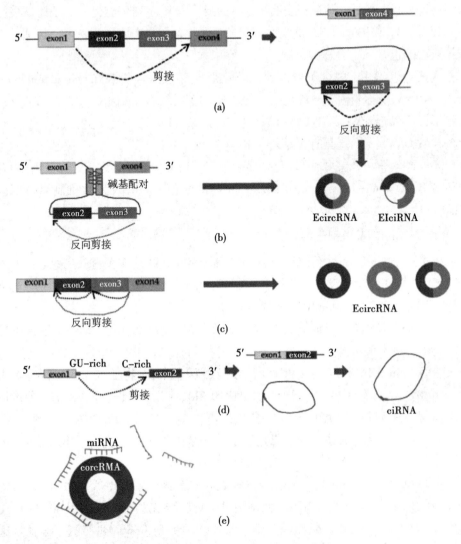

图 10-1　RNA 环化方式

及 circRNA(DNA free、rRNA free、linearRNA free)同时进行杂交验证。

　　荧光原位杂交定位 circRNA：位于细胞核中的 ciRNA(circular intronic RNAs)主要调控亲本基因的表达，而位于细胞质中的 circRNA 主要发挥竞争性内源 RNA(ceRNAs)的作用。可以采用荧光原位杂交技术(FISH)对 circRNA 进行定位。杂交探针的设计需要跨越 back-spliced junction 位点。

　　荧光素酶报告基因检测 circRNA：报告基因表达系统是将报告基因的编码序列与目的基因相结合，并表达结合基因。然后，通过检测报告基因的表达产物来测定目的基因的表达量。荧光素酶报告基因系统是以荧光素为底物通过荧光测定仪检测生物荧光进而检测荧光素酶的活性。荧光素和荧光素酶这一生物发光体系，可以极其灵敏、高效地检测基因的表达。

### 10.2.1.3 circRNA 功能

（1）miRNA 海绵

miRNA 是一种非编码 RNA，在基因表达转录后调控中发挥重要作用。miRNA 与 mRNA 的特定位点结合，阻止其翻译或促进其降解。许多 circRNA 含有 miRNA 响应元件（miRNA response elements，MREs），通过与 miRNA 竞争性结合，充当 miRNA 海绵，从而削弱 miRNA 对 mRNA 的调控作用。CDR1as/ciRS-7 是第一个被证明具有 miRNA 海绵功能的 circRNA，可以显著抑制 miR-7 的活性。进一步的研究结果表明，ciRS-7 包含 70 多个 miR-7 的选择性结合位点，其与 miR-7 结合的能力是其他已知转录本的 10 倍。此外，ciRS-7 还可以与 miR-671 结合，诱导其自身降解释放 miR-7。此外一项研究发现，circHIPK3 对 9 个 mirna 具有多个结合位点，提示 circRNA 可以作为多种 miRNA 海绵。circRNA 的 miRNA 海绵效应并不局限于人类。研究人员发现，Sry circRNA 在小鼠睾丸中有 16 个 miR-138 结合位点，充当调节其表达的海绵。同时，circRNA 可以作为竞争性内源性 RNA（ceRNA）调控 miRNA 水平，从而影响上下游基因网络，为人类疾病尤其是肿瘤的治疗提供新的方向。

（2）circRNA 与 RBPs 相互作用

circRNA 可以结合到 IMP3 等 RNA 结合蛋白（RBPs）。多种 circRNA 可以结合和存储 RBPs，甚至将 RBP 与特定的亚细胞位点隔离。circRNA 也可以作为竞争元件影响 RBPs 的功能。最近的研究也发现，circRNA 可以作为支架来组装大蛋白复合物。

（3）基因表达调控

与 ecircRNA（exonic cire RNA）不同，ciRNAs 和 EIciRNAs 主要位于细胞核内，并倾向于在转录水平发挥作用。EIciRNAs，如 circEIF3J，通过与转录起始位点上游的 U1 核糖核酸蛋白（U1 snRNP）和 RNA 聚合酶 Ⅱ 相互作用，顺式上调其亲本基因表达。此外，circRNAs，如 circMbl，可以通过与线性剪接竞争来反式影响基因表达。在 circMbl 形成过程中，反向剪接可以与经典的 MBL pre-mRNA 线性剪接相竞争，从而影响线性 RNA 的形成。此外，在 ecircRNAs 的形成过程中，一些 ecircRNAs 可能会隔离翻译起始位点，导致非编码线性转录本的产生，从而降低蛋白质的表达。

尽管 circRNA 一直被认为是非编码 RNA 的一种类型，但研究人员并没有停止探索它们的翻译能力。研究发现，合成的 ecircRNAs 包含核糖体内部进入位点或原核结合位点，并具有蛋白编码能力。那么，是否内源性 circRNA 也存在这样的翻译产物？近来研究发现，果蝇体内的一系列 circRNA 具有翻译功能。N6-甲基腺嘌呤(N6-methyladenosine, m6A)修饰在许多 circRNA 中富集，而 m6A 识别蛋白 YTHDF3 可以结合到某些 circRNA 的修饰位点，招募翻译起始因子 eIF4G2 和 eIF3A 以一种不依赖于帽子结构的方式启动 circRNA 的翻译。例如，circZNF609 可以以不依赖剪接和帽子的方式翻译成蛋白质。此外，许多 circRNA 与多聚核糖体的关系已经明确。这些研究证据表明，circRNA 也可能作为蛋白编码 RNA 发挥作用。因此，进一步的研究可能最终发现一系列未识别蛋白，并阐明它们参与的生物学进程。

### 10.2.1.4 circRNA 在肺癌中的作用

circRNA 在人类疾病的发展过程中发挥着重要作用，尤其在诊断和治疗方面具有很大的潜力。尽管通过第二代测序技术已经在肺癌组织和细胞系中发现了成千上万的 circRNA，并且发现许多 circRNA 在肺癌异常表达，但对其在肺癌发生发展中的特定功能机制的研究才刚刚开始。研究发现，肺癌细胞中 cir-ITCH 表达下调。肺癌中，cir-ITCH 可以作为 miR-7 和 miR-214 海绵，从而提高肿瘤抑制基因 ITCH 的表达量并抑制 β-catenin/Wnt 信号通路激活，最终抑制肺癌细胞增殖。有趣的是，miR-7 和 miR-214 可以反过来诱导 circRNA 降解。另一项研究发现，CDR1as 可以通过海绵吸附 miR-7 发挥抑制肿瘤作用，而 miR-617 可以结合 CDR1as 而诱导其分裂与 miR-7 释放。circMAN2B2 通过吸附 miR-1275 促进 FOXK1 表达，进而促进细胞增殖和入侵，扮演促癌作用。肺癌组织中，circ-ZEB1.5、circ-ZEB1.19、circ-ZEB1.17 和 circ-ZEB1.33 表达下调。这些 circRNA 可能作为 miR-200 海绵发挥作用，调控肺腺癌中 ZEB1 基因的表达。有报道称，miR-200 可以靶向 ZEB1 而促进肿瘤的发生。在对于 NSCLC 细胞株 NCI-H1299 和 NCI-H2170 的研究中发现，circHIPK3 可以通过 miR-379 调控的胰岛素样生长因子(IGF1)表达促进细胞增殖。Has-circ-0012673 作为 miR-22 海绵，调控 ErbB3 表达，从而促进肺腺癌细胞增殖。Has-circ-0007385 与细胞增殖、侵袭和转移相关，并可能受 miR-181 调控。circUBAP2 调控肺癌细胞增殖与侵袭，其作用机制可能涉及 miR-339-5p、miR-96-3p 和 miR-135b-3p。

circRNA 具有临床诊断意义。circRNA 在人的血液、唾液和外泌体中稳定表达并大量存在。考虑到 circRNA 的组织特异性和肿瘤特异性，circRNA 有望成为肺癌新的肿瘤标志物。其中有研究发现，circRNA-100876 在 NSCLC 组织中高度表达，并与肿瘤分期和淋巴结转移密切相关。45 例 circRNA-100876 高表达患者的总生存期明显缩短。这项研究表明，circRNA-100876 可能通过海绵功能调控 MMP13 表达，从而影响肿瘤的增殖和转移。另一份研究则表明，has-circ-0013958 在肺腺癌中表达显著上调，作为 miR-134 海绵上调癌 cyclin D1 基因表达，从而促进肺腺癌细胞增殖、侵袭和抑制细胞凋亡。同时，Has-circ-0013958 水平与 TNM 分期及淋巴结转移密切相关。Has-circ-0000064 在肺癌中同样表达上调，可促进细胞增殖和转移。Has-circ-0000064 异常表达与肺癌的淋巴结转移和 TNM 分期同样密切相关。Has-circ-0014130 的表达与肺癌分期及淋巴结转移也有显著的相关性。

circRNA 可能在肺癌的遗传学中发挥作用。研究还发现，产生 circRNA 的基因的突变可能与肺癌的发生有关。有研究者发现，位于 3q26.2 的扩增子易发生基因突变，可以产生 circPRKCI，从而通过 circPRKCI-miR-545/589-E2F7 基因轴促进细胞增殖和迁移，起到促进肿瘤的作用。同时，circPRKCI 与肺癌 TNM 分期及预后密切相关。

### 10.2.2　模块二：RNA 甲基化

在众多不同的 RNA 化学修饰中，N6 甲基腺嘌呤（m6A）的动态、可逆和优化的甲基化是真核 mRNA 中最普遍的修饰。这种 RNA 标记是由充当 m6A 书写器（writer）的蛋白质产生，可以被充当 m6A 擦除器（eraser）的蛋白质逆转。RNA m6A 修饰也由另一组能够识别 m6A 的蛋白质介导，这些蛋白质起着 m6A 阅读器（reader）的作用。m6A 修饰直接控制 RNA 代谢，包括 mRNA 处理、mRNA 输出、翻译起始、mRNA 稳定性和长非编码 RNA（lncRNA）生物合成，从而影响细胞功能的各个方面。显然，m6A 与癌症的发展和进展密切相关，如癌症干细胞的自我更新能力、增殖、凋亡和治疗抵抗及免疫反应。

由于逆转录酶的发现，包括 DNA、RNA 和蛋白质在内的生物聚合物之间转换序列信息的中心法则发生了重大变化。发生在 DNA 或组蛋白上的表观遗传修饰可以调节基因表达，从而影响分化、发育和其他应激反应中的细胞状态。在 RNA 中，大多数修饰都存在于非编码 RNA，包括 rRNA、tRNA 和 snoRNA。

在 20 世纪 70 年代，人们发现 N6 甲基腺嘌呤（m6A）广泛存在于真核细胞和一些病毒中。目前，已经在 RNA 中发现 100 多种化学修饰。由于缺乏合适的可用于分析的生物技术，直到近年人们才重新提及 RNA 的化学修饰。自 2010 年以来，靶向 m6A 位点的特异性抗体和第二代测序的发展推动了基因组甲基化图谱的研发。使用抗体对具有 m6A 修饰的 mRNA 片段进行免疫沉淀，逆转录成为 cDNA 后进行高通量测序分析。这些研究发现，超过 25% 的人类转录物存在 m6A 修饰，其中大部分位于终止密码子附近和 3′-非翻译区（3′-UTR）。靠近 5′-UTR 起始位点也具有不同水平的独特化学修饰。

最近研究表明，m6A 修饰可以调节多种 RNA 相关过程，如 RNA 稳定性、细胞定位和选择性剪接等。RNA 腺苷甲基化一般存在共有序列 G[G/A]$m^6$ACU。

m6A RNA 修饰的功能受甲基转移酶(书写器)、去甲基酶(擦除器)和 m6A 结合蛋白(阅读器)调节(图 10-2)。在哺乳动物细胞中,m6A 修饰由 METTL3/MET-TL14/WTAP 蛋白复合物诱导。2011 年,研究人员首次发现,FTO 可以作为一种去甲基酶下调 RNA 甲基水平。此后,研究人员又发现了另一种去甲基酶蛋白 ALKBH5,其能明显减少 m6A 修饰。FTO 也被认为是 ALKB 蛋白家族的一员,其在中枢神经系统中高度表达。FTO 的功能失调与肥胖和脑畸形有关,这意味着 m6A 表达可能与这些疾病有关。在病毒研究中发现,病毒 RNA 的 m6A 修饰显著介导病毒与宿主的相互作用。此外,科学家们还发现,m6A 修饰对于干细胞维持 DNA 活性和多功能状态不可或缺。

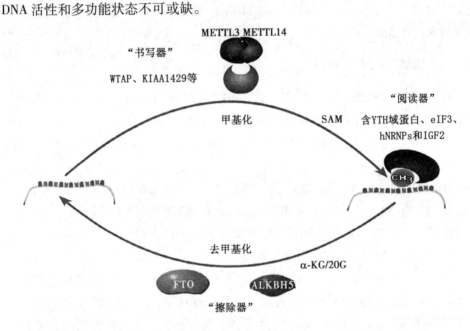

图 10-2　m6A 调节模式

### 10.2.2.1　m6A 修饰与细胞因子反应和致癌作用的联系

免疫系统的失调几乎涉及所有已知的人类疾病,包括肿瘤发生、感染性疾病、炎症性疾病、代谢综合征和自身免疫性疾病。现在,由于研究依然非常有限,还不清楚依赖 m6A 修饰的功能如何通过影响各种细胞因子的输出来调节免疫系统。免疫系统包括固有免疫应答和适应性免疫应答。固有免疫应答迅速且无特异性。然而,适应性免疫应答需要经过抗原呈现、克隆扩增和分化等过程才能执行抗原特异性反应。事实上,在抗原识别后,免疫细胞在很短的时间内释放出大量的细胞因子,这被称为细胞因子风暴,并无法通过从头基因转录进行调节。在对微环境变化的反应中,与蛋白质生产相比,mRNA 的快速输出是一个有效的能源成本节约过程。既然 m6A 在 mRNA 剪接、翻译和稳定中起着重要作用，那么，m6A 也可能在包括细胞因子释放在内的免疫应答中扮演关键角色。相反，肿瘤坏死因子 α(TNF-α)可以调节 YTHDC2，由干扰素 β(IFN-β)调控的抗病毒固有免疫的启动中 ALKBH5 发挥关键作用。m6A 还可以刺激 I 型原代树突状细胞，保护 RNA 不被 TLR3 和 TLR7 识别降解。目前，尚需要更多的研究来解析 m6A 在免疫应答中的作用。特别是采用实验性免疫疾病模型，例如 FTO、ALKBH5 或 METTL3 基因敲除小鼠，展开研究。

在胶质瘤干细胞中，ALKBH5 高度表达以维持胶质母细胞瘤(GBM)的肿瘤发生。研究者认为，mRNA 中的 m6A 修饰可以及时根据包括缺氧、肿瘤微环境和干性等条件产生应答而调节细胞进程。胶质母细胞瘤是一种由神经胶质干细胞或祖细胞衍生而来的具有侵袭性的常见脑肿瘤。由于免疫反应对胶质母细胞瘤尤为重要，m6A 可以通过调节细胞因子应答至少部分影响胶质瘤发生和进展。

### 10.2.2.2　m6A 阅读器

RNA 修饰具有可逆性和动态性，可以调节 RNA 与蛋白质之间的相互作用，介导对环境变化的快速应答。m6A 通过招募 m6A 结合蛋白发挥作用。这些可以识别 m6A 的蛋白质主要含 YTH(YTH-B 同源)结构域蛋白和真核起始因子 3 (eIF3)。与 eIF3 相比，YTH 蛋白通过一个特征明确的 YTH 结构域识别 m6A，并且与甲基化 RNA 序列的结合效率比未甲基化序列高很多。

（1）YTH 结构域蛋白质

第一个 YTH 蛋白经酵母双杂交筛选被发现，命名为 YT521-B。在 YT521-B 同源物中，YTH 结构域是一个大约 140 个氨基酸的高度保守结构域。根据与 RNA 结合的 RNA 识别基序的相似性，推测 YTH 域为一个原始的 RNA 结合域。

YTH 结构域蛋白可分为 3 类：YTHDF 家族、YTHDC1 和 YTHDC2。YTHDC1 和 YTHDC2 不能组合成一个家族，原因在于它们在氨基酸序列、大小和整个结构域(除了 YTH 结构域)组织上存在不同。相比之下，YTH 家族有 3 个旁系同源物：YTHDF1、YTHDF2 和 YTHDF3。

YTHDF 蛋白中最先进行功能研究的是 YTHDF2。几乎所有细胞类型均高表达 YTHDF2。与非甲基化的 RNA 相比，含有 m6A 的 mRNA 半衰期更短。并且，在 YTHDF2 敲除细胞中，mRNA 半衰期增加。这一效应被认为源于 YTHDF2 和 P-body(一种胞浆复合体，是 mRNA 转录后调控过程中的一个重要场所)之间的相互作用。YTHDF2 缺失通过 MTase 复合物降低 Hela 细胞活性。MTase 作为抗增殖基因，能够被 YTHDF2 降解。斑马鱼胚胎中，母本-受精卵转变(maternal-to-zygote transition)需要 YTHDF2。斑马鱼胚胎中，YTHDF2 的缺失减少具有 m6A 修饰的母本 mRNAs 的衰变，并损害合子基因组激活。在诸如热休克等应激条件下，YTH-

DF2 可被重新定位到细胞核中，保护 m6A 修饰的 5′-UTR 转录物不被 FTO 脱甲基，并促进帽子非依赖性翻译启动。在肝细胞癌中，YTHDF2 被高表达的肿瘤抑制因子 miR-145 降解并保护含有 m6A 的 RNA。

基于 YTHDF1 敲除细胞的 mRNA 半衰期分析，与 YTFDF2 相反，YTHDF1 对 mRNA 稳定性没有显著影响。YTHDF1 与包括 eIF3 在内的一些翻译因子相互作用，从而允许 YTHDF1 直接影响翻译启动。然而，YTHDF1 结合位点主要集中在终止密码子和 3′-UTR 附近。相比之下，起始因子主要募集于 5′-UTR，促进核糖体移动到启动密码子。那么，YTHDF1 如何通过与起始因子相互作用来介导翻译？YTHDF1 功能模型可能代表一种全新的翻译起始方式，在这种方式中启动因子首先被招募到终止密码子附近。YTHDF 家族蛋白的 3 个成员（YTHDF1、YTHDF2 和 YTHDF3）在 mRNA 中具有几乎相同的 m6A 结合位点，与这 3 种蛋白具有序列高度一致的 YTH 结构域的现象相吻合。这 3 种 YTHDF 蛋白不仅可以调节 mRNA 起始，而且可以调节 mRNA 降解，从而进一步影响蛋白表达。

（2）eIF3 与翻译起始

eIF3 是一个 43S 转录起始前复合物（pre-initiation complex，PIC）。当前，许多研究证实 m6A 通过 eIF3 实施翻译促进功能。在这些研究中，模板 RNA 与纯化的翻译起始因子结合，在起始密码子处诱导核糖体结合并形成翻译起始前复合物，这可以通过基于逆转录的方法来测定。eIF3 作为 m6A 阅读器的主要证据：与非甲基化 RNA 相比，eIF3 与含 m6A 的 RNA 的交联显著增加，并且 eIF3 优先结合 GM6AC 核苷酸。eIF3 结合位点主要定位于 mRNA 的 5′-UTR，可增强翻译起始。这些研究揭示，在促进翻译起始方面 m6A 发挥全新功能，有别于典型的 eIF4E 依赖性或非依赖性翻译起始。由于应激和疾病状态均可以抑制 eIF4E 的活性，m6A 可能是实现选择性翻译和疾病特异性翻译的一种潜在机制。eIF3 与两种 m6A 诱导翻译方式有关：第一种，与 m6A 直接结合，并将 eIF3 募集到 5′-UTR；第二种，靠近终止密码子的 m6A 残基与 YTHDF1 结合，然后将 eIF3 输送到 5′-UTR。

（3）YTHDC1 与 YTHDC2

在识别能与含有 m6A 的 mRNA 相互作用之前，YTHDC1 主要被定义为一种富集于细胞核的剪接调节因子。YTHDC1 介导内源性转录物中不同类型的选择性剪接，这种调节需要 YTH 结构域。鉴于 YTH 结构域是 m6A 结合元件，因此，许多研究都致力于揭示 YTHDC1 在 m6A 介导剪接中的功能。YTHDC1 缺失损伤 mRNA 剪接过程。并且，这种损伤只有含有 YTH 结构域的 YTHDC1 蛋白才能补救。因此，YTHDF1 至少在一定程度上调节 m6A 介导的剪接。直到现在，对于 YTHDC2 功能尚知之甚少。起初，主要认为 YTHDC2 是一种细胞因子，为丙型肝炎病毒基因组复制过程中所必需的。最新研究发现，YTHDC2 通过其螺旋酶功能增加

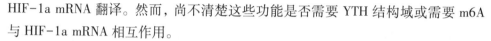

HIF-1a mRNA 翻译。然而，尚不清楚这些功能是否需要 YTH 结构域或需要 m6A 与 HIF-1a mRNA 相互作用。

（4）其他蛋白

除了含有 YTH 结构域的蛋白质外，最近研究发现其他一些核蛋白为 m6A 结合蛋白，比如 hnRNP 与 IGF2。hnRNP 将前体 mRNA 稳定成束，介导 mRNA 加工处理和分类，同时作为核 m6A 阅读器。例如，核 hnRNP 蛋白家族成员 hnRN-PA2B1，DGCR8 共同作用，参与将经修饰原始 miRNAs 亚群加工成前体 miRNAs 的过程。hnRNPA2B1 募集 DGCR8 蛋白复合物进入携带 m6A 甲基化的原始 miR-NA 的阶环结构域，保护 miRNA 免受核糖核酸酶降解。尽管 hnRNPA2B1 中的 RNA 结合位点包含 m6A 共有基序，但尚不清楚 hnRNPA2B1 是直接还是间接结合 m6A，需要更多结构学和生物化学数据来证实。IGF2BP 由 2 个 RNA 识别基序域和 4 个 K 同源（KH）域组成，作为 m6A 阅读器的一个新家族，保护携带 m6A 修饰的 mRNA 不被降解。研究发现，IGF2BP 可以通过 KH 域直接结合 m6A-RNA，以一种全新的 m6A 依赖模式而非依靠原始序列。IGF2BP 抑制携带 m6A 修饰的 mR-NA 降解、增加稳定性并促进翻译，从而全面影响靶基因表达。

### 10.2.2.3 m6A 书写器——腺苷甲基转移酶

多因子甲基转移酶复合物（multi-factor methyltransferase complex）能够调节 m6A 甲基化。其包括两个核心成员 METTL3 和 METTL14，以及包括 WTAP、REM15 和 KIAA1429 在内的一些辅助衔接蛋白。METTL3/METTL14 复合物优先结合 RNA 底物中的 G（G/A）ACU 基序，而对 mRNA 二级结构的选择性较低。

（1）METTL3

关于 m6A 甲基化的早期研究结果已经表明，全长 METTL3 才能行使功能，而对于 METTL14 复合物的催化活性来说只有 MTase 结构域是必不可少的。METTL3 是 SAM 依赖性甲基转移酶大家族的成员之一，在哺乳动物中高度保守。METTL3 遗传缺失导致 m6A 甲基化完全丢失或接近完全丢失。因此，METTL3 在多腺苷酸 mRNA 中起着核心 m6A 催化作用。改变 METTL3 表达水平影响癌细胞生物学的各个方面，包括细胞增殖、生存能力、干细胞维持、转化、翻译和 mRNA 稳定性。

大多数 m6A 位点在正常组织和肿瘤组织之间具有保守性。即便是在不同刺激条件下，这种保守性依然存在。另外，一些 m6A 位点也可以通过特定刺激介导。当 m6A 位点不同时，mRNA 的剪接模式可能发生改变，从而影响基因表达。在人牙髓细胞中，经 LPS 处理后，m6A 总含量和 METTL3 表达上调，而抑制 MET-TL3 减少炎症细胞因子（包括 IL-6 和 IL-8）聚集。在 HepG2 细胞中，METTL3 沉默下调 MDM4 表达，调节 p53 信号通路并诱导细胞凋亡。在肺细胞中，METTL3 作为一种癌基因可增加包括 EGFR、TAZ 和 DNMT3A 等关键增殖调节因子的翻译效率。METTL3 对紫外线诱导 DNA 损伤后的细胞存活是必不可少的。METTL3 缺失会破坏环丁烷嘧啶二聚体去除，影响实时翻译重启，诱导细胞死亡，并降低克隆形成能力。METTL3 敲除的 U2OS 骨肉瘤细胞经紫外线处理后，其细胞死亡可通过增加具有甲基化催化能力的 METTL3 表达来补救，而非缺失催化域的 MET-TL3。DNA 聚合酶 κ（polκ）定位于与 m6A RNA 一致的损伤部位。polκ 过表达克服去除与 METTL3 缺失相关的环丁烷嘧啶二聚体的缺陷，这意味着 polκ 可能是 METTL3 在 DNA 损伤修复中的核心作用因子。m6A 修饰可以调节干细胞命运转换（fate transition），而 METTL3 在这一过程中发挥巨大的作用。与分化胶质瘤细胞相比，胶质母细胞瘤干细胞（GSC）中，m6A 水平由 METTL3 引起表达上调。SOX2 mRNA 在其 3′-UTR 中可以被 METTL3 以 HuR 依赖性方式甲基化，从而促进其稳定与 GSC 干性维持。

（2）METTL14

尽管 METTL14 的甲基转移酶结构域与 METTL3 具有几乎相同的拓扑构象和大约 22% 的序列相似性，但一些研究表明，METTL14 是 METTL3/METTL14 复合物中的一个伪甲基转移酶。首先，从复合物晶体结构来看，腺嘌呤部分插入的疏水袋在 METTL3 中。其次，METTL14 中的 EPPL 基序是与 METTL3 催化域相对的保守序列。突变研究显示，EPPL 基序对配体结合和酶活性没有作用。然而，METTL14 确实在肿瘤发生中起着重要的作用。在子宫内膜癌中，METTL14 的 RNA 结合域中存在 R298P 突变，从而导致甲基转移酶活性下降。究其原因，可能部分是由于 RNA 结合不充分。此外，抑制 METTL14 降低转录物中 40% m6A 水平。在 Hela 细胞中，与 METTL3 相比，METTL14 呈现 56% 的常见结合位点，表明它们可能具有不同受体，并介导 mRNA 功能的不同方面。在肝细胞癌（HCC）组织中，由于 METTL14 表达显著降低，m6A 丰度低于癌旁组织或正常肝组织。MET-TL14 表达与肝癌患者的生存率成负相关。虽然 METTL3 是关键催化亚单位，但如果不与 METTL14 形成复合物，那么 METTL3 的催化能力则可以忽略不计。因此，METTL14 不仅起到支持 METTL3 催化活性的结构作用，而且还具有其他需要进一步研究的功能。

（3）WTAP 和其他调控因子

WTAP（Wilms' tumor 1-associating protein）是人们识别的第二个 m6A 甲基化复合物，是甲基转移酶的结合对象并对 RNA 甲基化具有重要意义。研究已经证实，在一系列哺乳动物细胞中均存在 WTAP-METTL3 相互作用。WTAP 主要功能是将 METTL3/METTL14 复合物定位到核斑点（nuclear speck）。WTAP 缺失诱导核斑点甲基化复合体的明显错位，并降低人类细胞中的整体 m6A 水平，表明 WTAP 对生成特定 mRNA 甲基化模式的重要性。在斑马鱼中，WTAP 同系物的遗传缺失导致细胞死亡，并损害组织分化。WTAP 同系物 FIP37（FKBP12-interaction protein）可通过 m6A 修饰介导茎干细胞命运。然而，WTAP 对体外甲基化酶活性和 METTL3/METTL14 复合体的 RNA 底物改变没有影响。此外，越来越多的研究结果表明，KIAA1429 等其他效应因子参与 m6A 甲基化，进一步揭示 m6A 书写器复合物的调控机制将丰富 RNA 表观遗传学研究。

### 10.2.2.4　m6A 擦除器——腺苷甲基转移酶

m6A 研究的一个根本突破是识别两种不同 m6A 去甲基化酶：FTO（fat mass and obesity-associated protein）和 ALKBH5（ALKB homologue 5）。目前，只有 FTO 和 ALKBH5 两种已知 m6A 去甲基酶，它们属于铁（Ⅱ）/α-酮戊二酸（α-KG）依赖性双加氧酶 ALKB 家族。

（1）FTO

FTO 是人们发现的第一种与 m6A 去甲基化有关的酶，这一发现进一步支持 m6A 甲基化是可逆修饰这个概念。晶体结构揭示，FTO 的 C 端结构域含有一个新型折叠，这与 ALKB 家族的其他蛋白质不同。FTO 的 C 端区域可通过蛋白质-蛋白质或蛋白质-RNA 相互作用进行底物选择。FTO 遗传缺失显著增加 m6A 峰值，并且 FTO 紊乱与肥胖、脑畸形、增殖受损和肿瘤发展直接相关。

MLL 重排白血病（MLL-rearranged AML）中 FTO 水平增加，导致整体 m6A 修饰加速去除，从而引起关键分化标记物，如 ASB2（Ankyrin repeat and SOCS box-containing 2）和 RARA（retinoic acid receptor a）表达降低。ASB2 和 RARA 在正常造血过程中增加，并且在所有反式维甲酸（ATRA）诱导的白血病细胞分化中起着核心作用。因此，FTO 诱导 ASB2 和 RARA 表达降低，增加白血病癌基因调控的细胞转化、白血病发生和减缓 ATRA 诱导的细胞分化。FTO 敲除导致 MLL 重排白血病细胞生长迟缓和凋亡增加。值得注意的是，代谢物 D-2-羟基戊二酸（D2-HG）是一种 FTO 竞争性抑制剂，在异柠檬酸脱氢酶 1 或 2（IDH1/2）突变肿瘤中异常积累。在体外，FTO 缺失提高含有野生型 IDH2 而非突变型 IDH2 的 HEK293T 细胞 m6A 水平。AML 细胞也获得了类似的结果，即 FTO 的下调只增加 IDH1/2-wt AML 中 m6A 的水平，而不是 IDH1/2 突变型 AML。因此，IDH1/2 突变通过产生更多 D2-HG 来提高 m6A 水平，从而竞争性地抑制 RNA 脱甲基酶 FTO 功能。此外，FTO 可能在乳腺癌发生中起着重要作用。乳腺癌进展和侵袭能力与 FTO 高表达有直接关联，尤其是在 HER$^{2+}$乳腺癌中。人类宫颈鳞癌（CSCC）组织中 FTO 表达同样升高。CSCC 组织通过降低 β-catenin mRNA 转录中 m6A 甲基化，进而增加 ERCC1（excision repair cross-complementation group 1）活性，从而导致化疗和放疗抗性。

（2）ALKBH5

ALKBH5 具有 m6A 去甲基酶活性，直接从 m6A 甲基化腺苷中去除甲基而不是氧化脱甲基。ALKBH5 位于细胞核内，其去甲基能力在 mRNA 输出核代谢中发挥关键作用。沉默 ALKBH5 增加 mRNA 的 m6A 水平。ALKBH5 不仅可以去除 mRNA 中的 m6A 甲基化，还可以去除 ncRNA 中的 m6A 甲基化。ALKBH5 以 m6A 修饰依赖性模式具有多种生物学功能。

胶质母细胞瘤是一种致命的原发性脑肿瘤，确诊后胶质母细胞瘤患者的中位生存时间小于 15 个月。胶质母细胞瘤干细胞（GSC）是肿瘤复发的主要原因，产生治疗抗性，并促进肿瘤生长。研究发现，ALKBH5 在 GSC 表达上调，可作为胶质母细胞瘤患者的负预后因子，预示着不良预后。ALKBH5 基因缺失损害 GSC 自我更新能力，抑制 GSC 增殖和肿瘤发生。这种情况可被野生型 ALKBH5 补救，而非催化失活突变型 ALKBH5。FOXM1（fork head box M1）是 ALKBH5 介导 GSC 生长的直接底物。ALKBH5 主要通过其去甲基活性影响 FOXM1 表达。ALKBH5 过表达引起 HUR 与 FOXM1 前体 mRNA（pre-mRNA）结合增加。同时，由于 m6A 水平降低，导致 FOXM1 pre-mRNA 稳定性增强。FOXM1-AS 是核 lncRNA，促进 ALKBH5 和 FOXM1 新生转录物之间的相互作用，从而导致 FOXM1 pre-mRNA 去甲基和稳定性增加。与 ALKBH5 缺失相类似，FOXM1-AS 沉默抑制 GSC 生长。FOXM1-AS 和 ALKBH5 缺失可以缓解 FOXM1 过表达对 GSC 肿瘤生长的抑制作用，进一步证实 FOXM1 在 GSC 肿瘤发生中的关键作用。FOXM1 属于 Fox（Forkhead box）转录因子家族，在胚胎组织中广泛表达。FOXM1 作为一种关键的细胞周期调控因子，参与了干细胞的自我更新和增殖。FOXM1 与人类胶质瘤组织中的肿瘤分级直接相关，与患者生存情况成负相关。此外，FOXM1 可通过增强与 STAT3 基因启动子结合的 β-catenin/TCF4 来调节生长因子和细胞因子诱导的 STAT3 活化，以维持 GSC 干性，增加 GSC 生长并降低其化学敏感性。

在 ALKBH5$^{-/-}$ 小鼠睾丸中，ALKBH5 缺陷引起 m6A 增加，从而导致精子发生和凋亡异常。低氧是肿瘤微环境的一个重要特征。在乳腺癌细胞中，低氧通过 ALKBH5 诱导 m6A 去甲基化，并稳定 NANOG mRNA，从而增强乳腺癌干细胞干性。ALKBH5 在先天免疫中同样发挥重要作用。一旦发生病毒感染，DDX46 可通过 DEAD 结构域募集 ALKBH5，从而消除靶向转录物 m6A 甲基化。m6A 修饰可抑制 I 型干扰素和抗病毒先天免疫应答的转换。

### 10.2.2.5 小结

RNA 甲基化由 m6A 阅读器、书写器和擦除器进行调节。RNA 甲基化是可逆的，影响转录起始、剪接、mRNA 稳定性和翻译，介导癌细胞的基本生物学特性。尽管人们已经认识 RNA 修饰数十年，但表观转录修饰在分子调控中被广泛低估，人们刚刚开始了解 mRNA 甲基化的意义和调节的程度与复杂性。RNA 修饰是基因表达调控的一个重要层次，有别于 mRNA 丰度调控。尽管我们在解析 m6A 功能和调控机制方面已经取得巨大进展，但要获得 m6A 全景图谱及如何精确调节基因表达的机制，还需要进行诸多努力。通过不断改进 m6A 检测方法，识别更多阅读器、书写器和擦除器，以及发现 m6A 更多的潜在功能，将扩大人们对 m6A 生物学特性及其对人类健康和疾病贡献的认识。

# 11 基因组编辑

基因组编辑是可以在基因组中的所需位点引入 DNA 双链断裂的一项技术。DNA 断裂因其激活细胞的天然 DNA 修复机制而具有重要意义。人们可以利用 DNA 断裂来显著提高靶基因引入基因组的效率。基因组编辑使得开发疾病的动物模型变得容易得多，进而使针对患者的临床应用成为可能。

细胞主要有两种方法修复 DNA 断裂。第一种方法是非同源末端连接（NHEJ）：DNA 断裂的游离末端简单地重新连接。该方法代表了所有细胞在任何时候都在运行的默认修复通路。然而，NHEJ 是一个容易出错的过程，可导致 DNA 碱基对的半取代或缺失（图 11-1）。因此，NHEJ 可以将移码突变引入靶基

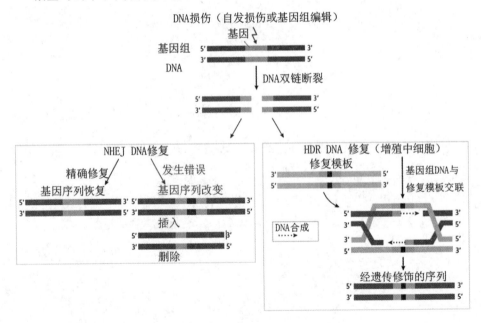

图 11-1 NHEJ 和 HDR 修复机制

因，从而破坏（如敲除）基因。或者，在同一条染色体上引入两个 DNA 断裂常常会导致 DNA 断裂之间的所有 DNA 碱基对的缺失。这个过程可以用来删除一个基因的一部分、一个完整的基因或染色体的一部分。

细胞修复 DNA 断裂的第二种方法是同源重组修复(HDR)。这种修复仅在增殖细胞中出现。同源重组修复需要单独的修复模板,其具有与 DNA 断裂位点周围序列匹配的序列。如果将一个定制的含有所需突变 DNA 的匹配序列修复模板引入到细胞中,HDR 可以使用定制模板将突变稳定地复制到基因组中(图 11-1)。与 NHEJ 相比,同源重组修复有 3 个缺点。首先,HDR 要求将额外的定制模板转移到目标细胞中,而 NHEJ 则不需要。其次,体内 HDR 在增殖细胞中的发生频率通常低于 NHEJ。尽管在体外培养的细胞中观察到这种模式有例外,以及体外实验已经证实存在抑制 NHEJ 和偏好 HDR 的化学物质。最后,HDR 在非增殖细胞中不会发生,如出生后的心肌细胞和神经元。实践证明,破坏或删除基因比将特定的所需突变精确地引入基因容易得多。

基因组编辑工具有一个共同特征:每个工具都可以被设计,以在基因组中所需位点引入 DNA 断裂。无论使用何种工具,一旦 DNA 断裂,细胞将运行如上所述的修复机制。在过去的十多年时间里,许多不同的基因组编辑工具已经广泛使用,包括锌指核酸酶(zinc-finger nucleases)、巨型核酸酶(meganucleases)和转录激活因子样效应核酸酶(TALENs)。每种工具都有其优点和缺点。最近的进展是 CRISPR-Cas9 系统,该系统在 2013 年初首次受到普遍关注,并因为其易用性和相较于其他工具的有效性,而在生物医学界引起了极大关注。

# 11.1　主要概念

### 11.1.1　同源重组

同源重组(homologous recombination)是指发生在非姐妹染色单体(sister chromatin)之间或同一染色体上含有同源序列的 DNA 分子之间或分子之内的重新组合。

### 11.1.2　基因敲除

基因敲除(gene knockout),是指采用分子生物学技术,去除一个结构已知的基因或者一段序列。

### 11.1.3　锌指核酸酶

锌指核酸酶(zinc finger nuclease, ZFN)由锌指蛋白(zinc finger protein, ZFP)结构域和 Fok Ⅰ核酸内切酶的切割结构域人工融合而成,是近年来发展起来的一种可用于基因组定点改造的分子工具。ZFN 可识别并结合特定的 DNA 序列,并通过切割这一序列的特定位点造成 DNA 的双链断裂(double-strand break, DSB)。在此基础上,人们可以对基因组的特定位点进行各种遗传操作,包括基因打靶、基因定点插入、基因修复等,从而能够方便、快捷地对基因组实现靶向遗传修饰。

### 11.1.4　转录激活因子样效应核酸酶(TALENs)

TALENs 是一种可靶向修饰特异 DNA 序列的酶,它借助于 TAL 效应子(一种由植物细菌分泌的天然蛋白)来识别特异性 DNA 碱基对。TAL 效应子可被设计识别和结合所有的目的 DNA 序列。TAL 效应子附加一个核酸酶即可生成 TALENs。TAL 效应核酸酶可与 DNA 结合并在特异位点对 DNA 链进行切割,从而导入新的遗传物质。

### 11.1.5　CRISPR-Cas9

CRISPR-Cas9 是一种自适应免疫系统,这种免疫系统存在于细菌物种中,被细菌用来抵御外来 DNA 分子。目前用于哺乳动物细胞基因组编辑的简化 CRISPR-Cas9 系统有两个组成部分:蛋白质和 RNA。RNA 组分是长度约为 100 个核苷酸的引导 RNA。Cas9 蛋白与引导 RNA 的最后约 80 个核苷酸结合。Cas9 还可以在某些位置与双链 DNA 相互作用,将 2 个 DNA 链分开,之后如果 DNA 链具有匹配的互补序列,则引导 RNA 的前 20 个核苷酸可自由结合 1 个单链 DNA 链。至此形成蛋白质、RNA 和 DNA 的三元复合物,引导 RNA 的前 20 个核苷酸负责将复合物定位到基因组特定位点。通过改变这 20 个核苷酸的序列,可以重新引导 CRISPR-Cas9 以结合基因组中的不同位点。一旦复合物形成,Cas9 就会产生 DNA 断裂。不同的细菌种类具有不同版本的 CRISPR-Cas9 系统,最常用的版本来自化脓性链球菌(streptococcus pyogenes)。

## 11.2　模块学习:CRISPR-Cas9 技术

1987 年,人们首次在大肠杆菌中鉴定出 CRISPR。研究人员发现 IAP 的 3′端存在含有 29 个碱基的高度同源序列重复性出现,且这些重复序列被含 32 个碱基的序列间隔开。2007 年,研究证实 CRISPR 参与原核生物的适应性防御。随后的研究表明,CRISPR 与 Cas9 内切核酸酶以复合物形式发挥作用,编码 Cas9 蛋白的基因位于 CRISPR 基因座附近。Cas9 在靶 DNA 或 RNA 序列中产生缺口。细菌和古细菌通过 CRISPR-Cas9 保护它们的基因组免受噬菌体核酸和整合质粒的攻击。

CRISPR-Cas9 在免疫系统协助下，靶向大量入侵的核酸和蛋白质，包括 DNA 和 RNA。

入侵的外源 DNA 被 Cas 核酸酶分解，然后将其一部分置于两个重复序列之间的 CRISPR 位点，即 spacer。spacer 序列用作产生短 CRISPR RNA（crRNA）的模板，并与反式激活 crRNA（transactivating crRNA，tracrRNA）分子形成复合物（图 11-2）。

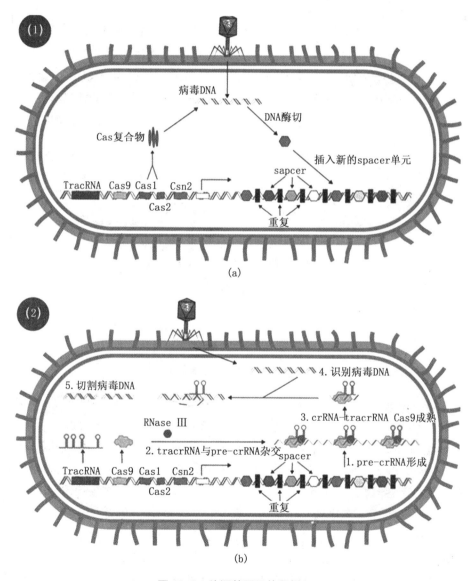

图 11-2 外源基因组片段插入

这两个序列共同作为引导序列将 Cas9 蛋白导向侵入性 DNA。当 Cas9 蛋白与侵入性 DNA 结合时,该蛋白质分别通过 NHN 和 RuvC1-Like 的核酸酶结构域切割与 crRNA 序列互补的外源 DNA 链及相对序列。

CRISPR-Cas9 系统可以根据其亚基的功能分为两大类。第一类 CRISPR-Cas9 系统由多亚基效应 RNA 复合物组成(Ⅰ型、Ⅲ型和Ⅳ型)。第二类 CRISPR-Cas9 系统由单亚基 RNA 效应子组成(Ⅱ型和Ⅴ型)。

### 11.2.1 CRISPR-Cas9 概述

CRISPR-Cas9 技术靶向的基因组编辑系统具有两个组件:核酸内切酶和具有短序列的引导 RNA(guide RNA)。靶向核酸内切酶是源自化脓性链球菌(streptococcus pyogenes)的细菌 Cas9 酶。Cas9 核酸酶具有两个 DNA 切割结构域:HNH 核酸酶结构域和 RuvC1-Like 核酸酶结构域,产生平末端 DNA DSB(图 11-3)。

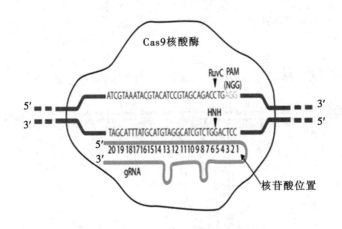

图 11-3　Cas9 核酸酶

该系统中的引导 RNA(gRNA)是指工程化的嵌合单链 RNA,其具有 tracrRNA 和细菌 crRNA 作用。研究人员针对切割和编辑所需的基因序列设计与 gRNA(homing device)相关的 20bp 5′-末端核苷酸。该 24 nt 序列通过 RNA-DNA 结合将 Cas9-gRNA 复合物引导至原始间隔区相邻基序(protospacer adjacent motif, PAM)位点上游的靶基因位置。PAM 序列在不同的细菌菌株和各种 CRISPR-Cas 蛋白之间存在差异,该序列在化脓性链球菌中是 5′-NGG。因此,化脓性链球菌中的 CRISPR-Cas 系统针对具有 5′-N20-NGG 的每个 DNA 序列并且能够产生平末端 DNA DSB。PAM 检测的序列依产生 Cas9 核酸酶的细菌菌株而不同。化脓性链球菌中的 Cas9 核酸酶是Ⅱ型系统,最常用于基因组编辑系统。需要指出的是,其他的 Cas9 酶用于检测另外的 PAM 序列(图 11-4)。

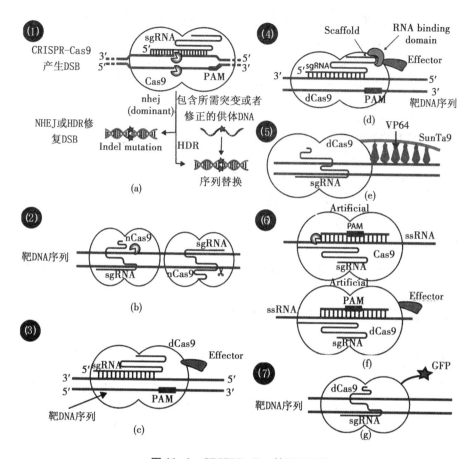

图 11-4　CRISPR-Cas 基因组编辑

DNA DSB 修复通过两种机制发生，即非同源末端连接（NHEJ）和同源重组修复（HDR）途径。这两种机制存在于所有类型的生物体中。

CRISPR-Cas9 成功进行基因组编辑依赖于 gRNA 和 PAM 序列，只有紧跟 PAM 序列之后的目标序列才是基因组编辑的序列。

## 11.2.2　基因表达调控

改变基因表达水平的方法有多种，如表观遗传变化和转录因子调节等。如何将这些因子特异性地驱动到基因上是使用转录因子改变基因表达的主要挑战之一。CRISPR 系统可以专门针对基因组中的一个特定位点，这使得研究人员能够将转录因子定向到特定的基因，从而改变该基因的表达。这些方法都基于一个普遍原则，即基因表达修饰剂与 Cas9 被动蛋白之间的联系。因为我们倾向于只改变基因的表达方式，所以，我们使 Cas9 蛋白进行突变，使核酸酶域失活，这就是 dCas9（dead Cas9，dCas9）。因此，死亡的 Cas9 无法切割 DNA。

使用 dCas9 下调基因表达首次在大肠杆菌获得成功。关闭该基因最简单的方法之一是选择 gRNA，使 dCas9 位于转录起始位点的下游，从而阻止 RNA 聚合酶的转录延长步骤。这种导致基因表达抑制的 CRISPR 系统称为 CRISPR 干扰。使用 dCas9 能够降低 HEK293T 细胞系中增强型绿色荧光蛋白（EGFP）基因表达。dCas9 与基因表达抑制子联合使用可提高系统效率，进一步降低基因表达。因此，利用 Krüptel-associated box（或通过结合 mSin3 的 4 个区域并形成 SID4X）等转录抑制子的作用域，将转铁蛋白受体 CD71、C-X-C 趋化因子受体 4（C-X-C chemo-kine receptor type 4，CXCR4）和肿瘤蛋白 53（tumor protein 53，TP53）表达降低 80% 以上。结合这些转录抑制剂的方法是，通过 Cas9 蛋白工程将这些药物连接到蛋白 C-末端。另一种进一步降低基因表达的方法是，除了蛋白 C-末端外，还在蛋白 N-末端上附着转录抑制子。

在大肠杆菌中提高基因表达的一个简单方法是，RNA 聚合酶的 ω 亚基与 dCas9 蛋白质结合，使全酶组合到目标启动子上。哺乳动物细胞中的基因表达可以通过使用 VP64-激活剂（4 种 VP16 蛋白结合形成的复合物）和其他转录激活子来增加。为了进一步提高表达水平，激活子同时附着在蛋白的 N-和 C-末端。通过一种复杂而高效的方式，将 10 个多肽作为表位，然后去除这些表位特异性抗体的 scFV 结构域，并赋予它们 VP64 或其他激活子。因此，十肽复合物被连接到 dCas9 蛋白的 C-末端，称为 SunTag 阵列。在激活转录的另一种方法中，工程化的 gRNA 由 dCas9 蛋白替代，然后被称为适体的 RNA 分子结合到这个蛋白而代替一些环结构。这种方法使用 MS2 适体，与这种 RNA 结合的蛋白质称为 MS2 外壳蛋白。在使用该方法的工程中，MS2 外壳蛋白与转录激活因子或非激活因子连接。

### 11.2.3　CRISPR 基因组编辑的机制及优势

CRISPR-Cas9 特别易于使用。无论哪种 DNA 序列被靶向，Cas9 蛋白都保持不变。这一过程有别于其他基因组编辑工具（例如锌指核酸酶和 TALENs），它们必须为每个新的靶标 DNA 序列创建新的蛋白质序列。这项繁重的工作可能需要数周到数月的时间。为了改变 CRISPR-Cas9 的特异性，人们只需改变 gRNA 的前 20 个核苷酸，而这只需要一天的实验室工作量。此外，CRISPR-Cas9 可以很容易地用于产生上面描述的任何一种基因组更改：基因破坏、碱基对引入或 DNA 序列插入。当同时使用 2 个 gRNA 实现 2 个 DNA 断裂，Cas9 可以从染色体中删除一部分 DNA。

除了它的易用性，CRISPR-Cas9 的另一个特点是它的高效率，从而使其成为一项革命性的技术。在最初报道 CRISPR-Cas9 被用于哺乳动物细胞后不久，对人类细胞基因组中不同位点的 CRISPR-Cas9 和 TALENs 编辑进行了全方位比较。结果发现，在所有测量指标中 CRISPR-Cas9 都表现出比 TALENs 更好的效果。CRISPR-Cas9 也被证明在靶向基因方面非常有效——无论是通过 NHEJ 进行基因破坏还是通过 HDR 进行突变的插入/校正——当注射到各种动物的单细胞胚胎（受精卵）中时，其靶向效果超过锌指核酸酶和 TALENs。并且，CRISPR-Cas9 被证明在体内某些类型的组织中非常有效，例如肝脏。

### 11.2.4 CRISPR-Cas9 基因编辑技术的风险和限制

虽然 CRISPR-Cas9 的高效率是其核心优势之一，但它也存在潜在的缺点。用于靶基因组切割的工具存在固有的危险，因为它还可能切割基因组的其他位点而引起脱靶突变。一般而言，脱靶突变被认为最有可能发生在基因组中与靶标位点具有序列相似性的位点，但人们很难准确预测它们发生的位置和频率。尽管在暴露于 CRISPR-Cas9 的任何单细胞中发生脱靶突变似乎非常罕见，但是基于 CRISPR-Cas9 的疗法可能靶向体内数十亿个细胞。原则上，只要有一个细胞发生突变，错误的基因可能导致最令人恐惧的基因组编辑并发症——癌症。然而，由于整个基因组大约有 62 亿个碱基对，基因组中某个地方的单个突变产生功能性后果的概率很低。

目前，尚缺乏关于 CRISPR-Cas9 的潜在治疗应用安全性的有意义数据。为了获得这样的数据，对体内数百万到数十亿细胞的基因组进行无偏差扫描将是最佳方法，但是这种方法目前仅限于测定试管或体外培养的细胞。因此，研究人员正在探讨在体外进行 Cas9 蛋白（例如，高保真 Cas9）或 gRNA 工程以减少脱靶效应，但是这些方法在体内是否有用仍有待确定。如果不对患者进行临床试验及多年监测，就不可能知道 CRISPR-Cas9 疗法在人体组织中的长期安全性。因此，第一代 CRISPR-Cas9 疗法很可能用于病情严重的患者，对他们来说，潜在的好处远远大于风险。

虽然关于基因组编辑的讨论往往集中于对脱靶突变的担忧，但低效的在靶突变（on-target mutagenesis）可能同样是一个更大的问题。即使 CRISPR-Cas9 能够高效地在一个位点产生 DNA 断裂，在 HDR 位点引入特定的突变也可能是低效的。例如，具有所需改变的细胞百分比可能很低（<1%）。在某种程度上，这种低效率是由于 HDR 的固有限制所导致。即使是 HDR 活跃的增殖细胞，也很难保证细胞只使用 HDR 来修复 DNA 断裂；由于 NHEJ 在所有细胞中在任何时候都是活跃的，因此，可能有更多的细胞在 NHEJ 介导下破坏靶基因，而不是细胞所期望的精确改变。如果试图在一个人体内纠正致病突变，那么，这一结果可能会带来很大的问题。

### 11.2.5 药物研发中的 CRISPR

药物发现和开发是一个漫长而复杂的过程，需要识别新药并将其推向市场。这一过程通常始于一种假设，即扰乱特定的生物靶点将产生有益的影响，从而改变疾病的进程。这些靶点必须在生理学相关的临床前动物模型中验证，其药理调节可能产生预期的治疗效果。

在肿瘤学领域，药物发现致力于识别致癌基因和肿瘤抑制基因中导致肿瘤发展的基因变异分子。一些成功的例子，包括：伊马替尼(imatinib)，其靶向慢性粒细胞白血病中的 BCR-ABL1 融合；维莫非尼(vemurafenib)，针对黑色素瘤中的 BRAF V600E 突变；或奥西替尼(osimertinib)用于治疗 EGFR 突变的非小细胞肺癌。

基因组工程在药物开发项目中特别有用，它可以识别导致特定疾病的基因。然而，这通常是一个费时费力的过程。CRISPR/Cas9 系统的实施有可能加快高价值目标的识别和验证。CRISPR/Cas9 工程快速高效地生成精确的疾病模型，无论是细胞模型还是动物模型，都将对药物发现产生积极的影响。通过识别激活或抑制导致或预防疾病的靶分子，是功能药物筛选的快捷途径。

### 11.2.6 CRISPR/Cas9 库筛选药物靶点

通常利用高通量遗传筛选平台进行未知基因鉴定和功能测定。诱变筛选已经成功地用于发现许多基本的生物学机制和信号通路。通过这种方法，我们可以确定哪些基因对既定表型负责。然而，诱变筛选用于靶向药物发现的主要限制是产生未知随机突变的杂合突变体。克服这一限制的方法之一是使用靶向 RNA 干扰(RNAi)。高通量 RNAi 基因组文库筛选为单个基因与功能缺失表型之间的因果关系提供重要信息，但仍存在一些局限性，如低效率的敲除(部分敲除)和主要的脱靶效应。沿着这条线，CRISPR/Cas9 的使用相对于 RNAi 具有一些优势，包括完全失活(完全敲除)、高重现性，以及高靶向全基因组(包括增强子、启动子、内含子和基因间区域)能力。通过构建功能性 RNAi 平台所获得的知识，使得 CRISPR/Cas9 库在近年来得到快速发展。2013 年，首次报道这些 CRISPR 文库比 RNAi 文库更高效。

目前存在 3 种不同类型的常用全基因组 CRISPR 文库：① 基于 CRISPR 功能丧失(CRISPR 敲除)的文库，用于鉴定新的生物学机制，包括耐药性和细胞存活信号；② 基于 CRISPR 基因激活(CRISPRa)的文库，在筛选获得功能方面具有重要意义；③ 基于 CRISPR 基因抑制(CRISPRi)的文库，用于筛选缺失的功能。虽然 CRISPR 敲除文库通常使用未修饰 Cas9，但 CRISPRa 和 CRISPRi 文库利用催化失活的 Cas9(dCas9)联合调节辅助因子，如 VP64(激活)或 Krüppel associated box (KRAB)(抑制)或其他因素[包括 VP64-p65-Rta(VPR)，协同激活介质(synergistic activation mediators, SAM)或 SunTag 等]，开发以用于加速 CRISPRa 活性(图 11-5)。

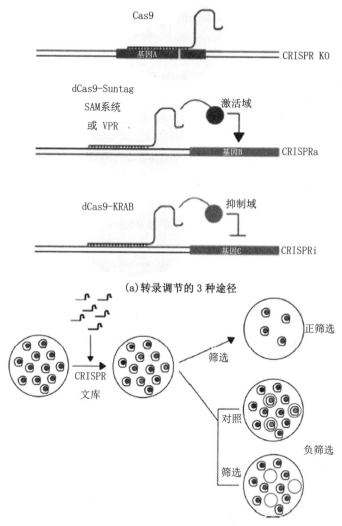

(a) 转录调节的 3 种途径

(b) 采用 CRISPR 文库进行高通量筛选

**图 11-5  CRISPR 应用于药物开发**

CRISPR 形式灵活，使其可以进行正向和反向选择筛选。正向选择筛选可以识别出允许细胞在特定条件下(比如药物治疗)存活的基因。例如，细胞可以用 CRISPR 文库处理，然后暴露在抗癌药物中。只有耐药幸存者才能被采集来分析

gRNAs 序列，这些 gRNAs 可用于识别耐药的候选基因。相反，反向选择是在特定条件下有效检测死亡或生长缓慢的细胞。这有助于识别对生存至关重要的基因，这些基因有望成为分子靶向药物的候选基因。例如，如果使用一组 gRNA 来制造一组随机突变体，那么，那些携带 gRNA 的细胞将无法存活，并且在经过几次传代后，只有携带靶向非必需基因突变的细胞才能存活。因此，通过对初始状态和存活状态细胞进行 gRNA 测序（二代测序），就有可能确定那些生存必需的候选基因。

### 11.2.7　CRISPR/Cas9 在耐药研究中的应用

CRISPR/Cas9 在药物发现中的一个重要应用是识别与耐药性相关的基因。以前，抗肿瘤药物的耐药机制是通过在细胞群体中进行整体突变来评估。随后使用药物进行测试，导致只有携带影响药效的基因突变的细胞才能存活。然而，这种方法的主要局限是会产生大量的错误。

CRISPR/Cas9 筛选特别适合于检测与耐药性相关的基因缺失。因此，对感兴趣的药物产生耐药性的细胞暴露于以各种基因为靶点的 CRISPR/Cas9 gRNA 池中，使得每个细胞仅有一个 gRNA 产生一个基因敲除。通过分析对药物暴露敏感的细胞，来鉴定赋予抗药性的基因。那些被鉴定为对药物具有抗性的基因，可以使用其他药物进行靶向，以避免出现抗药性。例如，通过 CRISPR/Cas9 技术破坏 HPRT1 基因会产生对 6-thioguannie（一种常规抗癌药物）的抗性；类似地，由 CRISPR / Cas9 技术介导的 XPO1 基因中的纯合 C528S 突变赋予细胞对 selinexor 的抗性。

### 11.2.8　肿瘤治疗中的 CRISPR

肿瘤治疗技术尽管在过去几十年取得长足进步，但仍有许多人死于癌症。我们迫切需要新颖和更为有效的治疗方法。CRISPR/Cas9 介导的基因组编辑不仅是一种强大的研究工具，而且在癌症治疗应用方面有着巨大前景。CRISPR/Cas9 系统在癌症治疗中的可能应用与内源性基因表达的调控有关。如上所述，gRNA 可以将催化失活的 dCas9 招募到特定的靶 DNA 位点，当融合到转录激活或抑制区域时，可以利用其激活或抑制特定的靶基因。另一种治疗应用可能基于 dCas9 结合到组蛋白修饰子和参与改变 DNA 甲基化的蛋白质，以执行靶向的"表观基因组编辑"。考虑到许多表观遗传因子参与多种类型的癌症，如急性淋巴白血病（acute lymphoblastic leukaemia）或尤文氏肉瘤（Ewing sarcoma）。靶向表观遗传调控机制可能是一种有效的癌症治疗手段。最后，可能直接靶向肿瘤细胞中的肿瘤标志物，从而消除导致肿瘤增殖和/或转移能力的基因改变。然而，对这种方法而言，一个挑战是要识别与癌细胞活力相关的真正驱动基因改变。另一个挑战是将CRISPR成分有效地传递到所有癌细胞中。

如上所述，癌症是一种复杂疾病，抵抗癌细胞的有效免疫涉及肿瘤、宿主和环境之间复杂的相互作用。在过去的几年中，免疫治疗已经成为一种很有前途的癌症治疗方法，通过使用合成的嵌合抗原受体(chimeric antigen receptor，CAR)疗法或以程序性死亡受体1(programmed death receptor 1，PD-1)为靶点来增强肿瘤细胞的免疫应答。肿瘤免疫治疗相对于化疗或放疗有许多优势，包括疗效好、低风险和持久活性。癌症"免疫疗法"这个术语包含了多种提高肿瘤免疫力的方法。开发新一代治疗方法对那些无法用标准化疗或放疗方案治疗的癌症具有特别意义。

溶瘤病毒正在成为癌症治疗的重要手段。这些病毒可以进行基因改造，使其对正常细胞缺乏毒性，但仍能在不引起抗病毒防御的情况下攻击和裂解癌细胞。细胞直接裂解是参与病毒诱导的破坏癌细胞存活能力的多种机制之一，通过死亡细胞释放的肿瘤抗原触发进一步的免疫刺激。在其他研究和诸多转化应用方面，CRISPR/ Cas9介导的基因组编辑在癌症治疗应用方面有着巨大的应用前景，因为它可以用来改造溶瘤病毒，以优化对肿瘤的选择性并增强免疫刺激。目前，已经存在许多用于免疫治疗的遗传修饰相关例子，包括产生具有强溶解特性的单纯疱疹病毒1型变异，通过删除ICP34.5神经毒性和ICP6(UL39)(核糖核苷酸还原酶)基因进行工程设计。另一个例子是缺失ICP6，为p16$^{INK4A}$抑癌基因失活(这是癌症中最常见的缺陷之一)细胞提供复制选择性。在DNA肿瘤病毒——腺病毒——存在的情况下，野生型E1A蛋白(encodes a protein)能够结合pRb，释放转录因子E2F，从而阻滞细胞周期。E2F释放也会触发病毒基因激活，最终导致新病毒粒子产生，溶解感染细胞，并传播新病毒。由于癌细胞通常在Rb通路中发生遗传变异，因此，从溶瘤腺病毒中删除E1A基因，以防止其在野生型细胞中复制而提高其安全性。

过继细胞治疗(adoptive cell therapy，ACT)是一种免疫治疗方法，涉及肿瘤特异性T细胞的分离和体外扩增，然后将其重新导入患者体内。目前有多种形式的ACT正在研发中，包括利用T细胞来有效识别和攻击肿瘤细胞。其中一种方法是删除T细胞中程序性细胞死亡-1受体(PD-1)基因。PD-1已被认为是关键的免疫检查点，PD-1与其配体PD-L1之间的相互作用抑制T淋巴细胞增殖、存活和效应功能(如细胞毒性和细胞因子释放)，诱导肿瘤特异性T细胞(tumor specific T cells)凋亡及肿瘤细胞抵抗细胞溶解性T淋巴细胞(cytolytic T lymphocyte)攻击。该方法基于CRISPR/ Cas9介导的T细胞体外PD-1基因缺失，并将其重新导入患者体内,基因缺失的 T 细胞将定位于肿瘤,激活免疫应答,从而有可能消灭肿瘤。免疫检查点阻断,包括基因缺失或使用抗 PD-1/PD-L1 和抗 CTLA-4 抗体,通过阻止检查点分子触发的衰竭,在治疗多种晚期实体肿瘤方面取得突破,是抗肿瘤治疗的有力工具。事实上,这种被寄予希望的方法正在进行临床试验,这些试验使用 PD-1 敲除的 T 细胞治疗淋巴瘤、胃癌、肺癌、前列腺癌、膀胱癌和肾细胞癌。

另一种激动人心的抗癌免疫疗法是在血液病和实体癌症的治疗中有着巨大前景的新一代 CAR T 细胞,这种细胞被设计成表达肿瘤靶向受体。嵌合抗原受体包括能够激活 T 细胞的细胞内嵌合信号传导结构域和识别肿瘤细胞高度特异性与强表达抗原的细胞外结合结构域,协同工作以重编程 T 细胞介导的肿瘤细胞杀伤。针对 CD19 抗原的 CAR T 细胞治疗因其在 B 细胞和 B 细胞白血病中的特异性表达而成为研究最多、最成功的治疗方法。2016 年,四川大学的研究小组首次将 CRISPR/Cas9 编辑的 T 细胞注入侵袭性肺癌患者体内失活 PD-1。近来,我国启动了两项临床试验,评估 CD19、CD20 或 CD22 CAR T 细胞免疫治疗复发或难治性白血病和淋巴瘤的可行性和安全性。

尽管 ACT 疗法在白血病和淋巴瘤的临床试验中显示出良好效果,但仍有部分患者在试验阶段因细胞因子释放综合征和神经毒性而死亡。目前,CAR T 细胞疗法仅获得 FDA 批准用于治疗儿科和青年复发及难治性 B 细胞急性淋巴细胞白血病。

### 11.2.9 结语

CRISPR-Cas9 技术首先作为一种针对病原体的细菌免疫系统被发现,但它作为一种对基因组进行靶向修饰的有效工具,引发了基础生物学研究的一场巨大革命。在系统研究哺乳动物细胞的基因功能、癌症等疾病进展过程中的基因组变异及在导致遗传疾病的基因突变的修复方面,这项技术的发展潜力是极其巨大的。因此,未来的研究重点是优化这一技术。更好地理解 Cas9 内切酶诱导 DSB 后细胞内修复系统的机制,可以改善靶向基因组修饰的点。为了使 Cas9 蛋白安全、高效地转移到细胞和组织中,以及 gRNA 正确地应用于人类基因治疗,需要开发更为有效的方法。CRISPR-Cas9 系统除了具有这些优点外,还可以快速简便地应用于临床。例如,一些研究结果表明,CRISPR-Cas9 系统可以作为一种有效的方法来制备新一代 CAR T 细胞。然而,CRISPR-Cas9 技术的安全性和有效性仍然存在争议。

围绕 CRISPR 基因编辑的巨大期望,需要与战略规划相结合,包括启用监管流程，以确保这种基于基因编辑的高级模式的成功开发。可以明确的是，这项技术在广泛应用于临床之前仍需要优化，尤其是在疗效、安全性和特异性方面。虽然仍存在一些挑战，但我们认为这种基因编辑技术的不断进步将有助于改善目前包括癌症在内的多种疾病治疗的效果。

# 12　测序技术

DNA 测序(DNA sequencing)是指分析特定 DNA 片段的碱基序列,也就是腺嘌呤(A)、胸腺嘧啶(T)、胞嘧啶(C)与鸟嘌呤的(G)排列方式。快速 DNA 测序方法的出现极大地推动生物学和医学研究。在基础生物学研究和众多应用领域,如诊断和法医生物学,DNA 序列知识已成为不可缺少的一部分。现代 DNA 测序技术有助于快速完成多种类型的基因组测序,包括人类基因组和其他许多动物、植物和微生物物种的完整 DNA 序列。从 1977 年第一代 DNA 测序技术(Sanger 法)发展至今四十多年时间,测序技术已经取得相当大的发展,从第一代到第三代乃至第四代,测序读长从长到短,再从短到长。根据发展历史、影响力、测序原理和所采用技术等,主要有以下几种:大规模平行签名测序(massively parallel signature sequencing, MPSS)、聚合酶克隆(polony sequencing)、454 焦磷酸测序(454 pyrosequencing)、Illumina(solexa) sequencing、ABI SOLiD sequencing、离子半导体测序(ion semiconductor sequencing)、DNA 纳米球测序(DNA nanoball sequencing)等。从目前市场形势看,第二代短读长测序技术在全球测序市场上仍然占有绝对的优势位置。

## 12.1　主要概念

### 12.1.1　第一代测序技术

第一代 DNA 测序技术,采用 1975 年由桑格(Sanger)和考尔森(Coulson)开创的链终止法或者 1976—1977 年由马克西姆(Maxam)和吉尔伯特(Gilbert)发明的化学法(链降解)。1977 年,桑格测定第一个基因组序列——噬菌体 X174,全长 5375 个碱基。自此,人类获得了探索生命遗传差异本质的能力,并以此为开端步入基因组学时代。研究人员在 Sanger 法的多年实践之中不断对其进行改进。在 2001 年完成的首个人类基因组图谱就是以改进了的 Sanger 法为其测序基础。Sanger 法的核心原理是:由于 ddNTP 的 2′和 3′都不含羟基,其在 DNA 的合成过程中不能形成磷酸二酯键，因此，可以用来中断 DNA 合成反应，在 4 个 DNA 合成反应体系中分别加入一定比例带有放射性同位素标记的 ddNTP（分为：ddATP，ddCTP，ddGTP 和 ddTTP），通过凝胶电泳和放射自显影后可以根据电泳带的位置确定待测分子的 DNA 序列。

需要指出的是，就在测序技术起步发展的这一时期中，除了 Sanger 法之外还出现了一些其他的测序技术，如焦磷酸测序法、连接酶测序法等。其中，焦磷酸测序法是后来 Roche 公司 454 技术所使用的测序方法，而连接酶测序法是后来 ABI 公司 SOLID 技术使用的测序方法，但它们的共同核心手段都是利用 Sanger 法中的可中断 DNA 合成反应的 dNTP。

### 12.1.2　第二代测序技术

高通量测序技术是对传统测序的一次变革，能够一次对几十万到几百万条 DNA 分子进行序列测定。在一些资料中，将第二代测序技术称为下一代测序技术（next generation sequencing）。足见第二代测序技术是划时代的技术变革。并且，高通量测序使得对一个物种的转录组和基因组进行细致全貌的分析成为可能，所以，又被称为深度测序（deep sequencing）。

第一代测序技术的主要优点是测序读长可达 1000 bp 和准确性高，但也存在测序成本高和通量低等方面的缺点。这些缺点严重影响其真正大规模应用。因而，第一代测序技术并不是最理想的测序方法。经过不断的技术开发与改进，迎来了以 Roche 公司 454 技术、Illumina 公司 Solexa 与 Hiseq 技术和 ABI 公司 Solid 技术为标记的第二代测序技术诞生。第二代测序技术大大降低测序成本，并大幅提高测序速度与准确性。比如，以前完成一个人类基因组的测序需要 3 年时间，而使用二代测序技术则仅仅需要 1 周，但在序列读长方面比起第一代测序技术则要短很多。

### 12.1.3　第三代测序技术

第三代测序技术，主要以 PacBio 公司的 SMRT 测序技术和 Oxford Nanopore Technologies 纳米孔单分子测序技术为代表。与前两代相比，第三代测序技术最大特点就是单分子测序，测序过程无须进行 PCR 扩增。

## 12.2　模块学习：RNA 二代测序

基因表达在新生转录本的转录和处理、翻译效率和细胞内定位的调节、RNA

降解速率控制等多个阶段进行调控。研究已经发现多种 RNA 降解途径和控制 RNA 降解速率的特异性调节因子。这些特异性调节因子包括短调节 RNA( siRNA 和 microRNA)和多种 RNA 结合蛋白。现在的关键问题是如何使用简便的定量方法确定每个因子对转录组的影响。早期测量 mRNA 降解的方法涉及关闭转录,并使用 Northern 印迹、斑点印迹或放射性标记 RNA 等方法随时间推移测量 RNA 丰度。然而,考虑到转录关闭对细胞潜在的生物学影响,人们开发了多种方法来对 RNA 进行代谢标记,以减少对 RNA 衰变测量的干扰。通过将化学修饰的核碱基掺入核糖核苷三磷酸( NTPs)细胞库中,可以在不破坏基因表达的情况下标记 RNA,从而将对生物学进程的潜在干扰降到最低。此外,代谢标记的无差别本质,结合基于标签的纯化方法和现代 RNA 测序技术,使得在单一实验中测定全转录组的转录效率和 RNA 衰变成为可能。在这里,我们主要回顾使用代谢标记定量测量活细胞中 RNA 降解的方法的历史过程和最新进展。图 12-1(a)为 4-硫尿嘧啶变体及其进入核苷酸代谢的途径;一旦形成核苷酸单磷酸,所得化合物即易于掺入细胞 RNA 中。图 12-1(b)为 5-溴尿苷结构,其可通过图 12-1(a)右侧的尿苷激酶途径同化。图 12-1(c)为 5-乙炔基尿嘧啶核苷的结构,通常以尿苷激酶活性形式掺入细胞核苷酸库中。

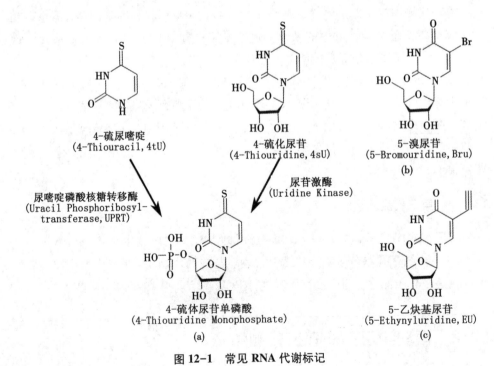

图 12-1　常见 RNA 代谢标记

#### 12.2.1 代谢标签

代谢标签的使用是大多数基于现代测序技术测定 RNA 降解的基础,将核苷酸类似物掺入 RNA,被标记的 RNA 即可从细胞 RNA 库中得以分离或鉴定。下面主要阐述现代实验中几种常用代谢标签的发展过程及其特点。

##### 12.2.1.1 含硫醇的尿嘧啶类似物

多种经修饰的尿嘧啶标记物已被用于测定 mRNA 降解与合成。对这些标记物的最基本要求包括:具有细胞透性,易于掺入 RNA,细胞生理干扰极低,以及易被纯化或特异性检测。满足这些条件的几种常用代谢标记如图 12-1 所示。最广泛使用的标记物是核苷(4sU)或核碱基(4tU)形式的 4-硫尿苷[图 12-1(a)]。4tU 和 4sU 都很容易被酵母、古细菌和高等真核生物(包括人类细胞)摄取。与其他硫醇修饰的核苷酸相比,4sU 以高达 100 mol/L 的浓度掺入细胞培养物中,对 RNA 的合成及蛋白质降解速率没有明显影响,表明这种标记的掺入对转录和翻译的干扰极小。相比之下,6-硫鸟嘌呤(6sG)及相关化合物虽然也被用作 RNA 的代谢标记,但已证明 6sG 会干扰转录和翻译,因此,对于需要长期标记的 RNA 稳定性实验来说,6sG 的实用性较低。在酵母中,尽管长期培养(48 小时)时 4sU 的存在与细胞活力的降低有关,但对于短期标记(10 小时)4tU 来说,浓度为 4 mmol/L 时没有对细胞生长产生明显影响。体外翻译测定表明,含有 4sU 的 mRNA 可以降低核糖体延伸的持续合成能力并增加下游起始率。对于表达具有功能活性的尿嘧啶磷酸核糖基转移酶(UPRT)的生物而言,如酿酒酵母(S.cerevisiae)和大肠杆菌(E.coli),4-tU 可以代替 4-sU,而当细胞需要 4-sU 时也可以主动快速生成 4sU。而对于小鼠和人类细胞而言,4tU 难以掺入细胞 RNA 中,并且需要外源共表达 UPRT 辅助 4tU 掺入新生 RNA 中。经充分研究的刚地弓形虫(Toxoplasma gondii)UPRT 联合 4tU 已被用于包括人包皮成纤维细胞在内的多种细胞的 RNA 表达标记。与 4tU 联合标记需要 UPRT 活性的缺点促进了"TU 标记(TU-tagging)"的发展。"TU 标记"能够在混合细胞群中仅对一种细胞类型的 mRNA 进行选择性标记。通过仅在感兴趣的细胞类型中表达 UPRT,可以确定来自该细胞类型的 mRNA 特征和降解速率。此外,对于已经具有强大的内源性 UPRT 活性的生物体而言,4tU 比 4sU 更为经济。无论采用何种形式,掺入 RNA 的 4sU 在暴露于 365 nm 紫外光时都易与 RNA、蛋白质交联,此特征可用于分析 RNA-蛋白质相互作用,但在 mRNA 降解分析中应尽量避免紫外光照射。

##### 12.2.1.2 含卤素的尿嘧啶类似物

20 世纪 50 年代,5-溴脱氧尿苷(BrdU)首次应用于掺入细胞 DNA。随后,抗

BrdU 抗体的发展使活细胞 DNA 实现可视化。一些 BrdU 抗体与 5-溴尿苷(BrU)有交叉反应,因此,可以采用抗 BrdU 抗体选择性纯化 BrU 标记的 RNA。与 4sU 一样,BrU[图 12-1(b)]易被哺乳动物细胞摄取,而且长期暴露情况下加入 BrU 毒性小于 4sU。这使 BrU 成为长时间跨度中测量 mRNA 降解的理想试剂。然而,体外翻译测定显示,含 BrU 的 mRNA 对核糖体延长和起始都有一定的抑制作用,但抑制程度小于 4sU。此外,BrU 与 4tU 价格相当,并且不需要 UPRT 活性来辅助其掺入哺乳动物细胞 RNA。

### 12.2.1.3 含有炔烃的尿嘧啶类似物

5-乙炔基尿嘧啶[5-Ethynyluridine, EU;图 12-1(c)]最先作为固定细胞的标记试剂,这是一种尿嘧啶衍生物。与 BrU、4sU 和 4tU 一样,EU 迅速进入 NTP 细胞库并掺入转录的 RNA 中。与 4sU 和 4tU 类似,短期 EU 标记对细胞健康没有影响,但长期孵育会影响细胞生长率。尽管 EU 已经可以被用于高通量测定 RNA 合成和降解速率,但大多数研究主要还是使用 qRT-PCR 对目的 RNA 进行测量。最近发现,在果蝇中,5-乙炔基胞嘧啶(EC)与胞嘧啶核苷酸脱氨酶和 UPRT 表达相结合,因此,促进了"EC 标记(EC-tagging)"发展,这种方法可以纯化细胞特异性 RNA,其特异性高于 4tU 的"TU 标记"。EU 由靶细胞通过胞外表达的胞苷脱氨酶(生成 5-乙基尿嘧啶)和 UPRT[生成 EU,类似于图 12-1(a)中的反应]的联合活性在原位生成。此外,通过将 EU 标记和 UV 交联结合,并联合 RNA-seq 和蛋白质组分析技术,EU 已被用于确定新生 RNA"相互作用组学(interactome)",说明 EU 标记可以成功用于高通量技术。EU 的成本远高于 4sU、4tU 和 BrU。

### 12.2.1.4 外源标记对 RNA 降解速率的影响

越来越多证据表明,RNA 修饰在基因表达的转录后调控中起作用,包括 RNA 加工的调控、RNA 结合蛋白的结合、二级结构变化和终止密码子读取。虽然上述所有标记物与真核细胞中天然存在的修饰均不相同,但理论上这些外源标记仍可以通过类似机制干扰 RNA 降解速率。虽然这理应是一个重要的考虑因素,但当前缺乏针对性的实验方案用于测试上述任何标记本身对 RNA 降解速率的影响。酵母中 4sU 标记实验与转录关闭实验的全基因组比较显示,与代谢标记实验中测定的 RNA 降解速率相比,转录关闭实验测定的 RNA 降解速率具有更好的一致性。但是,有研究团队指出,通过转录关闭实验确定的 mRNA 降解速率,与在具有转录关闭表型细胞中使用代谢标记 RNA 进行全基因组测定的降解速率相吻合。他们通过代谢标签 RNA 测量实验进一步表明,细胞在渗透压或热休克状态下的 RNA 降解速率也与转录关闭实验中确定的 RNA 降解变化一致,表明对转录关闭的细胞应答导致的 RNA 丰度扰动,可能与应激反应相似并干扰 RNA 降解测定。

另一方面，比较发现，来自几个独立实验室的 RNA 降解测定结果并不一致。他们使用了同样的代谢标签，但是采用不同的实验策略。这表明在标记实验中可能存在未知的实验误差来源。一种可能的误差来源可归因于不同 RNA 丰度测量方法之间的标准化差异。例如，Lugowski 团队使用内部标准化方法（以内含子为标准）而不是外部方法（以对照探针对标准），因此，他们报道了更好的复制与复制之间的相关性，也与其他实验室的转录关闭实验和代谢标签实验结果更为一致。目前尚不清楚是否存在单一误差，导致不同实验室和不同实验方法间的 RNA 降解测量差异。

### 12.2.2　标记 RNA 选择和纯化

目前大多数代谢标记实验，通常在分析之前将标记的 RNA 分子从总 RNA 库中采用物理方法分离。从细胞裂解物中纯化总 RNA 后，新标记的 RNA 必须使用能结合标记的特异性方法进行分离和纯化。前文讨论的每个标记可根据不同的化学原理进行选择，然而，遵循相似的标记选择原则：具有高亲和力，从而减少所需起始材料的量并将结合特异性最大化。纯化后，使用标准 RNA-seq 方法定量标记 RNA（图 12-2）。图示为一个假设的细胞，含有两种类型的转录物（深色和浅色），具有相似的平衡水平但不同的稳定性。细胞在培养基中生长，其中添加 4sU 以标记转录物，经洗涤后用含有未标记尿苷的培养基追踪，在脉冲/追踪期间的两个或更多个时间点收集样品用于 RNA 提取。将含有 4sU 的转录本共价连接生物素（biotin）并使用链霉亲和素（streptavidin）纯化，然后采用标准方法制备富集 RNA 并测序。RNA 纯化和 4sU 富集步骤在每个时间点分别执行。

#### 12.2.2.1　HDPD-生物素（HDPD-biotin）

对于 4sU 和 4tU 纯化，首次将标签 RNA 与生物素化学连接，接着用生物素与链霉亲和素之间的亲和作用来纯化 RNA-生物素复合物。4sU 标记的 RNA 可以利用含硫醇的尿苷与生物素连接，并形成二硫键修饰生物素分子。生物素常用的修饰是 HPDP（形成 HPDP-生物素），HPDP-生物素可以由 EZ-连接 HPDP-生物素试剂盒（EZ-link HPDP-biotin kit）提取。4sU 和 HPDP-生物素之间的共价连接是完全可逆的，利用如 DTT 等还原剂还原其二硫键并进行洗脱，进而将没有与加合物共价结合的 RNA 用于进一步测序。

#### 12.2.2.2　MTS-生物素（MTS-biotin）

虽然上述基于 HDPD-生物素的方法已被广泛使用，但 4sU 和 HPDP-生物素之间形成二硫键的效率较低；4sU 和 HPDP-生物素之间的二硫键交换反应表明，在 120 分钟反应时间内，仅不到 20% 的游离 4sU 转化为 4sU-HPDP-生物素。使

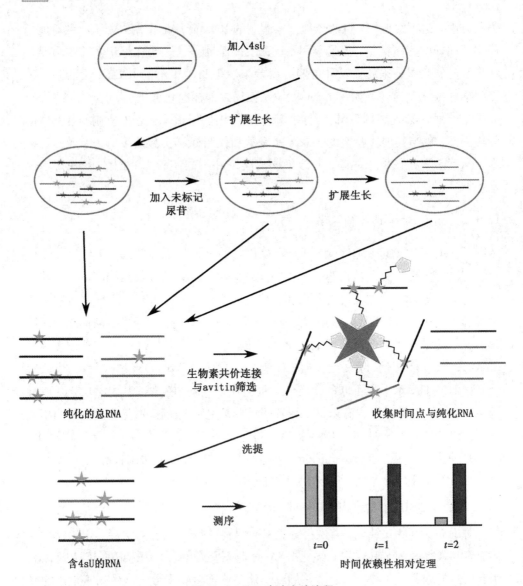

图 12-2 4sU 追踪实验流程

用甲基硫代磺酸盐（methylthiosulfonate）-生物素（MTS-biotin），5 分钟内就有超过
95%的游离 4sU 形成 4sU-MTS-生物素，表明此方案只需要更少的原料就能快速
有效捕获标记 RNA。MTS-生物素纯化方案已被用于 miRNA 转换、病毒感染应答
和酵母转录速率研究，但应用范围没有 HPDP-生物素那么广泛。这可能是由于
MTS-生物素最近才被引入作为 HPDP-生物素的替代方案。然而，MTS-生物素比
HPDP-生物素更便宜，实际上这是一种更为经济的替代品。

### 12.2.2.3  抗 BrdU 抗体(anti-BrdU antibody)

与 4sU 不同,BrU 的基团不易与经修饰的生物素发生可逆交联。因此,含有 BrU 的 RNA 必须通过抗 BrdU 抗体(通常也结合 BrU)介导的非共价相互作用进行纯化。许多商业化抗 BrdU 抗体已被用于 BrU 标记的 mRNA 合成或降解的定量测定。

### 12.2.2.4  点击化学(click chemistry)

与 4sU 一样,EU 标记的纯化 RNA 通常依赖于生物素的共价连接并使用链霉亲和素蛋白珠分选。在这种情况下,通常使用现代"点击"化学的典型生物正交铜催化叠氮化物-炔烃环加成反应进行纯化。大多数 EU 纯化 RNA 的方法均遵循 click-iT 新生 RNA 捕获试剂盒(click-iT nascent RNA capture kit)的实验步骤,该方案用 PEG4 甲酰胺-6-叠氮基己酮生物素(azide-biotin)与铜(一价)催化剂[通过还原铜(二价)在反应中原位产生]将 EU 与生物素共价连接。与 4sU 不同的是,这种共价键不容易断裂。用于测序的 cDNA 文库构建或 qRT-PCR 直接定量时,必须连接到链霉亲和素蛋白珠(streptavidin-bead)。目前尚不清楚这种操作对逆转录酶的错误率有何种影响。在定量或测序文库制备之前,可以利用极低盐溶液使链霉亲和素-生物素之间的相互作用快速解离。

### 12.2.2.5  通过增强的 T→C 突变率进行无纯化检测

使用含有 4sU 的 RNA 进行 cDNA 合成会导致逆转录酶对 4sU 互补鸟嘌呤残基低水平错误掺入,使与蛋白质交联时错误率提高。用碘乙酰胺(IAA)取代交联蛋白,可以通过 IAA 与 4sU 间形成二硫键,非特异性地提高文库中所有 4sU 位点的逆转录酶反应的 T→C 转化率。T→C 突变率从没有 IAA 的 10% 增加到加入 IAA 后的 94%。SLAM-Seq 利用突变率的这种增加,而无须纯化步骤,来量化 mRNA 合成和降解速率。在文库准备前,通过 4sU 标记和 IAA 处理,SLAM-Seq 可以通过定量测定最终文库的 T→C 突变率来严格区分标记 RNA 和未标记 RNA。省去纯化步骤,减少了所需 RNA 输入量,并极大简化 mRNA 降解测定方案。

### 12.2.2.6  提取效率(pulldown efficiency)和标签掺入率(label incorporation rate)对实验测量的影响

使用代谢标记会向 RNA 降解的测定中引入噪声,包括标签在新合成的 RNA 中的掺入率,以及从总纯化 RNA 中提取标签 RNA 的效率这两个参数。掺入速率可能是测量 RNA 快速降解或缓慢降解的关键参数,因为它们可能对检测有一定的限制作用。在这种情况下,优化添加到细胞中标记的量、标记孵育时间及时间点选择这 3 个条件可以检出不易检测的转录物。与掺入速率一样,尚未有研究者对不同标签和选择策略之间的提取效率进行系统比较。在典型的 RNA 降解实验中，只要未达到饱和状态，单个实验中提取效率的差异可以通过使用对照探针或内部标准化来控制，从而在很大程度上消除提取效率这一主要实验误差的来源。而提取效率的改进使我们仅需较少生物材料就可以完成给定实验。此外，许多用于分析 RNA 降解实验的计算方法都默认 RNA 序列库中不含有污染的未标记RNA。这与实际情况可能不完全相符，但与提取效率估计值更接近。如上所述，通过改变化学交联剂的特性，对使用 4sU 作为标记的生物素的提取策略已经获得一些改进。此外，使用代谢标记诱导的突变率消除了提取步骤误差，但引入了与标记本身的修饰效率和逆转录酶错误掺入率相关的实验误差。

### 12.2.3　RNA 降解实验设计

有了标签和纯化方法，实验方案的选择必须使每单位成本获得的信息量最大化。如果要确定合成速率和降解速率，则必须考虑不同的因素。此外，RNA 半衰期是否测量精确，终点丰度估计对感兴趣生物学问题是否充分，确定这些问题非常重要。常见测定 RNA 降解实验的设计如图 12-3 所示。(a)为三种不同方法的标签和样品采集时间示意图；注：脉冲追踪实验中的标记通常太短，无法达到平衡水平。黑色条(+标签)表示存在标记的核苷酸的时间段。(b)为图(a)中所示的每个实验程序下，任何特定 RNA 的标记转录物的部分丰度的预期丰度曲线(曲线)和假设实验数据(点)。时间为相对于标记核苷酸去除/冲洗(单独追踪和脉冲追踪)或添加(RATE-seq)的时间零点。

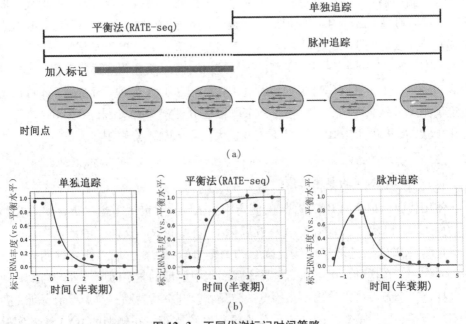

图 12-3　不同代谢标记时间策略

### 12.2.3.1 单独追踪

为了单独测定 RNA 降解，可以在标记存在下使细胞长期生长，通常为 24 小时。在零时刻，用含有相同浓度未标记尿苷的相同培养基替换生长培养基，并通过纯化和测序追踪标记的 RNA。如果要确定 RNA 半衰期，则采用几个时间点用于单指数降解模型。对于粗略的降解测定，可以取更换未标记培养基后的某个时间点与零时刻的采样进行比较。这两种方法的取舍需要权衡。仅采用两个时间点可以大大减少测序成本和准备样品的人工成本。当比较两种生物条件下 RNA 降解的差异时，这一点尤其有用，因为在这两种生物条件下，确切的半衰期不如衰变的相对变化有用。另一方面，采用多个时间点可以捕获短时间和长时间的转录物，而这些转录物可能会被单个时间点遗漏。在培养的哺乳动物细胞中，平均 mRNA 半衰期为 7~9 小时，选择捕获目标 mRNA 转录物降解的时间点至关重要。此外，需要多个时间点来精确拟合半衰期指数模型。因此，通常需要优化选择要分析的时间长度和时间点数量[图 12-3（b）]。

### 12.2.3.2 平衡法

与单独追踪相反，在培养基中添加标记尿苷后，平衡法可以通过测量时间点来确定 RNA 衰减率。尽管在短期孵育后收获的细胞可用于测量转录速率，但在有标记尿苷的情况下，在较长时间跨度内取几个时间点同样可以测定 mRNA 的降解速率。开发平衡法生物学原因是对标记核苷酸可以在细胞内循环导致无标记核苷酸的无效追踪的担忧。为了了解平衡法的定量依据，应考虑给定转录物的整体动态。假设转录速率恒定，任何特定 RNA 种类的浓度 $X$ 通常都遵循公式（12-1）：$[X]' = \tau - \delta[X] - \gamma[X]$。$\tau$ 代表目标条件下的转录速率，$\delta$ 是 RNA 的降解速率（通常是目标 RNA 的数量），$\gamma$ 是一个稀释术语取决于细胞生长速率（对于高等真核生物缓慢生长的细胞而言稀释效应将被纳入推断值 $\delta$，如果没有明确说明则可忽略）。如果将目标 RNA 的标记形式视为单独的物种——$X^*$，则上述公式同样适用于标记物种，除非当合成速率与标记存在时的 $\tau$ 不成比例，或当标记不存在时 $\tau$ 等于零。稳态水平的定义为合成和降解速率完全平衡的点，稳态浓度需要 $[X]' = 0$，或者 $\tau = (\delta + \gamma)[X]_{eq}$。从这个等式中可以看出，平衡浓度、总降解速率（$\delta + \gamma$）和合成率中的任何两个，则可推出第三个变量。

$$[X]' = \tau - \delta[X] - \gamma[X] \tag{12-1}$$

$$\frac{A_i(t)}{A_i(t_0)} = e^{-\alpha_i t} \tag{12-2}$$

$$T_{\frac{1}{2}} = \frac{\ln(2)}{\alpha_i} \tag{12-3}$$

$$T_{\frac{1}{2}} = \frac{\ln(2)}{\alpha_i - k_{growth}} \tag{12-4}$$

$$\frac{A_i(t)}{A_i(t_i)} = (c)e^{-\alpha_i t} + (1 - c)e^{-\beta_i t} \tag{12-5}$$

$$\frac{A_i(t)}{A_i(t_f)} = (1 - e^{-(\alpha_i + k_{\text{growth}})(t - t_d)}) \tag{12-6}$$

$$\Gamma(t) = \sum_j X_{j,L}(t) \tag{12-7}$$

$$\beta(t) = \sum_j X_{j,U}(t) \tag{12-8}$$

$$A(t) = \Gamma(t) + \beta(t) \tag{12-9}$$

$$\frac{X_{i,L}(t)}{A(t)} \tag{12-10}$$

$$R_i(t) = \frac{X_{i,L}(t)}{\Gamma(t)} \tag{12-11}$$

$$S(t) = \frac{A(t)}{d} \tag{12-12}$$

$$R_i(t) = \frac{X_{i,L}(t)}{\Gamma(t) + S(t)} \tag{12-13}$$

$$R_S(t) = \frac{S(t)}{\Gamma(t) + S(t)} \tag{12-14}$$

$$N_i(t) = \frac{X_{i,L}(t)}{S(t)} = \frac{d \cdot X_{i,L}(t)}{A(t)} \tag{12-15}$$

通过在恒定数量标记中培养细胞，标记的每种 RNA 的比例将以一定的速率增加直至稳定状态，这一速率仅由其降解速率和细胞生长速率决定。通过测量变化过程中的时间点，可以捕获任何给定 RNA 分子的降解速率，因为极晚的时间点才能代表平衡值，并且通过拟合曲线可得降解参数[参见图 12-3(b)和图 12-5(b)]。然而，达到平衡的方法要求细胞在标记存在下的条件下长时间生长，这对于已证明的较长时间暴露下具有毒性的标记(例如 4sU)是存在问题的。

### 12.2.3.3 脉冲追踪(pulse-chase)

一般在单个实验中确定 RNA 分子的合成和降解速率是有一定优势的。通过用短"脉冲"标记孵育并用未标记的培养基"追踪"，可以使细胞暴露于标记的时间最小化并可以分别确定合成和降解速率。通过选取标签的初始添加时间点、更换未标记培养基的时间点及"追逐"的整个时间段，可以跟踪所有新生的标记 RNA 的寿命[图 12-3(b)]。脉冲追逐方法的优点是使细胞短暂暴露于标记中，从而降低潜在的毒性。

### 12.2.4　RNA 丰度定量

以前曾用专门的 DNA 芯片技术进行 RNA 降解全局分析,但近年则更多使用高通量测序结合成熟的生物信息学工具来分析所得的测序读长。对于特定实验,可以用一些商业试剂盒或针对性的方法获得用于 RNA 测序实验的文库。一般而言,优先选择配对末端和链式测序,特别对于进行剪接或由反义 RNA 调节转录物的有机体。另外,需要采取一些策略在文库制备之前从样品中去除大量的核糖体 RNA(rRNA),包括用定制寡核苷酸消除 rRNA 或选择多腺苷酸化的 mRNA。因为 poly(A)代谢在 mRNA 降解途径中起重要作用,所以,建议在分析 mRNA 降解动力学时避免 poly(A)选择。测序后,必须进行数据处理将原始测序读长数据转化为 RNA 丰度测量数据。许多为分析高通量测序数据而编写的程序和工具都由一定的背景干预驱动,因此,用户需要对 Unix 命令行有一定的了解。许多机构都设有相应的工作小组,对新用户进行命令行(command line)的相关教学,而对于不会使用命令行程序的读者可以通过线上或线下获得帮助。对于大多数应用,从上述方法获得的 RNA 测序读长可以像来自任何其他 RNA-seq 实验的数据一样处理。通常,测序读长以 fastq 文件格式存储,其可以存储序列和碱基质量信息。

#### 12.2.4.1　衔接蛋白移除和质量控制

与任何测序分析一样,必须采用标准质量控制。必须采取措施移除 Illumina 测序所需的衔接蛋白及包含低信度碱基调用读数。多个程序可以去除衔接蛋白和低质量序列,如 cutadapt、fastx toolkit 和 trimmomatic。无论在衔接蛋白和质量调整之前或者之后,关于测序读长质量的多项关键统计都可以采用 FastQC 进行计算 [图 12-4(a)]。(a)预处理和质量控制,这里从分析中去除衔接蛋白和低质量读数。(b)读长与参考基因组或转录组进行比对。(c)对每个转录本或感兴趣特征机芯定量。可以使用几个不同的程序将比对信息转换为实验之间可比较的 RNA 丰度的量度。(d)RNA 衰退建模。可以使用许多不同的模型来确定每个感兴趣转录物的衰变速率。接下来,必须将读长与参考转录组比对,该参考转录组可从包含大多数模型生物数据的 NCBI 或 UCSC Genome Browser 获得。目前,已经开发多种不同的比对程序用于处理 RNA 测序读数,包括 bowtie2、tophat2、STAR 和 kallisto 等。对最常用的比对程序进行比较,结果表明,每个工具与使用的特定比对程序的选择取决于所探究的问题。但是,如果某人正在使用依赖于 T→C 突变的 SLAM-seq 方法,那么,建议使用 T→C 突变"识别"比对软件 NextGenMap,其特殊设置旨在减弱因 T→C 突变导致的错误匹配事件[图 12-4(b)]。

#### 12.2.4.2　比对

在选择用于处理高通量 RNA 降解实验数据的比对工具和下游量化软件时,

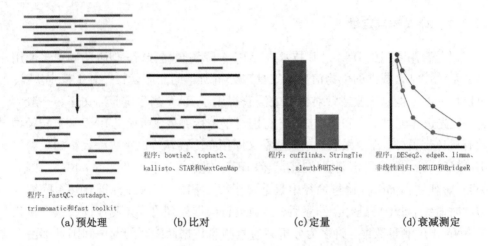

程序: FastQC、cutadapt、
trimmomatic和fast toolkit

(a) 预处理

程序: bowtie2、tophat2、
kallisto、STAR和NextGenMap

(b) 比对

程序: cufflinks、StringTie
、sleuth和HTSeq

(c) 定量

程序: DESeq2、edgeR、limma、
非线性回归、DRUID和BridgeR

(d) 衰减测定

图 12-4　RNA 衰变实验处理高通量测序读数所需的数据分析步骤

需要考虑多个因素。对于单细胞生物，如细菌或古细菌，已知其高质量的参考转录组，并且该生物体 RNA 不经剪接，那么，一个简单的比对软件如 bowtie2 将更合适。然而，大多数高等真核生物通过剪接处理 RNA，因此，推荐使用剪接感知比对软件，例如 hisat2 和 STAR。在一些生物条件下，可能出现新的尚未被充分了解并记录在所研究的生物体参考转录组中的转录物。在这里，需要下游软件来推断新转录物的出现，并通过现有参考转录组的辅助来组装转录组。然而，许多实验并非旨在寻找新的转录物，而是关注参考转录组中经注释的研究充分的转录物丰度。诸如 kallisto 和 salmon 之类的拟比对软件（pseudoaligners）用于有效地处理后一种情况。拟比对软件不需要完全比对，是允许 RNA 定量而无须将读长与参考转录组完全比对。拟比对软件比传统比对方法更快，但是不能检测新的转录物且完全依赖于参考转录组质量。与拟比对软件不同，大多数主要比对软件输出序列比对图（sequence alignment map，SAM）文件或其二进制等价图（binary equivalent map，BAM），其中包含特定序列对齐位置和对齐质量的若干细节。可以使用 samtools 获得该文件格式的关键统计并进行简单操作。比对后，需要下游工具将序列比对信息转换为 RNA 丰度的某种形式量化。执行量化的最常用软件是 cufflinks。但是，String Tie 比 cufflinks 性能更好，目前推荐 String Tie 作为替代品。Cufflinks 和 StringTie（以及其他相关工具）都能发现新的转录物并执行转录组装配，这有助于发现新转录物并提供相关信息。如果已有注释的高质量参考转录组而不需要转录组装配，或者研究者的生物学问题不涉及新的转录物，那么，可以使用 HTSeq 来获得简单的特征水平量化[（图 12-4（c）]。

#### 12.2.4.3　量化水平

当从 RNA 降解实验中量化数据时，另一个关键的因素是确定在基因水平上量化(一个基因的所有读长都汇集在一起，而不考虑转录异构体)，还是在外显子水平上量化(每个外显子分别量化)。大多数用于确定 RNA 降解的报告都集中在基因水平定量上，但如果追逐特定转录亚型的降解，则可能需要外显子水平上的信息。

#### 12.2.4.4　计数

当考虑两种实验条件之间的差异时，另一个需要考虑的因素是如何量化两种条件之间 RNA 降解的变化量。如果没有适当的统计分析、测序深度的差异、标记 RNA 的回收效率和重复之间的生物学变异性可能会干扰任何正在测量的真正的生物学差异。FPKM(fragments per kilobase per million)或 RPKM(reads per kilobase per million)是设计用于校正不同样品和基因(或外显子)之间的测序深度和转录物长度偏差的两种测量方法。然而，TPM(transcripts per million)单位因其可以更准确地直接进行实验间比较，已取代 RPKM 和 FPKM 作为报告 RNA 表达的首选值。TPM 通常作为特定实验条件下测量相对 RNA 丰度的一种方法，但是目前已经出现更精密的统计模型能更好地解释 RNA-seq 数据的定量中看到的生物变异性。对于每个感兴趣的特征，使用基于计数水平数据的负二项模型(negative binomial model)而不是 FPKM 或 TPM，可以更好地估计生物变异性(biological variability)，从而获得更准确和可重复结果。目前在 RNA-seq 分析中使用的负二项模型已应用到所有主要差异表达软件中，也逐渐应用到 RNA 降解分析中。一些关键的差异表达软件包，包括 DESeq2、edgeR、limma、cufflinks 和 StringTie。这些软件包获取感兴趣的每个特征(基因或外显子水平)的计数水平数据，并使用基于负二项式的统计模型来准确计量条件之间的可变性。另外，kallisto 拟比对软件有一个下游程序包 sleuth(专门设计用于 kallisto)，并使用与上述软件包相同的总则[图 12-4(d)]。

### 12.2.5　RNA 降解建模

大多数 RNA 降解实验的最终目标是定量测量 RNA 丰度随时间变化的动力学。对于一些研究问题，测量两种条件或两种转录物之间 RNA 降解的相对变化可能就足够了。而另一些问题，其主要目的是确定有意义单位的定量速率常数。

#### 12.2.5.1　单指数降解

对于转录关闭实验，大多数追踪实验设计使用单指数方程来确定 RNA 降解半衰期。单指数模型假设在实验测量时间内，RNA 降解速率与其瞬时浓度正比[公式(12-2)]。$\dfrac{A_i(t)}{A_i(t_0)}$ 是时间 $t$ 处标记 RNA $i$ 与 $t_0$ 处相比的相对丰度：标记 RNA 最初到平衡的时间点。$\alpha_i$ 表示 RNA $i$ 的降解速率常数。注意，RNA 丰度的指数形式可从 $Eq$ 直接获得，其产物项为零且忽略生长项。因此，RNA 的半衰期可以通过修正数据由公式(12-3)得到[图 12-5(a)]。值得注意的是，这里给出的方法和下面更复杂的变形，都基于假设拟合参数(例如降解速率)在整个实验过程中不会变化。一些研究团队还建议对半衰期终止进行额外的修改，以解释细胞生长引起的稀释[公式(12-4)]。其中，$k_{growth}$ 对所有 RNA 都是相同的，由培养物的生长速度决定；同样，这个方程直接来自公式(12-1)所述的平衡状态下 RNA 丰度随时间的变化。请注意，在公式(12-3)的条件下计算的"半衰期"为单个 RNA 分子本身产生半衰期，而不是为分子群体观察到群体半衰期(后者应该包括稀释效应，而前者则不包括)。

### 12.2.5.2 混合指数降解

有研究团队注意到 RNA 片段不会以简单的单指数方式降解，因此，建议考虑不同降解速率 RNA 的混合物模型[公式(12-5)]来拟合数据。$c$ 表示一种组分与另一种组分的重量比，$\beta_i$ 是特定 RNA 第二组群的降解速率。原则上可以考虑更复杂的函数形式，比如增加另一个指数项或者使用扩展指数(stretched exponential)，都可以更好地解释不同时间范围内多组分的降解速率。如果在测量中存在多个不同的细胞亚群，或者使用基因水平量化但存在多个稳定性不同的转录亚型，则需要考虑更复杂的函数形式。使用较为复杂的模型容易拟合过度，在参数较多或较少的模型之间进行选择时必须制定适当的模型选择准则[图 12-5(c)和(d)]。

### 12.2.5.3 平衡法

对于平衡实验设计，必须通过考查多种假设和因素来正确模拟 RNA 半衰期。有研究团队通过考查未标记 RNA 的降解及细胞生长速率来确定 RNA 的半衰期。他们最终对任意给定的标记 RNA 在 $t$ 时刻的丰度建模如公式(12-6)。其中，$t_f$ 为标记 RNA 达到稳态水平的最后一个时间点(时间跨度终点)，$t_d$ 为开始添对照探针记到第一次测量标记 RNA 之间的时间。$\alpha$ 等于 $\alpha_i - k_{growth}$，且 $\alpha$ 与每一个 RNA 对应的 $A_i(t_f)$ 可以从实验数据估计得出。这里假设 $t_d$ 对于所有 RNA 都是固定值，这是基于标记选择后 RNA 首次出现时间的实验测量[图 12-5(b)]。然后，使用上面的增长率修正半衰期公式[公式(12-4)]计算半衰期。DRUID 是一种用于平衡实验的自动化途径，它可以帮助分析来自这类实验方案的数据，而不需要对照探针法或更复杂的方法进行标准化处理。

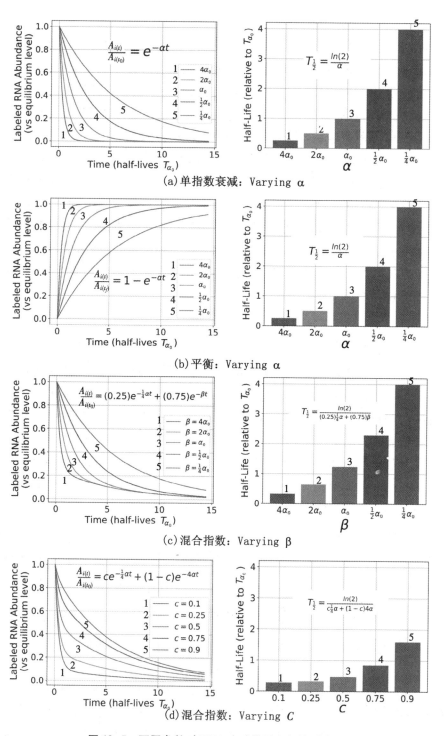

(a) 单指数衰减：Varying α

(b) 平衡：Varying α

(c) 混合指数：Varying β

(d) 混合指数：Varying $C$

图 12-5 不同参数对 RNA 衰减模型方程的影响

#### 12.2.5.4　脉冲追踪注意事项

脉冲追踪实验的优点是允许实验者从单个实验中分别确定转录速率和降解速率。通过比较标记 RNA 和未标记 RNA 丰度（或两种不同实验条件下的标记 RNA）在追踪开始时的情况，可以大致了解初始转录速率或特定条件对转录的影响。通过在整个实验中选取几个时间点，使用上面描述的单指数方程来拟合感兴趣的每个 RNA 的半衰期。同样，我们可以在追踪后的一个时间点上测量两种不同实验条件下标记 RNA 丰度之间的差异，或者是追踪开始和结束之间的差异来确定相对降解速率，也不需要确定的 RNA 半衰期。值得注意的是，上面提到的许多方法都集中在单一的标记 RNA 上。无论是通过跟踪标记 RNA 随时间的降解（单独追踪和脉冲追踪），还是通过测量未标记物随时间的衰减来间接测量已标记物，这些方法都可以准确测定 mRNA 降解速率。通过对标记库和未标记库进行测序也可以获得有价值的信息。更精细的方法是同时考虑两个转录速率，并更深地了解单个 mRNA 转录物的完整动力学。

#### 12.2.5.5　半衰期与差异丰度

上述指数方程通常采用非线性最小二乘方法拟合，通过最小化模型和每个 RNA 数据之间误差的平方和来确定 $\alpha_i$。虽然半衰期可以用 3 个时间点来确定，但建议至少使用 5 个时间点来快速确定半衰期。Akimitsu 实验室开发了一个定制的 R 程序包（https：//github.com/AkimitsuLab/BridgeR）用于确定两种不同条件下 mRNA 半衰期的差异。而在许多不同重复和实验条件下确定 RNA 半衰期非常昂贵，因为需要大量的测序样本才能正确地拟合指数方程。与其为每一个感兴趣的 RNA 确定完整的半衰期，不如捕获一个初始和最终的时间点，并使用差异表达软件来测量特定条件对最终时间点相对于初始时间点 RNA 相对丰度的影响。在差异表达分析软件中，可以很容易地指定用于测量特定条件对 RNA 丰度影响的简单模型，如 DEseq2，该软件至少可以确定特定转录物的降解是否在两种条件之间发生变化。

### 12.2.6　标准化和使用对照探针法测定标记 RNA 丰度

值得注意的是，高通量测序只提供 RNA 的相对丰度测量值。因此，任何对两种不同的 RNA 测序反应的比较都需要某种程度的标准化，以便将 RNA 丰度的估计放在相同的相对数值范围内。最常报道的 RNA-seq 类型实验标准化方案包括 RPKM 和 TPM，它们都可以将从典型 RNA-seq 流程获取的包括目的基因组长度和特定样品的测序深度的大量数据标准化。由于大多数代谢标记实验都涉及提取步骤，因此，TPM 型测量所提供的标准化程序是不够的，由此产生的丰度测量数据仍然是总标记 RNA 集合的相对值。因此，不同时间点的比较是计算 RNA 稳定性所必需的，如果没有某种标准化，就不可能对观察到的丰度与样本中存在的总 RNA(而不仅仅是标记的)进行适当的比例调整。

### 12.2.6.1 使用对照探针法的基本原理

为了更清楚地说明恒定参考值对 RNA 丰度标准化的必要性和实用性，必须清楚，当在进行只有标记 RNA 测序的 RNA 降解实验时实际测量的是什么。用标记 RNA 的丰度 $X_{i,L}(t)$ 代表任意给定转录物 $i$，且此实验中相应的未标记 RNA 丰度值为 $X_{i,U}(t)$。接下来，可以认为，相对所有基因在任意给定时间点 $t$ 全部标记 RNA 丰度为公式(12-7)。同样，所有基因的全部未标记 RNA 的丰度可以表示为公式(12-8)。

因此，总 RNA 丰度 $A$ 是公式(12-9)。为了符合 RNA 降解方程，随着时间的推移，感兴趣的标记 RNA 相对于总 RNA 的总体丰度的量应为公式(12-10)。然而，当仅对标记的 RNA 库进行测序时，对于 RNA 降解实验中的任何给定基因实际测量的公式应为公式(12-11)。其中，$R_i(t)$ 为 $t$ 时刻总标记 RNA 库中 RNA $i$ 的相对丰度。因为 $\Gamma(t)$ 和 $X_{i,L}$ 是整个实验过程的变化量，所以，将我们这里描述的 RNA 降解方程拟合到原始的 RPKM 测量中是没有物理意义的。然而，如果某项可以使等式(12-11)中变量 $\Gamma(t)$ 的分母变成实验中已知的某一恒量，那么，$R(t)$ 就可以被转化为任意规模实验中的一个 RNA 丰度可靠估计值。一种在任意 RNA 降解实验中增加一个恒量的方法是向总 RNA 中增加一个已知浓度为 $1/d$ 的对照探针标记 RNA，并以对照探针标记的 RPMK 测量值为参照进行 RPKM 值标准化。因此，这个对照探针在函数 $A(t)$ 中将以 $S(t)$ 的形式加入[公式(12-12)]。现在可以将等式(12-11)修改为包含了一个已知对照探针标记 $S$ 的恒量的等式(12-13)。同样，我们用 $R_S(t)$ 表示对照探针标记的相对丰度[公式(12-14)]。通过对照探针 $R_i(t)$[等式(12-13)]将总标记 RNA 库中的丰度较小的标记 RNA 标准化，可以转化为对照探针 $R_S(t)$[等式(12-14)]的相对丰度，从而消去分母 $\Gamma(t)+S(t)$，得到标记 RNA 的标准化估计值 $N_i(t)$[等式(12-15)]。因此，在用等式(12-12)代替 $S(t)$ 时，可以看到在等式(12-15)中 $N_i(t)$ 是一个可信的估计值(由 $d$ 的范围决定)，$N_i(t)$ 由总 RNA $A(t)$ 中的低丰度标记 RNA $i$ 决定，而不是仅仅由标记 RNA 库 $\Gamma(t)$ 决定，由此更清晰地证明在确定 RNA 降解速率和半衰期时，对某些恒定标记 RNA 来源进行标准化的必要性。值得注意的是，添加对照探针 $1/d$ 的分数中的任何错误都会将额外误差添加到等式(12-15)所描述的标准化 RNA 丰度估计值中。

为了进一步说明标准化对确定 RNA 降解速率的影响，研究人员模拟了一种平衡实验，其 RNA 汇集了 99% 以速率 $\alpha$ 降解的序列。接着，研究人员考查了几种不同的 RNA 转录物，每种转录物处于总体丰度的相同稳态水平，但是总体 RNA

降解速率相差几倍。该模拟中标记 RNA 的实际丰度可以在图 12-6(a)中看到。然后，在每个时间点以总 RNA 的 0.5%加入(spike-in RNA)，并确定在标记 RNA 完全提取的情况下，每个转录本的 RPKM 值是多少[图 12-6(b)]。在该模拟中，显然原始 RPKM 值不代表实际的 RNA 丰度。值得注意的是，在整个过程中，即使对照 RNA 探针相对于总 RNA 以恒定量加入，但其以 RPKM 丰度迅速降解。因为在早期时间点，掺入 RNA 代表反应中唯一标记 RNA 种类。随着在细胞中产生更多标记的 RNA，对照 RNA 探针的相对比例急剧下降。然而，如果将 RPKM 曲线标准化为对照探针 RPKM[图 12-6(c)]，则实际 RNA 丰度被精确再现，证明 RNA 降解实验中恒定参考值的实用性和必要性。因此，当确定多种模式生物体的 RNA 半衰期时，许多团队主张使用标记的对照 RNA 探针。

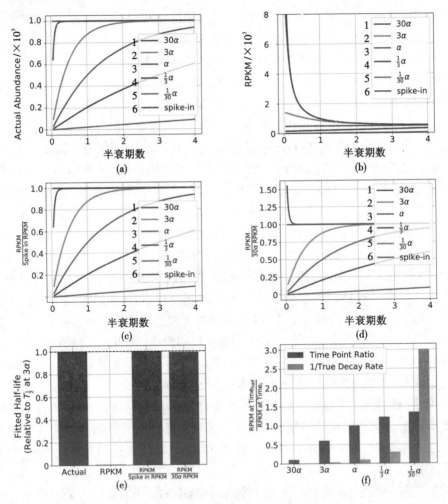

图 12-6　标准化程序对 RNA 半衰期测定的影响

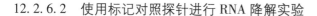

### 12.2.6.2 使用标记对照探针进行 RNA 降解实验

为了在 RNA-seq 实验中对 RNA 进行标准定量，ERCC(external RNA controls consortium, ERCC)采用一套协定标准。此外，对照探针在大多数高通量测序技术中被广泛使用。然而，与 RNA-seq 不同，尚未建立 RNA 降解实验的标记 RNA 对照探针标准，并且 ERCC 收集的数据也没有可利用的标记形式。因此，每个实验室都开发了自己的一套标准，用作系统的对照探针。Tani 团队已经建立外源荧光素酶 RNA 体系，在体外转录已知数量的标记，并在标记选择之前直接添加到总纯化的 RNA 中。Russo 团队使用昂贵的合成标记阳性对照，不依赖于体外转录反应中的标记效率。Neymotin 等使用了来自不同生物的不同长度的三个对照探针的组合，但 GC 含量与其感兴趣的生物相匹配。同样，Duffy 团队也使用来自不同生物体的 RNA 混合物作为对照探针。最后，Lugowski 团队使用两组对照探针，来自一个生物体的全基因组读长的标记对照探针和来自第二个生物体的全基因组读长的未标记对照探针，其中，两个对照探针物种来源是与实验组完全不同的生物体。上面使用的每种方法都有相应的优缺点。通过体外转录标记的对照探针比购买合成对照探针更便宜，但也对体外转录反应本身的变化敏感。为了减轻这种影响，使用体外转录产生标记的对照探针 RNA 的实验应该使用来自相同转录反应的 RNA 用于所有待比较的样品。从 ERCC 实验中可以明显看出，序列偏倚会对高通量测序实验的测量产生重大影响。因此，使用单个对照探针可能不足以精确测量 mRNA 半衰期。使用来自非靶标生物体的全基因组标记的 RNA 可能有助于减轻这些问题，因为这些样品中存在多种长度分布和序列组成，但两种不同生物体中序列偏差之间的不匹配可能会增加其他噪声来源。此外，任何对照探针都受限于移液误差，因为加入反应中精确数量的对照探针的任意定量误差都会引起定量程序中相当大的噪声，只有对照探针提供了唯一的标准化因子适度补偿降解速率［方程(12-15)］。

### 12.2.6.3 无对照探针标记方法

尽管对照探针在估计 RNA 丰度方面有明显的作用，但是几个团队已经研发在不使用对照探针 RNA 的情况下准确估计 RNA 降解实验中 RNA 丰度的方法。Dolken 团队和 Schwanhausser 团队均发现，通过对选定的标记 RNA 和未结合部分中未标记的 RNA 进行测序，确定标记和未标记 RNA 种类的丰度，虽然成本高于典型的 RNA 衰变实验，但能够使他们确定每个转录本的绝对 RNA 丰度和衰变率。Herzog 团队通过单一测序反应测量标记和未标记的 RNA 丰度库，依赖于确定 T→C 突变以确定标记的 RNA，并且他们能够通过这种方法在内部标准化为 RNA 的总丰度。Lugowski 团队开发了一种全新的途径(DRUID)，即使用快速降解的 RNA

内含子作为平衡实验的恒定内部标准，他们发现其在平行实验中优于基于对照探针的标准。为了解释 DRUID 程序的工作流程，研究人员在平衡实验方法中模拟对快速降解的转录物的标准化过程[（图 12-6(d)]。在这里，快速降解的转录物在实验过程中快速接近恒定的标记值，并且可以用来标准化 RPKM 丰度并恢复 RNA 丰度的真实估计，而不是对照探针起作用。此外，使用 DRUID 方法确定的 RNA 半衰期与外部探针法相比都能够在模拟中轻松恢复转录物的真实半衰期[图 12-6(e)]。Lugowski 等直接比较 DRUID 方法与对照探针方法，发现从 DRUID 方法确定的半衰期具有更高的复制-复制一致性，并且与基准数据集相比，也优于对照探针标准化和转录关闭实验，造成这一结果的原因可能是对照探针法固有的移液误差。理论上，类似的方法可用于脉冲追踪和单独追踪实验。然而，正如一些研究团队所建议的那样，人们需要标准化为极其稳定的转录物（在足够的标记时间之后），而不是标准化为高度不稳定的转录物。所有这些内部参考方法提供了比基于对照探针法更简单的工作流程，并避免诸如移液和 RNA 定量错误等问题，但是需要鉴定极其不稳定或稳定的 RNA 片段，这些 RNA 片段的半衰期要比任何生物学意义上的转录物长或短得多。

Paulsen 团队建议仅在两个时间点测量标记的 RNA 种类作为一种更简单的替代方案，在短标记期后选择一个时间点，并在感兴趣的生物体 RNA 的平均半衰期中选择第二个时间点。然后可以使用差异表达软件进行两个时间点之间的比较，从而以更低的成本获得 RNA 降解的半定量结果。为了说明这种方法，研究人员在模拟中比较了两个不同时间点的 RPKM，并将这些比率与转录物的真实降解速率进行比较[（图 12-6(f)]。显而易见的是，转录物稳定性的排名顺序得到保留，但是不能对每个转录本之间的幅度变化作出解释，即使收集大量的时间点，使用这些数据拟合衰减率都没有成功。然而，这种方法在比较两种不同实验条件下 RNA 降解的这些相对测量值时非常有效。

### 12.2.7 解读

通盘考虑 RNA 降解实验各方面因素，可以参照如下案例研究。比如，人们想要识别一组 mRNA 靶标，其中，RNA 降解主要由特定的目标 RNA 结合蛋白介导。为了确定可能的靶标，在对照组细胞和 siRNA 敲除目的 RNA 结合蛋白基因的细胞中测量全转录组水平的 mRNA 降解。潜在靶点可能存在于在敲除基因型和野生型细胞之间差异降解的 mRNA。对于该案例研究，我们选择最小化实验成本和细胞操作的实验程序。考虑到这些要求，我们选择 BrU 作为标记试剂，因为其低毒性和低成本，并且避免向实验所用的人细胞系中掺入功能性 UPRT 的需求[图 12-7(a)]。由于使用了 BrU，因此，选择与 BrU 具有已知交叉反应的抗 BrdU 抗体作为选择试剂[图 12-7(b)]。对于这个特定的实验，我们不探究表达的 RNA 的确切半衰期，而专注于 RNA 结合蛋白对 mRNA 降解的影响。由于假设 RNA 结合蛋白只参与转录后调控而不参与转录调控，因此，对区分转录效应和稳定效应深感兴趣。因此，选择脉冲追踪实验方案能够确定对两个过程的影响。在这种情况下，在标记 30 分钟后追踪开始时取单个时间点，并在几小时后追踪结束时取第二个时间点[图 12-7(c)]。选择与培养的哺乳动物细胞中的平均 mRNA 半衰期一致的追踪结束时间。为了评估生物学可重复性，对每个时间点和基因型进行 3 次重复实验并进行分析。选择 3 个重复依据长 RNA-seq ENCODE 指南(long RNA-seq ENCODE guidelines)，该指南建议应至少有两个生物学重复来评估生物学可重复性。然而，ENCODE ChIP-Seq 指南(ENCODE ChIP-Seq guidelines)表明，两次以上重复并非绝对必要，因为 RNA pol Ⅱ 的实验表明超过两次重复并未增加发现位点的数量。由于 RNA 降解实验与 ChIP-Seq(具有免疫沉淀步骤)和 RNA-seq(具有 RNA 丰度的量化)具有共同点而在这里比较适用。在 RNA 定量之后，可以使用基于排序的统计来评估单个时间点之间的复制一致性，例如 Spearman 相关系数。然而，因为预期 RNA 丰度在整个实验中以不同的速率降解，因此，不同时间点的样品之间的相关系数没有实质意义。在同一时间点重复实验间结果的不一致表明可能需要更多的或更高质量样品的重复实验来更好地评估变异性。更重要的是，该实验设计不利于检测具有非常短或非常长半衰期的 mRNA 调节。在为每个样品制备单链配对末端文库并将其送至测序后，使用 FastQC、cutadapt 和 trimmomatic 的组合进行质量控制和测序读长的清理。由于想要区分转录效应和 RNA 结合蛋白对转录组的降解效应，选择使用剪接感知比对软件 tophat2 和相关分析组件 cufflinks 来分配外显子和基因水平的读长。遵循 Paulsen 团队的建议并在早期时间点使用完整基因水平计数(包括外显子和内含子)来测量新生 RNA 丰度，并在晚期使用所有可能外显子(但不是内含子)的总和来测量成熟 RNA 丰度[图 12-7(d)]。然后对这个计数数据使用一个简单的模型并结合 DEseq2 来确定 RNA 结合蛋白敲除导致的转录和稳定性的变化。DEseq2 公式为：$A \approx$ 时间+条件+条件:时间。其中，$A$ 是任何特定转录物的丰度，"时间"指时间点(追逐的开始或结束)的二进制术语，"条件"是指 RNA 处于(敲低或控制)条件的二进制术语，"条件:时间"是指时间和敲低信息之间的交互术语。在这里，术语"条件"的大小和方向被解释为在脉冲中转录 30 分钟后对 RNA 丰度的敲除作用。相互作用术语"条件:时间"的大小和方向为从追逐开始到结束 RNA 丰度变化的敲低效应。使用 Benjamini-Hochberg 程序进行错误发现率修正后，可以对感兴趣的 RNA 结合蛋白确定几个高置信度的靶点，进行针对性实验[图 12-7(e)]。

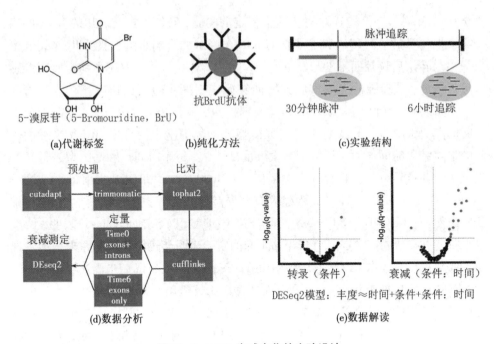

**(a)代谢标签**      **(b)纯化方法**      **(c)实验结构**

**(d)数据分析**      **(e)数据解读**

**图 12-7　RNA 衰减变化的实验设计**

## 12.2.8　结语

本专题概述了在使用代谢标记结合高通量测序进行全局性分析 RNA 降解实验时需要考虑的问题。随着低成本高通量测序出现，全局性 RNA 降解测量得以更好地实现。RNA 代谢标记能够测量转录速率和降解速率的同时最小化对基础生物学的干扰。化学领域的最新进展使得能够从细胞总 RNA 库中增加标记 RNA 的选择，或者完全不需要从 RNA 库中选择标记生物体，这大大减少这些实验所需材料的起始量并降低总体成本。此外，使用代谢标签的新实验方法和本专题描述的实验方法促进 RNA 生物学发展，包括参与新生转录的 RNA 结合蛋白的鉴定，单个 RNA 结合蛋白对肌萎缩性侧索硬化症的影响，以及疱疹感染期间反义 RNA 的发现。未来的应用包括分析 RNA 在发育、分化、细胞周期过程中的代谢，以及对外部信号、应激和感染的响应。在 RNA 生物学中，许多悬而未决的问题涉及 RNA 丰度的动力学及各种相关因素对 RNA 合成和降解的影响，而不是单独的 RNA 稳态丰度。代谢标记与高通量测序相结合，使研究人员能够在整体水平上解决这些问题，是 RNA 生物学家"工具箱"中的宝贵资产。

# 参考文献

［1］ 刘永明.分子生物学简明教程［M］.北京:化学工业出版社,2006.

［2］ 杨荣武.分子生物学［M］.2 版.南京:南京大学出版社,2017.

［3］ WEAVER R F.分子生物学［M］.5 版.郑用琏,译.北京:科学出版社,2013.

［4］ 李玮瑜,李姗,张洪映.基因工程实验指南［M］.北京:中国农业科学技术出版社,2017.

［5］ YOHE S,THYAGARAJAN B.Review of clinical next-generation sequencing［J］.Archives of pathology and laboratory medicine,2017,141(11):1544-1557.

［6］ SHABANI A F,HOURI H,GHALAVAND Z,et al.Next generation sequencing in clinical oncology:applications,challenges and promises a review article［J］.Iranian journal of public health 2018,47:1453-1457.

［7］ WOLFE M B,GOLDSTROHM A C,FREDDOLINO P L.Global analysis of RNA metabolism using bioorthogonal labeling coupled with next-generation RNA sequencing［J］.Methods,2019,155:88-103.

［8］ TANI H,MIZUTANI R,SALAM K A,et al.Genome-wide determination of RNA stability reveals hundreds of short-lived noncoding transcripts in mammals［J］.Genome research,2012,22:947-956.

［9］ RUSSO J,HECK A M,WILUSZ J,et al.Metabolic labeling and recovery of nascent RNA to accurately quantify mRNA stability［J］.Methods,2017,120:39-48.

［10］ NEYMOTIN B,ATHANASIADOU R,GRESHAM D.Determination of in vivo RNA kinetics using RATE-seq［J］.RNA,2014,20(10):1645-1652.

［11］ LUGOWSKI B,NICHOLSON B,RISSLAND O S.A pipeline for transcriptome-wide measurements of mRNA stability［J］.RNA,2018,24(5):623-632.

［12］ DOLKEN L,RUZSICS Z,RADLE B,et al.High-resolution gene expression profiling for simultaneous kinetic parameter analysis of RNA synthesis and decay［J］.RNA,2018,14:1959-1972.

［13］ SCHWANHAUSSER B,BUSSE D,LI N,et al.Global quantification of mammalian gene expression control[J].Nature,2011,473:337-342.

[14] HERZOG V A,REICHHOLF B,NEUMANN T P,et al.Thiol-linked alkylation of RNA to assess expression dynamics[J].Nat methods,2017,14:1198-1204.

[15] PAULSEN M T,VELOSO A,PRASAD J,et al.Use of Bru-Seq and BruChase-Seq for genome-wide assessment of the synthesis and stability of RNA[J].Methods,2014,67(1):45-54.

[16] BROWN T A.基因克隆和 DNA 分析[M].魏群,刘媛媛,黄弨,等译.北京:高等教育出版社,2018.

[17] 朱玉贤,李毅,郑晓峰,等.现代分子生物学[M].4 版.北京:高等教育出版社,2013.

[18] BLACKMAN K.The advent of genetic engineering[J].Trends in biochemical science,2001,26(4):268-270.

[19] ARNHEIM N,ERLICH H.Polymerase chain reaction strategy[J].Annual review of biochemistry,1992,61:131-156.

[20] SAIKI R K,GELFAND G H,STOFFEL S,et al.Primer-direct enzymatic amplification of DNA with a thermostable DNA polymerase[J].Science,1988,239:487-491.

[21] FRAZER K A,PACHTER L,POLIAKOV A.Vista:computational tools for comparative genomics[J].Nucleic acid research,2004,32:273-279.

[22] 尤超,赵大球,梁乘榜,等.PCR 引物设计方法综述[J].现代农业科技,2011(17):48-51.

[23] 王延华,刘佳.PCR 理论与技术[M].3 版.北京:科学出版社,2013.

[24] 黄留玉.PCR 最新技术原理、方法及应用[M].北京:化学工业出版社,2005.

[25] 姚建,董振辉,马雪西.一种基于免费在线工具的定量 PCR 引物设计方法[J].基因组学与应用生物学,2015,34(12):2779-2784.

[26] 奥斯伯 F,金斯顿 R E,塞德曼 J G,等.精编分子生物学实验指南[M].颜子颖,王海林,译.北京:科学出版社,2001.

[27] 萨姆布鲁克 J,拉塞尔 D W.分子克隆实验指南[M].3 版.黄培堂,译.北京:科学出版社,2002.

[28] 戈莱米斯.蛋白质-蛋白质相互作用[M].贺福初,钱小红,张学敏,译.北京:中国农业出版社,2004.

[29] MASSIE C E,MILLS I G.Chromatin immunoprecipitation(ChIP)methodology and read outs[J].Methods in molecular biology(Clifton,N.J.),2009,505:123-137.

［30］ UNNIKRISHNAN A,FREEMAN W M,JACKSON J,et al.The role of DNA methylation in epigenetics of aging［J］.Pharmacology and therapeutics,2019, 195:172-185.

［31］ YANG N,SEN P.The senescent cell epigenome［J］.Aging,2018,10:3590-3609.

［32］ SHI D Q,ALI I,TANG J,et al.New insights into 5hmC DNA modification:generation,distribution and function［J］.Frontiers in genetics,2017,8:100.

［33］ WYATT G R,COHEN S S.A new pyrimidine base from bacteriophage nucleic acids［J］.Nature,1952,170:1072-1073.

［34］ KRIAUCIONIS S,HEINTZ N.The nuclear DNA base 5−hydroxymethylcytosine is present in Purkinje neurons and the brain［J］.Science,2009,324:929-930.

［35］ PENN N W,SUWALSKI R,RILEY C O′,et al.The presence of 5−hydroxymethylcytosine in animal deoxyribonucleic acid［J］.The biochemical journal,1972, 126:781-790.

［36］ TAHILIANI M,KOH K P,SHEN Y,et al.Conversion of 5−methylcytosine to 5−hydroxymethylcytosine in mammalian DNA by MLL partner TET1［J］.Science, 2009,324:930-935.

［37］ SONG C X,DIAO J,BRUNGER A T,et al.Simultaneous single-molecule epigenetic imaging of DNA methylation and hydroxymethylation［J］.Proceedings of the national academy of sciences of the united states of merica,2016,113:4338-4343.

［38］ BJORNSSON H T,SIGURDSSON M I,FALLIN M D,et al.Intra-individual change over time in DNA methylation with familial clustering［J］.JAMA,2008, 229:2877-2883.

［39］ CHRISTENSEN B C,HOUSEMAN E A,MARSIT C J,et al.Aging and environmental exposures alter tissue-specific DNA methylation dependent upon CpG island context［J］.PLoS genetics,2009,5:e1000602-1-e1000602-14.

［40］ TESCHENDORFF A E,MENON U,GENTRY-MAHARAJ A,et al.Age-dependent DNA methylation of genes that are suppressed in stem cells is a hallmark of cancer［J］.Genome research,2010,20:440-446.

［41］ HORVATH S.DNA methylation age of human tissues and cell types［J］.Genome bidogy,2013,14(10):1-19.

［42］ HANNUM G,GUNINNEY J,ZHAO L,et al.Genome-wide methylation profiles reveal quantitative views of human aging rates［J］.Molecular cell,2013,49: 359-367.

［43］ THOMPSON M J,VONHOLDT B,HORVATH S,et al.An epigenetic aging clock for dogs and wolves［J］.Aging,2017,9:1055-1068.

［44］ PETKOVICH D A,PODOLSKIY D I,LOBANOV A V,et al.Using DNA methylation profiling to evaluate biological age and longevity interventions［J］.Cell metabolism,2017,25:954-960.

［45］ STUBBS T M,BONDER M J,STARK A K,et al.Multi-tissue DNA methylation age predictor in mouse［J］.Genome biology,2017,18:68.

［46］ WANG T,TSUI B,KREISBERG J F,et al.Epigenetic aging signatures in mice livers are slowed by dwarfism,calorie restriction and rapamycin treatment［J］. Genome biology,2017,18:57.

［47］ STEEGENGA W T,BOEKSCHOTEN M V,LUTE C,et al.Genome-wide age-related changes in DNA methylation and gene expression in human PBMCs［J］. Age,2014,36:9648.

［48］ AWASTHI R,SINGH A K,MISHRA G,et al.An overview of circular RNAs［J］. Advances in experimental medicine biology,2018,1087:3-14.

［49］ MA Y,ZHANG X,WANG Y Z,et al.Research progress of circular RNAs in lung cancer［J］.Cancer biology and therapy,2019,20:123-129.

［50］ CHANG G,LEU J S,MA L,et al.Methylation of RNA $N^6$−methyladenosine in modulation of cytokine responses and tumorigenesis［J］.Cytokine,2019,118: 35-41.

［51］ GEULA S,MOSHITCH-MOSHKOVITZ S,DOMINISSINI D.m6A mRNA methylation facilitates resolution of naive pluripotency toward differentiation［J］.Science,2015,347:1002-1006.

［52］ PATIL D P,CHEN C K,PICKERING B F,et al.m6A RNA methylation promotes XIST-mediated transcriptional repression［J］.Nature,2016,537:369-373.

［53］ CUI Q,SHI H,YE P,et al.m6A RNA methylation regulates the self-renewal and tumorigenesis of glioblastoma stem cells［J］.Cell reports,2017,18:2622-2634.

［54］ ERRICHELLI L,MODIGLIANI S D,LANEVE P,et al.FUS affects circular RNA expression in murine embryonic stem cell-derived motor neurons［J］.Nat communications,2017,8:1-11.

［55］ HAN B,CHAO J,YAO H.Circular RNA and its mechanisms in disease:from the bench to the clinic［J］.Pharmacology and therapentics,2018,187:31-44.

［56］ EBBESEN K K,KJEMS J,HANSEN T B.Circular RNAs:identification,biogenesis and function［J］.Biophysica et biophysica acta,2016,1859:163-168.

［57］ MARTINEZ-LAGE M,PUIG-SERRA P,MENENDEZ P,et al.CRISPR/Cas9 for cancer therapy:hopes and challenges［J］.Biomedicines,2018,6:105.

［58］ KHADEMPAR S,FAMILGHADAKCHI S,MOTLAGH R A,et al.CRISPR-Cas9 in genome editing:its function and medical applications［J］.Journal of cellular physiology,2019,234:5751-5761.

［59］ CONG L,RAN F A,COX D,et al.Multiplex genome engineering using CRISPR/ Cas systems［J］.Science,2013,339:819-823.

［60］ MUSUNURU K.The hope and hype of CRISPR-Cas9 genome editing:a review ［J］.JAMA cordiology,2017,2:914-919.

［61］ SONG J,YANG D,XU J,et al.Enhances CRISPR/Cas9-and TALEN-mediated knock-in efficiency［J］.Nature communications,2016,7:1-7.

［62］ GUPTA R M,MUSNURU K.Expanding the genetic editing tool kit:ZFNs, TALENs,and CRISPR-Cas9［J］.Journal of clinical investigation 2014,124: 4154-4161.